CW00458782

ISBN 978-0-331-08472-6
PIBN 11012457

MÉMOIRES

DE LA SOCIÉTÉ DES

SCIENCES PHYSIQUES ET NATURELLES

DE BORDEAUX

MÉMOIRES

DE LA SOCIÉTÉ

DES SCIENCES

PHYSIQUES ET NATURELLES

DE BORDEAUX

3ᵉ Série

TOME IV

PARIS

GAUTHIER-VILLARS

IMPRIMEUR-LIBRAIRE DE L'ÉCOLE POLYTECHNIQUE, DU BUREAU
DES LONGITUDES, SUCCESSEUR DE MALLET-BACHELIER,

Quai des Augustins, 55.

A BORDEAUX
CHEZ FERET, LIBRAIRE
15, cours de l'Intendance, 15

1888

PRÉSIDENTS ET VICE-PRÉSIDENTS DE LA SOCIÉTÉ

de 1853 à 1888

ANNÉE	PRÉSIDENT	VICE-PRÉSIDENT
1853-1854	BAZIN.	DELBOS.
1854-1855	BAZIN.	»
1855-1856	BAZIN.	
1856-1857	ORÉ.	
1857-1858	BAUDRIMONT.	
1858-1859	BAZIN.	
1859-1860	BAUDRIMONT.	
1860-1861	ABRIA.	»
1861-1862	LESPIAULT.	ORÉ.
1862-1863	BAUDRIMONT.	ROYER.
1863-1864	ORÉ.	AZAM.
1864-1865	AZAM.	ROYER.
1865-1866	ROYER.	H. GINTRAC.
1866-1867	H. GINTRAC.	O. DE LACOLONGE.
1867-1868	O. DE LACOLONGE.	GLOTIN.
1868-1869	GLOTIN.	JEANNEL.
1869-1870	LINDER.	DELFORTERIE.
1870-1871	LINDER.	DELFORTERIE.
1871-1872	DELFORTERIE.	ABRIA.
1872-1873	ABRIA.	RATHEAU.
1873-1874	BAUDRIMONT.	SERRÉ-GUINO.
1874-1875	SERRÉ-GUINO.	BAYSSELLANCE.
1875-1876	BAYSSELLANCE.	LOQUIN.

ANNÉE	PRÉSIDENT	VICE-PRÉSIDENT
1876-1877	LOQUIN.	HAUTREUX.
1877-1878	HAUTREUX.	E. BOUTAN.
1878-1879	E. BOUTAN.	MICÉ.
1879-1880	DUPUY.	MILLARDET.
1880-1881	MILLARDET.	DE LAGRANDVAL.
1881-1882	DE LAGRANDVAL.	G. RAYET.
1882-1883	G. RAYET.	FOURNET.
1883-1884	G. RAYET.	FOURNET.
1884-1885	G. RAYET.	FOURNET (¹).
1885-1886	G. RAYET.	BOUCHARD.
1886-1887	G. RAYET.	BOUCHARD.
1887-1888	G. RAYET.	AZAM.

(¹) En novembre 1885, M. Fournet a été nommé Président honoraire.

MᴄU

LISTE DES MEMBRES DE LA SOCIÉTÉ

au 1er Décembre 1887.

Composition du Bureau pour l'année 1887-1888.

MM. FOURNET, ✪ A., *Président honoraire.*
RAYET, ✳, *Président.*
AZAM, ✳, *Vice-Président.*
ABRIA, O. ✳, *Secrétaire général.*
JOANNIS,
PIONCHON, } *Secrétaires adjoints*
BRUNEL, *Archiviste.*
FOUGEROUX, *Trésorier.*
GAYON,
MILLARDET, ✳,
DE LAGRANDVAL, ✳,
PÉREZ.
DUPUY,
BOUCHARD, O. ✳, } *Membres du Conseil.*
MORISOT,
JOLYET,
LESPIAULT, ✳,
MERGET, ✳,
HAUTREUX, ✳,
BAYSSELLANCE, O. ✳,

Membres titulaires ([1]).

MM. ABRIA, O. ✳, correspondant de l'Institut (Académie des Sciences), doyen honoraire de la Faculté des Sciences.
ALENGRY, préparateur de physique au Lycée.
AMAT, professeur au Lycée.
AUGIS, ✳, ingénieur de la Compagnie du Midi.
AZAM, ✳, professeur à la Faculté de Médecine.
BADAL, ✳, professeur à la Faculté de Médecine.
BARCKHAUSEN, ✳, professeur à la Faculté de Droit.
BAYSSELLANCE, O. ✳, ingénieur des Constructions navales en retraite.
BERGONIÉ, agrégé à la Faculté de Médecine.
BERLAND, chimiste en chef des Douanes.
BLAREZ, professeur à la Faculté de Médecine.
BOIGNIER, pharmacien,
BOUCHARD, O. ✳, professeur à la Faculté de Médecine.
BOULOUCH, professeur au Lycée.
BROCHON (E.-H.), avocat à la Cour d'Appel.

([1]) Les membres dont le nom est précédé d'un astérisque sont membres à vie.

MM. BRUNEL, professeur de calcul infinitésimal à la Faculté des Sciences.

CAGNIEUL, préparateur de Botanique à la Faculté des Sciences

CARLES, agrégé à la Faculté de Médecine.

CARMIGNAC-DESCOMBES, ingénieur en chef des Ponts et Chaussées en retraite.

CARON, professeur de Mathématiques au Lycée en retraite.

CASTET, chef d'institution.

CHADU, professeur de Mathématiques au Lycée.

CHASTELLIER ✳, ingénieur des Ponts et Chaussées.

CHENEVIER, chimiste au Chemin de fer du Midi.

CHEVASTELON, préparateur de Physique à la Faculté des Sciences.

COLOT, licencié ès sciences, professeur de Mathématiques.

COUPERIE, secrétaire général de la Société d'Agriculture.

CROISIER, ✳, capitaine en retraite.

DALMEYDA, professeur.

DELMAS, ✳, docteur en médecine, direct. de l'hydrothérapie des Hôpitaux.

DENIGÈS, professeur à la Faculté de Médecine.

DEVULFF, O. ✳, colonel du génie.

DOUBLET, aide-astronome.

DROGUET, ✳, directeur des postes et télégraphes, à Bordeaux.

DUBREUILH.

DUBOURG, chimiste à la Douane.

DUPUY, professeur de Mathématiques au Lycée.

DURÈGNE, sous-ingénieur au Télégraphe.

ELGOYHEN, élève à la Faculté des Sciences.

ELLIE, ingénieur civil.

FALLOT, professeur à la Faculté des Sciences.

FIGUIER, ✳, professeur à la Faculté de Médecine.

FLAMME, astronome adjoint.

FLEURI, professeur de Sciences.

FOUGEROUX, percepteur des Contributions directes.

*FOURNET, ⧉ A., ancien fabricant de produits chimiques.

GADEN, négociant.

GARNAULT, chef des trav. pratiques de Zoologie à la Faculté des Sciences.

GAULNE (de), propriétaire.

*GAYON, prof⁂ de Chimie à la Fac. des Sciences, chimiste en chef à la Douane

GOUJON, ✳, vice-président du Conseil de préfecture de la Gironde.

GOULIN, professeur au Lycée

GUESTIER (Daniel), négociant.

GUILLAUD, professeur à la Faculté de Médecine.

GYOUX, docteur en médecine.

HAUTREUX, ✳, lieutenant de vaisseau, directeur des mouvements du port en retraite.

HUYARD, fabricant de produits chimiques.

JOANNIS, professeur à la Faculté des Sciences.

JOLYET, professeur à la Faculté de Médecine.

KOWALSKI, professeur de Mathématiques.

MM. KÜNSTLER, professeur adjoint à la Faculté des Sciences.

LABAT, ✳, ingénieur de constructions maritimes.

LACROIX, professeur de Mathématiques au Lycée.

LAGACHE, ingénieur des Arts et Manufactures.

LAGRANDVAL (DE), ✳, professeur de Mathématiques spéciales au Lycée, maître de conférences à la Faculté des Sciences.

LANDE, ✳, agrégé à la Faculté de Médecine, médecin adjoint des hôpitaux.

LARNAUDIE, pharmacien.

LAVAL, professeur de Physique et de Chimie aux Écoles communales.

LAVERGNE (comte DE), ✳, propriétaire.

*LESPIAULT, ✳, doyen de la Faculté des Sciences.

MERGET, ✳, professeur de physique à la Faculté de Médecine.

MICÉ, ✳, recteur de l'Académie de Clermont.

~MILLARDET, ✳, professeur de Botanique à la Faculté des Sciences.

MOMONT, préparateur de Chimie à la Faculté des Sciences.

MORISOT, professeur à la Faculté des Sciences.

PÉREZ, professeur de Zoologie à la Faculté des Sciences.

PERRIN, ingénieur des Ponts et Chaussées.

PETIT, docteur ès Sciences naturelles.

PIÉCHAUD, agrégé à la Faculté Médecine.

PIONCHON, professeur à la Faculté des Sciences.

PRAT, chimiste.

RAGAIN, licencié ès sciences, professeur de dessin graphique.

RAYET (G.), ✳, professeur d'Astronomie physique à la Faculté des Sciences, directeur de l'Observatoire de Bordeaux.

ROCH, chimiste.

RODIER, maître de Conférences à la Faculté des Sciences.

ROUX, préparateur à la Faculté de Médecine.

ROZIER, professeur de Sciences.

SAUVAGEAU, professeur au Lycée.

SCHUSTER, chimiste au Chemin de fer du Midi.

SELLERON, ✳, ingénieur des constructions navales.

SOULÉ, ✳, officier supérieur du génie en retraite.

SOUS, docteur en médecine, oculiste.

*TANNERY (P.), ingénieur des Manufactures de l'État, à Bordeaux.

TRENQUELÉON (DE BATZ DE), professeur de Mathématiques au Lycée.

VERGELY, professeur à la Faculté de Médecine.

VIAULT, professeur à la Faculté de Médecine.

VOLONTAT (DE), ingénieur des Ponts et Chaussées.

Membres honoraires.

MM. BATTAGLINI (G), professeur à l'Université de Rome, rédacteur du *Giornale di Matematiche*.

BONCOMPAGNI (le prince D. Balthazar), à Rome.

DARBOUX (G.), ✳, membre de l'Institut, professeur à la Faculté des Sciences de Paris.

MM. DE TILLY, major d'Artillerie, directeur de l'arsenal d'Anvers.

FORTI (Angelo), ancien profess. de Mathématiques au Lycée Royal de Pise.

FRENET, ✳, professeur honoraire à la Faculté des Sciences de Lyon, à Périgueux.

KOWALSKI, directeur de l'Observatoire de l'Université impériale de Kazan (Russie).

LINDER, O. ✳, inspecteur général des Mines, à Paris.

RUBINI (R.), professeur à l'Université Royale de Naples.

WEYR (Em.), professeur à l'Université Impériale de Vienne.

Membres correspondants.

MM. ANDREEFF, professeur à l'Université de Kharkof.

ARDISSONE, professeur de Botanique à l'École Royale d'Agriculture de Milan.

ARIÈS, capitaine du Génie.

BJERKNES, professeur à l'Université de Christiania.

CURTZE (Max.), professeur au Gymnase de Thorn.

DILLNER (G.), professeur à l'Université d'Upsal.

ÉLIE, professeur au collège d'Abbeville.

ERNST (A.), professeur d'Histoire naturelle à l'Université de Caracas.

GARBIGLIETTI, docteur en médecine, à Turin.

GAUTHIER-VILLARS, O. ✳, ancien élève de l'École Polytechnique, libraire éditeur, à Paris.

GOMES TEIXEIRA (F.), professeur à l'Université de Coimbre.

GRAINDORGE, professeur à l'École des Mines, à Liège.

GÜNTHER (Dr. Sig.) professeur au Gymnase d'Ansbach.

HAILLECOURT, inspecteur d'Académie en retraite, à Périgueux.

HAYDEN, géologue du Gouvernement des États-Unis.

IMCHENETSKY, membre de l'Académie Impériale de Saint-Pétersbourg.

LAISANT, ✳, ancien officier du Génie, député de la Loire-Inférieure.

MUELLER (baron Ferd. von), membre de la Société Royale de Londres, directeur du Jardin Botanique de Melbourne (Australie).

PEAUCELLIER, O. ✳, général du génie.

PICART, professeur de Botanique en retraite, à Marmande (Lot-et-Garonne).

PONSOT (Mme), propriétaire aux Annereaux, près Libourne.

ROIG Y TORRES (D. Rafael), naturaliste à Barcelone, directeur de la Crónica Científica.

ROUMEGUÈRE, naturaliste, à Toulouse, rédacteur de la Revue Mycologique.

ROUX, ✳, docteur en Médecine, à Paris.

TRÉVISAN DE SAINT-LÉON (comte DE), à Milan.

WEYR (Éd.), professeur à l'Université de Prague.

EXTRAITS

DES

PROCÈS-VERBAUX DES SÉANCES DE LA SOCIÉTÉ

———

ANNÉE 1887.88.

———

Présidence de M. G. RAYET.

Séance du 24 novembre 1887. — M. le Président, après avoir ouvert la séance, s'exprime ainsi :

« La cinquième année de ma présidence, qui se termine aujourd'hui par cette séance dans laquelle vous allez renouveler votre Bureau, a été signalée par les brillants succès obtenus par quelques-uns de nos collègues ; je veux parler ici des résultats importants obtenus par MM. Millardet et Gayon pour la préservation complète des vignes contre le mildew, et des remarquables travaux de MM. Jolyet et Bergonié sur la respiration animale. J'espère que nos collègues voudront bien nous communiquer la suite de leurs travaux et enrichir de nouveaux nos procès-verbaux de notes qui leur font honneur.

» Comme j'ai déjà pu le faire depuis plusieurs années, je dépose sur le bureau le fascicule qui renferme le résumé de nos procès-verbaux de 1886-87. Ce fascicule termine le tome III de la 3ᵉ série de nos *Mémoires ;* il sera très prochainement distribué. Vous remarquerez que ce volume renferme l'important mémoire de M. L. Petit, sur la *Structure du pétiole des dicotylédones,* travail qui ne nous a été remis que dans les premiers jours de septembre,

» Le tome IV de nos *Mémoires* s'ouvrira par la notice que notre archiviste, M. Brunel, a bien voulu consacrer à l'étude des œuvres de notre collègue regretté M. J. Hoüel. Suivant le désir exprimé par la Société, ce mémoire sera accompagné d'une héliogravure due à M. P. Dujardin, et représentant M. Hoüel vers 1882. La planche de cette héliogravure, faite à l'aide d'un cliché que M. le photographe Charles a mis à ma disposition avec une obligeance extrême, dont je ne saurais trop le remercier, est terminée ; les bons à tirer sont donnés, et je puis mettre sous vos yeux une épreuve de cette planche vraiment remarquable.

» L'impression du tome IV commencera donc dans peu de jours et marchera rapidement si nos collègues, MM. MILLARDET, GAYON et MERGET, nous donnent enfin les mémoires qu'ils nous promettent depuis si longtemps.

» Tous ces résultats n'ont pu être obtenus que grâce à la bienveillance extrême dont vous avez bien voulu entourer votre Président, bienveillance qui lui a rendu toutes les démarches faciles; c'est donc à vous, mes chers Collègues, que revient tout l'honneur des résultats acquis. La personne de votre Président n'y est pour rien; tout au plus a-t-il le mérite d'avoir contribué à maintenir une certaine tradition dans l'administration matérielle de la Société.

» C'est le but que vous vous étiez proposé en décidant dans vos statuts de 1882 que le Président sortant pourrait être réélu; mais le maintien trop prolongé d'une même personne à la tête de la Société ne me paraît pas sans inconvénients, car il renferme la Société dans le même cercle d'influences et d'idées. Je me souviens que lors de la discussion à laquelle donna lieu la nouvelle rédaction de nos statuts, plusieurs d'entre nous avaient émis l'idée que la durée des pouvoirs du Président devait être limitée à une période maximum de cinq ans.

» Vous me pardonnerez, je l'espère, ces quelques réflexions, et dans le vote qui interviendra dans un instant, je vous prie et je vous supplie de n'avoir en vue que l'intérêt de la Société et le soin de sa prospérité. Que la Société des Sciences physiques continue à faire preuve d'activité; que nos séances soient bien remplies; que les volumes de nos mémoires se multiplient; que le nombre de nos collègues augmente; tel doit être notre but. Quant à moi, je serai heureux d'avoir à demander la parole au lieu d'avoir à l'accorder. »

— M. le Président dépose sur le bureau le second cahier du tome III de la 3ᵉ série des *Mémoires de la Société*.

— La Société procède au renouvellement du Bureau pour l'année 1886-1887; sont élus :

Président........................	M. G. RAYET.
Vice-Président...................	M. AZAM.
Secrétaire général..............	M. ABRIA.
Secrétaires adjoints...........	MM. PIONCHON ET GARNAULT.
Archiviste......................	M. BRUNEL.
Trésorier......................	M. FOUGEROUX.

— MM. Gayon, Millardet, de Lagrandval, Perez et Bouchard sont élus membres du Conseil d'administration qui se trouve ainsi composé :

MM. DUPUY.	MM. HAUTREUX.
BOUCHARD.	BAYSSELLANCE.
MORISOT.	GAYON.
JOLYET.	MILLARDET.
LESPIAULT.	DE LAGRANDVAL.
MERGET.	PEREZ.

— M. P. TANNERY fait une communication sur la *grande année d'Aristarque de Samos* et les périodes astronomiques des astronomes grecs.

Le mémoire de M. P. Tannery est imprimé dans le tome IV (3e série) des *Mémoires de la Société.*

— M. GARNAULT communique à la Société ses recherches sur la structure et le développement de l'œuf et de son follicule chez les *Chitonides.*

L'ovogénèse des Chitonides, qui, dans ces derniers temps, a fait l'objet de travaux de MM. Jhering et Sabatier, a montré des particularités fort remarquables et d'une interprétation difficile. L'étude que j'ai faite de l'évolution de l'œuf, chez les *Chiton cinereus* et *fascicularis* (¹), m'a conduit à des résultats fort différents de ceux des savants que je viens de citer.

Pour M. Sabatier, chez les Chitonides, comme chez les Ascidies et même dans le règne animal tout entier, l'ovule suivrait dans son évolution une même loi générale, qui se vérifierait dans la spermatogénèse. Le savant professeur de Montpellier admet que, chez les Chitons, l'œuf se forme aux dépens des cellules conjonctives de la paroi de l'ovaire, qui, en grossissant, soulèvent le feutrage conjonctif qui les entoure. Les œufs seraient donc revêtus d'une membrane anhiste, que viennent soulever des noyaux nés dans l'intérieur de leur protoplasma et se portant ensuite à leur périphérie.

En faisant des coupes, on peut reconnaître que les œufs naissent aux dépens d'un épithélium germinatif; que le follicule n'est pas anhiste, mais constitué dès les premiers instants par des cellules sœurs de l'œuf, c'est-à-dire des cellules de l'épithélium germinatif qui l'entourent immédiatement. Les imprégnations au nitrate d'ar-

---

(¹) Le premier m'a été envoyé d'Arcachon par M. Durègne; le second m'a été envoyé de Roscoff par M. de Lacaze-Duthiers.

gent décèlent, à la surface des œufs de tout âge, des champs poly-
gonaux, correspondant à chacun des noyaux contenus dans la
membrane péri-ovulaire, et indiquent nettement la présence de
cellules. Sur ces préparations, on voit très bien les cellules folliculaires, qui entourent le pédicule de l'œuf, se continuer avec les
cellules de l'épithélium ovarien.

M. Sabatier a signalé, dans le protoplasma de l'ovule, encore
jeune, des corpuscules colorables par les réactifs de la chromatine,
et qui, d'après lui, se porteraient à la périphérie du vitellus pour
former, avec une portion du protoplasma de l'œuf entraîné, les
cellules de revêtement. Ces corpuscules existent bien, en effet,
mais ils n'ont des éléments nucléaires que la colorabilité; ils disparaissent bien avant la maturité de l'œuf, ne se portent point à la
périphérie pour y former des cellules qui y existent déjà, et ne
prennent, par conséquent, aucune part à la formation de la membrane folliculaire. Ils doivent être considérés comme des enclaves
intra-vitellines, de nature albuminoïde, qui, comme on le sait,
sont colorables par les meilleurs réactifs de la chromatine.

L'œuf pédiculé devient le siège de phénomènes qui ont échappé
à MM. Jhering et Sabatier. Il se produit, à sa surface et en regard
de chacune des cellules folliculaires, des saillies du vitellus, très
développées chez le *Chiton cinereus,* moins saillantes chez le *fascicularis.* Au sommet de chaque expansion vitelline, se voit le noyau
de la cellule folliculaire correspondante. Bientôt les expansions
vitellines se rétractent, entraînant avec elles la région de la cellule
folliculaire qui contient le noyau et qui seule adhère au vitellus.
Les cellules folliculaires, primitivement distendues et ensuite partiellement invaginées, reposent comme un bonnet carré sur la
surface de l'œuf, qui est devenu alors parfaitement sphérique.

Le pédicule vitellin s'est rétracté, et l'œuf ne tient plus à
l'ovaire que par un pédicule membraneux, qui se rompra bientôt,
et auquel correspond l'orifice micropylaire. La membrane folliculaire s'est épaissie et affaissée, et se présente dans l'œuf adulte,
surtout celui du *Chiton cinereus,* avec un aspect fort difficile à
interpréter, si l'on n'a pas suivi toutes les phases de l'évolution.
L'enveloppe folliculaire ne mérite donc, en aucune façon, les
noms de *coque* ou de *chorion* qui lui ont été donnés et, malgré son
changement d'aspect, elle doit conserver son véritable nom.

La membrane anhiste qui, d'après M. Sabatier, se produirait à
la fin de l'évolution de l'œuf, et qui serait sans relation d'origine
avec la première membrane anhiste décrite par lui, n'existe pas.

L'affirmation de M. Sabatier est due à une erreur d'observation, qui tient surtout à ce qu'il n'a pas suivi toutes les phases de l'évolution de la membrane folliculaire.

Chez le *Chiton fascicularis* et le *Chiton cinereus,* les phénomènes sont absolument comparables.

Séance du 8 décembre 1887. — MM. Croizier et Boulouch sont nommés membres titulaires.

— M. G. Rayet entretient la Société des orages qui ont ravagé si cruellement une grande partie de la Gironde dans la soirée du 15 août 1887. Quoique la Commission météorologique de la Gironde n'ait plus qu'un petit nombre de correspondants qui lui signalent le passage des orages, il a cependant été possible, en consultant les observations pluviométriques des trente postes du département, les journaux, et enfin les rapports de la gendarmerie, de faire une étude relativement complète de ces orages du 15 août.

L'étude de M. G. Rayet *sur les orages du 15 août 1887 dans la Gironde,* qui comporte une carte, est publiée dans le tome IV de la 3e série des *Mémoires de la Société.*

— M. Gayon entretient la Société de la recherche et du dosage des aldéhydes dans les alcools commerciaux.

La mise en évidence des aldéhydes est faite au moyen d'un réactif dont voici la composition :

Solution aqueuse de fuchsine à 1/1000........	1 litre.
Bisulfite de soude à 30° B....................	20 cent. cubes.
Acide chlorhydrique pur concentré..........	10 —

On doit ajouter d'abord le bisulfite à la solution de fuchsine; puis, une heure environ après, on verse l'acide chlorhydrique.

Pour faire un essai qualitatif, on verse 1 centimètre cube du réactif dans 2 centimètres cubes d'alcool; au bout de quelques instants on voit apparaître, si l'alcool contient des aldéhydes, une coloration rouge. La coloration est encore sensible alors même que l'alcool ne contient que 1/200000 d'aldéhyde.

Le dosage de l'aldéhyde se fait par la méthode colorimétrique, c'est-à-dire en opérant sur un volume déterminé de liquide à un degré déterminé aussi de concentration, et comparant la teinte rouge obtenue à une série de teintes fournies dans les mêmes conditions de volume et de concentration par des alcools contenant des quantités connues, graduellement croissantes, d'aldéhydes.

Voici, comme application, les résultats fournis par le dosage de 'aldéhyde dans les produits recueillis aux différentes phases de distillation d'un alcool commercial :

PRODUITS.	Aldéhyde pour 10 l. d'alcool à 50°.
	ec
Flegme.....................................	0,18

Rectification de ce flegme.

Mauvais goût de tête......................	3,50
Moyen goût de tête.......................	2,40
Bon goût de tête { 1re partie...............	3,50
{ 2e —	néant.
Bon goût de milieu (cœur)	néant.
Bon goût de queue......................	néant.
Moyen	néant.
Mauvais.................................	néant.

Séance du 22 décembre 1887. — MM. AMAT et GOULIN sont élus membres titulaires.

— M. PIONCHON fait hommage à la Société du mémoire dans lequel sont exposées ses recherches sur les chaleurs spécifiques e les changements d'état aux températures élevées. Il présente un résumé de ces recherches pour servir d'introduction à celles dont il aura plus tard l'honneur d'entretenir la Société, et dans lesquelles se retrouvera l'emploi de la méthode et des procédés dont l'épreuve a été faite dans cette première série d'expériences.

— M. BOUCHARD met sous les yeux de la Société un des nouveaux microscopes qu'il emploie dans son laboratoire. Les pièces remarquables de ces appareils construits par Zeiss sont : le système de lentilles apochromatiques et le système éclaireur d'Abbe.

— M. MORISOT expose la méthode qu'il emploie pour obtenir dans les piles une force électro-motrice plus élevée et une constance plus grande que ne permettent de le faire les dispositions généralement adoptées. Cette méthode consiste à produire à *l'état naissant* le corps dépolarisant dont on entoure le pôle positif, au lieu de l'introduire tout formé.

1er EXEMPLE. — *Pile de Bunsen.* — Au lieu de verser autour du charbon de l'acide azotique concentré, M. Morisot entoure le charbon, dans le vase poreux, d'azotate de soude pulvérisé, peu ou point tassé. Il le noie ensuite d'acide sulfurique concentré. Quant au zinc, il est, dans l'exemple cité et dans les suivants, plongé dans de l'acide sulfurique au vingtième.

On obtient ainsi au début une force électro-motrice équivalente à $1^{Dan},89$ ou $2^{volts},04$, et après vingt-quatre heures on trouve $1^D,63$ ou $1^v,75$. Dans les conditions de l'expérience, c'est-à-dire avec une

résistance 2000 ou 1500 ohms à 3000 ohms une pile Bunsen ordinaire donne :

Au début.................... 1^D,67 ou 1^v,80
Après vingt-quatre heures .... 1 ,40 ou 1 ,51

2º EXEMPLE. — *Pile au bichromate de potasse.* — Le bichromate
pulvérisé étant placé autour du charbon, et noyé ensuite d'acide
sulfurique, on obtient :

Au début.................... 1^D,82 ou 1^v,96
Après une heure............. 1 ,93 ou 1 ,08
Après vingt heures.......... 1 ,76 ou 1 ,90

3º EXEMPLE. — *Pile au permanganate de potasse.* — Le sel étant
pulvérisé et accumulé autour du charbon, on le noie d'acide sulfurique concentré; on obtient :

Au début.................... 2^D,32 ou 2^v,5
Après une heure............. 2 ,26 ou 2 ,44
Après dix-neuf heures........ 2 ,09 ou 2 ,25

Dans les exemples cités, il ne se dégage de gaz qu'au commencement, avec l'azotate et avec le permanganate, et pas du tout avec
le bichromate. Bientôt le dépolarisant se prend en une masse solide
qui fait corps avec le charbon et le vase poreux, et permet le
maniement facile et inoffensif des couples. S'il y a interruption du
courant, la masse ainsi formée reprend son activité dès que la pile
est rétablie.

M. Morisot se propose d'étudier plus complètement les conditions les plus favorables à donner à cette nouvelle disposition des
piles.

— Sur la proposition de M. le Dr BOUCHARD, la Société décide
que la prochaine réunion sera reportée du 5 au 12 janvier, et que
la séance sera consacrée à la visite du laboratoire d'anatomie de
la Faculté de médecine, nouvellement installé.

Séance du 12 janvier 1888. — La Société s'est réunie au laboratoire d'anatomie de la Faculté de médecine.

M. le Dr BOUCHARD montre aux membres de la Société l'installation des salles de dissection de la nouvelle Faculté de médecine, il
fait constater l'efficacité des injections de glycérine-boratée pour
la conservation presque indéfinie des sujets. Les cadavres injectés
sous une pression d'environ deux mètres de liquide se dessèchent,
se momifient lentement sans aucune putréfaction appréciable.

M. le PRÉSIDENT, se faisant l'interprète de tous ses collègues, félicite le Dr Bouchard de la parfaite disposition de son laboratoire.

Séance du 19 janvier 1888. — M. R. ELLIE est nommé membre titulaire.

— M. JOANNIS est élu secrétaire adjoint en remplacement de M. Garnault, démissionnaire.

— M. MORISOT complète sa communication du 22 décembre sur les piles, en faisant remarquer que le maniement de la pile au permanganate de potasse n'est pas sans danger, si l'on vient à élever la température de l'élément au-dessus de 60°. Dans cette circonstance, la réaction devient si énergique qu'il peut en résulter une sorte d'explosion.

— M. G. RAYET fait hommage à la Société du tome II des *Annales de l'Observatoire de Bordeaux*. Ce volume renferme : Un mémoire sur la latitude de l'Observatoire de Bordeaux, par M. G. Rayet; des Recherches sur les expressions approchées des termes très éloignés dans les développements du mouvement elliptique des planètes, par M. J.-B. Flamme; les Observations astronomiques, météorologiques et magnétiques de 1882.

— M. HAUTREUX communique à la Société ses recherches relatives aux circonstances de température de la mer qui permettent la pêche de la morue sur les côtes du Sénégal, et sur les conditions dans lesquelles cette pêche pourrait être faite.

Le mémoire de M. Hautreux sur *la pêche au Sénégal* est publié dans le tome IV (3e série) des *Mémoires de la Société.*

— M. BRUNEL expose quelques-uns des résultats auxquels il est parvenu dans la théorie des matrices de substitution. Il s'occupe en particulier des racines de la matrice zéroïdale d'ordre *n*.

La racine n^e d'une matrice de cette espèce contient $n\,(n-1)$ quantités arbitraires et peut s'exprimer linéairement en fonction de $\dfrac{n\,(n-1)}{2}$ matrices jouissant de lois de multiplication remarquables. La forme à laquelle on arrive ainsi pour la matrice générale dont la puissance n^e reproduit la matrice zéroïdale conduit immédiatement à la détermination des matrices pour lesquelles c'est une puissance inférieure à *n* qui reproduit la matrice dont tous les éléments sont nuls.

— La Société procède à la nomination de deux Commissions chargées, l'une d'examiner l'état des archives de la Société, l'autre d'examiner l'état des finances. MM. Bayssellance, Fougeroux,

Hautreux, sont désignés pour faire partie de la première, et MM. Blarez, Pionchon, Boulouch, pour faire partie de la seconde.

Séance du 2 février 1888. — M. le PRÉSIDENT prend la parole et s'exprime ainsi :

« Suivant les règles de nos statuts et de notre règlement intérieur, les Commissions que vous avez nommées pour l'examen de l'état de notre bibliothèque et de nos archives (MM. Bayssellance, Fougueroux, Hautreux), et pour la vérification des comptes de notre Trésorier (MM. Blarez, Pionchon, Boulouch), se sont réunies, et je dois vous faire connaître le résultat de leur examen et leurs propositions.

» Notre bibliothèque, qui continue à s'accroître par les échanges que nous entretenons avec les plus célèbres Sociétés scientifiques de l'Europe, s'est encore enrichie de 850 volumes ou brochures, et à chacune de vos réunions vous pouvez constater que, grâce aux soins de M. Brunel, elle est maintenue dans le meilleur ordre. Le catalogue en est entrepris et si, comme la Faculté des sciences l'espère, le Conseil général des Facultés publie le catalogue de la bibliothèque universitaire de Bordeaux, je vous demanderai l'autorisation de faire joindre notre catalogue à celui de cette dernière. Il importe que ceux qui travaillent soient informés que les ressources réunies de la bibliothèque de la Faculté des sciences et de la bibliothèque de la *Société des Sciences physiques et naturelles*, forment les éléments nécessaires à bien des recherches, et que tous peuvent trouver à Bordeaux les ouvrages indispensables à l'étude du plus grand nombre des recherches historiques.

» Depuis l'an dernier il vous a été distribué un volume entier de nos *Mémoires,* le tome III de la 3e série. Je ne reviendrai pas sur le contenu de ce volume dont j'ai déjà eu l'occasion de vous entretenir deux fois.

» L'impression du tome IV (3e série) de nos *Mémoires* est commencée. L'imprimerie a terminé l'impression et le tirage de la notice consacrée à M. J. Hoüel, par notre archiviste M. Brunel, et la plus grande partie du mémoire de M. Merget, sur l'*action des vapeurs mercurielles sur l'économie,* est déjà composée. Bientôt nous manquerons de copie.

» La Commission des finances a trouvé les comptes de notre Trésorier d'une régularité parfaite et elle les a approuvés à l'unanimité. Je les dépose sur le bureau afin qu'ils soient conservés dans nos archives.

» Les recettes de 1887 se sont élevées à 2,640 fr. 60, et les dépenses à 4,685 fr. 15; nous avions en caisse au 31 décembre, indépendamment de notre capital inaliénable, une somme de 4,043 fr. 90.

» La dépense considérable faite cette année a sa source dans la rapidité et l'importance de nos publications. Notre tome III, tout entier, soldé sur l'exercice 1887, renferme en effet deux importants mémoires : la *Monographie de la fonction gamma*, par M. Brunel, et le mémoire de M. Petit, sur le *Pétiole des Dicotylédones;* ce dernier travail est accompagné de six planches.

» Pour 1888, la Commission des finances prévoit une recette certaine de 2,640 fr., et elle vous propose de régler comme suit le budget de cette même année :

Entretien de la bibliothèque .... F.	270
Frais de convocations............................	250
Frais de recouvrements des cotisations............	70
Frais de correspondance	150
Reliure des volumes.............................	250
Achats de livres	250
Impression des *Mémoires*	1,500
F.	2,740

» Le budget des dépenses qui vous est proposé est donc à très peu près égal à celui des recettes certaines, mais il ne nous est pas défendu d'espérer que la publication de notre dernier volume nous vaudra une subvention extraordinaire du ministère de l'instruction publique.

» J'espère, Messieurs, que vous voudrez bien approuver les comptes de votre Trésorier pour 1887 et le projet de budget pour 1888. »

— La Société vote l'approbation des comptes de 1887 et du projet de budget pour 1888.

— M. PETIT expose ses nouvelles recherches sur le Pétiole des Dicotylédones. Les trajets des faisceaux pétiolaires du *Castanopsis sinensis*, du *Platycarya strabilacea*, du *Bauhinia rufescens*, du *Bieberstinia Emodi*, sont respectivement analogues à ceux du *Castanea vesca*, du *Juglans regia*, du *Bauhinia racemosa* et des *Geranium*. Dans les *Neuradées* et les *Chrysobalanées* on ne retrouve pas le parcours typique des faisceaux libéro-ligneux pétiolaires des autres *rosacées*.

Les *polygonées*, les *composées* sont généralement des plantes herbacées, et les faisceaux pétiolaires s'y montrent d'ordinaire distincts à la caractéristique. Cependant on trouve exceptionnellement dans ces familles des plantes arborescentes (*Antigonon Muchlenbeckia, Moquinia, Augusta Proustia*) où les faisceaux pétiolaires forment des anneaux à la caractéristique.

Ces résultats confirment les conclusions déjà formulées dans un travail antérieur ([1]).

— M. Pionchon reproduit devant la Société les expériences qui démontrent la disparition des propriétés magnétiques du fer et du nickel aux températures critiques de ces métaux.

Séance du 16 février 1888. — MM. Chevastelon, Denigès et Fleuri sont élus membres titulaires de la Société.

— M. Brunel fait une communication sur la théorie des développantes. L'étude des propriétés principales des développantes et des développées d'une courbe donnée se fait avec la plus grande élégance si l'on se donne la courbe comme enveloppe de ses tangentes. Une tangente est déterminée par l'angle qu'elle fait avec une direction fixe et par sa distance à l'origine, ou bien encore, si l'on veut, par une relation entre cette distance et l'angle que fait la normale au point de contact avec l'axe des x.

Les développantes et développées d'ordre quelconque s'écrivent alors immédiatement, et ce mode de détermination conduit à une représentation géométrique simple des intégrales des fonctions des lignes trigonométriques. M. Brunel énonce par exemple une condition nécessaire pour que l'intégrale d'une telle fonction s'exprime uniquement au moyen de lignes trigonométriques :

Soit $p = f(\sin \varphi, \cos \varphi)$. Pour que l'on ait :

$$\int f(\sin \varphi \cos \varphi)\, d\varphi = F(\sin \varphi, \cos \varphi)$$

il faut que la courbe enveloppe de la droite $x \cos \varphi + y \sin \varphi = p$ ait des points de rebroussement. S'il y en a un nombre impair, on ne peut rien dire. S'il y en a un nombre pair, ces points de rebroussement séparent la courbe formée en $2p$ arcs, et il faut que la somme des arcs pairs soit égale à la somme des arcs impairs.

— M. G. Rayet entretient la Société de l'éclipse de lune qui a eu lieu le 28 janvier 1888.

Cette éclipse a été observée à l'Observatoire de Bordeaux dans des conditions atmosphériques assez favorables.

([1]) L. Petit. *Le Pétiole des dicotylédones au point de vue de l'anatomie comparée et de la taxinomie* (*Mémoire de la Société des Sciences physiques et naturelles de Bordeaux*, tome III, 3e série, 1887).

Pendant la période de totalité la lune est restée visible et s'est montrée franchement rouge. Kepler ([1]) paraît avoir remarqué le premier que cette coloration est due à ce que la lune est éclairée alors par des rayons lumineux qui ont traversé les couches inférieures de notre atmosphère et y ont perdu la plus grande partie de leurs rayons violets. Cette coloration est d'ailleurs d'une intensité variable suivant l'état atmosphérique moyen sur le grand cercle terrestre perpendiculaire à l'axe du cône d'ombre.

Les rayons qui forment sur la lune la séparation graduée de l'ombre pure et de la pénombre ont traversé à une faible hauteur l'atmosphère terrestre. On est porté à penser, en raison de la grande épaisseur d'air qu'ils ont traversée, que dans le spectre donné par ces rayons, les raies d'absorption atmosphériques doivent paraître nombreuses et intenses. M. Rayet a essayé de faire cette observation spectroscopique lors de l'éclipse partielle du 3 août 1887 ([2]), mais la lumière venant de la lune était trop faible pour permettre d'obtenir un spectre pur. Les observateurs qui, comme M. Janssen, ont renouvelé la tentative le 28 janvier 1888 n'ont pas été plus heureux.

Enfin, l'éclipse du 28 janvier offrait de l'intérêt au point de vue de la détermination de la parallaxe et du diamètre de la lune, à l'aide de l'observation des occultations d'étoiles. Les observations ont été faites sur un plan tracé par M. O. Struve. Elles seront centralisées et discutées à Poulkowa. L'Observatoire de Bordeaux a contribué pour une part importante à ce recueil d'observations. M. Rayet a pu observer 21 immersions ou émersions d'étoiles. MM. Flamme et Doublet en ont noté 10.

Pour les étoiles communes aux deux séries d'observations, les temps observés s'accordent à moins d'une seconde, ce qui prouve que les observations sont bonnes.

Séance du 1er mars 1888. — M. le Président donne lecture d'une lettre de M. le Ministre de l'instruction publique indiquant les conditions spéciales que doivent remplir les mémoires publiés par la Société, pour pouvoir être l'objet d'une subvention extraordinaire.

— M. le Président transmet ensuite à la Société une invitation et une carte pour la dix-septième session de l'Association fran-

---

([1]) *Epitoma astronomiæ Copernicanæ.*

([2]) *Note sur l'Observation spectroscopique de l'éclipse de lune du 3 août 1887* (*Comptes rendus de l'Académie des Sciences de Paris,* 8 août 1887).

çaise pour l'avancement des sciences, qui aura lieu cette année à Oran.

— M. Raoul ELLIE lit un mémoire sur l'*emploi de la lumière polarisée en télégraphie optique*. Il décrit sommairement les appareils actuellement en usage, et rappelle que la manipulation ordinaire consiste à émettre des éclats de lumière longs ou brefs, correspondant au trait ou au point de l'alphabet Morse. La rapidité de ce système de transmission a une limite, qui dépend de la persistance des impressions lumineuses sur la rétine. Le colonel Mangin admet que « le maximum de vitesse qu'il est bon de ne pas dépasser semble être environ la moitié de celle que l'on peut atteindre en télégraphie électrique. »

M. Ellie s'est proposé, en appliquant la polarisation à la télégraphie optique, d'augmenter la vitesse de la transmission, de rendre la manipulation moins délicate, et la réception peut-être plus facile.

Pour cela, il suffit d'émettre de la lumière polarisée soit dans le plan horizontal, soit dans le plan vertical, ou de la lumière naturelle. A la réception, on a une lunette contenant un Rochon placé de telle façon qu'on ne voie qu'une seule image avec la lumière polarisée. On peut donc voir trois signaux élémentaires ; un signal simple, à droite ou à gauche, avec la lumière polarisée, et un signal double, avec la lumière naturelle. Deux de ces signaux pourront être choisis pour représenter le trait et le point de l'alphabet Morse ; le troisième servira à séparer les lettres, et, répété, les mots.

La manipulation n'exige aucun apprentissage, pas même la connaissance préalable de l'alphabet Morse, qu'on peut avoir simplement sous les yeux.

On n'a pas fait d'expériences comparatives sur les vitesses de transmissions. Cependant, on peut espérer une réduction d'un tiers sur la durée de la manipulation ordinaire réglementaire. On peut le démontrer en étudiant la répartition des lettres en langue française, et en évaluant en points les durées des différentes manipulations.

L'appareil construit par l'auteur du mémoire contient un éclaireur, ou système de lentille formant une image de la source au foyer de l'objectif. L'avantage de cette disposition déjà ancienne, pour les appareils à manipulation ordinaire, consiste à pouvoir limiter la région de visibilité en plaçant un diaphragme dans la région où se forme l'image de la source. Il y a un autre avantage, c'est de pouvoir interposer entre l'objectif et l'éclaireur, de part et d'autre du foyer de l'objectif, deux spaths ayant leurs sections principales parallèles, mais en sens inverse l'un par rapport à l'autre. Le premier spath, du côté de l'éclaireur, dédouble le faisceau lumineux conique incident en deux faisceaux distincts. Le faisceau ordinaire est toujours dans l'axe de l'appareil; il est polarisé dans le plan de la section principale, plan horizontal par exemple. Le faisceau extraordinaire est rejeté de côté, parallèlement à l'axe; il est polarisé dans le plan vertical. Il se forme deux images de la source. Le deuxième spath ramène les deux faisceaux presque en coïncidence, et tout se passe comme si la lumière émanait constamment du même foyer virtuel. En plaçant deux petits écrans manipulateurs à l'endroit où se forment les deux images de la source, on peut émettre telle lumière que l'on voudra, ou les deux ensemble, équivalent à de la lumière naturelle.

On peut aussi envoyer simultanément deux dépêches, en employant la manipulation ordinaire. Chacun des deux expéditeurs ne manipule que sur la même touche. A la réception, chacun des observateurs a une lunette contenant un analyseur formant une image simple, et ne voit que les signaux qui peuvent traverser l'analyseur.

L'interposition des spaths diminue la lumière émise. On peut remédier à la perte due au dédoublement, en partie du moins. Quant aux pertes dues aux réflexions, le seul remède serait d'employer une source de lumière plus puissante que la lampe à pétrole, généralement employée aujourd'hui.

La nécessité d'éviter l'emploi de gros spaths oblige à avoir un objectif dont les aberrations ne soient pas trop fortes. Pour une lentille plan convexe de 16 centimètres de diamètre et 48 centimètres de distance focale, un calcul approximatif conduit à n'employer que des spaths ayant au moins 23 millimètres d'épaisseur; on suppose que l'image de la source, ayant 25 millimètres de diamètre, est plane.

Les spaths introduisent aussi des aberrations: les rayons extraordinaires convergent plus près de l'éclaireur que les rayons ordinaires. Il y a cependant avantage à former sur le diaphragme, placé dans la région des deux foyers, une image nette ordinaire, parce que, dans ce cas, les aberrations de l'image extraordinaire sont moins fortes dans le sens horizontal. Le second spath double ces aberrations.

A la réception, on remarque que l'éclat des différents signaux reste toujours le même, dans la lunette avec Rochon. Sans Rochon, le signal équivalent à la lumière naturelle a un éclat double des autres signaux. Du reste, l'éclat relatif, par rapport au fond avec Rochon, est le même que sans Rochon avec lumière polarisée.

En plaçant au foyer de l'objectif un diaphragme percé d'une petite ouverture, le Rochon dédouble cette image, et l'on fait en sorte qu'elles n'empiètent pas l'une sur l'autre. Alors, l'éclat du fond est moitié moindre que sans diaphragme, tandis que le signal lumineux a toujours la même intensité.

La visibilité relative au fond est donc la même qu'avec l'appareil ordinaire, abstraction faite des pertes dues aux spaths. En même temps, cette disposition permet de repérer les signaux. Il faudrait pendant la nuit éclairer légèrement le diaphragme. Mais le champ étant alors très restreint, on doit pouvoir enlever le diaphragme pour permettre de rechercher le signal; on peut y substituer un réticule dont le croisé coïncide avec la position de l'ouverture, et l'on peut en même temps écarter le Rochon. Un autre moyen, c'est d'avoir un diaphragme étroit.

Les expériences ont été généralement faites en septembre dernier, avec le soleil comme source. Dans ces conditions, on a pu communiquer très facilement à 20 kilomètres. Une expérience à 5 kilomètres a été faite avec la lampe à pétrole, dont le signal était visible dans une lunette.

Le système proposé assure le secret des transmissions pour toute personne n'ayant pas de Rochon. C'est dans ce but qu'on a déjà proposé la polarisation en télégraphie optique. M. Brion, en 1871, paraît avoir eu le premier l'idée de produire des signaux polarisés; les éclipses n'étaient visibles que dans la lunette spéciale, contenant probablement un analyseur.

M. Bouchard a récemment émis la même idée, et a proposé de produire les signaux polarisés en faisant tourner un polarisateur. Les signaux ne pourraient être compris qu'à travers la lunette avec analyseur. Du reste, il admet, comme M. Brion, la manipulation ordinaire.

— M. G. RAYET présente quelques remarques sur la période de froid qui a terminé le mois de février 1888.

Le mois de février, qui a pris fin hier soir, a présenté, dans sa seconde partie, un refroidissement anormal pour le climat de Bordeaux et des chutes de neige peu ordinaires; les circonstances météorologiques générales de ces deux phénomènes sont intéressantes à connaître, et on me permettra de les signaler ici.

Je n'ai sous la main aucune série ancienne d'observations de températures faites à Bordeaux, et les maxima de température obtenus au Jardin-Public, dans un point de la ville qui me paraît particulièrement humide et froid, ne seraient point comparables aux nombres que nous recueillons, dans des conditions meilleures, sur le sommet de la colline de Floirac. Je me bornerai donc à donner ici la série des minima de température relevés à l'Observatoire de Floirac pendant les mois de février des années comprises entre 1880 et 1888.

TABLEAU DES MINIMA DE TEMPÉRATURE EN FÉVRIER.

Février.	1880	1881	1882	1883	1884	1885	1886	1887	1888
1	3,1	8,1	0,2	4,7	6,4	9,2	9,8	1,4	0,9
2	2,0	2,7	2,1	5,1	5,2	6,9	4,9	2,1	0,8
3	0,9	6,5	1,0	5,5	0,8	3,8	9,1	7,9	— 2,6
4	— 0,2	7,5	2,3	2,7	— 1,7	2,9	4,0	4,1	— 2,0
5	— 1,2	8,0	— 0,4	0,4	0,0	8,9	0,0	5,2	2,4
6	1,0	3,8	— 3,9	2,2	3,7	2,7	0,3	4,5	4,3
7	6,6	— 0,4	— 3,9	4,9	5,9	5,1	— 1,8	0,2	5,8
8	6,9	9,7	— 1,7	9,1	7,6	5,9	— 3,4	— 2,1	4,2
9	4,0	7,0	— 2,3	7,1	7,9	8,3	— 3,9	— 3,5	5,1
10	6,0	8,9	1,1	3,4	7,9	7,7	— 2,9	— 5,9	5,1
11	6,0	6,5	4,8	5,6	4,9	9,6	— 3,5	— 7,2	5,8
12	3,4	0,3	6,3	5,2	4,0	5,4	— 0,2	— 4,2	4,2
13	1,2	— 1,6	0,5	4,0	7,8	4,2	— 0,8	— 1,3	1,5
14	2,7	3,6	0,2	3,1	6,2	4,6	1,1	— 1,2	0,8
15	4,9	6,5	3,0	5,6	3,8	9,5	3,7	1,1	— 0,9
16	8,2	7,3	0,7	3,0	6,8	9,1	3,5	— 2,1	— 1,1
17	10,1	3,7	— 1,4	1,4	8,5	9,2	3,8	— 4,0	— 0,9
18	6,5	3,0	4,9	1,4	6,8	7,7	5,1	— 4,9	— 0,2
19	8,0	6,9	4,6	2,8	7,5	4,5	5,0	— 0,3	— 1,7
20	6,9	6,8	— 0,5	— 0,1	6,3	8,9	0,1	3,1	— 5,5
21	8,1	8,3	— 0,5	— 0,9	4,6	4,1	0,1	1,1	— 3,2
22	8,4	9,0	2,6	1,8	9,3	0,1	— 0,6	3,9	— 0,9
23	4,2	8,0	— 0,5	8,4	5,9	1,8	— 3,2	4,5	— 2,2
24	2,8	5,4	1,4	2,6	5,0	7,3	0,7	3,7	— 4,2
25	2,4	5,0	7,1	2,1	7,6	9,0	4,5	4,7	— 8,2
26	0,5	5,8	9,6	1,9	6,8	2,5	6,9	0,2	— 8,2
27	1,0	6,0	7,3	0,5	6,4	8,2	2,5	1,4	— 5,7
28	1,0	7,2	8,1	0,9	4,1	7,2	1,1	1,3	— 1,5
29	0,7				6,0				— 3,0

Ce tableau montre que février 1888 a été tout particulièrement rigoureux.

Le nombre des jours de gelée qui avait été de 2 en 1880, de 2 en 1881, de 9 en 1882, de 2 en 1883, de 1 en 1884, de 0 en 1885, de 9 en 1886, de 11 en 1887, s'est élevé à 17 en 1888; et, circonstance tout à fait anormale, il y a gelé sans discontinuité pendant les quinze derniers jours. La température de 8°,2 au-dessous de zéro des 25 et 26 au matin est égale aux plus grands froids de l'hiver.

Les gelées qui ont commencé le 15 au matin ont été suivies dans la journée du 19 d'une chute abondante de neige, qui a formé sur le sol une couche d'environ 25 centimètres d'épaisseur et qui, tombant sur un terrain glacé, persiste encore dans tous les points qui ne sont pas particulièrement exposés au soleil. Au moment où j'écris, 1er mars, j'ai devant ma fenêtre la pente nord du coteau gauche de Rebedeche, de Floirac, qui est encore couverte d'immenses plaques de neige blanche et brillante.

La persistance du froid et de la neige pendant la seconde quinzaine de février me paraît, pour Bordeaux, un phénomène absolument anormal, et il faudrait probablement remonter à plus d'une vingtaine d'années pour en trouver un second exemple.

L'abaissement thermométrique et les neiges de la seconde partie de février, neiges particulièrement abondantes dans le midi de la France et le nord de l'Espagne, tiennent à la persistance, singulière pour cette partie de l'année, de fortes pressions atmosphériques sur la mer du Nord, la Baltique et la Russie, et de pressions faibles sur le golfe de Gênes, l'Adriatique et la Méditerranée. Aussi longtemps que cette distribution des pressions continuera, nous aurons dans le midi de la France des vents de N. et de N E. avec temps disposé à la neige et température basse.

La chute de neige du 19 s'est produite à Bordeaux par une bourrasque de vent d'E. et de S E. causée par le passage, du golfe de Gascogne à la Méditerranée, d'une bourrasque dont le centre a dû suivre le versant nord des Pyrénées. En tout cas, son centre a certainement passé au sud de Bordeaux ainsi que le montre la direction S E. du vent pendant la chute de neige et la marche du baromètre. Le minimum barométrique de 738mm,89 (réduit au niveau de la mer) a été atteint le dimanche 19 à 2 h. du soir. Le matin, le baromètre baissait de 1 millimètre par heure ; le soir, il a remonté avec une vitesse presque égale.

Séance du 15 mars 1888. — M. G. RAYET, complétant sa communication du 1er mars, revient sur les froids qui ont signalé la seconde quinzaine de février et qui, à l'Observatoire, ont duré jusqu'au 5 mars, donnant ainsi 20 jours consécutifs de gelée. Ces froids ont été, dans nombre de points de la Gironde, plus grands et plus prolongés encore, ainsi que le montre le tableau suivant qui se rapporte à la période considérée.

STATIONS.	Première gelée.	Dernière gelée.	Nombre de jours de gelée.	Minima absolu.	Date du minima.
Arcachon............	19 févr.	5 mars	16	— 7°,8	25 févr.
Arès	14 —	8 —	24	— 10 ,6	25 —
Le Porge	13 —	8 —	25	— 11 ,8	25 —
Saint-Hélène........	15 —	7 —	22	— 13 ,2	25 —
Floirac (Observatoire).	15 —	5 —	20	— 8 ,2	25 —
Machorre...........	14 —	5 —	21	— 8 ,1	26 —

Le climat de Bordeaux, ou du moins des collines de la rive droite, ne saurait donc être considéré comme le plus froid de la Gironde.

Une période de froid comme celle de février-mars 1888 doit, d'ailleurs, être absolument exceptionnelle pour la partie inférieure du bassin de la Garonne.

— M. MORISOT communique à la Société quelques résultats relatifs à différentes combinaisons de piles.

1° Un *élément Daniell ordinaire* fonctionnant à la résistance de 50 ohms pendant plusieurs jours, s'affaiblit environ d'un douzième.

On obtient, surtout au début, une force électro-motrice plus grande en remplaçant le cuivre au pôle positif par un charbon. L'accroissement est d'environ un neuvième.

2° Un *élément Bunsen* ordinaire fonctionnant à la résistance de 2000 ohms vaut au début 1[Daniell],75, mais il s'affaiblit très vite, et après vingt-quatre heures il vaut seulement 1[Daniell],5. Après quatre jours il ne vaut plus que 1[Daniell],4.

A faible résistance il est très probable qu'il s'affaiblirait plus vite encore : ce que M. Morisot se propose de vérifier.

3° Un élément zinc-charbon, dont le liquide dépolarisant est une solution saturée de permanganate de soude additionnée d'acide sulfurique, avec réserve de permanganate dans un ballon renversé.

Fonctionnant à la résistance de 2000 ohms, cet élément conserve pendant sept jours la valeur de *deux Daniells*. Mais à court circuit (50 ohms) il s'affaiblit en deux jours comme un Bunsen.

Toutefois, en employant des charbons extérieurs au vase poreux, avec zinc intérieur, on obtient pendant un jour le maintien de l'intensité primitive, *deux Daniells*.

4° Un élément où le zinc plonge autour du vase poreux, dans de l'eau acidulée au dixième, et le charbon est entouré de bichromate de soude concassé noyé d'acide sulfurique concentré.

Fonctionnant à la résistance de 2000 ohms, pendant quatre jours, l'élément conserve sa valeur primitive, *deux Daniells.*

Fonctionnant à 50 ohms, il la conserve aussi pendant plusieurs heures.

Cette disposition semble à M. Morisot avantageuse pour les grandes résistances, par exemple pour les télégraphes. La pile ne dégage aucun gaz; le liquide extérieur est facile à renouveler; le liquide intérieur dure longtemps et peut être entretenu sans manipulation compliquée. Enfin, le liquide vert qui provient de la dépolarisation, et qui renferme de l'alun de chrome avec du sulfate de zinc, peut être à son tour employé à des piles moins énergiques valant environ un Daniell.

M. Morisot se propose de continuer ces recherches en étudiant, surtout maintenant, le perfectionnement des couples à très court circuit.

Séance du 12 avril 1888. — M. GARNAULT fait une communication sur la structure des organes génitaux, l'ovogénèse et les premiers stades de la fécondation chez l'*Helix aspersa.*

J'ai étudié, au moyen de coupes en séries, la région des organes génitaux de l'*Helix aspersa* nommée par les auteurs le *talon* ou le *diverticule.* Le canal efférent aborde, latéralement et très près de son extrémité postérieure, une sorte de sac, d'abord accolé à la concavité de la glande de l'albumine, et qui s'enfonce dans cet organe, dont il reçoit le canal excréteur avant de se transformer en oviducte et gouttière déférente.

Chez le jeune, le canal efférent aboutit plus près de l'extrémité postérieure de ce sac. Pour cette raison et pour d'autres encore, ce sac doit être considéré comme l'extrémité renflée du canal efférent. Un peu au-dessous du point où la portion renflée du canal efférent s'enfonce dans la glande de l'albumine, il donne latéralement naissance à un tube, tapissé comme lui par un épithélium cilié non glandulaire. Ce tube se ramifie bientôt. Il y a trois ramifications au minimum, huit au maximum; elles sont terminées en culs-de-sac et logées entre la portion ascendante et la portion descendante ou renflée du canal efférent. On trouve chez l'adulte ces tubes remplis de spermatozoïdes vivants.

J'ai examiné des œufs à tous les âges, soit sur des coupes [1],

(1) Les meilleures fixations ont été faites avec le liquide chromo-acéto-osmique, formule de Fol, et les colorations avec le violet de gentiane, méthode de Bizzozzero.

soit sur le vivant; je me bornerai pour le moment à indiquer les résultats suivants. Le follicule qui entoure les œufs dans la glande hermaphrodite se développe par le procédé que j'ai indiqué dans mes recherches sur le Cyclostome et les Chitons; il est formé par des cellules de l'épithélium germinatif et non par des noyaux sortis de l'œuf soulevant une membrane anhiste. Le follicule s'amincit chez les œufs qui se rapprochent de l'état adulte et il est résorbé au moment de leur déhiscence.

Le noyau de l'œuf adulte présente une membrane nette, épaisse et sans perforations. On trouve dans le noyau une grosse sphère fortement colorable, contenant un corpuscule plus colorable. Il y a en outre un réseau karyoplasmique retenant encore, mais plus faiblement, la matière colorante. On voit aux points nodaux du réseau un nombre plus ou moins considérable de corpuscules teints d'une façon aussi intense que la grosse masse chromatique. Le gros nucléole et les nucléoles accessoires se sont formés par la concentration de la matière chromatique glissant sur les mailles du réseau karyoplasmique, sans que cette séparation soit jamais complète.

Si l'on examine une *Helix* commençant à pondre, on voit que la partie renflée du canal efférent, qui d'ordinaire est complètement vide, se trouve alors remplie de spermatozoïdes et d'œufs. J'ai pratiqué sur cet organe des coupes en séries. Les meilleures méthodes de préparation sont : 1° le liquide chromo-acéto-osmique et violet de gentiane, méthode A; 2° l'acide nitrique à 3 p. 100 et hématoxyline de Delafield, méthode B.

Les œufs sont admirablement fixés dans leur forme par la méthode B; les expansions vitellines découvertes par M. Perez sont surtout bien conservées par ce procédé. Elles peuvent être dispersées sur toute la surface de l'œuf ou bien groupées dans une région quelconque, située au pôle germinatif aussi bien qu'au pôle végétatif, mais en tout cas très limitée. Cette région paraît être celle où l'œuf se trouve exposé au contact des spermatozoïdes. Leur formation devrait donc être attribuée à l'irritabilité du vitellus mise en jeu par l'action des spermatozoïdes.

Presque tous les œufs observés avaient déjà formé leur premier amphiaster de direction (¹), situé plus ou moins près de la périphérie.

Un seul œuf possédait encore sa vésicule germinative, dont la membrane était fortement plissée, mais intacte. On voyait dans la

---

(¹) Je n'emploie ce terme que d'une façon provisoire.

vésicule un gros nucléole et de très nombreux grains d'une substance presque aussi colorable que ce dernier. Ces grains repré-
sentaient évidemment le réseau karyoplasmique fragmenté, car je
n'ai pu constater dans la vésicule la présence d'une substance
véritablement achromatique.

L'étoile périphérique du premier amphiaster directeur est un peu
moins volumineuse que l'étoile intérieure. La partie centrale de
l'une et de l'autre se colore vivement en violet par la méthode A.

Les fibres du fuseau achromatique, au nombre d'environ 40,
sont trois ou quatre fois plus volumineuses que celles des asters et
s'étendent sans interruption d'un pôle à l'autre. Les grains qui
composent la plaque nucléaire sont au nombre de 16 à 20; on en
trouve souvent dans les parties centrales du fuseau. Le dédoublement de la plaque se fait par un glissement des grains sur les
fibres du fuseau. Le phénomène paraît être précédé d'une division
longitudinale des grains.

L'aster externe sort du vitellus pour fermer le premier globule
polaire. Souvent, au moment où commence la constriction qui
sépare ce dernier du vitellus, la plaque nucléaire n'est pas encore
dédoublée. J'ai vu, sur le globule polaire, cet épaississement
externe indiqué par Marck, mais je ne puis me prononcer encore
sur sa signification.

Il n'y a aucun doute que, contrairement à l'opinion de Van Be-
neden, la formation des globules polaires ait la signification d'une
division cellulaire.

Le protoplasma vitellin forme, dans les préparations faites par
la méthode A, un élégant réseau renfermant des granules colorés
en brun clair et limitant des vacuoles. On voit encore, par ce
procédé, de nombreux granules colorés en violet placés dans les
travées du réseau. Ces granules ne se voient pas dans le protoplasma de l'œuf qui possède encore sa vésicule germinative. Ce
fait et cette considération que la substance chromatique de la
plaque nucléaire ne représente qu'une partie infiniment petite de
la substance colorable contenue dans la vésicule germinative me
portent à considérer les grains colorables contenus dans le vitellus
comme émigrés du noyau de l'œuf au moment de l'établissement de
l'amphiaster.

Les spermatozoïdes pénètrent dans l'œuf par les expansions
vitellines, qui doivent être considérées comme de véritables cônes
d'attraction, mais ils peuvent aussi pénétrer par tous les points de
la surface. Dans la plupart des cas, ils perdent très rapidement

leur queue, leur tête grossit et ils méritent alors le nom de *pronuclei mâles*. J'ai pu observer jusqu'à trois de ces pronuclei dans un même œuf.

Les pronuclei s'accroissent par l'adjonction des grains colorables du vitellus qui viennent s'y accoler.

Le pronucléus prend bientôt un aspect stellaire; il est formé d'une masse centrale plus colorable et de trois, puis quatre, cinq, six masses latérales. Je ne puis encore décider si les masses latérales proviennent directement des corps colorables du vitellus, accolés à la tête du spermatozoïde, ou bien si ce sont des expansions émises par cette tête après absorption des granules vitellins.

Le volume total du pronucléus devient de plus en plus considérable à mesure que sa structure devient plus complexe. Je n'ai encore vu qu'un seul de ces gros pronuclei dans un même œuf. Je n'ai jamais vu d'aster mâle dans le vitellus. Les pronuclei peuvent se trouver au pôle germinatif près de l'amphiaster directeur, mais on les trouve plus souvent à l'autre extrémité de l'œuf. Ils se déplacent très lentement dans le vitellus, qui, au stade le plus avancé que j'aie observé, ne possède pas de membrane vitelline.

M. R. Blanchard est le seul auteur, à ma connaissance, qui ait émis cette idée que le pronucléus mâle se développait aux dépens de la substance de la vésicule germinative, mais il n'en a donné aucune preuve.

Je dois dire que mes observations sur le développement du pronucléus mâle chez l'*Helix* ne s'accordent guère avec celles qui ont été faites récemment chez l'*Arion* par M. Platner.

Séance du 26 avril 1888. — M. Brunel communique de nouvelles propositions relatives à la théorie des matrices. Il s'occupe d'une façon plus spéciale de la formation des matrices d'ordre n qui satisfont à l'équation

$$m^p + \mu m^{p-1} = 0$$

où p est au plus égal à n.

Il considère, en particulier, le cas où $p = 2$, et montre l'importance de l'introduction de l'idée de matrice dans la théorie des quantités formées avec plusieurs unités indépendantes.

— M. Hautreux expose les remarques qu'il a faites sur la distribution des pressions barométriques en Europe et en Amérique, pendant le mois de mars 1888.

Le mois de mars 1888 a été remarquable à Bordeaux, par la persistance des froids au delà de la période hivernale habituelle; sur les côtes d'Europe, par deux séries de coups de vent cycloniques de grande énergie; et en Amérique, par des tempêtes de neige d'une violence extraordinaire.

Le *Bulletin international du Bureau central météorologique*, publiant chaque jour les dépêches barométriques d'Europe et d'Amérique, présente un champ d'observations de 180 degrés en longitude et de 35 degrés en latitude; c'est la moitié de la zone tempérée boréale.

D'un autre côté, la zone tropicale de l'équateur à 32° Nord, présente, dans l'Atlantique, une stabilité barométrique remarquable, dont le maximum d'hiver (769) est par 30° Nord et le minimum (758) est par 5° Nord.

Si nous connaissions ce qui se passe dans la zone polaire, nous aurions, chaque jour, une notion précise des mouvements atmosphériques de la moitié de l'hémisphère boréal. Malheureusement nous ignorons encore ce qui se passe dans la région arctique.

Dans l'état actuel de nos connaissances, si l'on fait un croquis journalier des centres de pression maxima et minima, on reconnaît que dans la zone tempérée, les manifestations barométriques prennent la forme circulaire et se suivent comme les ondulations de la houle. Leur diamètre est d'environ 30 degrés ou 3,000 kilomètres; une seule d'entre elles peut couvrir l'Atlantique, des Açores à l'Islande, de Terre-Neuve à l'Écosse. Dans le champ des observations on compte quatre ou cinq manifestations; les montagnes ne paraissent pas exercer d'influence sur leurs déplacements : elles se forment donc dans les hautes régions de l'atmosphère.

En examinant ces croquis journaliers du mois de mars, on voit que l'état barométrique de l'Europe a été bien plus stable que celui de l'Amérique.

Les modifications européennes ont été dues :

Le 7 à une dépression qui apparaît en Écosse et se maintient sur nos côtes jusqu'au 16.

Le 16 de hautes pressions apparaissent en Laponie et couvrent une partie de l'Europe jusqu'au 22.

Le 22 de basses pressions apparaissent en Écosse et stationnent sur nos côtes jusqu'à la fin du mois.

En Amérique les grandes perturbations ont été dues au déplacement des hautes pressions des grands lacs, qui se sont dirigées vers l'Atlantique et vers la zone tropicale.

Les manifestations polaires ont donc une action considérable sur nos climats.

Du Thibet aux grands lacs américains, il y a, pendant l'hiver, une étendue de 10,000 kilomètres en longueur, le quart d'un méridien, qui est un centre de production de froid et de hautes pressions. Ce vaste espace est étranglé par la pénétration océanique en deux points : la mer de Behring et la mer d'Islande. Des différences thermales et hygrométriques considérables sont ainsi très voisines; elles produisent des perturbations atmosphériques violentes et les basses pressions océaniques.

Dans toute l'étendue du cercle polaire il peut y avoir trois ou quatre manifestations, dont deux de basses pressions. Ces dernières, d'origine marine, ne peuvent faire irruption que par les côtes : Écosse ou Terre-Neuve, pour l'Atlantique; Orégon et Californie, pour le Pacifique.

Il semble que, par l'aspect des croquis, les déplacements des centres des basses pressions soient dus aux ébranlements qui se produisent dans la vaste région froide, par ondulations ou par segmentations des hautes pressions barométriques. Ces dernières se dirigent vers la région équatoriale de l'Atlantique pour les mêmes causes qui les convertissent en moussons du Nord dans l'océan Indien et la mer de Chine. Seulement, pour l'Atlantique les phénomènes n'ont pas la régularité qu'ils acquièrent dans de plus vastes espaces.

On peut espérer que lorsque des câbles réuniront à l'Europe, le Groenland, l'Islande et le Spitzberg, nous posséderons la clef de ces grands mouvements oscillatoires polaires.

Séance du 24 mai 1888. — M. le Président propose à la Société d'adresser à M. Millardet ses félicitations à l'occasion de sa nomination dans l'ordre de la Légion d'honneur, pour les beaux travaux qu'il a publiés sur le traitement du mildew. Ces conclusions sont adoptées à l'unanimité des membres présents.

— M. Joannis présente à la Société l'appareil qu'il emploie pour faire des expériences calorimétriques de thermochimie à des températures plus élevées que la température ambiante. Il consiste en une étuve d'Arsonval, maintenue automatiquement à une température déterminée, dans laquelle se trouve placé un vase en laiton argenté contenant le calorimètre en platine de M. Berthelot. L'espace où se trouve le calorimètre est entièrement clos pour éviter le refroidissement par l'air extérieur. L'agitation du calorimètre et des fioles qui peuvent être nécessaires pour certaines expériences est produite par un petit moteur hydraulique. Les opérations habituelles de la thermochimie se font par ce procédé à peu près aussi commodément que dans la méthode ordinaire. On réalise le mélange des deux liquides en plaçant l'un dans le calorimètre et l'autre dans un ballon muni à sa partie inférieure d'un tube deux fois recourbé en forme de syphon, qui laisse échapper le liquide seulement une fois amorcé; cet amorçage se fait très simplement en soufflant de l'extérieur au moyen d'un tube fixé sur le ballon par un bouchon fermant mal; une fois le siphon amorcé, on cesse de souffler et l'air qui rentre dans le ballon pour remplacer le liquide qui s'échappe est de l'air pris à l'intérieur de l'étuve et, par suite, à la même température que tout le reste du système. Les corrections dues au réchauffement ou au refroidissement sont très faibles : c'est ainsi que le calorimètre dans une expérience s'est refroidi de 0°,002 par minute d'une façon régulière pendant plus d'une heure. Cette méthode permet d'appliquer la thermochimie à un certain nombre de réactions ne se produisant pas à la température ordinaire. M. Joannis l'applique, en particulier, à des recherches sur le gélatino-bromure d'argent dont il espère pouvoir entretenir la Société lorsqu'elles seront plus avancées.

— M. GAYON présente, au nom de M. DEBRUN, une règle de construction très simple qui permet, sans aucun calcul et par une simple lecture, de donner le rapport de l'alcool à l'extrait.

Séance du 7 juin 1888. — M. le PRÉSIDENT propose d'adresser à M. Millardet des félicitations, au nom de la Société, à l'occasion de sa nomination comme membre correspondant de l'Académie des Sciences. Cette proposition reçoit un assentiment unanime.

— M. PIONCHON présente à la Société la courbe représentant les résultats de ses recherches sur la variation de la chaleur spécifique du quartz avec la température. Il ressort de cette étude que toute l'augmentation que la chaleur spécifique de cette substance est susceptible de recevoir par l'accroissement de la température a lieu entre 0° et 400°. Au delà de 400°, jusqu'à 1,200°, la chaleur spécifique s'est montrée constante. A partir de 400°, par conséquent, les quantités de chaleur qui produisent les variations de température du quartz sont proportionnelles à ces variations de température. Il est très remarquable qu'à partir de 400° le pouvoir rotatoire du quartz, contrairement à ce qui avait lieu au-dessous de ce point, varie aussi proportionnellement à la température. On peut peut-être s'attendre d'après cela à voir le quartz présenter encore vers 400° un changement d'allures si l'on étudie l'influence des variations de température sur ses diverses autres propriétés physiques.

Séance du 21 juin 1888. — M. P. TANNERY donne quelques détails sur le plan de l'édition des *Œuvres de Fermat,* pour laquelle les Chambres ont voté un crédit de 25,000 francs, et à laquelle il a été appelé à collaborer par le Ministère de l'instruction publique. Il s'est spécialement chargé de l'établissement du texte et de la rédaction des notes historiques ou critiques, et son rôle est devenu prépondérant, en raison de la décision prise par la Commission de publication, d'écarter le projet de commentaire perpétuel proposé par M. Lucas.

La nouvelle édition de Fermat, si on la compare à celle de 1679, sera augmentée dans le rapport de 5 à 3 environ. L'augmentation correspondra, d'ailleurs, pour quatre septièmes, à l'addition des observations sur Diophante et de lettres déjà publiées dans les œuvres de Descartes, Pascal, etc.; pour trois septièmes, à celle de lettres ou fragments inédits. L'édition ne peut, au reste, prétendre à être complète, en ce sens qu'un certain nombre d'écrits ou de lettres de Fermat sont perdus et que, si cette perte paraît désormais irrévocable en thèse générale, des rencontres heureuses peuvent combler quelques lacunes.

M. Tannery remarque à ce sujet qu'il vient précisément de trouver, ces jours derniers, dans l'ouvrage du Père Lalouvère, *Sur la Cycloïde,* publié en 1660, plusieurs pages intéressantes qui sont données comme textuellement de Fermat et qui n'avaient jamais été signalées comme telles. Il raconte ensuite l'histoire des pièces inédites, réunies par Libri, puis dispersées lors des poursuites exercées contre lui, et qui se trouvent actuellement en possession soit du prince Boncompagni, à Rome, soit de la Bibliothèque nationale, où elles sont arrivées tant à la suite des saisies opérées au domicile de Libri, qu'à la suite de la récente acquisition de manuscrits de lord Ashburnham. Enfin, il fait quelques remarques sur les incorrections que présentent, soit l'édition procurée par Samuel Fermat, soit les diverses copies actuellement existantes, soit même le seul manuscrit de quelques pages qui soit de l'écriture de Fermat.

— M. BRUNEL fait une communication sur une *généralisation de la notion de périodicité.*

Soit z une variable quelconque et $f(z)$ une fonction de cette variable, on dit que la fonction $f(z)$ admet la période ω lorsque l'on a identiquement

$$f(z + \omega) = f(z).$$

Si nous posons

$$z + \omega = \varphi(z),$$

l'équation de condition qui définit la périodicité s'écrit :

$$f[\varphi(z)] = f(z) ;$$

et nous pouvons dire que la fonction f admet la périodicité représentée par la fonction $\varphi(z) = z + \omega$.

On arrive alors immédiatement à une généralisation de la notion de périodicité en supposant que $\varphi(z)$ ne soit plus la fonction simple $z + \omega$, mais une fonction donnée quelconque, et, lorsque la condition

$$f[\varphi(z)] = f(z)$$

est satisfaite, on dit que la fonction f admet la périodicité représentée par la fonction φ.

Ces considérations ne s'appliquent pas seulement aux variables réelles ou imaginaires et aux fonctions de ces variables. Nous allons montrer qu'elles s'étendent à des objets ou éléments quelconques et à des opérations déterminées effectuées sur ces objets.

Soit o un objet ou un élément quelconque, parfaitement déterminé; représentons par P une opération déterminée d'une façon univoque que l'on puisse effectuer sur l'élément o et qui conduit à un certain résultat, c'est-dire qui transforme l'objet o sur lequel nous opérons en un autre objet o_1, fini et déterminé.

Pour désigner ce qui précède, nous écrirons symboliquement :

$$\mathrm{P}(o) = o_1.$$

Supposons que l'élément o_1 que nous avons ainsi formé puisse encore subir l'opération P et soit o_2 le résultat de cette opération. Nous écrirons encore

$$\mathrm{P}(o_1) = o_2,$$

ou bien si l'on veut

$$\mathrm{P}[\mathrm{P}(o)] = o_2,$$

ou encore plus simplement

$$\mathrm{P}^2(o) = o_2.$$

En continuant ainsi nous arriverons à définir d'une façon précise ce que l'on entend par puissance $n^{ième}$ d'une opération P effectuée sur l'élément choisi o et que nous représentons simplement par

$$P^n(o) = o_n.$$

L'élément o_1, se déduit de l'élément o par l'opération P. Il est évident que, en général, on peut repasser de l'élément o_1 à l'élément o, mais il ne s'ensuit pas que l'opération qui permet de déduire o de o_1 soit déterminée d'une façon univoque. Quoi qu'il en soit, nous choisirons dans le nombre fini ou infini d'opérations qui permettent de déduire o de o_1 l'une d'elles que nous représenterons par P^{-1} et nous écrirons

$$P^{-1}(o_1) = o.$$

L'opération P^{-1} est donc une opération déterminée qui satisfait à l'équation de condition

$$P^{-1}P(o) = o$$

et que nous appellerons l'inverse de l'opération P.

Nous pouvons maintenant définir les puissances négatives de l'opération P.

Effectuons sur l'élément fondamental o l'opération P^{-1} et supposons que l'on soit ainsi conduit à un résultat. Nous écrivons :

$$P^{-1}(o) = o_{-1},$$

et en continuant de même, nous serons conduit à l'équation

$$P^{-m}(o) = o_{-m}.$$

Considérons maintenant l'élément o_1, déduit de o par l'opération P et effectuons sur lui une autre opération représentée par le symbole Q, désignons par o' le résultat obtenu, dont nous admettons toujours l'existence. Nous pouvons écrire avec nos notations

$$Q(o_1) = QP(o) = o'.$$

En général le résultat o' des opérations successives, P et Q dépendra de la nature de ces deux opérations, mais il peut arriver que ce résultat ne soit autre que le résultat de l'opération Q effectuée sur l'élément o, c'est-à-dire que l'on ait :

$$QP(o) = o' = Q(o),$$

ou, en d'autres termes, que pour l'élément o l'opération Q admet la périodicité représentée par l'opération P.

Nous nous occuperons ici spécialement du cas où une condition de cette nature doit être satisfaite, et nous nous proposerons de déterminer pour un élément o et pour une opération P donnée s'il existe une opération Q admettant la périodicité représentée par l'opération P.

Considérons la suite des objets.

$$\ldots, \quad o_{-m}, \quad \ldots, \quad o_{-1}, \quad o, \quad o_1, \quad o_2, \quad \ldots, \quad o_n, \quad \ldots,$$

et supposons que chacun d'eux ait une existence effective et que o_p résulte, comme il a été dit, de l'effet de l'opération P sur o_{p-1}. Deux cas peuvent se présenter suivant que tous les objets de cette série infinie sont différents ou que cela n'a pas lieu. Nous examinerons d'abord ce dernier cas.

Si l'on a

$$o_p = o_{p+n},$$

on en déduira immédiatement en opérant sur les objets qui apparaissent dans les deux membres soit avec P, soit avec P^{-1} que que la même équation subsiste pour toute valeur de p. On a par exemple

$$o = o_n,$$

et nous supposons que o_n est le premier résultat qui reproduise o, c'est-à-dire que $o, o_1, o_2, \ldots, o_{n-1}$, sont tous différents. Si nous considérons dès lors l'ensemble de ces objets différents,

$$o, \quad P(o), \quad P^2(o), \quad \ldots, \quad P^{n-1}(o),$$

cet ensemble constitue un objet qui provient en somme de l'objet primitif o; nous pouvons alors concevoir une opération unique Q qui appliquée à o reproduise cet ensemble. Cette opération Q admet la périodicité représentée par l'opération P. En effet, si nous considérons $Q P(o)$, chacun des objets qui existe dans $Q(o)$ aura changé de place avec l'objet précédent, mais l'ensemble sera resté le même. Nous supposons ici que l'ensemble des objets $o, o_1, \ldots, o_{n-1}$ n'a pas de propriétés spéciales dépendant du rang qu'occupe en particulier l'un des objets, mais il peut fort bien en avoir qui dépendent de leurs positions relatives.

Prenons par exemple comme élément une courbe quelconque C située dans un plan et désignons par P l'opération qui consiste à prendre la polaire réciproque d'une courbe donnée. En effectuant sur C l'opération P, on obtient en général une autre courbe

$$PC = C_1.$$

Mais, en effectuant sur C_1 l'opération P, on retombe sur le premier objet, sur la courbe C :

$$P C_1 = P^2 C = C.$$

Dans le cas présent n est égal à 2. Si nous considérons l'ensemble des courbes C et C_1 nous avons un objet qui admet comme périodicité la transformation par polaires réciproques, ou en d'autres termes qui est inaltérable par une telle transformation.

Il en est de même pour la transformation par rayons vecteurs réciproques. L'ensemble d'une courbe et de sa transformée admet cette transformation comme périodicité, c'est-à-dire n'est pas changé par une telle transformation.

Soient C une courbe quelconque et o un point fixe, M un point de la courbe. Joignons le point o au point M et prenons sur oM un point M_1 par la construction suivante : du point M à une distance ρ de l'origine on déduit un point M' à une distance $a - \rho$ du même point, puis on prend le point M_1 transformé par rayons vecteurs réciproques du point M', a étant le module de la transformation. De la courbe C on déduira ainsi une courbe C_1 par une opération que nous désignons par P,

$$P C = C_1;$$

en opérant de même sur la courbe C_1 on trouve une nouvelle courbe C_2,

$$P C_1 = P^2 C = C_2.$$

Mais en opérant sur la nouvelle courbe C_2 de la même façon, il est facile de voir que l'on retombe sur la courbe primitive C. Nous sommes donc dans le cas de $n = 3$

$$P^3 C = C.$$

Par suite, dans le cas présent, l'ensemble des courbes C, C_1, C_2 qui se déduit de C par une suite d'opérations déterminées et que nous appelons Q C, admet la périodicité ou est inaltérable par l'opération représentée par P.

Nous pourrions multiplier ces exemples, mais nous estimons que les précédents suffisent pour donner une idée exacte de la méthode. Il est bon cependant d'ajouter une remarque importante dans le cas qui nous occupe. Si pour une classe d'objets déterminés tels que les courbes planes dans les exemples précédents, on a la relation

$$P^2(o) = o,$$

il peut fort bien arriver que pour un objet particulier, ce soit non pas la $n^{ième}$ puissance de l'opération P, mais une puissance inférieure qui, appliquée à l'objet o, le reproduise. Il est évident, tout d'abord, que, si la chose est possible, la puissance de l'opération qui, effectuée sur l'objet reproduira l'objet, sera un sous-multiple de n.

Examinons en particulier le cas où c'est la première puissance de l'opération qui reproduit l'objet, c'est-à-dire où l'on a

$$P(o) = o.$$

Nous dirons alors que l'objet o admet par lui-même la périodicité représentée par l'opération P ou que o est inaltérable par l'opération P.

C'est ainsi qu'il existe une infinité de courbes qui sont leurs propres transformées polaires réciproques relativement à une conique convenablement choisie ou, si l'on veut, admettent la périodicité représentée par l'opération de la transformation par polaires réciproques.

De même toutes les courbes dont l'équation en coordonnées polaires peut être mise sous la forme

$$\rho + \frac{a^2}{\rho} = f(\theta),$$

quelle que soit la fonction f, admettent la périodicité représentée par l'opération de la transformation par rayons vecteurs réciproques. Prenons encore le troisième exemple cité précédemment. On peut choisir la courbe C en sorte que l'opération P définie alors fournisse la courbe C elle-même. Toute courbe représentée en coordonnées polaires par une équation de la forme :

$$\rho + \frac{a^2}{a-\rho} + \frac{a\rho - a^2}{\rho} = f(\theta),$$

où f est une fonction quelconque, est inaltérable par l'opération que représente le symbole P.

Passons maintenant au cas où tous les objets o_ρ sont distincts. Nous admettons que chacun d'eux a une signification pour toute valeur de p positive et négative et nous supposons que cette signification subsiste lorsque p augmente indéfiniment en valeur absolue tout en restant entier.

Examinons alors l'ensemble des objets contenus dans la série indéfiniment prolongée dans les deux sens

$$\ldots, \ o_{-m}, \ \ldots, \ o_1, \ o, \ o_1, \ o_2, \ \ldots, \ o_n, \ \ldots,$$

ou bien l'ensemble de ces objets pris simultanément aura un sens, et comme cet ensemble provient d'opérations effectuées sur o, on pourra le regarder comme résultat d'une certaine opération connue effectuée $o : Q(o)$; ou bien cet ensemble ne présente aucun sens et n'est pas susceptible d'interprétation. Dans le dernier cas, nous ne pouvons tirer aucune conclusion et nous dirons simplement que nous ne savons pas former d'opération Q admettant la périodicité représentée par l'opération P. Dans le premier cas, au contraire, l'opération Q, à la conception de laquelle nous sommes arrivés, offrira précisément la périodicité représentée par l'opération P. On a, en effet,

$$QP(o) = Q(o),$$

puisque dans $LP(o)$ se trouvent, et dans le même ordre, tous les objets qui constituent $Q(o)$. Nous supposons encore ici que l'ensemble infini des objets n'a pas de propriétés dépendant de la place occupée par chacun des objets, tout en en possédant peut-être eu égard à leurs places relatives.

Considérons par exemple sur un plan divisé en carrés par deux séries de lignes équidistantes, les unes horizontales, les autres verticales, un pion que nous considérons comme objet o et qui est situé sur l'une des cases. Désignons par P l'opération qui consiste à prendre le pion sur une case et à le déplacer de n cases vers la droite, puis de p cases à partir de là vers le haut pour le poser sur la case où l'on aboutit. $P(o)$ ou o_1 représente alors un pion placé sur une case du plan bien déterminé, et l'on voit de même que o_2, o_3 ... indiquent respectivement chacun un pion placé sur une case déterminée. L'opération P^{-1} se définit facilement. On doit avoir $P^{-1}(o_1) = o$; mais une infinité de procédés pour amener le pion o_1 à devenir le pion o et nous choisirons par exemple celui qui consiste à prendre le pion o_1, à descendre de p cases, puis, à partir de là, à le transporter de n cases vers la gauche pour le placer sur la case où l'on arrive.

Nous devons maintenant considérer l'ensemble des objets

$$\ldots, \; o_{-m}, \; \ldots, \; o_{-1}, \; o, \; o_1, \; o_2, \; \ldots, \; o_m, \; \ldots,$$

c'est-à-dire l'ensemble des pions situés sur des cases dont les centres sont équidistants sur une ligne passant par le centre du casier où se trouve le pion o, la distance commune étant définie par les nombres n, p, et la largeur d'une case. L'existence de pions sur ces différentes cases a une signification précise et l'ensemble des pions ainsi constitué en partant de o que nous appelons $Q(o)$ ne change pas si on effectue sur o l'opération P. Cela revient en effet à transporter parallèlement à la ligne sur laquelle ils se trouvent et d'une longueur égale à la distance qui sépare deux pions consécutifs tous les pions de la ligne infinie.

De même considérons dans un plan une courbe C et effectuons sur elle l'opération P qui consiste à la déplacer parallèlement à une direction donnée et d'une longueur donnée, on obtient ainsi une nouvelle courbe $PC = C_1$ et, en continuant ainsi, nous aurons des courbes C_2, C_3,... C_n. L'opération P^{-1} consiste en un déplacement de même grandeur, mais de direction opposée, et elle nous conduit à des courbes C_{-1}, C_{-2}, ... L'ensemble des courbes C ainsi déterminées admet la périodicité représentée par l'opération P, c'est-à-dire est inaltérable par la translation considérée.

Nous devons encore ici remarquer que bien que l'opération P, effectuée sur une classe déterminée d'objets, conduit par son application successive à une infinité d'objets différents, il peut arriver qu'il existe parmi les objets de la classe considérée quelques-uns d'entre eux de nature telle que l'opération P ne conduise plus à un nombre infini de résultats distincts, mais reproduise par exemple simplement l'objet lui-même. C'est ainsi que dans l'exemple cite en dernier lieu, si la courbe C a pour équation

$$y = f(x),$$

où f représente une fonction périodique de période ω, cette courbe reste inaltérable par une translation parallèle à ox de grandeur ω. On dit alors que l'objet o admet par lui-même la péricdicité représentée par l'opération P considérée.

Pour terminer, nous indiquerons un procédé qui comprend comme cas particulier celui donné précédemment pour déterminer relativement à un élément o l'opération Q admettant la périodicité représentée par l'opération P.

Au lieu de considérer l'ensemble des objets

(1) $..., o_{-m}, ..., o_{-1}, o, o_1, o_2, ..., o_n, ...$

définis comme il a été dit, nous pouvons, en désignant par R le symbole d'une certaine opération définie, prendre l'ensemble des objets.

(2) $..., Ro_{-m}, ..., Ro_{-1}, Ro, Ro_1, Ro_2, ..., Ro_n, ...,$

et il existe des cas nombreux où l'ensemble des objets qui constituent la série (1) n'offre pas de sens, alors qu'on peut choisir l'opé-

ration R, en sorte que l'ensemble formé avec les objets de la
série (2) ait une signification. Le raisonnement que nous avons
déjà donné s'applique encore ici; et si l'on appelle Q(*o*) l'objet
ainsi obtenu en partant de l'objet *o*, on voit que l'on a

$$Q\,P(o) = Q(o).$$

A des opérations R différentes répondront en général des opérations Q différentes; ce qui précède nous permet de distinguer ce
qui différencie des opérations admettant une même périodicité
représentée par l'opération P; les éléments constitutifs de l'une
des opérations Q se déduisent de ceux de l'autre par un symbole
d'opération qui est le même pour tous les éléments.

Séance du 5 juillet 1888. — M. R. ELLIE décrit un appareil de
télégraphie optique à l'aide duquel une lettre de l'alphabet serait
transmise, pour ainsi dire, par une seule émission de lumière.

On emploiera pour cela un appareil à éclaireur; mais le faisceau
lumineux conique sortant de l'éclaireur subira deux réflexions
transportant ce faisceau parallèlement à lui-même. Ces deux
réflexions seront produites à l'aide d'un prisme à deux réflexions
totales. Un second prisme semblable ramènera le faisceau dans
l'axe de l'appareil. Les deux prismes seront solidaires et pourront
tourner autour d'un axe coïncidant avec celui de l'appareil. L'image
de la source se formera en dehors de l'axe et, en faisant tourner
les deux prismes, elle décrira une trajectoire circulaire. Sur cette
trajectoire, on placera de petits écrans mobiles ou fixes. Si le
mouvement est uniforme et lent, il se produira à la station correspondante des éclipses et des éclats lumineux en rapport avec la
position des écrans.

Il y aura dans la lunette réceptrice une petite glace sans tain,
oblique par rapport à l'axe et déviant le faisceau lumineux parallèlement à lui-même. En faisant tourner cette glace, l'image d'un
point lumineux décrira un cercle.

En imprimant à cette glace un mouvement synchrone avec celui
des deux prismes, et en supposant ce mouvement assez rapide
pour que les impressions sur la rétine subsistent, la lettre appa-
raîtra sous forme d'une suite de traits lumineux. Si à la transmission on substitue une autre combinaison d'écrans, on verra
immédiatement à la réception une nouvelle combinaison de traits
lumineux courts ou longs, représentant une nouvelle lettre, dans
l'alphabet Morse par exemple.

L'inconvénient principal de ce système sera de diminuer l'éclat des signaux. On pourra y remédier en partie en plaçant au foyer de la lunette un diaphragme percé d'une petite ouverture, au centre de laquelle on verra le signal au repos de la glace. Quand la glace tournera, l'éclat du fond sera réparti sur un anneau ayant pour épaisseur le diamètre de l'ouverture, et cet éclat sera d'autant plus faible que ce diamètre sera plus petit. Le signal sera plus visible grâce à l'assombrissement du fond.

On pourrait, en modifiant l'appareil, permettre à un nombre quelconque d'expéditeurs d'envoyer un nombre correspondant de dépêches, en même temps et dans la même direction. Il y aurait autant de récepteurs que d'expéditeurs, et l'on emploierait dans ce cas la manipulation ordinaire.

— M. JOANNIS présente à la Société deux modèles de thermomètre à air destinés à mesurer, principalement pour les expériences de chimie, les températures supérieures à 300°. L'un de ces thermomètres est à volume et à pression variables, l'autre est à volume constant; l'un et l'autre reposent sur le même principe. Pour que la colonne de mercure qui indique la pression de l'air du thermomètre fournisse des indications indépendantes des variations de la pression atmosphérique, il faut que la branche libre du manomètre contienne un gaz à pressino constante. Cet espace communique pour cela avec une sorte de manomètre à eau librement ouvert; une poire en caoutchouc, pleine d'eau, permet de refouler plus ou moins de ce liquide dans le manomètre et d'en faire varier le niveau; on compense ainsi les variations de pression atmosphérique. Soit, en effet, H la hauteur barométrique au moment où l'on a déterminé expérimentalement les points fixes 0, 100°, 350°, 440° du thermomètre en le plaçant successivement dans de la glace fondante, de la vapeur d'eau, de mercure et de soufre. Si cette hauteur est devenue $H + h$ au moment où l'on veut faire une lecture, la pression a aussi augmenté de h dans l'espace situé au-dessus de la colonne de mercure, et pour la ramener à sa valeur primitive il suffit de diminuer la pression due au manomètre à eau de h, ce qu'il est facile de faire en dévissant lentement la vis qui sert à comprimer la poire de caoutchouc. L'appareil porte donc deux graduations, l'une indiquant les degrés et l'autre indiquant les divisions où l'on doit amener le niveau de l'eau du manomètre à eau pour compenser la variation de hauteur barométrique; ainsi, lorsque la pression atmosphérique est de 765^{mm},9, par exemple, on fait arriver le niveau de l'eau en regard du trait marqué $765^{mm},9$. La division en degrés se fait comme pour le thermomètre à air de M. Berthelot.

Séance du 19 juillet 1888. — M. AMAT entretient la Société de ses études sur la préparation des phosphites acides. Par saturation (au moyen du méthylorange) de l'acide phosphoreux par la potasse, la soude ou l'ammoniaque, il a obtenu les phosphites suivants : PO^4H, KO HO ; PO^4H, NaO HO $+ 5HO$; PO^4H, AzH^4OHO.

Le phosphite acide d'ammoniaque présente au point de vue de la dissociation un intérêt tout particulier ; il peut absorber de l'ammoniaque pour se transformer en sel neutre anhydre PO^4H, $2AzH^4O$ facilement dissociable. La dissociation de ce dernier corps peut être étudiée à une température supérieure ou inférieure au point de fusion de PO^4H, AzH^4OHO (123°) et l'on pourra voir si, dans ce cas, les phénomènes sont les mêmes que ceux qui ont été découverts par MM. Debray et Joannis sur l'oxyde de cuivre. On peut, d'ailleurs, compliquer cette étude en s'adressant au sel neutre contenant de l'eau de cristallisation PO^4H, $2AzH^4O + 2HO$ qui se dissocie en perdant à la fois de l'eau et de l'ammoniaque.

Cette étude permettrait encore de voir s'il n'existe pas pour l'ammoniaque d'autres phosphites, en particulier $2(PO^4H, AzH^4OHO)$ $+ PO^4H$, $2HO$, correspondant aux sels connus pour la potasse et pour la soude.

M. Amat indique, en outre, que les phosphites acides perdent de l'eau par dessiccation un peu au-dessous de 200° et dans le vide sec, et se transforment en sels d'un acide phosphoreux particulier, l'acide pyrophosphoreux PO^4H, HO.

NOTICE SUR L'INFLUENCE SCIENTIFIQUE

DE

GUILLAUME-JULES HOÜEL

Professeur honoraire à la Faculté des Sciences de Bordeaux

PAR M. G. BRUNEL

PROFESSEUR DE CALCUL INFINITÉSIMAL A LA FACULTE DES SCIENCES DE BORDEAUX.

INTRODUCTION

Nous nous proposons, dans celte notice, de considérer plus spécialement dans Hoüel le mathématicien; il nous a paru cependant utile, avant de parler du savant, de dire rapidement quel a été l'homme.

C'est la notice sur Guillaume-Jules Hoüel, publiée par M. G. Lespiault, dans le *Mémorial de l'Association des anciens élèves de l'École normale supérieure*, pour 1887, qui nous fournira des détails à ce sujet. Nous n'avons cru pouvoir mieux faire que de reproduire les parties principales de cette esquisse de la vie de Hoüel faite par un collègue qui l'avait toujours connu et qui l'avait toujours aimé.

Hoüel (Guillaume-Jules), né à Thaon (Calvados) le 7 avril 1823, est mort à Périers, près Caen, le 14 juin 1886.

Hoüel naquit à Thaon, en 1823, d'une très ancienne famille protestante de Normandie. Après de très bonnes études au lycée de Caen, puis au collège Rollin, il entra à l'École normale, en 1843,

l'un des premiers de sa promotion. On assure qu'aux examens
d'entrée, sa composition en version latine fut classée la première
sur les sections réunies des sciences et des lettres.

Dès son séjour à l'École, ses camarades furent frappés de la
profondeur et de l'originalité de ses idées, de ses aspirations à la
rigueur, de sa défiance des à peu près. Ils s'émerveillaient aussi
de sa puissance de travail, de l'art qu'il avait déjà et qu'il garda
toujours de ne jamais perdre une minute.

Au sortir de l'École, il professa successivement dans les lycées
de Bourges, de Bordeaux, de Pau, d'Alençon et de Caen.

En 1855, il soutint en Sorbonne ses thèses de docteur, qui
furent très remarquées.

Il prit alors un congé pour pouvoir continuer ses recherches de
mécanique céleste et pour s'occuper des perfectionnements à
apporter à la construction des tables logarithmiques. Il refusait de
quitter sa maison de Thaon, malgré les instances de Le Verrier
qui cherchait à l'attirer à l'Observatoire. Les conditions étaient
trop dures; peu d'argent, un travail de manœuvre, aucune indé-
pendance. Mais, en 1859, il fut appelé à la Faculté des sciences
de Bordeaux où la retraite de Le Besgue venait de laisser vacante
la chaire de mathématiques pures. Il trouvait là à la fois dignité
et facilité de travail. Il se regarda dès lors comme en possession
de son bâton de maréchal. Il repoussa désormais très loin toute
idée d'avancement, même quand on lui proposa d'aller à Paris
fonder et diriger le *Bulletin des Sciences mathématiques et astronomiques.* S'il refusa de quitter Bordeaux, il consentit toutefois à
prendre la lourde charge de la rédaction du *Bulletin;* il s'agissait
d'être utile aux autres, et jamais il ne recula devant un service à
rendre.

Hoüel était par dessus tout l'homme du devoir; fait tout entier
d'honneur et de loyauté, il aima ses amis d'une affection profonde
et que rien n'altéra jamais. D'un caractère remarquablement doux
et égal, d'une bienveillance constante pour tout le monde, mais
particulièrement pour les travailleurs, il prenait sur ses heures
les plus précieuses quand il s'agissait de rendre service aux autres.

Ce n'est pas seulement dans son cours qu'il propageait la science, il la répandait à profusion autour de lui. On pouvait user et même abuser de sa connaissance si remarquable des langues européennes, il était toujours prêt à donner une traduction.

Fidèle au précepte du sage, il cacha sa vie qui resta partagée entre son travail, sa famille et ses amis. Il avait trouvé dans sa parenté même une femme digne de lui. La mort d'une de ses quatre filles, particulièrement bien douée, lui porta un coup funeste. Il chercha des consolations dans un redoublement de travail; mais ses forces étaient à bout. Il termina cependant la traduction de la Vie d'Abel, par M. Bjerknes, qu'il avait alors entreprise; puis il acheva de mourir à l'âge de soixante-trois ans.

La Société des Sciences physiques et naturelles de Bordeaux doit à Hoüel d'être connue et d'être appréciée. En publiant aujourd'hui dans ses *Mémoires* cette notice sur celui qui lui a fourni des travaux si importants, qui a attiré à elle des sympathies si vives et si nombreuses, elle ne fait que payer bien faiblement une dette qu'elle a contractée depuis longtemps.

Nous devons maintenant indiquer la marche que nous avons suivie pour essayer de donner une idée aussi exacte que possible des services rendus aux sciences mathématiques par Hoüel.

Se borner à dresser un catalogue de ses travaux n'était pas suffisant. Il nous a paru nécessaire de montrer, en outre, dans les différents ordres de questions qui l'ont occupé, quel était le point d'où il est parti, la marche qu'il a suivie, le but vers lequel il tendait. C'est seulement ainsi qu'il est possible d'établir d'une façon précise l'influence remarquable de Hoüel sur la science de cette époque et sur le développement qu'elle a pris en France et à l'Étranger.

Nous avons ainsi successivement examiné ses recherches sur l'enseignement de la géométrie et de la trigonométrie, sur la construction des tables logarithmiques et autres, sur le calcul infinitésimal, sur la mécanique céleste et l'astronomie; nous terminons par l'examen de quelques analyses et traductions importantes dont nous n'avions pas eu précédemment l'occasion de nous occuper.

Nous serons forcément incomplet. Cela est dû en partie à ce que les travaux de Hoüel sont répandus un peu partout dans les journaux les plus différents, et, d'autre part, à la modestie même du savant qui nous occupe. On ne saura jamais combien de fois il lui est arrivé de ne pas signer des travaux qui lui avaient cependant coûté beaucoup de peine.

CATALOGUE DES TRAVAUX DE G.-J. HOÜEL.

1. Sur l'intégration des équations différentielles de la Mécanique (Première thèse pour le doctorat. Paris, 1855, in-4°, 104 pages).
2. Application de la méthode d'Hamilton au calcul des perturbations de Jupiter (Seconde thèse pour le doctorat. Paris, 1855, in-4°, 78 pages).
3. Note sur le théorème d'Hamilton et de Jacobi et sur son application à la théorie des perturbations planétaires (Autographié. Caen, 1856, in-4°, 17 pages).
4. Sur la détermination des valeurs moyennes dans la théorie des nombres, par M. Lejeune-Dirichlet (Lu à l'Académie des Sciences de Berlin, le 9 août 1849). Traduction (*Journal de Liouville*, t. I,, 1856, p. 353).
5. Sur un problème relatif à la division, par M. Lejeune-Dirichlet. Traduction (*Journal de Liouville*, t. I,, 1856, p. 371).
6. Sur le polygone régulier de 17 côtés (*Nouv. Ann. de Math.*, t. XVI, 1857, p. 310).
7. Sur une nouvelle formule pour la détermination de la densité d'une couche sphérique infiniment mince, quand la valeur du potentiel de cette couche est donnée en chaque point de la surface, par M. Lejeune-Dirichlet. Traduction (*Journal de Liouville*, t. II,, 1857, p. 57).
8. Éloge de Charles-Gustave-Jacob Jacobi, par M. Lejeune-Dirichlet. Traduction (*Journal de Liouville*, t. II,, 1857, p. 217).

9. Simplification de la théorie des formes binaires du second degré à déterminant positif, par M. Lejeune-Dirichlet. Traduction (*Journal de Liouville*, t. II,, 1857, p. 353).

10. Table de logarithmes à cinq décimales pour les nombres et pour les lignes trigonométriques, suivies des logarithmes d'addition et de soustraction et de diverses tables usuelles (Paris, 1858, 1 vol. gr. in-8°).

Une seconde édition de ces tables fut publiée en 1864; il fut fait de cette édition un tirage avec texte allemand. L'usage de ces tables se répandit bientôt et il en a été fait depuis 1864 de nombreux tirages.

11. Note ayant pour objet de signaler les erreurs nombreuses qui existent dans les tables de Callet (en collaboration avec M. Lefort) (*Neuv. Ann. de Math.*, t. XVII, 1858; *Bull. de Bibliog.*, t. IV, p. 41).

12. Sur la réduction des formes quadratiques positives à trois indéterminées entières, par M. Lejeune-Dirichlet (Lu à l'Académie des Sciences de Berlin, le 31 juillet 1848). Traduction (*Journal de Liouville*, t. IV,, 1859, p. 127).

13. Sur la possibilité de la décomposition des nombres en trois carrés, par M. Lejeune-Dirichlet. Traduction (*Journal de Liouville*, t. IV,, 1859, p. 233).

14. Sur le caractère biquadratique du nombre 2 (Extrait d'une lettre de M. Dirichlet à M. Stern). Traduction (*Journal de Liouville*, t. IV,, 1859, p. 367).

15. Sur la première démonstration donnée par Gauss de la loi de réciprocité dans la théorie des résidus quadratiques, par M. Lejeune-Dirichlet (*Journal de Crelle*, t. XLVII). Traduction (*Journal de Liouville*, t. IV,, 1859, p. 401).

16. Sur le nombre de classes différentes de formes quadratiques à déterminants négatifs, par M. Kronecker. Traduction (*Journal de Liouville*, t. V,, 1860, p. 289).

17. Sur les divisions de certaines formes de nombres qui résultent de la théorie de la division du cercle, par M. Kummer. Traduction (*Journal de Liouville*, t. V,, 1860, p. 369).

18. Théorie et applications des déterminants, avec l'indication des sources originales, par le Dr Richard Baltzer, professeur au gymnase de Dresde. Traduction (Paris, 1861, in-8°, 235 pages).

19. Essai d'une exposition rationnelle des principes fondamentaux de la Géométrie (*Arch. der Mathematik und Physik*, t. XI, Greifswald, 1863, et tirage à part, grand in-8°, 41 pages).

20. Tables diverses pour la décomposition des nombres en leurs facteurs premiers. Tables donnant pour la moindre racine primitive d'un nombre premier ou puissance d'un nombre premier : 1° les nombres qui correspondent aux indices ; 2° les indices des nombres premiers et inférieurs au module (en collaboration avec M. Le Besgue) (*Mémoires de la Société des Sciences physiques et naturelles de Bordeaux*, t. III, 1864-1865).

21. Note sur les fonctions hyperboliques et sur quelques tables de ces fonctions (*Nouv. Ann. de Math.*, t. III., 1864, p. 416-482).

22. Mémoires sur le développement des fonctions en séries périodiques au moyen de l'interpolation (*Ann. Observatoire Paris*, t. VIII, 1864, 72 pages).

23. Tables arithmétiques, pour servir d'appendice à l'introduction à la Théorie des nombres de M. Le Besgue (Paris, 1866, grand in-8°, 44 pages).

24. Tables de logarithmes à sept décimales pour les nombres depuis 1 jusqu'à 10,800, et pour les fonctions trigonométriques de dix secondes en dix secondes, précédées d'une Introduction par J. Hoüel,.... par Schrön (L.).... (1 vol. grand in-8°, Paris, 1866).

25. Table d'interpolation pour le calcul des parties proportionnelles faisant suite aux tables de logarithmes à sept décimales, précédée d'une Introduction par J. Hoüel,.... par Schrön (L.).... (1 vol. grand in-8°, Paris, 1866).

Ces tables ont eu de nombreux tirages successifs.

En 1884, Hoüel voyait paraître une nouvelle édition de ces Tables en même temps que ses tables de logarithmes à cinq décimales.

26. Recueil de formules et de tables numériques (*Mémoires de la Société des Sciences physiques et naturelles de Bordeaux*, t. IV, 1866, LXXI, 64 pages).

Une seconde édition a paru en 1875 à Paris, chez Gauthier-Villars; une troisième édition, en 1885.

27. Études géométriques sur la théorie des parallèles par N. I. Lobatchewsky, suivies d'un extrait de la correspondance de Gauss et de Schumacher. Traduction (*Mémoires de la Société des Sciences physiques et naturelles de Bordeaux*, t. IV, 1866; Paris, 1866, 42 pages).

28. Note sur les avantages qu'offrirait pour l'Astronomie théorique, et pour les sciences qui s'y rapportent, la construction de nouvelles tables trigonométriques suivant la division décimale du quadrant (*Vierteljahrschrift der astronomichen Gesellschaft*, t. I, Leipzig, 1866, p. 86).

29. Tables pour la réduction du temps en parties décimales du jour (*Publicationen der astronomischen Gesellchaft*, Leipzig, 1866, n° IV, 27 pages).

30. Note de M. Kronecker sur ses travaux algébriques. Traduction (*Ann. E. N. S.*, t. III, 1866, p. 279).

31. Sur une nouvelle propriété des formes quadratiques de déterminant négatif, par M. Kronecker. Traduction (*Ann. E. N. S.*, t. III, 1866, p. 287).

32. Sur la multiplication complexe des fonctions elliptiques, par M. Kronecker. Traduction (*Ann. E. N. S.*, t. III, 1866, p. 295).

33. Sur la résolution de l'équation de Pell au moyen des fonctions elliptiques, par M. Kronecker. Traduction (*Ann. E. N. S.*, t. III, 1866, p. 303).

34. Notice historique sur la représentation géométrique des quantités imaginaires (*Mémoires de la Société des Sciences physiques et naturelles de Bordeaux*, t. V, 1867, p. I-IV).

35. Quelques réflexions au sujet de la ligne de longueur minimum sur la sphère (*Nouv. Ann. de Math.*, t. VII, 1868, p. 73).

36. Essai critique sur les principes fondamentaux de la géométrie élémentaire ou commentaire sur les XXXII premières propositions des Éléments d'Euclide (in-8°, Paris, 1867, 85 pages).

37. Les infiniment petits (*Mondes*, t. XVI, p. 197, et t. XVII, p. 287, 1868).

38. La science absolue de l'espace, indépendante de la vérité ou de la fausseté de l'axiome XI d'Euclide (que l'on ne pourra jamais établir *a priori*); suivie de la quadrature géométrique du cercle, dans le cas de la fausseté de l'axiome XI. Par Jean Bolyai, capitaine au corps du génie dans l'armée autrichienne; précédé d'une notice sur la vie et les travaux de W. et de J. Bolyai, par M. Fr. Schmidt, architecte à Temesvar. Traduction (*Mémoires de la Société des Sciences physiques et naturelles de Bordeaux*, t. V, 1868; in-8°, Paris, 1868, 64 pages).

39. Essai d'interprétation de la géométrie non euclidienne, par Beltrami. Traduction (*Ann. Éc. norm. sup.*, t. VI, 1869, 38 pages).

40. Théorie fondamentale des espaces de courbure constante, par Beltrami. Traduction (*Ann. Éc. norm. sup.*, t. VI, 1869, 29 pages).

41. Théorie élémentaire des quantités complexes (*Mémoires de la Société des Sciences physiques et naturelles de Bordeaux*, t. V, VI, VIII, et I, 1867-1874).

   Les quatre Mémoires ont été réunis en un volume grand in-8° de 585 pages, Paris, Gauthier-Villars. La quatrième partie a été aussi tirée à part sous le titre de « Éléments de la Théorie des Quaternions », Paris, Gauthier-Villars.

42. Sur une formule de Leibniz (*Mémoires des Sciences physiques et naturelles de Bordeaux*, t. VIII, 1869, p. 379).

43. Sur les faits qui servent de base à la géométrie, par M. Helmholtz. Traduction (*Mémoires de la Société des Sciences*

physiques et naturelles de Bordeaux, t. VIII, 1869, p. 372).

44. Vie de Riemann (*Mémoires de la Société des Sciences physiques et naturelles de Bordeaux*, t. VIII, 1869, p. vi).

45. L'enseignement de la géométrie élémentaire en Italie (*Nouv. Ann. de Math.*, t. VIII, 1869, p. 278).

46. Sur la méthode d'analyse géométrique de M. Bellavitis (Calcul des équipollences) (*Nouv. Ann. de Math.*, t. VIII, 1869, p. 289 et 337).

47. Sur l'intégration des équations aux dérivées partielles du premier ordre, par Imschenetsky. Traduction (*Arch. de Math. und Ph.*, t. L, 1869, 202 pages).

48. Estratto di una lettera del Prof. Hoüel al Redattore (*Battaglini G.*, t. VII, 1869, p. 50).

49. Note sur l'impossibilité de démontrer par une construction plane le principe de la théorie des parallèles dit postulatum d'Euclide (*Mémoires de la Société des Sciences physiques et naturelles de Bordeaux*, t. VIII, 1870, *Procès-verbaux*, p. xi; *Institut*, I sect., XXXVIII; *Battaglini G.*, t. VIII, p. 84; *Nouv. Ann. de Math.*, t. XI, p. 93).

50. Sur le choix de l'unité angulaire (*Comptes rendus*, juin 1870).

51. Sur une simplification apportée par M. Burnier à la méthode de Flower pour l'usage des tables de logarithmes abrégées (*Mémoires de la Société des Sciences physiques et naturelles de Bordeaux*, t. VIII, 1870, p. 188).

52. Sur les hypothèses sur lesquelles est fondée la géométrie, par Riemann. Traduction (*Annali di Matem.*, t. III, 1870, p. 309).

53. Notice sur la vie et les travaux de Lobatchewsky (*Bull. Sc. math.*, t. I, 1870, p. 66, 324 et 384).

54. Sur les fonctions de Jacques Bernoulli et sur l'expression de la différence entre une somme et une intégrale de mêmes limites, par Imschenetsky. Traduction (*Giornale di Matem.*, t. IX, 1871, 17 pages).

55. Cours de calcul infinitésimal, professé à la Faculté des

sciences de Bordeaux. (Autographié, 1871-1872, 2 vol.
in-4°, 365-332 pages.)

56. Étude sur les méthodes d'intégration des équations aux
dérivées partielles du second ordre d'une fonction de deux
variables indépendantes (*Arch. der Math. und Phy.*,
t. LIV, 1872, 52 pages).

57. Die sogenannte « separirte Tangentenformel » und die Hilfs-
winkel (*Zeits. f. math. Unter.*, t. III, 1872, p. 377).

58. Essai sur une manière de représenter les quantités imaginaires dans les constructions géométriques, par R. Argand.
2ᵉ édition précédée d'une préface par M. J. Hoüel et suivie
d'un appendice contenant des extraits des *Annales de
Gergonne*, relatifs à la question des imaginaires (1 vol.
petit in-8°, Paris, 1874, xix-126 pages).

59. Sur le développement de la fonction perturbatrice suivant la
forme adoptée par Hansen dans la théorie des petites
planètes (*Arch. mathematiky a fysiky*, Prague, t. I, 1875;
in-8°, 84 pages).

60. Du rôle de l'expérience dans les sciences exactes (*Iednota
českých mathematiků*, Prague, 1875).

Ce mémoire a été traduit en allemand par F. Müller :
Ueber die Rolle der Erfarung in den exacten Wissenschaften
(*Grunert Arch.*, t. LIX, 1876, p. 65).

61. Remarques sur l'enseignement de la trigonométrie (*Giornale
di Matem.*, t. XVI, 1875, p. 72).

Cet article a été traduit en bohême par A. Kostener
(*Casopis pro pěstováni*, t. V, Prague, 1876). Voir aussi
plus bas au n° 66.

62. Notice sur la vie et les travaux de Victor-Amédée Le Besgue,
par O. Abria et J. Hoüel (*Bull. di Bibl. Boncomp.*, t. IX,
1876; *Nouv. Ann. de Math.*, t. XVI, 1876, p. 115).

63. Supplément logarithmique de Léonelli, précédé d'une notice
sur l'auteur. (*Bull. Bibl. Guy.*; Paris, 1876).

64. Cours de calcul infinitésimal (Paris, Gauthier-Villars; vol. I,
1878; vol. II, 1879; vol. III, 1880; vol. IV, 1881).

65. Considérations élémentaires sur la généralisation successive de l'idée de quantité dans l'analyse mathématique (*Mémoires de la Société des Sciences physiques et naturelles de Bordeaux*, t. V, 1882, p. 149).

66. Remarques sur l'enseignement de la trigonométrie (*Mémoires de la Société des Sciences physiques et naturelles de Bordeaux*, t. V, 1882, p. 197).

67. Essai critique sur les principes fondamentaux de la Géométrie élémentaire... (Deuxième édition, Paris, Gauthier-Villars, 1883, 93 pages).

68. Niels Henrik Abel. — Tableau de sa vie et de son action scientifique, par C. A. Bjerknes. Traduction (*Mémoires de la Société des Sciences physiques et naturelles de Bordeaux*, t. I, 1885, et Paris, Gauthier-Villars, 1885).

Dans la liste qui précède nous n'avons point fait entrer les analyses et comptes rendus de livres et mémoires nouveaux. Déjà, dans les *Nouvelles Annales de mathématiques*, Hoüel avait présenté aux lecteurs les ouvrages suivants :

69. Logarithmorum VI Decimalium nova Tabula Berolinensis, et numerorum.... et functionum trigonometricarum...; auctore Carolo Bremiker. Berolini, 1882. (*Bull. de Bibl. de Nouv. Ann.*, t. XVII, 1858, p. 12.)

70. Die Elemente der Mathematik..., par Richard Baltzer, 2ᵉ partie, Leipzig, 1862. (*Nouv. Ann.*, t. II, 1863, p. 124.)

71. Handbuch der algebraischen Analysis, par O. Schlömilch, 3ᵉ édition, Iéna, 1862. (*Nouv. Ann.*, t. III, 1864, p. 512.)

72. Angelo Forti. — Lezioni elementari di Meccanica... in-12, 1865. (*Nouv. Ann.*, t. V, 1866, p. 235.)

73. Schlömilch (O.). — Compendium der höheren Analysis. Troisième édition, I Bd., 1869 (*Nouv. Ann.*, t. VII, 1868, p. 385).

En 1870, il publiait un compte rendu détaillé du mémoire :

74. Die Zahlzeichen und das elementare Rechnen... von G. Friedlein (*Bull. di Bibli. Boncomp.*, t. III, 1870, p. 152).

Mais c'est surtout le *Bulletin des Sciences mathématiques et astronomiques,* qu'il a enrichi d'analyses aussi nombreuses que remarquables. Hoüel est loin d'avoir signé tout ce qu'il a publié dans ce recueil; il s'était par exemple chargé de faire connaître les Mémoires publiés dans plusieurs journaux étrangers; il n'a cependant signé que les analyses du *Zeitschrift für mathematischen und naturwissenschaftlichen Unterricht,* et il est fort probable que, en faisant une exception pour ce journal, il s'était laissé entraîner par son goût pour l'étude des méthodes d'enseignement.

Voici la liste, telle que nous avons pu la reconstruire, des analyses signées par Hoüel et publiées dans le *Bulletin des Sciences mathématiques et astronomiques.*

TOME I, 1870.

75. Casorati (F.). — Teorica delle funzioni di variabili complexe (Volume I, p. 16).

76. Durége (H.). — Theorie der elliptischen Functionen (p. 49).

77. Baltzer (R.). — Die Elemente der Mathematik. Erster Band (p. 80).

78. Hankel (H.). — Untersuchungen über die unendlich oft oscillirenden und unstetigen Functionen (p. 117).

79. Hoffmann (L.) und Natani (L.). — Mathematisches Wörterbuch (p. 137).

80. Imschenetsky (V.). — Étude sur les méthodes d'intégration des équations aux dérivées partielles du second ordre d'une fonction de deux variables indépendantes (Introduction). Traduction (p. 164).

81. Bruhns (C.). — Nouveau manuel de logarithmes à sept décimales pour les nombres et les fonctions trigonométriques (p. 171).

82. Dillner (G.). — Grunddragen af den geometriska kalkylen (p. 249).

83. Forti (A.). — Tavole dei logaritmi de' numeri e delle funzioni circolari ed iperboliche (p. 265).

84. Sannia (A.) e d'Ovidio (E.). — Elementi di Geometria. 2ᵐᵉ edizione (p. 329).
85. Spitz (C.). — Erster Cursus der Differential und Integral-Rechnung (p. 331).
86. Mayr (A.). — Construction der Differenzial-Gleichungen aus partikularen Integralen (p. 361).
87. Lieblein (J.). — Sammlung von Aufgaben aus der algebraischen Analysis (p. 302).

TOME II, 1871.

88. Schlömilch (O.).—Uebungsbuch zum Studium der höheren Analysis (p. 06).
89. Jordan (C.). — Traité des substitutions et des équations algébriques (p. 161).
90. Tchebychef (P.). — Théorie des Congruences (p. 259).

TOME III, 1872.

91. Gauss (F. G.). — Fünfstellige vollständige logarithmische und trigonometrische Tafeln (p. 234).
92. Curtze (M.). — Die mathematische Schriften des Nicole Oresme (p. 321).
93. Vassal (VI.).—Nouvelles tables donnant avec cinq décimales les logarithmes vulgaires et naturels des nombres de 1 à 10,800, et des fonctions circulaires et hyperboliques pour tous les degrés du quart de cercle de minute en minute (p. 353).
94. Friis (F.-R.). — Tyge Brahe. En historik Fremstilling (p. 358).

TOME IV, 1873.

95. Wolf (R.). — Handbuch der Mathematik, Physik, Geodäsie und Astronomie (p. 70).
96. Bretschneider (C.-A.). — Die Geometrie und die Geometer vor Euclides (p. 113).
97. Souvorof (F.). — Sur les caractéristiques des systèmes de trois dimensions (p. 180).

98. Jellett (J.-H.). — A Treatise on the Theory of Friction. (p. 225).

99. Riccardi (P.). — Bibliotheca mathematica italiana (p. 227).

TOME V, 1873.

100. Gauss (F.-G.). — Fünfstellige vollständige logarithmisch trigonometrische Tafeln für Decimaltheilung der Quadranten (p. 261).

101. Grelle (Fr.). — Leitfaden zu den Vorträgen über höhere Mathematik (p. 262).

TOME VI, 1874.

102. Abbadie (Ant. d'). — Géodésie d'Ethiopie (p. 7.)

103. Suter (H.). — Geschichte der mathematischen Wissenschaften. 1. Theil (p. 14).

104. Laurent (H.). — Traité du calcul des probabilités (p. 18).

105. Bubini (R.). — Trattato d'algebra. Parte 1ª e 2ª (p. 21).

106. Todhunter (I.). — Calcul différentiel avec un recueil d'exemples. Traduction en russe de V.-G. Imschenetsky (p. 24).

107. Frenet (E.). — Recueil d'exercices sur le calcul infinitésimal (p. 70).

108. Tait (P.-G.). — An elementary Treatise on quaternions. 2ᵈ Edᵒⁿ (p. 161).

109. Durége (H.). — Elemente der Theorie der Functionen einer complexen veränderlichen Grösse. 2. Auflage (p. 225).

TOME VII, 1874.

110. Hrabák (J.). — Gemeinnütziges mathematisch-technisches Tabellenwerk (p. 49).

111. Herr (J.-Ph.). — Lehrbuch der höheren Mathematik. 2. Auflage (p. 51).

112. Argand (R.). — Essai sur une manière de représenter les quantités imaginaires dans les constructions géométriques. 2e édition (p. 145).

113. Lucchesini (A.). — Tavole dei logaritmi communi a sette cifre decimali (p. 257).

114. Renshaw (S.-A.). — The Cone and its Sections treated geometrically (p. 266).

115. Hoefer (F.). — Histoire des Mathématiques, depuis leurs origines jusqu'au commencement du xix⁰ siècle (p. 136).
116. Alexéief (N.). — Calcul intégral, t. I, 2ᵉ édition (p. 168).
117. Hankel (H.). — Zur Geschichte der Mathematik in Alterthum und Mittelalter (p. 209).
118. Falk (M.). — Lärobok i determinants-teoriens första grunder (p. 257).
119. Bergstrand (P.-E.). — Fem-siffrige logaritmer till 11000. — Fem-siffriga trigonometriska logaritmer (p. 260).
120. Bauer (R.-W.). — Femciffrede Logarithmer til hele Tal fra 1-15500, og Antilogarithmer (p. 262).

121. Romer (P.). — Principes fondamentaux de la méthode des quaternions (p. 113).
122. Rubini (R.). — Elementi di calcolo infinitesimale. 2ᵃ edizione (p. 145).
123. Studnicka (F.-J.). — Základové nauky o číslek. Livre I (pl. 147).

124. Hoppe (R.). — Tafeln zur dreissigstelligen logarithmischen Rechnung (p. 185).
125. Daug (H.-T.). — Differential-och Integralkalkylens anvandning vid undersökning af linier i rymden och bugtiga ytor. 1ᵉ partie (p. 328).

I.

Enseignement de la Géométrie
et de la Trigonométrie.

———

Esprit précis et rigoureux, Hoüel ne put, dès ses premiers pas dans l'enseignement, se contenter des à peu près. Il ne lui suffisait pas de répéter à ses élèves une suite de phrases et de propositions conventionnelles, il voulait connaître la portée et la justesse de ses affirmations. C'est à cette période que remontent ses premières recherches sur l'enseignement et sur les principes fondamentaux de la Géométrie; c'est là l'origine d'une série de notes et de mémoires qui avaient pour but de consolider l'édifice géométrique et qui ont eu un résultat encore plus élevé, en entraînant les géomètres à l'étude de régions peu explorées jusque alors.

L'examen des traités de Géométrie élémentaire conduisit Hoüel à cette conclusion peu rassurante : tous laissaient à désirer sous quelque rapport. Les Éléments d'Euclide constituaient en somme ce qu'il y avait de mieux. Encore était-on, en ce qui concerne Euclide, en droit de demander dans les restaurations qui en étaient faites des modifications assez notables : n'est-il point nécessaire d'y remplacer les démonstrations indirectes par des démonstrations directes, d'y supprimer autant que possible les démonstrations par l'absurde, d'introduire d'une façon plus nette et bien avouée l'idée de limite?

Hoüel ne prétendit pas à l'honneur de produire un traité complet de géométrie, il voulut simplement soumettre les premières propositions du géomètre grec à une revision délicate, distinguer d'une façon précise les axiomes d'ordre purement géométrique, déterminer le rôle de l'expérience dans l'établissement et dans le choix de ces axiomes et arriver à un mode d'enseignement progressif et rationnel de la Géométrie. C'est ce qu'il essaya de faire dans son « Essai d'une exposition rationnelle des principes fondamentaux de la Géométrie », paru à Greifswald en 1863, qu'il publia plus tard sous une forme plus complète et sous le titre : « Essai critique sur les principes fondamentaux de la Géométrie élémentaire ou Commentaire sur les XXXII premières propositions d'Euclide », tout d'abord en 1867, puis, en seconde édition, en 1885.

L'existence d'un espace immobile et indéfini, où les corps peuvent être déplacés en conservant toutes leurs propriétés, étant admise, la Géométrie est fondée sur la notion indéfinissable et expérimentale de l'invariabilité des figures. L'idée d'invariabilité de forme nous vient de l'expérience. L'hypothèse de l'invariabilité de figure ne peut être assise sur des expériences susceptibles d'une approximation indéfinie et présentant une certitude objective. Nous l'acceptons parce qu'elle nous semble plus conforme à nos impressions physiologiques et qu'elle explique de la façon la plus simple les phénomènes qui affectent nos sens (Note I de l'Essai d'une Exposition).

Ceci posé, Hoüel prend pour base les axiomes suivants :

Axiome I. — Trois points suffisent, en général, pour fixer dans l'espace la position d'une figure.

Axiome II. — Il existe une ligne, appelée ligne droite, dont la position dans l'espace est complètement fixée par les positions de deux quelconques de ses points, et qui est telle que toute portion de cette ligne peut s'appliquer exactement sur une autre portion quelconque, dès que ces deux portions ont deux points communs.

Axiome III. — Il existe une surface telle qu'une ligne droite, qui passe par deux quelconques de ses points, y est renfermée tout entière, et qu'une portion quelconque de cette surface peut être appliquée exactement sur la surface elle-même, soit directe-

ment, soit après qu'on l'a retournée, en lui faisant faire une
révolution autour de deux de ses points. Cette surface est le plan.

Nous devons remarquer que c'est, d'une part, en faisant appel
à l'expérience, d'autre part, en introduisant l'idée du mouvement
abstraction faite du temps employé à l'accomplir, c'est-à-dire
l'idée de mouvement géométrique, que Hoüel établit ces axiomes.
L'idée de mouvement n'est d'ailleurs pas plus complexe que celle
de grandeur et d'étendue. On peut même dire que c'est à la notion
de mouvement que nous devons l'idée de grandeur. Il est donc
permis de faire appel à cette idée, et il y a avantage à l'employer
et à la formuler le plus tôt et le plus explicitement possible, au
lieu de la cacher sous des mots sans rigueur et sans précision.

En ce qui concerne l'emploi de l'expérience dans l'établissement des axiomes, il est bon de se rappeler que c'est là un des
faits principaux sur lesquels Hoüel appuie dans son « Essai d'une
Exposition » ; c'est une idée dont il a fait ressortir l'importance à
plusieurs reprises, par exemple dans sa Note : « Du rôle de l'expérience dans les sciences exactes », publiée à Prague en 1875,
et traduite en allemand dans les Archives de Grunert en 1876,
dans la Note I de l'Essai critique..., et en toute occasion propice
dans son enseignement. Nous devons appuyer sur cette idée
fondamentale de Hoüel.

Après avoir déterminé l'origine d'une science *exacte,* après
avoir exposé son objet et les problèmes qu'elle a à résoudre,
Hoüel remarque que la construction d'une telle science se compose essentiellement de deux parties distinctes; l'une d'elles
consiste à rassembler des faits, à les discuter et à en tirer par
induction des conclusions qui servent de principes à la science;
l'autre, qui est la partie purement logique de la science et la seule
qui ait le droit de porter le nom de Mathématique, s'occupe de
combiner ces faits généraux, ces principes fondamentaux, et d'en
tirer rationnellement toutes les conclusions possibles.

Il est permis au mathématicien, en tant que mathématicien,
de choisir comme point de départ les principes, les axiomes qu'il
lui plait de se donner. Il doit toutefois s'astreindre à ne pas

prendre d'axiomes contradictoires, c'est-à-dire que les principes par lui choisis ne doivent pas, lorsqu'ils ont été combinés par des procédés logiques, conduire à des conclusions contradictoires. Il doit d'ailleurs réduire au nombre minimum ses axiomes, et n'accepter comme principes fondamentaux que ceux qui logiquement ne peuvent pas se déduire les uns des autres. Une science établie de la sorte sera vraie au point de vue rationnel, au point de vue absolu, que les faits auxquels elle conduit soient susceptibles ou non d'application ou de représentation physique. Mais si le mathématicien veut établir une science exacte pouvant conduire à des résultats pratiques, il lui faut choisir ses principes en conformité avec les faits d'observation; il doit alors tirer les axiomes de l'expérience. Si le raisonnement conduit alors à des conclusions fausses, c'est que les hypothèses primordiales sont elles-mêmes fausses, et il faut en changer. La partie purement logique, quoique devenue inutile, était irréprochable.

On peut choisir de différentes manières les axiomes admis comme servant de base à une science exacte, on doit toutefois les choisir les plus simples possible, c'est-à-dire en sorte qu'ils s'appuient sur les notions les moins complexes et les plus faciles à concevoir. C'est pourquoi Hoüel a appuyé à différentes reprises sur la notion de la ligne droite, sur son axiome II (Voir les Notes de l'Essai d'une exposition... ou de l'Essai critique...). Il a été ainsi amené à discuter d'une façon complète la 20e proposition d'Euclide : la ligne droite est le plus court chemin d'un point à un autre, proposition que de nombreux auteurs ont choisie comme définition de la ligne droite.

Cette vérité peut être considérée comme une vérité d'expérience, mais, au point de vue géométrique, elle est assez complexe et l'on ne doit pas s'étonner si Euclide a démontré cette proposition au lieu de l'admettre. En effet, elle comprend l'idée de grandeur et de comparaison de la ligne droite à tous les chemins possibles. Il serait donc utile, avant d'admettre cette définition, de définir d'une façon précise ce que l'on entend par longueur d'une courbe, et il n'est pas facile d'autre part de comparer les longueurs de deux arcs de courbes différentes ou de deux arcs d'une même courbe autre que le cercle ou l'hélice.

Le terme longueur d'une courbe est vide de sens si l'on ne fournit auparavant pour lui servir de base des idées nouvelles ; il demande pour être nettement compris et parfaitement précisé, les notions de limite et d'infiniment petit. Si l'on veut laisser de côté ces deux notions, on ne peut donner que des définitions et des démonstrations sans fondement solide, on reste dans le vague, ce qui est mauvais ; ou bien, il faut admettre la chose sans prétendre en connaître la raison, et cela est inutile puisqu'on peut avantageusement remplacer cette définition de la ligne droite par un axiome plus simple.

Comme le remarque justement Hoüel, la droite est la seule ligne pour laquelle on voudrait prendre comme définition une proposition où figure une propriété de maximum ou de minimum. On ne définit pas une circonférence : la courbe qui pour un périmètre donné correspond à l'aire maximum ; et l'on a raison. La chose ne nous paraîtrait pas naturelle en ce qui concerne la circonférence, et, si de nombreux géomètres ont été portés à admettre une définition de cette espèce pour la ligne droite, cela tient sans aucun doute à l'éducation reçue, à la force de l'habitude ; cette habitude a d'ailleurs son origine dans une interprétation erronée d'un passage d'Archimède.

Hoüel est revenu à plusieurs reprises sur la définition de la longueur d'une courbe et sur l'introduction dans cette définition de la notion nécessaire d'infiniment petit. Nous renverrons à ses Notes de l'Essai critique... ou de l'Essai d'une exposition..., mais nous citerons aussi ses « Quelques réflexions au sujet de la ligne de longueur minimum sur la sphère » publiées dans les *Nouvelles Annales* de 1868 et nous terminerons par une phrase de Hoüel (*Giornale di Matematica*, t. VII, p. 50).

« Guidé par les leçons et les ouvrages de Duhamel, j'ai établi » d'une manière irréfutable dans mon Essai critique... que le » mot longueur d'une courbe est complètement vide de sens au » point de vue de la rigueur mathématique tant qu'on n'a pas

» établi une suite de théorèmes dont le dernier est une applica-
» tion élémentaire du calcul intégral. »

Le quatrième Axiome que prend Hoüel est le suivant :

Par un point donné on ne peut mener qu'une seule parallèle à
une droite donnée.

C'est là l'axiome XI (dit *postulatum*) d'Euclide, sur lequel on
a tant écrit, que l'on avait si souvent voulu réduire aux autres
axiomes, mais sans jamais y parvenir.

Nous devons à ce sujet citer les premières lignes de l'Essai
d'une exposition... (Introduction, p. 1).

« Depuis longtemps les recherches scientifiques des mathéma-
» ticiens sur les principes fondamentaux de la Géométrie élémen-
» taire se sont concentrées presque exclusivement sur la théorie
» des parallèles; et si, jusqu'ici, les efforts de tant d'esprits
» éminents n'ont abouti à aucun résultat satisfaisant, il est peut-
» être permis d'en conclure qu'en poursuivant ces recherches, on
» a fait fausse route, et qu'on s'est attaqué à un problème inso-
» luble, dont on s'est exagéré l'importance par suite d'idées
» inexactes sur la nature et l'origine des vérités primordiales de
» la science de l'étendue. »

Nous voyons donc que déjà en 1863 Hoüel considérait la
démonstration du postulatum d'Euclide comme impossible.

On peut d'ailleurs prendre comme axiome une proposition
différente; c'est ainsi que, en faisant appel à la notion de direction (¹), Hoüel montre que l'on peut prendre cet axiome :

Deux droites de même direction ne peuvent se rencontrer, et
sont parallèles.

Quoi qu'il en soit, il admet le postulatum d'Euclide ou bien il
le remplace par une proposition équivalente.

Les idées de Hoüel ne devaient pas tarder à se préciser sur ce
point, et cela grâce à la connaissance des travaux de deux géomètres, l'un russe et l'autre hongrois. Le monde savant laissait
dans l'oubli les noms de Lobatchewsky et de Bolyai, tandis que

---

(¹) L'idée de direction étant alors considérée comme une donnée fondamentale
de l'expérience.

les recherches sur la proposition des parallèles affluaient dans les
journaux scientifiques (1).

---

(1) Nous ne croyons pas inutile de donner une liste de quelques-uns des essais
de démonstration du postulatum d'Euclide. On reconnaîtra, en la parcourant,
combien il y avait avantage à montrer l'inutilité des efforts tentés dans cette voie
et à détourner vers des régions plus fructueuses l'activité des chercheurs.

Proclus. — Procli in primum Elementorum Euclidis libri quatuor. — Basileæ,
fol., 1533.

Nassir-Eddin. — Euclidis Elementorum geometricorum libri tredecim. Ex
traditione doctissimi Nassir Eddini Tusini nunc primum arabice impressi. —
Romæ, 1594.

Ramus. — Petri Rami arithmeticæ libri duo; geometriæ XXIV; a Lazaro
Schonero recogniti. — Francof., 1599.

Cataldo (P.-A.). — Operetta delle linee rette equidistanti ed non equidistanti di
Pietro Antonio Cataldo. — Bologna, 1603.

Clavius. — Euclidis Elementorum libri XV. Auctore Christophoro Clavio. —
Bambergensi Francofurti, 1607.

Bitonto (Vitale Giordano de). — Euclide restituto da Vitale Giordano da Bitonto.
Lettere delle Matematiche nella Sapienza di Roma e nella Reale Academia
stabilita dal Ré Christianissimo nella medesima Citta. Libri XV. — Roma, 1686.

Malezieu. — Eléments de Géométrie. — Paris, 1721.

Varignon. — Eléments de mathématiques. — Paris, 1731.

Tacquet (Andreœ). — Elementa Euclidea. — Romæ, 1745.

Wolf (Ch.). — Elementa matheseos universæ. — Halle, 1750.

Hanke (F.-G.) et Binder (B.-G.). — Principia theoriæ de infinito mathematico
et demonstrationem possibilitatis parallelarum publico eruditorum examini
subjiciunt Fridericus Gottlob Hanke et Benjamin Gottlieb Binder.— Breslau, 1751.

Boscowich (Rog. Jos.) — Elementa matheseos universæ. — Romæ, 1754.

Kœnig. — Éléments de Géométrie, 1758.

Behn (F.-D.) et Hagen (J. J. de). — Dissertatio mathematica sistens linearum
parallelarum proprietates nova ratione demonstratas, quam publicæ eruditorum
disquisitioni subjiciunt Fridericus Daniel Behn et respondens Joann. Jacob de
Hagen. — Iéna, 1761.

Kœstner (A. G.) et Klügel (G. S.). — Conatuum præcipuorum theoriam
parallelarum demonstrandi recensio quam publico examini submittens Abr. Gotth.
Kœstner et auctor respondens Georgius Simon Kluegel. — Goettingen, 1763.

Boehmius (Andreas). — Andreæ Bœhmii de rectis parallelis dissertatiuncula,
1763.

Bézout. — Cours de mathématiques. — Paris, 1770.

Bossut. — Traité élémentaire de Géométrie. — Paris, 1775.

Karsten (Wz. J. Cost).— Versuch einer völlig berichtigten Theorie von den Parallellinien. — Halle, 1778.

Kaesner (Franz Xavier von). — Abhandlung über die Lehre von den Parallellinien. — Wien, 1778.

Felkel (Anton.). — Neueröffneter Gebeimniss der Parallellinien. — Wien, 1781.

Hindenburg. — Ueber die Schwierigkeit bei der Lehre von den Parallellinien.
—*Leipz. Magaz. N. M.* Oc., 1781.

Hindenburg.— Neues System der Parallellinien —*Leipz. Magaz.N.M.*Oc.,1786.

Schulz (J.). — Darstellung der vollkommenen Evidenz und Schärfe seiner
Theorie der Parallelen. — Königsberg, 1786.

Schulz (J.). — Entdeckte Theorie der Parallelen. — Königsberg, 1784.

Bendavid (Lazarus). — Ueber die Parrallellinien. — Berlin, 1786.

Eichler Kp. — De theoria parallelarum Schulziana. — Leipzig, 1786.

Il existe à la Bibliothèque universitaire de Bordeaux un manuscrit de Hoüel composé de deux pages non numérotées et de

Gensichen (J. F.). — Bestätigung dez Sculzschen Theorie der Parallelen und Widerlegung der Bendavidschen Abhandlung über die Parallellinien. — Königsberg, 1786.

Castillon (de). — Mémoires sur les parallèles d'Euclide. — *Nouv. Mém. Ac. Berlin*, 1786-87, 1788-89.

Franceschini (Francesco Maria). — Opuscoli Matematici del Francesco Maria Franceschini. Opuscula III : La Teoria delle parallele rigorosamente dimostrata. — Bassano, 1787.

Voigt (J. H.). — Dissertatio mathematica exhibens tentamen ex notione lineæ rectæ distincta et completa, axiomatis undecimi Euclidis veritatem demonstrandi. — Iena, 1789.

Rosenback (E.). — Dissertatio sistens theoriam linearum parallelarum. — 1789.

Schroetteringk (Mt. Wold von). — Demonstratio theorematis parallelarum. — Hamburg, 1790.

Cagnazzi (Lucca). — Memoria sulle curve paralleli. — Napoli.

Lorenz (J. F.). — Grundriss der reinen und angewandten Mathematik. — Helmstedt, 1791.

Ébert (J.-Jac.). — Programma de lineis rectis parallelis. — Wittenberg, 1792.

Koestner (Abr. Goth.). — Anfangsgründe der Arithmetik, Geometrie. — Göttingen, 1792.

Hauff. (J.-C.-F.). — Programma academicum quo duas vexatissimas matheseos puræ elementarias theorias enodare conatur. — Marburg, 1793.

Wildt (J.-C.-D.). — Systematis matheseos proxime vulgandi specimen Theses quæ de lineis parallelis respondent. — Göttingen, 1795.

?.... — Bemerkungen über die Theorien der Parallelen des Hrn Hofpredigers Schulz und des Herrn Gensicher und Bendavid. — Libau, 1796.

Schmidt (G. Gli.). — Anfangsgründe des Mathematik zum Gebrauche auf Schulen und Universitäten. — Frankfurt a M., 1797.

?... — Demonstratio theorematis parallelarum. — Hamburg, 1799.

Schwab (J.-G.). — Tentamen novæ parallelarum theoriæ notione situs fundatæ. — Stuttgard, 1801.

Voit (Paul-Christ). — Percursio conatuum demonstrandi parallelarum theoriam de iisque judicium. — Göttingen, 1802.

Kraus. — Krausii dissertatio de philosophiæ et matheseos notione et earum intima conjunctione. — Jena, 1802.

Langsdorf (C. Ch.). — Anfangsgründe der reinen Elementar und höhern Mathematik. — Erlangen, 1802.

Legendre (A.-M.). — Nouvelle théorie des parallèles, avec un appendice contenant la manière de perfectionner la théorie des parallèles. — Paris, 1803.

Simson (Rb.). — Die sechs ersten Bücher, nebst dem eilften und zwölften des Euclid; mit Verbesserung der Fehler, wodurch Theon und andere sie entstellt haben, nebst den Anfangsgründen der ebenen und sphärischen Trigonometrie mit erklärenden Anmerkungen von Rb. Simson. Aus dem Engl. übersetzt von Reder herausgegeben von Jos. Niesert. — Paderborn, 1806.

Hoffmann (J. Jos. Ign.). — Kritik der Paralleltheorie. I. Theil. — Iena, 1807.

Scheibel (M.-J.-E.). — Zwei mathematische Abhandlungen. I. Verth. der Theorie der Parallellinien nach dem Euclides. II. Beitrag zu den Untersuchungen der Eigenschaften der trigonometrischen Linien. — Breslau, 1807.

Ouvrier (C. Sgm.). — Theorie des Parallelen. — Leipzig, 1808.

Schweickart (Fd. C.). — Die Theorie der Parallellinien nebst dem Vorschlag ihrer Verbannung aus der Geometrie. — Iena, 1808.

81 pages numérotées. Sur le premier feuillet se trouve le titre : Étude sur les 32 premières propositions du premier livre des Éléments d'Euclide. Sur le second feuillet se trouve la table des matières :

TABLE DES MATIÈRES

Thibaut (Bh.-F.).— Grundriss der reinen Mathematik.— 2º Auf., 1809; 4º Auf., 1822.

Ohm (Martin). — Kritische Beleuchtung der Mathematik überhaupt und euclidischen Geometrie insbesondere. — Berlin, 1819.

Hermann (Ch.-A.). — Versuch einer einfachen Begründung des eilften euclidischen Axioms. — Frankfurt, 1813.

Hoffmann (Ch.-Alo).— Versuch einer einfachen Begründung des eilften euclidischen Axioms und diedarauf gebaute Theorie der Parallellinien.— Francfurt, 1813.

Duttenhofer (J.-F.).— Versuch eines strengen Beweises der Theoreme von den Parallellinien vermittels einer von jenen Theoremen unabhängigen Construction des Rechtecks. — Stuttgard, 1815.

Crelle (A. L.). — Ueber Parallelen-Theorien und das System in der Geometrie. — Berlin, 1816.

Vermehren (C. Ch. H.). — Versuch, die Lehre von den Parallelen und convergenten Linien aus einfachen Begriffen vollständig herzuleiten und gründlich zu beweisen. — Rostock, 1816.

Wachter. — Demonstratio axiomatis geometrici in Euclideis undecimi. — Gedani, 1817.

Hessling (C. W.). — Versuch einer Theorie der Parallellinien. — Halle, 1818.

Hellwag (C. Th.). — Euclidis eilfter Grundsatz als Lehrsatz bewiesen von C. T. H. Hellwag. — Hamburg, 1818.

Wolf. — Wolf's Anfangsgründe der reinen Elementar und höheren Mathematik mit Veränderungen und Zusätzen von Meyer und Langsdorf und mit ungeänderten Text von Müller. — 2º Ausgabe; Marburg, 1818.

Müller (J. Wfg).—Ausführliche evidente Theorie der Parallellinien.—Nürnberg, 1819.

Lüdike. — Versuch einer neuen Theorie der Parallellinien. — Meissen, 1819.

Struve (K. L.). — Theorie der Parallellinien. — Königsberg, 1820.

Bürger (J. A. P.).— Vollständige Theorie der Parallellinien, nebst Anmerkungen über andere bisher erschienene Paralleltheorien. — Karlsruhe, 1821.

Mönnich (Bh. F.). — Versuch die Theorie der Parallellinien auf einen Grundbegriff der allgemeinen Grössenlehre zurückzuführen — Berlin, 1821.

Küster (J. C.). — Versuch einer neuen Theorie der Parallelen. — Hamm, 1821.

Hauff (C.). — Nova rectarum parallelarum theoria. — Frankfurt, 1821.

————·

L'Essai d'une exposition..., publié en 1863, n'était, d'après ce que dit Hoüel dans son introduction, qu'un extrait d'un opuscule plus complet. Le manuscrit dont nous parlons en ce moment est, sans aucun doute, cet opuscule plus complet. A quelques

———————————————————

Creizenach (M).—Abhandlung über den eilften euclidischen Grudsatz, in Betreff der Parallellinien. — Mainz, 1821.

Metternich (Mthi.). — Vollständige Theorie der Parallellinien oder geometrischer Beweis des eilften euclidischen Grundsatzes. — Mainz, 1822.

Müller (C. Rb:). — Theorie der Parallelen. — Marburg, 1822.

Huber (Dn.). — Nova theoria de parallelarum rectarum proprietatibus. — Basileæ, 1823.

Legendre (A. M.). — Eléments de Géométrie. — 12e édition, 1823.

Jacobi (And.). — De undecimo Euclidis axiomati judicium. — Iena, 1824.

Bensemann (Joh. David). — Dissertatio de undecimo axiomate Elementorum Euclidis. — Halle, 1824.

Hegenberg (F. A.). — Vollständige auf die bekannten Elementarsätze von den geraden Linien gegründete Theorie der Parallellinien. — Berlin, 1825.

Taurinus (F. A.). — Theorie der Parallellinien. — Cöln, 1825.

Olivier (Louis). — Ueber den eilften Grundsatz in Euclid's Elementen.— *Crelle*, I, p. 151, 1826.

Neubig (A.). — Die Parallelen Theorie. — Bayreuth, 1827.

Koch (Ch. A.). — Ueber Parallellinien. Ein Versuch dem Urtheil Sachkundiger gewidmet. — Hamburg, 1827.

Courtin. — Théorie des parallèles. — Angoulême, 1829.

Reihold (H.-I.). — Theorie des Krummzapfens nebst einem Anhange: Versuch einer rein geometrischen Begründung der Lehre von Parallellinien. — Münster, 1829.

Giraud (A.). — Géométrie. Nouvelle théorie des parallèles. — Paris, 1832.

Bürger (J.-A.P.). — Vollständig erwiesene, von den ältesten zeiten bis jetzt noch nicht unberichtigt gewesene Theorie der Parallellinien. 1e Abh., 2e Abh., 3e Abh. — Heidelberg, 1833, 1834, 1835.

Swenden (J.-H.-V.). — Elemente der Geometrie; übersetzt von C.-F.-A. Jacobi. — Iena, 1834.

Metzing (S.). — Beweis des eilften euclidischen Grundsatzes. — Berlin, 1834.

Van Tenac. — Nouvelle théorie des parallèles.— *Ann. marit. et colon.*, mai 1836.

?... — Théorie des parallèles. — *J. Crelle*, XI, p. 198.

Gaudani. — Lettre de M. Gaudain à M. Van Tenac, sur la théorie des parallèles. — *Ann. marit. et colon.*, novembre 1836.

corrections de détail près, ce qui a été publié à Greifswald constitue les pages 1 à 10 et 33 à 81 du manuscrit. C'est seulement
dans les deux éditions françaises de l'Essai critique.... que se
retrouvent les 32 premières propositions d'Euclide, et Hoüel a
alors ajouté quelques Notes complémentaires.

Mais ce qui nous intéresse surtout dans le manuscrit de la
Bibliothèque universitaire, c'est une feuille séparée intercalée
entre les Notes IV et V et relative à la théorie des parallèles.

Cette feuille est importante en ce sens qu'elle nous montre vers
quelle époque Hoüel a commencé à s'occuper de Lobatchewsky.

Elle formait l'enveloppe extérieure d'une lettre adressée à
M. le Professeur Hoüel (Faculté des sciences), Bordeaux, portant
les timbres de la poste de Braunschweig : 9 janvier 1866; Prusse,
Erquelines, 11 janvier 1866; Paris, 11 janvier 1866; Paris à

Hennig. — Neue Begründung der Parallelentheorie. — Nürnberg.

Wiessner. — Beweis über Parallellinien, oder dass alle drei Winkel eines jeden Dreiecks zusammen genommen zwei rechten gleich sind. — Iena, 1833 et 1836.

Lemonnier. — Nouvelle théorie des parallèles. — Saint-Lo et *Ann. marit. et colon.*, juillet 1836.

Lampredi, Urb. — Tentativo di una teoria elementare... — Napoli, 1836.

Kaiser Ignaz.— Versuch die Theorie der parallelen linien streng nachzuweisen.

Corbon. — Démonstration du théorème relatif à la somme des trois angles d'un triangle. — *C. R.*, V., 1837.

Gräf. — Der Satz von der Winkelsumme der Dreiecks, ohne Hilfe der Parallellinien bewiesen. — Rudolstadt, 1837.

Durand de Monestrol (F.). — Théorie des parallèles. — Paris, 1838.

Bazaine. — Nouvelle théorie des parallèles. — *C. R.*, VI, 1838.

Cabeau. — Exposition d'une nouvelle théorie des parallèles. — *C. R.* VII, 1838.

Guimbertaud. — Note sur la théorie des parallèles. — *C. R.*, VIII, 1839.

Märcker (F.). — Theorie der Parallellinien. — Meiningen, 1839.

Seeber (I.). — Ergänzung des Euklidischen Systems der Geometrie... — Karlsruhe, 1840.

Ruello. — Mémoire sur la théorie des parallèles. — *C. R.*, X. 1840.

Bras. — Nouvelle théorie des parallèles. — *C. R.*, II, 1836; IV, 1837; X, 1840.

Haüy (P.). — Essai sur la théorie des parallèles. — Paris, 1840.

Lyncker. — Theorie der Parallelen. — Wien, 1841.

Amyot. — Démonstration du postulatum d'Euclide. — *C. R.*, XIII, 1841.

Claudel. — Nouvelle démonstration du théorème concernant la somme des trois angles d'un triangle. — *C. R.*, XIV, 1842.

Marin. — Nouvelle théorie des parallèles. — *C. R.*, XIV, 1842.

Hill (Car. Joh.). — Conatus theoriam linearum parallelarum stabiliendi præcipui, quos recensuit novis que superstruxit fundamentis atque auxit. — Lund, 1841.

Lafitte. — Essai d'une démonstration du postulatum d'Euclide, pouvant servir de supplément aux derniers cours de géométrie qui fondent la théorie des parallèles sur ce postulatum. — Paris, 1845.

Bordeaux 11 janvier 1866, et Bordeaux 12 janvier 1866. De plus sur une des portions de cette feuille se trouvent les tableaux des nombres et des indices qui figurent à la page 8 des Tables Arithmétiques imprimées en 1866. C'est donc en 1866 que les lignes suivantes ont été écrites :

« Il paraît certain que la démonstration de l'axiome XI d'Euclide (notre axiome IV) ne peut se déduire des axiomes précédents. Telle était l'opinion de Gauss, qui, dans sa correspondance avec Schumacher, a indiqué quelques aperçus sur ce sujet. Malheureusement il n'a pas donné sur cette question des développements qui auraient sans doute tranché la question pour tous les bons esprits.

» La théorie des parallèles ne fait qu'un avec la proposition sur la somme des trois angles d'un triangle rectiligne. Aussi plusieurs géomètres, au lieu d'essayer la démonstration directe de l'axiome XI d'Euclide, ont fait porter leurs efforts sur la détermi-

---

Acostas (Zacarias). — Nueva teoria de las paralelas. — Granda, 1845.

Lefrançois (Achille). — Théorie des parallèles, démonstration d'une manière simple et rigoureuse, sans aucune considération de l'infini. — Cherbourg, 1847.

Wiessner (C.). — Vollständige Verwandlung des 11 Euklidischen Grundsatzes in einen gewöhnlichen Lehrsatz. — Iena, 1848.

Christian. — Nouvelle démonstration de la théorie des parallèles. — C. R. XXVII, 1848.

Rivaud. — Démonstration d'un théorème... — C. R., XXVIII, 1869.

Minarelli (C.). — Théorie des parallèles. — Nouv. Ann., 1849.

Paullet. — Nouvelle démonstration du théorème des parallèles. — C. R., XVII, 1843; XXXIX, 1854; XLV, 1857; L, 1860; LVIII, 1864.

Spach (F.). — Parallelen Theorie. — Wien, 1852.

Mariani. — Nouvelle démonstration du théorème concernant la valeur de la somme des trois angles d'un triangle. — C. R., XXXIV, 1852; XXXVIII, 1854.

Boillot. — Nouvelle théorie des parallèles rigoureusement établie. — C. R, XXXV, 1852; XXXVII, 1853.

Faure. — Sur la théorie des parallèles. — C. R., XXXIX, 1854.

Vincent. — Note sur la théorie des parallèles. — C. R., XLII, 1856.

Boblin. — Démonstration du postulatum d'Euclide. — C. R., XLIII, 1856.

Mesnager. — Nouvelle démonstration du théorème concernant la somme des trois angles d'un triangle. — C. R., XLIII, 1856.

Richard. — Démonstration élémentaire rigoureuse du Postulatum d'Euclide. — C. R., XLIV, 1857.

Flament. — Théorie des parallèles. — C. R., XLVIII, 1859; XLIX, 1859.

William. — Sur la théorie des parallèles. — C. R., XLVIII, 1859.

Foser. — Démonstration du postulatum d'Euclide. — C. R., LIX, 1864

Guillemin. — Sur une nouvelle théorie des parallèles. — C. R., LIX, 1864.

Polleux. — Mémoire sur la théorie des parallèles. — C. R., LX, 1865.

Etc., etc....

nation de la somme des angles d'un triangle. Or, on peut démontrer rigoureusement (Legendre, Élém. de géom., 3° à 8° édit.) que la somme des trois angles d'un triangle rectiligne ne peut être plus grande que deux angles droits. Mais on a échoué dans toutes les tentatives que l'on a faites pour démontrer qu'elle ne peut pas être plus petite. — C'est qu'en effet il n'est nullement contradictoire avec les premiers axiomes (nos axiomes 1, 2, 3), que la somme des angles d'un triangle rectiligne sera moindre que deux angles droits. On connait généralement trop peu le travail auquel s'est livré à ce sujet le géomètre russe Lobatchewsky, qui, dans un mémoire publié à Kazan vers 1832, a prouvé que « rien n'autorise, si ce ne sont les observations directes », ou ce que nous appelons l'*expérience*, à supposer dans un triangle rectiligne la somme des angles égale à deux angles droits, « et que la géométrie n'en peut pas moins exister sinon dans la nature au moins dans l'Analyse, lorsqu'on admet l'hypothèse de la somme des angles moindre que la demi-circonférence du cercle ». Ce géomètre a développé les conséquences de cette hypothèse dans un mémoire inséré dans le tome XVII du *Journal de Crelle*, sous le titre de *Géométrie imaginaire*. Cette géométrie présente de nombreuses analogies avec celle des triangles sphériques et conduit aussi à la conséquence que la somme des angles d'un triangle est égale à deux angles droits, lorsque le triangle a ses trois côtés infiniment petits.

» Ce fait que l'hypothèse de la somme des angles d'un triangle < 2 droits conduit, sans aucune contradiction, autre que celle de l'expérience, à un système complet de géométrie, où les valeurs des éléments différentiels des lignes courbes, des surfaces et des volumes des corps sont les mêmes que dans la *géométrie réelle*, les intégrales seules étant différentes, nous semble prouver d'une manière irréfutable que l'axiome XI ne peut être contenu comme conséquence dans les principes précédents, puisqu'en les rejetant on ne déduit pas plus d'absurdités de la supposition que la somme des angles est < 2 droits que de la supposition qu'elle est > 2 droits applicable aux triangles sphériques.

» C'est l'expérience seule qui, après nous avoir révélé l'existence de la ligne droite et celle du plan, nous apprend aussi une nouvelle propriété des figures résultant de la combinaison des droites dans un plan. Ainsi les observations astronomiques, d'après les calculs de Lobatchewsky, seraient incompatibles avec l'hypothèse que la somme des angles d'un triangle rectiligne dont les côtés égaleraient à peu près la distance de la terre au soleil, fût inférieure de 3 dix-millièmes de seconde à 2 angles droits. Cette expérience, répétée si souvent et sous tant de formes diverses, a entraîné avec elle une probabilité si haute, qu'on l'a prise aisément pour une certitude *a priori*, ce qui a fait naître l'idée qu'il y avait là une lacune à combler dans l'échelle des démonstrations. Je dois l'idée de ces remarques à une intéressante communication de M. Baltzer qui se propose de la développer dans la seconde édition de ses excellents éléments de géométrie. »

Dès que Hoüel eut ainsi connaissance des travaux de Lobatchewsky, il se mit à l'ouvrage et dès l'année 1866 il publia dans les *Mémoires de la Société des Sciences physiques et naturelles de Bordeaux* la traduction des Études géométriques sur la Théorie des parallèles, par N. I. Lobatchewsky, conseiller d'État de l'empire de Russie et professeur à l'université de Kazan, suivi d'un extrait de la correspondance de Gauss et de Schumacher.

Gauss était en possession depuis 1792 des vrais principes sur lesquels repose la géométrie et il avait fondé sur ces bases une doctrine complète à laquelle il avait donné le nom de Géométrie non euclidienne. Il n'a toutefois rien publié de ses recherches et on n'en connaît que quelques résultats fournis par certaines notices des *Gelehrte Anzeiger* et par des passages de sa correspondance avec Schumacher. Encore cette correspondance n'a-t-elle été éditée qu'en 1860. Lorsque Gauss eut connaissance des travaux de Lobatchewsky et du géomètre hongrois Bolyai, il renonça à la propriété de ses découvertes, et se contenta de donner son adhésion complète à la Géométrie imaginaire de Lobatchewsky, tout en trouvant la dénomination mal choisie.

S'il était facile de se procurer les mémoires de Lobatchewsky pour les tirer de l'oubli injuste où les laissait le monde savant, la

chose présentait en ce qui concerne Bolyai plus de difficultés.
Hoüel n'épargna ni son temps ni sa peine. Il parvint à se procurer
par l'intermédiaire de M. F. Schmidt, architecte à Temesvar,
deux exemplaires du rarissime opuscule de J. Bolyai. L'un d'eux
lui servit à faire sa traduction, il envoya l'autre à M. Battaglini
qui se chargeait de répandre en Italie la renommée des deux géomètres russe et hongrois (¹).

Hoüel publia alors : La Science absolue de l'espace indépendante
de la vérité ou de la fausseté de l'axiome XI d'Euclide (que l'on
ne pourra jamais établir *a priori*), suivie de la quadrature géométrique du cercle, dans le cas de la fausseté de l'axiome XI, par
Jean Bolyai, capitaine au corps du génie de l'armée autrichienne,
précédé d'une notice sur la vie et les travaux de W. et de
J. Bolyai par Fr. Schmidt.

Déjà la publication du travail de Lobatchewsky avait rappelé
l'attention sur ce savant. A Kazan même, le $\frac{5}{17}$ novembre 1868,
dans la séance solennelle de l'Université impériale, E. Janichefsky
choisissait comme sujet de discours l'histoire de la vie et des
travaux de Nicolas Ivanovitch Lobatchewsky. La notice de Janichefsky fut traduite du russe par Potocki, un des élèves de Hoüel
et l'un des anciens secrétaires de la Société des Sciences physiques
et naturelles. Cette traduction parut dans le *Bullettino di Bibliographia* (t. II, p. 223-262, 1869). Elle servit à Hoüel pour faire
connaître aux lecteurs français le savant russe (*Bull. Sc. Math.*,
I, p. 66, 324 et 384). D'autre part, les géomètres se mettaient à
l'œuvre, et Hoüel s'empressait de traduire l'Essai d'interprétation
de la géométrie non euclidienne et la Théorie fondamentale des
espaces de courbure constante de Beltrami.

Un document nouveau venait s'ajouter à ceux déjà recueillis,
par la publication posthume d'une leçon de Riemann, faite à
l'instigation de Gauss : Sur les hypothèses qui servent de base à la
Géométrie (Riemann's Werke, p. 252). Hoüel ajouta cette traduc-

---

(¹) Sulla geometria immaginaria di Lobatchewsky. (*Giorn. di Mat.*, V, 1867 ;
Napoli Rendic., VI, 1867 ; *M. A. Math.*, VII, 1868.)
    Sulla scienza dello spazio assolutamente vera. ed independente dalla verita o
dalla falsita dell' assioma XI di Euclide, per Giovanni Bolyai. (*Giorn. di Mat.*, VI,
1868.)

tion aux autres. (*Annali di Mat.*, III,) et publia dans les *Mémoires de la Société*..... *de Bordeaux* la vie de Riemann.

Enfin Helmholtz avait fait, avant d'avoir connaissance du travail de Riemann, une conférence dans laquelle il arrivait à des résultats analogues : Les axiomes de Géométrie, leur origine et leur signification. Hoüel ne pouvait manquer de la communiquer aux lecteurs français (*Mém. Soc. Sc. de Bordeaux*, t. V, 1868).

Tirant alors parti de tous les matériaux qu'il avait recueillis, Hoüel publia sa Note sur l'impossibilité de démontrer, par une construction plane, le principe de la théorie des parallèles dit postulatum d'Euclide. Il arrivait ainsi au résultat qu'il avait prévu dès 1863. Il se trouvait d'autant plus engagé à communiquer aux autres la certitude à laquelle il était arrivé que la série des essais de démonstration de la réduction de l'axiome des parallèles aux propositions plus simples continuait à se prolonger et qu'une d'entre elles était alors offerte au monde savant avec l'appui d'un nom autorisé.

Faut-il croire que la parole de Hoüel sera entendue de tout le monde et qu'il n'y aura plus désormais de tentatives de démonstration du fameux postulatum d'Euclide, de « cette autre pierre philosophale »? Certainement non. Les faits sont d'ailleurs là pour prouver le contraire, et nous pourrions citer bon nombre de démonstrations nouvelles s'ajoutant à la liste que nous avons donnée précédemment. Nous devons ajouter toutefois que chacune de ces démonstrations n'a eu de succès qu'auprès de son auteur. D'autre part, l'histoire des sciences et l'expérience de chaque jour nous démontrent qu'il y a toujours eu et qu'il y a toujours des quadrateurs du cercle, des inventeurs de mouvement perpétuel, et que la maladie particulière à chaque mode de recherches de cette nature sévit d'une façon toute spéciale après des périodes assez régulières. On voudra donc encore plus d'une fois démontrer l'axiome des parallèles plus ou moins spécieusement. Le service rendu à la science par Hoüel n'en est pas moins considérable, et, pour employer ses propres paroles, la question est tranchée pour tous les bons esprits. La théorie des parallèles n'est plus l'écueil et le scandale des éléments de géométrie (¹) et le premier résultat obtenu par Hoüel a été de tranquilliser le mathématicien, tout en lui évitant des recherches aussi laborieuses que vaines et inutiles.

Les travaux de Hoüel sont de plus l'origine d'une série remarquable de mémoires sur des questions aussi importantes que dignes d'intérêt. Hoüel avait montré l'importance de l'étude des principes fondamentaux de la Géométrie; il fut rapidement suivi dans cette voie, et il nous suffira de citer à ce point de vue : Witte, Agolini, Baltzer, Battaglini, Genocchi, Fleury, Engel, de Tilly, Becker, Lionnet, Bounel, Lamarle, Rosanes, Transon, Bouniakowski, Liard, Clifford, Cassano, Flye-Sainte-Marie, Saleta, Frischauf, Helmholtz, Funcke, Günther, Liebmann, Schmitz-Dumond, Schlegel, Zolt, Lewes, Lüroth, Tannery, Vachtchenko-Zakhartchenko, etc., etc. La géométrie imaginaire de Lobatchewsky, la géométrie non euclidienne de Gauss, dont l'importance se trouvait ainsi mise en relief, ne pouvait manquer de tenter les efforts des géomètres; aussi, nous voyons bientôt à l'œuvre Cayley, Christoffel, Klein, Hoffmann, Ingleby, König, Frank, Rethy, Frankland, Grassmann et Frattini.

Gauss, dans ses Disquisitiones generales circa superficies curvas, avait été conduit à la notion de courbure. Lobatchewsky avait eu dans ses recherches à distinguer les surfaces à courbure constante. Ces surfaces intéressantes n'avaient pas attiré l'attention des géomètres autant qu'elles le méritaient. Dès que Hoüel eut publié sa traduction de Lobatchewsky, Beltrami se mit à l'étude de ces surfaces, entraînant à sa suite Schläfli, Torelli, Killing, Lic, Bianchi...

La connaissance enfin des travaux de Riemann et l'esprit de généralisation qui caractérise les géomètres conduisirent rapidement à l'étude de la Géométrie à *n* dimensions euclidienne ou non euclidienne (²).

(¹) D'Alembert, Mélanges de littérature, d'histoire et de philosophie, t. V, p. 180.

(²) Voir, pour la bibliographie de la Géométrie non euclidienne : Halsted (*Americ. J. of Mat.*, t. I, p. 261) ou encore la liste plus complète qui se trouve à la fin des Éléments d'Euclide de Vachtchenko-Zakhartchenko (Kief, 1880).

Hoüel peut revendiquer en grande partie l'honneur d'avoir engagé les mathématiciens dans une voie aussi féconde.

Nous avons étudié précédemment d'une façon plus spéciale l'influence des travaux de Hoüel sur l'établissement des principes fondamentaux de la Géométrie. Cette question, si importante qu'elle soit en elle-même, n'était pas l'objet primitif de Hoüel quand il publia pour la première fois son Essai sur la géométrie d'Euclide. Le but qu'il se proposait était la réforme de l'Enseignement de la Géométrie élémentaire. Il aurait voulu voir publier un Euclide, non pas une traduction plus ou moins littérale, mais une édition où seraient savamment reliées la rigueur du géomètre grec et la précision scientifique de notre époque. Il aurait désiré que sur un ouvrage de cette nature on fondât un enseignement rationnel et gradué, réservant les questions difficiles, multipliant au début les axiomes, tenant compte de l'instruction de l'élève. Si une démonstration présente quelques difficultés, qu'on la supprime dans un premier enseignement, sans la remplacer autrement que par des explications, des analogies, des vérifications expérimentales. Mais que la subordination des vérités géométriques, telle que l'exigera plus tard une étude scientifique et approfondie, soit conservée sans altération à tous les degrés de l'enseignement.

En Angleterre, on avait depuis longtemps les éléments de Barrow; en Allemagne, on possède les Éléments de Baltzer et l'édition de Lorenz; en Italie, le gouvernement prit en 1869 la décision d'introduire Euclide comme traité de géométrie (Voir la Note de Hoüel sur l'Enseignement de la Géométrie élémentaire en Italie; *Nouv. Ann.*, VIII, 1869, p. 278). En 1880, Vachtchenko-Zakhartchenko publia un livre qui répondait au désir exprimé et que Hoüel s'empressa de présenter aux lecteurs du *Bulletin des Sciences mathématiques*.

En France, l'appel fait par Hoüel n'a pas été entendu; aussi, en 1883, ne voulant pas abandonner la lutte, il publiait une nouvelle édition de son Essai critique.... Espérons que son souhait sera enfin exaucé.

Les méthodes d'enseignement ont toujours attiré d'une façon

toute spéciale l'attention de Hoüel. C'est ainsi qu'il a publié quelques remarques sur la Trigonométrie, où nous retrouvons, comme dans tous ses travaux, l'esprit de rigueur et de précision qui le caractérise.

La note parut pour la première fois dans le *Giornale di Matematiche* et fut reproduite dans d'autres recueils étrangers, et ensuite, mais seulement par extrait, dans le *Journal de Mathématiques élémentaires* de M. Bourget. En 1883, Hoüel réunissait cette note à ses Considérations élémentaires sur la généralisation successive de l'idée de quantité dans l'Analyse mathématique et donnait à leur ensemble le titre général d'Études sur les méthodes d'enseignement dans les mathématiques.

Dans ces Remarques, Hoüel établit que les principes de la trigonométrie ne sont en général pas exposés avec la simplicité et la généralité désirables et il montre les modifications que l'on doit introduire dans son enseignement.

On a l'habitude d'introduire dès le début l'emploi des Tables donnant non les valeurs numériques des fonctions circulaires, mais de leurs logarithmes. Il fait voir qu'il serait préférable de commencer par l'étude de la construction si simple des Tables des valeurs naturelles de ces fonctions avec un nombre très restreint de décimales. Les élèves n'apprendraient que plus tard à employer les Tables logarithmiques, et il suffit encore alors de Tables à quatre ou cinq décimales au plus.

Mais il appuie plus spécialement sur la pratique vicieuse en vogue chez les calculateurs et d'après laquelle on s'imagine toujours abréger le travail en réduisant tous les termes d'une formule trigonométrique à un seul à l'aide d'angles auxiliaires. Il est inutile d'enseigner aux élèves des méthodes dont la connaissance ne conduit à aucun profit. Si on doit leur parler de rendre des formules calculables par logarithmes, c'est tout au plus pour leur donner, comme de simples exercices, quelques exemples de ce mode de transformation et pour saisir par là une occasion d'en montrer non pas les avantages, mais les inconvénients.

II.

Tables.

Hoüel fut toujours un calculateur remarquable. Dans le choix d'un sujet de thèse de doctorat, il n'avait pas reculé devant un sujet exigeant de longs et difficiles calculs numériques.

Selon lui, le calcul représente dans les sciences mathématiques l'expérience dans les sciences physiques et naturelles.

Les tables de toute nature sont les appareils que le mathématicien emploie dans ce genre tout particulier d'expériences.

Il faut, pour que le travail soit facile et pour qu'il ne rebute pas les géomètres, que les recherches soient commodes et qu'elles exigent le moins de temps possible.

On comprend dès lors pourquoi Hoüel a consacré une bonne portion de sa vie à la construction des tables et aux perfectionnements qu'elles demandaient. Le travail qu'il entreprenait était aride, il y consacra des heures nombreuses, pesa les avantages et les inconvénients que présentaient les différentes tables publiées jusqu'alors, les étudia à tous les points de vue et plus particulièrement tout d'abord au point de vue de la correction.

C'est ainsi qu'il avait reconnu avec Lefort de nombreuses incorrections dans des tables de logarithmes fort répandues à cette époque. Dans les *Nouvelles Annales de Mathématiques*, Lefort et Hoüel signalèrent aux éditeurs et aux savants les erreurs contenues dans la dernière partie de la Table des logarithmes des nombres de Callet, erreurs constatées par collation de la Table de Callet sur les grandes Tables du Cadastre.

Ces fautes étaient reproduites dans l'édition des Tables de Vega du docteur Hülsse et dans les Tables de Köhler. Il y avait donc avantage à les signaler.

Ce n'était d'ailleurs que par des travaux de cette nature, par des collations répétées sur les Tables existant alors que Hoüel pouvait préparer avec le plus grand soin et le plus grand scrupule les Tables à cinq décimales qu'il allait bientôt éditer.

La première Table de logarithmes, calculée par Napier, donnait, avec sept décimales, les logarithmes des nombres et des lignes trigonométriques. Briggs, qui a compris le premier l'importance du travail de Napier et qui a le mérite d'avoir propagé dans le monde savant ses idées, a développé et amélioré les résultats auxquels était déjà parvenu son ami. Il a publié deux Tables distinctes pour les nombres et pour les lignes trigonométriques où les valeurs de la fonction logarithmique sont exprimées avec quatorze chiffres décimaux. On a bien publié depuis cette époque quelques Tables, assez restreintes comme développement, avec un nombre plus grand de décimales, mais aucune d'elles, pas même celle construite au bureau du Cadastre sous la direction de Prony, n'a fourni dans une étendue comparable à celle des Tables de Briggs une approximation équivalente.

Jusqu'à la fin du siècle dernier, des considérations d'économie ont été le principal motif qui a conduit à réduire le nombre des décimales dans les Tables successivement extraites des œuvres originales de Briggs et de Vlacq. Gauss paraît avoir traité le premier la question scientifiquement en vue des applications diverses que les Tables peuvent recevoir. S'attachant particulièrement aux Tables qui ne nécessitent pas l'emploi des différences secondes pour l'interpolation, il a très succinctement, mais aussi très nettement posé les principes qui en règlent l'usage et qui déterminent dans chaque cas le degré d'approximation qu'on peut espérer d'atteindre (Theoria Motus...). Quand on a acquis la parfaite connaissance de ces principes, malheureusement trop peu répandus, on comprend très bien la raison d'être des diverses Tables logarithmiques, où le nombre des décimales est plus ou moins restreint, et on sait en user ou s'en abstenir à propos.

L'illustre auteur de la *Theoria Motus...*, longtemps après la publication de cet ouvrage, a déclaré dans les *Annales de Schumacher* qu'il ne faisait jamais usage des Tables de Callet, et à plus forte raison des grandes Tables de Véga, qu'il les trouvait trop développées pour l'usage courant, que les Tables de Sherwin lui avaient toujours suffi, qu'il croyait digne d'encouragement la publication des Tables à 5 et à 6 décimales, et qu'encore il y désirerait la suppression des parties proportionnelles. De pareilles Tables sont en effet sans danger quand on sait bien nettement le degré d'approximation qu'elles peuvent donner et le degré de précision que l'on veut atteindre. Elles présentent d'ailleurs d'incontestables avantages sous le rapport de la célérité et de la sûreté de calcul.

Les Tables que publia Hoüel ne satisfont qu'en partie au vœu exprimé par Gauss, puisqu'elles contiennent les parties proportionnelles, mais le grand géomètre aurait sans doute excusé ce luxe arithmétique en considération de la parfaite convenance des dispositions générales et de la correction des détails d'exécution. On reconnaît l'homme qui a, dans des travaux de longue haleine, appris l'importance d'une bonne disposition, d'une exécution parfaite dans cet outil qu'il doit constamment manier.

En ce qui concerne la présence des parties proportionnelles, il faut aussi tenir compte de ceci, que, si les Tables doivent être mises entre les mains des élèves pour y apprendre à se servir des logarithmes, il est bon qu'ils apprennent aussi à connaître l'emploi des parties proportionnelles qui leur seront peut-être utiles plus tard dans des calculs plus délicats.

Les Tables de Lalande, qui composent en somme le fond du Recueil publié par Hoüel, ont paru dans l'origine sous le format in-18; elles comprenaient uniquement les logarithmes de 1 à 10,000, et les logarithmes des sinus, cosinus, tangentes et cotangentes de 0 à 45°. Hoüel y apporta les modifications qu'il caractérise lui-même ainsi dans son Avertissement :

1° L'agrandissement du format, qui, en diminuant de beaucoup le nombre des pages à feuilleter, nous a en outre permis diverses additions utiles;

2° La suppression des caractéristiques dans la Table des logarithmes des nombres;

3° L'introduction de Tables auxiliaires donnant les parties proportionnelles des différences, non seulement pour les logarithmes des nombres, mais encore pour ceux des lignes trigonométriques;

4° Le rétablissement dans les Tables trigonométriques des logarithmes des sécantes que le défaut d'espace avait fait supprimer par la plupart des auteurs et qui sont cependant très commodes, en dispensant de l'emploi des compléments arithmétiques dans les calculs de trigonométrie;

5° La Table des logarithmes des nombres a été prolongée jusqu'à 10800, nombre de secondes contenues dans 3°;

6° En tête des diverses colonnes de cette Table, nous avons inscrit les valeurs correspondantes des logarithmes des rapports du sinus et de la tangente à l'arc exprimé en secondes, et, par ce moyen, cette Table peut remplacer avantageusement pour les trois premiers degrés, la table trigonométrique proprement dite;

7° Pour les petits arcs, l'usage des lignes trigonométriques naturelles est souvent plus commode que celui de leurs logarithmes, ceux-ci se prêtant mal à l'interpolation. Nous donnons en conséquence les valeurs naturelles des sinus et des tangentes pour les trois premiers degrés.

Parmi les additions faites par Hoüel à la collection de Lalande, on remarque spécialement une Table de logarithmes d'addition et de soustraction, c'est-à-dire une Table destinée à faciliter la recherche du logarithme de la somme ou de la différence de deux nombres, connus seulement par leurs logarithmes. C'est la première édition française de Tables de ce genre. Les logarithmes d'addition et de soustraction étaient déjà assez répandus en Allemagne et en Angleterre. On leur donne souvent le nom de logarithmes de Gauss, bien qu'ils soient dus à Leonelli. La locution de logarithmes de Gauss, que Hoüel adopte, n'est donc pas juste. Il est vrai de dire que Gauss lui-même cite Leonelli et que

déjà dans l'introduction de ses Tables et plus tard par la publication du « Supplément logarithmique par Leonelli, précédé
d'une notice sur l'auteur », Hoüel s'est efforcé de faire rendre à
Leonelli ce qui lui était dù.

Les Tables de logarithmes de Leonelli fournissent une relation
entre les trois fonctions A, B, C, qui représentent respectivement
$\log x$, $\log \left(1 + \dfrac{1}{x}\right)$ et $\log (1 + x)$. Dans les Tables calculées
primitivement par Gauss, d'après les idées de Leonelli, puis
étendues par Matthiessen, la quantité A est prise pour argument
et on trouve en regard les valeurs correspondantes de B et
de C. Plus tard, Zech a établi deux Tables séparées, l'une
pour l'addition, l'autre pour la soustraction ; la première a pour
argument A et donne la valeur de B, la seconde a pour argument
B et donne la valeur de C. Cette séparation, typographiquement
nécessaire pour des Tables à double entrée, comme celles de Zech,
était motivée d'une manière générale par la différence d'étendue
que chacune de ces fonctions doit occuper dans l'échelle numérique et par la simplification qu'elle amène dans le calcul des
parties proportionnelles. Ces dernières considérations suffisaient
pour déterminer Hoüel à adopter la séparation, bien que ses
Tables fussent à simple entrée, mais il a encore amélioré la
disposition de Zech en prenant le nombre C pour argument de la
seconde Table, dont il a pu ainsi diminuer l'étendue, sans
restreindre le degré d'approximation qu'elle doit fournir.

Les Tables d'addition et de soustraction servent non seulement
à résoudre plus simplement que par tous autres procédés ce
problème : Étant donnés $\log m$ et $\log n$, trouver $\log (m \pm n)$;
elles donnent en outre une solution plus approchée que celles que
l'on pourrait déduire des autres modes de calcul, si on les mettait
en œuvre à l'aide de Tables ordinaires qui ne comprendraient pas
plus de chiffres décimaux que les Tables spéciales. Hoüel a donc
accompli une œuvre utile en cherchant à faire fructifier en
France une idée qui, après y avoir germé il y avait plus d'un
demi-siècle, avait été étouffée sous le jugement précipité de
Delambre.

Les Tables à cinq décimales de Hoüel peuvent fournir avec cinq décimales exactes le logarithme d'un nombre ou le nombre correspondant à un logarithme, et faire connaître à cinq secondes près un arc donné par le logarithme de son sinus. Elles suffisent donc largement aux besoins des ingénieurs civils et militaires, des architectes, des géomètres..., etc., dont les travaux reposent en général sur des opérations et sur des formules qui sont loin de présenter un degré d'approximation s'étendant aux décimales d'ordre élevé. A plus forte raison pouvaient-elles suffire aux nécessités de l'instruction publique; les élèves trouvent en effet dans les diverses parties qui les composent le moyen d'appliquer et d'approfondir tous les principes qui leur sont enseignés. Le nombre d'éditions qui se sont succédé, sa place dans les mains de chaque élève de nos classes d'élémentaires ont depuis longtemps montré quelle en était l'utilité.

Hoüel s'est occupé également de la détermination des logarithmes avec un nombre considérable de décimales.

Si l'on a à faire des calculs de cette nature, on se heurte contre une difficulté sérieuse. L'*Arithmetica logarithmica* de Briggs donne, il est vrai, les logarithmes avec quatorze décimales, mais le traité de Briggs est devenu très rare; en dehors de cet ouvrage il n'y a que peu de Tables de cette espèce, et celles que l'on possède sont fort peu étendues. De plus, même si l'on avait de tels recueils, la recherche des nombres y serait par trop longue et par trop ennuyeuse. Il est juste d'ajouter que c'est seulement dans certains cas exceptionnels que l'on peut avoir recours à un si grand nombre de chiffres, aussi Briggs a-t-il déjà donné dans son ouvrage une *Tabula Inventioni logarithmorum inserviens* qui permet de trouver d'une façon précise et rapide, même plus rapide que par l'emploi des grandes Tables, le logarithme d'un nombre donné. La méthode de Briggs avait été laissée dans l'oubli. Différents auteurs l'ont depuis retrouvée. Hoüel, dans son travail « Sur une simplification apportée par M. F. Burnier à la méthode de Flower pour l'usage des Tables de logarithmes abrégées », donne un exemple d'une Table de cette nature empruntée à Steinhauser et en explique l'usage. Le problème à

résoudre est double. Il s'agit en effet de déterminer le logarithme d'un nombre donné, ou bien le nombre correspondant à
un logarithme donné. Le dernier problème est facile à résoudre
et la méthode est expliquée sur un exemple. La première question
a été résolue assez simplement en 1771 par Flower; Hoüel
l'applique à log. π. Burnier a simplifié cette méthode; Hoüel
nous donne un exemple numérique de la forme nouvelle qu'elle
obtient alors.

Dans la plus grande partie des calculs d'astronomie et de
physique, on a à faire des applications numériques à un nombre
restreint de décimales. Les Tables à cinq décimales seraient donc
suffisantes si l'on n'avait besoin que des logarithmes des nombres
et des différentes fonctions circulaires. Mais ce n'est pas à cela
seulement que se bornent les besoins. D'autre part, dans l'étude
même des Mathématiques, la mise en nombre de certaines
formules est bien faite pour faciliter l'intelligence des théories et
parfois pour en bien indiquer la portée. Ce sont là les raisons qui
ont engagé Hoüel à publier, comme complément à ses Tables à
cinq décimales, son « Recueil de formules et de Tables numériques ».

Ce Recueil contient sous un volume restreint un nombre considérable de renseignements précieux. Dans son Introduction sur la
disposition et l'usage de ces Tables, Hoüel appuie d'une façon
plus particulière sur les fonctions hyperboliques de Lambert, sur
les fonctions elliptiques et sur leurs applications. Nous aurons à
revenir sur ce sujet à propos de son cours de Calcul infinitésimal;
nous devons nous contenter ici de signaler les richesses amassées
dans ce petit Recueil.

TABLE I. — Logarithmes vulgaires ou décimaux des 2000 premiers nombres.

TABLE II. — Antilogarithmes.

TABLE III. — Logarithmes d'addition et de soustraction.

TABLE IV. — Logarithmes du rapport $\dfrac{1 + x}{1 - x}$.

TABLE V. — Table abrégée pour le calcul des logarithmes
vulgaires à 15 décimales.

Les Tables XII, XIII, XIV et XV se rapportent à la division décimale du quadrant et donnent les valeurs à trois et à quatre décimales des fonctions circulaires tant naturelles que logarithmiques, dans le mode de division adopté.

Le choix de l'unité angulaire est une des questions qui ont occupé Hoüel pendant de longues années.

Déjà en 1863, dans l'Essai de Greifswald, la note IV : Sur l'unité angulaire, est relative à cette question. Hoüel y montrait l'avantage que présenterait pour le calculateur le choix du quadrant comme unité d'angle et la division décimale appliquée à cette unité. Hoüel est revenu à plusieurs reprises sur ce sujet. Dans sa « Note sur les avantages qu'offrirait pour l'Astronomie théorique et pour les sciences qui s'y rapportent la construction de nouvelles Tables trigonométriques suivant la division décimale du quadrant », il reconnaît que le bouleversement total des habitudes des astronomes et la refonte d'une masse énorme de documents présente des inconvénients contre lesquels il est assez difficile de lutter ; mais il montre que, pour tous les calculs autres que les calculs immédiats des observations astronomiques et nautiques, la division décimale ne présente que des avantages et que son adoption rendrait d'immenses services dans les applications numériques à la Mécanique céleste, à la Géodésie et à la Topographie. Il faudrait, si une telle mesure était adoptée, construire une série de Tables trigonométriques, à un plus ou moins grand nombre de décimales, suivant cette division. Et le travail est déjà fait ; il n'y aurait qu'à copier les Tables du Cadastre, ce glorieux monument resté jusqu'ici sans emploi.

Hoüel ne se contentait pas d'exposer ses vues théoriques sur ce sujet ; il les mettait immédiatement en pratique et publiait ses Tables pour la réduction du temps en parties décimales du jour.

Plus tard encore, lorsque la même question fut débattue devant l'Académie des Sciences ([1]), il envoya une note nouvelle sur le choix d'unité angulaire pour défendre l'idée qu'il croyait bonne. Il se heurtait contre des habitudes enracinées depuis trop longtemps.

---

[1] A. d'Abbadie. *C. R.*, LXX, p. 1111 ; R. Wolf, id., p. 1221 ; Yvon Villarceau, *id.*, p. 1233.

Si dans la plupart des calculs logarithmiques il est suffisant d'avoir recours à des Tables à cinq décimales, et si d'autre part ce n'est que dans des conditions tout à fait exceptionnelles que l'on a besoin de quinze ou même de vingt chiffres, il y a des cas, en assez grand nombre déjà, où il est nécessaire d'avoir à sa disposition des Tables à sept décimales par exemple; c'est ce qui se présente dans les calculs délicats de la Géodésie et de l'Astronomie.

Les Tables de Schrön, qui constituent l'ouvrage le plus remarquable et le plus correct qui ait jamais paru jusqu'ici, avaient attiré l'attention du calculateur émérite que nous avons déjà appris à connaître dans Hoüel. Il se mit donc avec plaisir au travail pour donner une édition française tant des Tables de logarithmes que des Tables de proportion.

Hoüel avait été utile à l'enseignement et aux sciences appliquées en publiant ses Tables à cinq décimales; il voulut rendre le service complet et contribuer à fournir à la science pure un outil de travail dont elle n'eût pas à se plaindre.

Une introduction nouvelle, quelques modifications dans la disposition matérielle des Tables, l'adjonction d'une Table de nombres usuels avec leurs logarithmes, un soin de chaque instant pendant la publication rendirent l'édition française encore supérieure à l'édition allemande.

Hoüel avait succédé à Bordeaux à V.-A. Le Besgue qui avait occupé pendant vingt ans la chaire de Mathématiques pures de la Faculté des sciences de Bordeaux, jusqu'au moment où il prit sa retraite. Mais Le Besgue, toujours animé du même zèle pour la Science et ne pouvant supporter l'abandon dans lequel les professeurs français laissaient la Théorie des Nombres, remonta bientôt, en 1861, dans son ancienne chaire pour donner une série de conférences sur la science qu'il avait si longtemps cultivée avec succès.

Nous empruntons les détails qui précèdent à la « Notice sur la Vie et les Travaux de Victor-Amédée Le Besgue, correspondant

de l'Institut (Académie des Sciences), professeur honoraire de la
Faculté des sciences de Bordeaux, par·MM. O. Abria, doyen de la
Faculté des sciences de Bordeaux, et J. Hoüel, professeur à la
même Faculté, suivie de deux travaux inédits de V.-A. Le Besgue
(*Bullettino di Bibliographia*, t. IX, p. 554; tirage à part, 43 p.).

Cette Notice nous apprend que Le Besgue exposa dans ces
leçons les principes de la théorie des congruences, la théorie des
résidus quadratiques et celle de la division du cercle d'après Gauss.
Les auditeurs avaient l'espoir de doter, par la publication de
ces leçons, notre pays d'un traité élémentaire de Théorie des
Nombres mis au courant de la science actuelle. Quelques lacunes
que Le Besgue ne se décida pas, malgré leurs instances, à combler empêchèrent de mettre ce projet à exécution.

Il est inutile de dire que Hoüel fut un des plus empressés aux
cours de Le Besgue. Il existe dans sa bibliothèque, à côté de la
rédaction de ses cours de l'École Normale, à côté des volumes qui
contiennent, année par année, ses différents cours depuis
l'époque de son arrivée à Bordeaux jusqu'à la publication de son
«Cours de Calcul infinitésimal», il existe, disons-nous, un
volume contenant la rédaction du cours qu'il avait suivi, faite
avec le plus grand soin, reproduction fidèle des leçons qu'il avait
pieusement recueillies.

L'existence de cette rédaction est déjà une preuve de l'intérêt
que présentait à Hoüel la science préférée de Le Besgue. Ce n'est
point le seul témoignage que nous ayons rencontré du regret qu'il
éprouvait de voir ainsi délaissée en France la science des Bachet,
des Fermat, des Legendre. Il avait fait une traduction des
Disquisitiones arithmeticæ qui existe à l'état de manuscrit dans
sa bibliothèque. Il avait essayé de remédier au mal en traduisant
des mémoires remarquables et dont la connaissance devait, selon
lui, exciter et stimuler les savants de notre pays. Le *Journal de
Liouville* lui doit de nombreuses traductions des importants
travaux de Lejeune-Dirichlet et de Kummer.

Les «Tables diverses pour la décomposition des nombres en
leurs facteurs premiers, par V. A. Le Besgue» portent la trace de

son travail. Une note, placée au bas de la première page, nous apprend que M. Hoüel, professeur à la Faculté des sciences de Bordeaux, a bien voulu se charger, d'après les indications de Le Besgue, de la construction de cette table. On est en droit de se demander pourquoi le nom de Hoüel ne figure pas sur le titre. Cela tient au caractère même de notre savant, à sa modestie, à son habitude de ne pas compter les heures qu'il dépensait au profit des autres.

Mais encore voulait-il que ces heures dépensées profitassent à tout le monde. C'est ce qu'il nous déclare lui-même dans l'édition des Tables Arithmétiques pour servir d'Appendice à l'Introduction à la Théorie des Nombres de V.-A. Le Besgue qui parut en 1866 chez Gauthier-Villars.

Hoüel n'avait pu se résoudre à voir le travail assez long que lui avait coûté la construction de ces Tables perdu entièrement pour les personnes qui ne possèdent pas les *Mémoires de la Société des Sciences physiques et naturelles de Bordeaux*, où elles avaient paru tout d'abord, précédées d'une Note de Le Besgue.

III.

Analyse.

————

Hoüel était appelé par sa tournure d'esprit à s'occuper d'une façon toute particulière des fondements du calcul infinitésimal. Il se trouva forcé, par les cours qu'il avait à faire à la Faculté des sciences de Bordeaux, d'en approfondir les différentes parties.

Il consacra à son enseignement tout le temps que lui laissaient ses autres travaux; infatigable, il ne craignait point de consacrer une bonne partie de ses veilles laborieuses à la recherche des meilleurs procédés de démonstration, au perfectionnement des théories considérées jusqu'alors comme particulièrement difficiles.

Chaque leçon était préparée et écrite avec le plus grand soin; l'ensemble des leçons d'une année servait à la rédaction des cours de l'année suivante.

C'est ainsi que Hoüel est arrivé à publier en 1871 son Cours autographié; puis, continuant sur cette première édition la revision successive des différentes branches de l'Analyse, il couronna ses travaux par la publication du Cours de Calcul infinitésimal.

Il arrive trop souvent que l'apparition des volumes d'un ouvrage de cette nature se trouve retardée pendant longtemps; puis, la chose est complètement abandonnée. On connaît bien des premiers volumes d'Analyse qui n'ont pas eu de suite, si général qu'ait été le désir témoigné par les savants de posséder ces cours au complet. En ce qui concerne Hoüel, il n'y avait rien à craindre de semblable. La dernière page était écrite lorsque le premier feuillet fut livré à l'imprimeur; les volumes se succédèrent d'année en année de 1878 à 1881.

Les Leçons autographiées que Hoüel avait publiées en 1871-1872 avaient été tirées à un petit nombre d'exemplaires et le tirage fut rapidement épuisé. Hoüel songea dès lors à faire imprimer une édition plus complète, mise au courant des nouveaux programmes de l'Enseignement supérieur, et qui pût être utile aux élèves de nos Facultés.

Si l'on doit convenir que les aspirants à la licence ès sciences mathématiques ont été effrayés par l'ensemble des volumes qui leur étaient présentés comme livres de préparation à l'examen, on doit ajouter immédiatement que l'accueil fait par les professeurs et par le monde savant à ce grand travail a été des plus favorables.

Nous nous contenterons de citer, par exemple, l'appréciation des *Fortschritte der Mathematik...* d'Ohrtmann, t. XI, p. 192 :

« Herrn Hoüel's Compendium der Differential- und Integralrech-
» nung giebt uns einen neuen Beweis von der Geschichtlichkeit
» des Verfassers in der Bearbeitung mathematischer Lehrbücher. »

Nous analyserons rapidement cet ouvrage, en nous arrêtant de temps à autre à certaines théories que Hoüel a surtout étudiées ou bien qu'il est un des premiers à avoir fait connaître en France.

Dans son Introduction, Hoüel s'occupe tout d'abord des principes généraux du Calcul des Opérations considérées au point de vue le plus abstrait, indépendamment de leur nature intrinsèque et de celle des quantités qui leur sont soumises, et en ayant égard uniquement à leurs propriétés combinatoires. Ces notions, dont l'importance a été longtemps méconnue, sont indispensables à celui qui veut entrer dans les considérations les plus élevées de l'Analyse, à celui qui veut nettement comprendre le but et la portée des sciences mathématiques. Clairement et simplement exposées dans le livre de Hoüel, elles y servent de base à l'étude du Calcul infinitésimal; mais leur influence s'étend bien au delà, et l'on ne doit pas s'étonner que Hoüel soit revenu à maintes reprises sur les lois des opérations et leurs propriétés combinatoires.

Dans son Essai critique..., dans sa Théorie des fonctions complexes (IV, Introduction aux Quaternions), il s'était déjà occupé de cette question; il y était encore revenu dans ses Considérations sur l'idée de quantité... Il cherchait ainsi dans différents essais successifs la forme la plus convenable à donner à cette théorie.

Grassmann avait formulé depuis longtemps les propositions fondamentales auxquelles on est conduit dans cette voie; mais il n'avait pas été compris et son livre avait été à peine lu. C'est ce dont il convient lui-même dans la seconde édition de son volume qu'il fit paraître en 1878, trente-quatre ans après la première édition. On n'aurait peut-être pas encore reconnu toute l'importance des idées de Grassmann si Hankel, esprit pénétrant et meilleur professeur, n'avait présenté la chose d'une façon plus simple dans ses *Vorlesungen über complexe Zahlen*. Le calcul des opérations faisait des progrès en Angleterre; il était négligé en France, bien que ce soit dans les *Annales de Gergonne*, dans les Mémoires de Servois que se rencontrent les premières traces de cette étude.

Hoüel, considérant le Calcul des Opérations au point de vue des applications auxquelles il conduit, adopta la méthode de Hankel tout en conservant les notations de Grassmann, qui ont l'avantage de se prêter facilement à la généralisation, parce qu'elles ne rappellent par leur forme aucune des notations usuelles, tout en permettant de conserver aux calculs la disposition à laquelle on est habitué.

Il est juste de dire que dès que Hoüel fut appelé à faire à Bordeaux le cours de Mathématiques pures, et même auparavant dans son enseignement dans les lycées, il avait été frappé du manqué de rigueur avec lequel était présentée à cette époque la théorie des quantités négatives et des quantités imaginaires. On ne donnait en réalité aucune démonstration satisfaisante des règles de calcul relatives à ces quantités; une série de phrases, dont la forme était savamment déterminée, mais dont le fond manquait absolument de précision, tenait lieu de plus ample démonstration.

Hoüel ne pouvait se contenter d'un tel état de choses; il se mit à l'œuvre, et c'est d'une façon tout à fait indépendante qu'il est arrivé à la notion du principe de permanence des règles de calcul: c'est de lui-même qu'il a reconnu l'impossibilité d'étendre à toute

autre quantité que les quantités négatives et complexes les règles
de calcul admises pour les quantités arithmétiques.

Il trouva plus tard dans les ouvrages de Hamilton, de Grassmann et de Hankel les principes des démonstrations qu'il avait
ainsi reconstituées, et se contenta dès lors de les exposer en citant
les premiers inventeurs.

On est amené à la considération des quantités négatives et des
quantités dites imaginaires par la résolution des équations du
premier et du second degré, et les symboles nécessairement introduits de la sorte pour obtenir une réponse générale aux questions
que l'on a été amené à se poser suffisent pour la résolution générale des équations algébriques de tous les degrés. L'admission de
ces symboles ne conduisant à aucune conséquence contradictoire
et les opérations auxquelles ils doivent être soumis ne différant
en rien de celles relatives aux quantités arithmétiques, le calcul
avec ces quantités est dès lors assis sur des bases certaines, et
leur emploi ne peut conduire qu'à des résultats absolument vrais.

L'introduction des quantités négatives et complexes une fois
solidement établie, on peut se demander, mais la chose, si elle
est utile, ne présente en aucune façon un caractère de nécessité,
s'il n'existe pas de représentation physique ou géométrique des
quantités ainsi introduites. A Descartes remonte l'interprétation
géométrique des quantités négatives. En ce qui concerne les
quantités complexes, les opérations sur le signe représentatif d'un
point du plan ont des propriétés en tout point identiques à celles
qu'il faut attribuer en Algèbre aux opérations portant sur le symbole $a + bi$. De là résulte une interprétation géométrique des
quantités complexes, et cette interprétation, qui, comme nous
l'avons dit, n'est pas nécessaire, est importante en ce qu'elle
permet de guider et de rassurer, dans l'emploi de ces symboles,
l'esprit peu familier encore avec le monde de l'abstraction. On
est ainsi porté à accepter sans défiance l'usage que l'on fait de
ces caractères à apparence un peu mystérieuse pour servir de lien
entre des notions réelles et palpables.

C'est à Argand que l'on doit la première interprétation géomé-

triques des quantités complexes. Dans un livre devenu très rare :
Sur une manière de représenter les quantités imaginaires dans
les constructions géométriques (Paris, 1806, in-8°), il a exposé
d'une façon tout à fait remarquable le mode universellement
employé aujourd'hui de représentation des quantités imaginaires
et il en a montré l'importance sur de nombreuses applications.
Le livre d'Argand était peu connu; les exemplaires de l'édition
qu'il avait publiée étaient devenus très rares. On était par là même
porté à attribuer à Gauss le mérite qui revient à Argand. Gauss est
déjà assez riche sans qu'il soit nécessaire pour sa gloire de lui
attribuer les découvertes des autres. Hoüel put, grâce à l'obligeance de Chasles, se procurer l'exemplaire dont Argand avait fait
hommage à Gergonne; il rendit alors un *nouveau service à
l'histoire de la Science* en publiant une seconde édition de
l'opuscule d'Argand qu'il faisait précéder d'une notice sur l'auteur
et à laquelle il ajoutait différents extraits des Annales de Gergonne
relatifs à la question si magistralement traitée par le savant
genevois dans son remarquable travail.

L'histoire du développement des idées fondamentales dans la
Science a toujours attiré l'attention de Hoüel.

C'est ainsi que dans les *Procès-Verbaux* des *Mémoires de la
Société des Sciences physiques et naturelles de Bordeaux* et dans
sa Théorie des quantités complexes il a esquissé de main de maître
et avec les scrupules de l'historien les différentes phases du
développement de l'idée de quantité complexe formée avec deux
ou avec plusieurs unités linéairement indépendantes.

Il avait déjà communiqué aux lecteurs des *Nouvelles Annales*
la méthode de Bellavitis connue sous le nom de Calcul des
équipollences, où le savant italien avait exposé tout le parti que
l'on peut tirer dans les questions les plus simples, tout aussi bien
que dans les problèmes réputés les plus difficiles, des constructions
dues à Argand.

Dans la quatrième partie de sa Théorie des quantités complexes, il essaye d'introduire en France la théorie des quaternions
de Hamilton qui y était à peine connue. Toujours Hoüel a fait

tout ce qu'il a pu pour répandre dans notre pays les connaissances acquises et appréciées à l'étranger.

Une des opérations auxquelles on a été conduit par la considération des équations linéaires du premier degré est celle effectuée sur n' quantités et à laquelle on a donné le nom de déterminant. La théorie des déterminants dont l'origine remonte à Leibnitz compte dans l'histoire de ses premiers développements de noms essentiellement français : Vandermonde, Cauchy.... Elle a mis cependant un temps assez long pour acquérir le droit de bourgeoisie dans notre enseignement élémentaire. On sait combien de fois O. Terquem, le savant rédacteur des *Nouvelles Annales*, a réclamé en sa faveur.

Hoüel est un de ceux qui ont le plus activement agi en France pour y introduire ces considérations qui nous semblent aujourd'hui indispensables. En 1861, il publiait la traduction du Traité des déterminants de Baltzer; en 1871, il faisait autographier à Bordeaux une Théorie élémentaire des déterminants qui est, à quelques modifications près, le chapitre III de l'Introduction de son Cours en quatre volumes. S'il reproduisait ainsi dans son traité ces quelques pages sur les déterminants, cela est dû, d'une part, à ce qu'il désirait être utile aux élèves; il estimait qu'il leur serait commode d'avoir sous la main le résumé de toutes les propositions de cette théorie qu'il aurait à invoquer dans la suite. Cela est dû peut-être aussi à ce que, après avoir défini les opérations et leurs propriétés et après avoir appliqué aux quantités de nature relativement simple les résultats obtenus, il voulait mettre l'esprit en éveil par la considération d'opérations jouissant de propriétés nouvelles et différant complètement de celles étudiées précédemment. C'est ce dernier point de vue qu'ont depuis si brillamment développé Cayley et Sylvester dans des travaux dont la plupart ont paru en Angleterre, en Amérique et en France, mais sans appeler chez nous toute l'attention qu'ils méritent.

Hoüel n'a pas cru devoir tenir compte de la division que l'on conservait pieusement de l'Analyse supérieure en Calcul différentiel et Calcul intégral. Il estimait que cette division présente d'une part l'inconvénient de priver du secours mutuel que se prêtent dès le début les deux opérations inverses l'une de l'autre de la différentiation et de l'intégration, et, d'autre part, que l'étude simultanée des premiers éléments des deux calculs permet à l'élève d'arriver plus vite à s'exercer sur les applications du Calcul à la Géométrie et à la Mécanique.

Hoüel a intitulé son Traité : Cours de Calcul infinitésimal, voulant ainsi indiquer dès l'abord quelle est la méthode d'exposition qu'il choisissait; c'est la seule méthode rigoureuse, la méthode de Cauchy et de Duhamel, la méthode des infiniment petits ou méthode des limites, que l'on peut exposer de bien des manières différentes en mettant plus ou moins en relief le principe sur lequel on s'appuie, en déguisant plus ou moins le rôle que l'on fait jouer aux infiniment petits, en confondant même quelquefois la timidité du langage avec la rigueur du raisonnement.

On doit à Duhamel d'avoir, le premier, formulé nettement le principe qui identifie ces méthodes, si diverses qu'elles soient en apparence. Le but du Calcul infinitésimal est généralement la détermination des limites de rapports ou de sommes de certaines variables auxiliaires, appelées *quantités infiniment petites,* et le plus souvent ce but ne peut être atteint qu'en remplaçant ces variables par d'autres quantités susceptibles d'une expression plus simple et conduisant au même résultat final. Le principe de Duhamel que l'on peut nommer le *principe de substitution des infiniment petits,* consiste en ce que, dans les deux cas cités, on peut remplacer un infiniment petit par un autre infiniment petit dont le rapport au premier ait pour limite l'unité. En ne perdant jamais de vue ce principe, on pourra se servir en toute sécurité du langage et de la notation des infiniment petits, qui a sur celui de la méthode dite *des limites* l'immense avantage de la concision et de la simplicité, et qui seul permet au géomètre de se laisser guider, comme moyen d'intuition, par le sentiment de l'évidence tiré de la considération des grandeurs finies.

Mais, pour pouvoir appliquer ce principe, il faut être en mesure de reconnaître l'ordre de grandeur relative de deux infiniment petits et de décider dans quels cas l'un d'eux peut être négligé, comme étant une fraction infiniment petite de l'autre. Cette question de limite de rapport se ramène à la recherche des dérivées, par l'étude desquelles il est nécessaire de commencer l'exposition de l'Analyse des infiniment petits.

La méthode des infiniment petits a eu des contradicteurs, elle a eu peu de défenseurs plus convaincus que Hoüel [1]. C'est à la notion de limite qu'il devait d'être arrivé à la conception nette de quantité incommensurable.

Les bases de l'Analyse infinitésimale étant ainsi posées, on peut alors introduire dans le calcul les accroissements infiniment petits eux-mêmes ou les *différentielles*, sans passer par la considération étrangère des accroissements finis, et sans être obligé de substituer à la notion si simple de l'accroissement infinitésimal des conceptions artificielles, ayant pour seul but de donner aux équations entre quantités infiniment petites (ou infiniment grandes) une exactitude absolue, qu'il n'est pas dans leur nature de présenter, et qui n'aurait aucune influence sur le résultat final. Ces artifices, qui pouvaient avoir leur raison d'être à une époque où l'on mettait encore en doute la légitimité de la méthode infinitésimale, sont aujourd'hui devenus superflus. Ils ont même l'inconvénient de ne pas concorder en apparence avec le langage des infiniment petits, employé de tout temps dans les applications pratiques, et qui présente alors, aux yeux des commençants, l'aspect d'un simple procédé d'approximation.

Ces considérations ont engagé Hoüel à revenir à la notation adoptée par Duhamel dans la première édition de son *Cours d'Analyse*. La différentielle d'une fonction $y = f(x)$ est définie comme l'accroissement infiniment petit de cette fonction, corres-

---

[1] V. Hoüel. — Les infiniment petits (*Mondes*, XVI₂, p. 196, et XVII₂, p. 287).

Debacq. — Essai sur les grandeurs des différents ordres (*Id.*, XVI, p.484).

— Les infiniment petits (*Id.*, XVI, p. 567; XVII, p. 197 et 238).

— Des bases du calcul infinitésimal et des infiniment petits (*Id.*, XVIII, p. 608).

De Marsilly. — Infiniment petits (*Id.*, XVII, p. 286).

pondant à l'accroissement infiniment petit dx de la variable indépendante. Mais, si cet accroissement doit figurer dans la recherche
d'une limite de rapport ou de somme, on peut, sans changer le
résultat cherché, altérer la quantité dy d'une fraction d'elle-même
infiniment petite, et considérer en général les différentielles
comme représentant soit les accroissements eux-mêmes des variables, soit des quantités quelconques différant de ces accroissements
respectifs de fractions d'elles-mêmes infiniment petites. Il est donc
superflu de désigner ces quantités tour à tour par deux caractéristiques différentes Δ et d, cette double notation ne pouvant
avoir pour effet que d'obscurcir dans l'esprit des commençants la
vraie notion de l'infiniment petit.

Dans l'exposition des principes, Hoüel fait un continuel usage
de la représentation géométrique, qui donne aux raisonnements
abstraits une forme intuitive plus facile à suivre. Mais il faudrait
bien se garder de confondre cet usage des *notations* géométriques
avec une méthode de démonstration qui serait fondée sur les
principes propres à la Géométrie pure. Dans les raisonnements
analytiques, la courbe qui représente une fonction n'existe qu'en
vertu des propriétés de la relation analytique abstraite qui définit
cette fonction, et c'est comme conséquence de ces propriétés que
l'on peut concevoir une suite de points aussi rapprochés que l'on
voudra, et tels que la droite qui joint un de ces points à un point
voisin tende vers une direction déterminée. Les principes de la
Géométrie pure fournissent seulement des constructions qui,
jouissant des mêmes propriétés que les opérations abstraites,
peuvent servir à les représenter et à remplacer ainsi l'emploi des
formules.

Hoüel se trouve alors sur un terrain solide; il peut avancer
hardiment. Son livre Ier traite dès lors les questions suivantes :
propriétés des dérivées; théorème fondamental sur la valeur
moyenne de la dérivée; différentielle totale d'une fonction d'un
nombre quelconque de variables; intégrales définies et indéfinies;
différentiation et intégration des fonctions élémentaires; dérivées
d'ordre quelconque; leur calcul direct; leur expression au moyen

des différentielles des divers ordres; changement dé variables; différentielles et dérivées partielles d'ordre quelconque; déterminants fonctionnels.

Le livre II contient les applications analytiques du Calcul infinitésimal. Hoüel s'occupe tout d'abord des développements en séries au moyen des théorèmes de Taylor et de Maclaurin. Il arrive ainsi à la définition des fonctions exponentielles et circulaires d'une variable complexe et de leurs fonctions inverses.

Dans l'étude des fonctions exponentielles, comme déjà dans son chapitre sur l'intégration des fonctions élémentaires Hoüel introduit les fonctions analogues aux fonctions circulaires ou trigonométriques auxquelles Lambert a donné le nom de fonctions hyperboliques, parce qu'elles expriment les coordonnées de l'hyperbole équilatère, de même que les fonctions trigonométriques expriment les coordonnées du cercle.

Ces fonctions, dont l'emploi est fort utile dans toute l'Analyse, ont été plus particulièrement étudiées par Gudermann ([1]) et Gronau ([2]). Hoüel en avait déjà signalé l'importance dans son Recueil de formules et de Tables numériques qui contient plusieurs Tables et des notices intéressantes sur leur emploi.

Comme suite des applications analytiques du Calcul infinitésimal, Hoüel arrive ensuite aux applications de différentiation à la recherche des vraies valeurs des expressions indéterminées à la théorie des maxima et des minima, et à la décomposition des fonctions rationnelles en fractions simples.

Puis il traite des méthodes pour l'intégration des fonctions explicites : remarques sur le passage des intégrales indéfinies aux intégrales définies; différentiation sous le signe $\int$; intégrales multiples; changement de variables dans ces intégrales; calcul des

---

([1]) Theorie der Potenzial-oder Cyklisch-hyperbolischen Functionen (1 vol. in-4°, extrait du *Journal de Crelle*, tomes VI, VII, VIII et IX).

([2]) Tafeln für sämmtliche trigonometrische Functionen der Cyklischen und Hyperbolischen Sektoren (Danzig, 1863).
Theorie und Anwendungen der hyperbolischen Functionen (Danzig, 1865).
Voyez aussi l'introduction des Tavole dei logaritmi delle funzioni circolari ed iperboliche, dal dott. Ang. Forti (Pisa, 1863); ou l'Analyse que Hoüel en a donné.

intégrales définies; intégrales eulériennes; calcul approché des intégrales définies, d'après une méthode fondée sur l'étude des fonctions de Bernoulli.

Cette méthode repose sur l'emploi des propriétés des fonctions de Bernoulli exposées par V. Imschetsky dans son mémoire : « Sur les fonctions de Jacques Bernoulli…. », dont Hoüel avait donné la traduction dans le *Giornale di Matematica*

Le livre III traite de l'application du Calcul infinitésimal à la Géométrie. Hoüel s'est attaché à y faire usage autant que possible des méthodes fondées sur la considération des infiniment petits, de préférence à celles qui reposent sur les développements algébriques.

Il définit la tangente à une courbe par sa propriété essentielle, d'approcher infiniment plus de la courbe, dans le voisinage du point de contact, que toute autre droite menée par ce même point et cette définition, d'où découlent naturellement toutes les autres propriétés, s'étend d'elle-même aux cas du plan tangent à une surface et du plan osculateur à une courbe gauche.

Puis vient la question des asymptotes rectilignes aux courbes planes. Hoüel, comme nous devions nous y attendre, appuie d'une façon spéciale sur la notion de longueur d'un arc de courbe. C'est une des notions qui demandent à être établies avec le plus de soin, en s'appuyant sur des considérations de Géométrie infinitésimale. Ici la marche rationnelle n'allonge en rien les raisonnements nécessaires; elle ne fait que ranger dans l'ordre logique les opérations qu'exige le calcul pratique, quelle que soit la voie que l'on choisit, et l'on n'abrège en rien par le sacrifice de la rigueur.

Viennent ensuite l'expression de l'angle de contingence, la détermination du sens de la concavité d'une courbe, l'étude de la mesure de la courbure, celle des divers ordres de contact et des courbes osculatrices, avec des remarques sur l'identification du cercle osculateur par des considérations de Géométrie infinitésimale; les théories des développées et des développantes, des courbes enveloppes, et des points singuliers des courbes planes.

Hoüel donne alors un exposé succinct de la méthode d'Analyse géométrique à laquelle M. Bellavitis, son fondateur, a donné le nom de *Méthode des Équipollences,* et qui, par une heureuse application de l'algorithme des quantités complexes, donne la solution la plus directe et la plus élégante de certaines classes de problèmes de Géométrie plane.

Nous avons déjà eu à parler précédemment de la méthode de Bellavitis. Hoüel voulant observer dans son ouvrage un système de notation uniforme renonce à l'usage des signes spéciaux imaginés par l'inventeur et y substitue les notations généralement usitées dans la théorie des quantités complexes.

En Géométrie à trois dimensions nous trouvons d'abord les questions de tangence et de courbure relatives aux courbes et aux surfaces, des notions sur la mesure de la courbure des surfaces d'après la théorie de Gauss et quelques exemples de l'emploi des coordonnées curvilignes.

Le livre III se termine par des applications de l'intégration aux questions de quadrature et de rectification des lignes et des surfaces, ainsi qu'aux questions analogues relatives à la détermination des centres de gravité, des moments d'inertie, etc.

Le livre IV a pour objet la théorie des équations différentielles des divers ordres entre deux variables.

Hoüel traite d'abord de l'intégration des expressions différentielles du premier ordre et du premier degré, contenant deux ou plusieurs variables indépendantes. Il étudie ensuite la formation d'une équation différentielle entre deux variables par l'élimination d'une ou de plusieurs constantes arbitraires entre une équation finie et ses différentielles, la considération de ces exemples de formation directe pouvant éclairer sur les moyens de procéder plus tard à l'opération inverse, c'est-à-dire à l'intégration d'une équation différentielle donnée, et faire mieux saisir la dépendance qui existe entre cette équation et ses diverses espèces de solutions.

A la suite de ces préliminaires, il donne, avec quelques modifications, la démonstration, due à Cauchy, de ce théorème fondamental, qu'une équation différentielle, soit du premier ordre, soit d'un ordre quelconque, remplissant entre des limites données certaines conditions de continuité, détermine entre ces limites une fonction implicite de la variable indépendante, exprimable ou non par les signes de l'Analyse, mais possédant une suite de valeurs représentables par la limite d'un polygone infinitésimal, que l'équation différentielle peut faire connaître avec une approximation indéfinie.

Hoüel indique alors les principales méthodes pour l'intégration des équations différentielles du premier ordre : équations dont le premier membre est immédiatement intégrable, équations homogènes, équations linéaires, etc.

Il développe ensuite plusieurs exemples d'application de l'intégration des équations différentielles du premier ordre à la recherche de la formule d'addition des transcendantes logarithmiques, circulaires et elliptiques, et la théorie du multiplicateur des équations du premier ordre, avec ses applications les plus simples à l'intégration de ces équations. De là, il passe à l'intégration des équations différentielles du premier ordre, et d'un degré en $\dfrac{dy}{dx}$ supérieur au premier.

La suite est consacrée à la théorie des solutions singulières des équations différentielles du premier ordre, et à la recherche des caractères distinctifs entre ces solutions et les intégrales particulières. Il expose à cet effet une méthode inédite, due à P.-H. Blanchet, qui lui avait été communiquée en 1846. Cette méthode remarquable conduit à une suite indéfinie de critériums, comparables à ceux que l'on rencontre dans la question de la convergence des séries, et dont chacun répond au cas où le précédent est en défaut.

En ce qui concerne les équations différentielles d'ordre supérieur au premier, Hoüel s'occupe de quelques cas généraux où on peut les intégrer complètement; ensuite il indique d'autres cas où leur ordre peut s'abaisser.

Il expose alors les propriétés générales de la classe importante des équations différentielles linéaires d'ordre quelconque, en insistant particulièrement sur le cas des équations à coefficients constants et sur les cas qui s'y ramènent. Il montre enfin l'avantage que présente l'emploi des fonctions symboliques de la caractéristique symbolique D_x, sans lui donner l'extension que cet algorithme a reçue de Cauchy et des géomètres anglais. Il consacre un paragraphe à une classe d'équations linéaires du second ordre, à laquelle peut se ramener l'équation de Riccati et qui a été récemment l'objet de travaux nombreux et importants. Il expose, pour ce cas particulier, la méthode générale fondée par Euler et Laplace, telle qu'elle a été développée par Spitzer dans ses Vorlesungen über lineare Differentialgleichungen.

Il s'occupe maintenant des systèmes d'équations différentielles simultanées, et particulièrement des systèmes d'équations linéaires où l'usage des symboles d'opérations est surtout d'un grand secours.

Il termine par les éléments du Calcul des Variations, restreint au cas d'une seule variable indépendante.

Hoüel traite, dans le livre V, des équations différentielles à plusieurs variables indépendantes, en commençant par les équations aux différentielles totales du premier ordre et du premier degré entre trois variables.

Après avoir montré sur divers exemples géométriques la signification des équations aux dérivées partielles, il établit, par la méthode de Jacobi, l'identité entre les problèmes de l'intégration d'une équation linéaire aux dérivées partielles du premier ordre, et de l'intégration d'un certain système d'équations simultanées aux différentielles ordinaires. Il donne ensuite le moyen d'intégrer une équation non linéaire aux dérivées partielles du premier ordre, dans le cas de deux variables indépendantes, et termine ce livre par un aperçu des méthodes employées pour l'intégration des équations linéaires aux dérivées partielles d'ordre quelconque, dans les problèmes de Physique mathématique.

Le livre VI comprend l'étude des fonctions d'une variable complexe et son application à la théorie des fonctions elliptiques.

Pour la théorie des fonctions uniformes, Hoüel reproduit en partie le travail qu'il avait publié en 1868 dans les *Mémoires de la Société des Sciences physiques et naturelles de Bordeaux* (t. VI), où il s'était surtout inspiré des Leçons sur la théorie des Intégrales abéliennes, d'après Riemann et C. Neumann. Cette théorie est appliquée au développement des fonctions en séries, à la décomposition des fonctions rationnelles en fractions simples, à la théorie des équations algébriques, et au calcul d'intégrales définies spéciales. L'expression des coefficients du développement d'une fonction synectique en une suite périodique étant de forme identique à celle des coefficients de la série de Fourier, pour le développement d'une fonction arbitraire, continue ou discontinue, Hoüel saisit cette occasion pour exposer, d'après Lejeune-Dirichlet, cette dernière formule, et celle de l'intégrale de Fourier, qui s'en déduit immédiatement et dont il montre l'application au calcul des intégrales définies. Puis vient l'étude des fonctions multiformes, particulièrement de celles qui proviennent de l'intégration des fonctions synectiques; exemples simples des fonctions synectiques qui naissent de l'inversion des intégrales; réduction des intégrales elliptiques aux trois formes canoniques de Legendre; théorème d'addition; transformation des intégrales de première espèce et application au calcul numérique de ces intégrales; définition des fonctions elliptiques; double périodicité; doubles produits d'Abel et produits simples d'Abel et de Jacobi; intégrales de troisième espèce.

Déjà, dans son Recueil de Formules et Tables numériques, Hoüel s'était occupé au point de vue pratique des fonctions elliptiques. Il y avait donné les principales formules relatives à ces fonctions et montré l'emploi des Tables dans la détermination de l'aire de l'ellipsoïde, de la longueur de la ligne géodésique d'un sphéroïde de révolution et du mouvement de rotation d'un corps solide.

Les cinq premiers livres du Cours de Calcul infinitésimal sont suivis chacun d'un recueil d'exercices dont la construction a certainement coûté à Hoüel de nombreuses recherches. Les exer-

les équations intégrales les coordonnées et les vitesses initiales par d'autres constantes d'un usage plus commode.

Hoüel dans son travail, qui a eu pour premier résultat de faire apprécier en France les travaux de Hamilton et de Jacobi sur les équations générales de la Dynamique, s'était surtout proposé de faire ressortir le partage, au moyen du théorème de Jacobi, des constantes arbitraires introduites par l'intégration des équations différentielles du mouvement en deux séries qui jouissent de propriétés très remarquables dans les questions de perturbations.

Lagrange, dans sa Mécanique analytique (t. 1, p. 336), avait démontré qu'en prenant pour constantes arbitraires les valeurs initiales des coordonnées et des dérivées de la demi-force vive par rapport aux différentielles de ces coordonnées, la variation différentielle d'une constante quelconque de l'une de ces deux séries est égale au signe près à la dérivée de la fonction perturbatrice prise par rapport à la constante correspondante ou conjuguée de l'autre série. On peut donner à ce théorème une extension semblable à celle donnée par Jacobi au théorème de Hamilton.

Hoüel, dans sa Théorie générale de la fonction principale du mouvement d'un système, expose tout d'abord, en suivant la marche de l'inventeur, le théorème d'Hamilton et y ajoute, sous forme de réciproque, l'extension due à Jacobi. Il s'occupe ensuite des modifications que subit la théorie lorsqu'au lieu de coordonnées rectangles on emploie des coordonnées quelconques, puis lorsqu'on introduit des liaisons dans le système, et enfin, lorsqu'au lieu du mouvement absolu on considère le mouvement relatif. Dans certains cas particuliers, un théorème de Jacobi ramène à des principes généraux la détermination de la fonction principale et permet de l'employer à la recherche d'une partie des équations intégrales du mouvement.

Passant ensuite à l'application de la théorie précédente à des exemples particuliers, Hoüel s'occupe spécialement du problème du mouvement relatif de deux corps qui s'attirent et de celui du mouvement d'un corps solide autour d'un point fixe, dans le cas où les forces extérieures sont nulles. Arrivant maintenant au cœur de la question, à la théorie de la variation des constantes arbitraires, il expose, avec l'extension de Jacobi à des constantes quelconques, les formules de variation des constantes arbitraires que Hamilton a déduites de son théorème, en les restreignant aux valeurs initiales des variables. Hamilton avait démontré ces formules en négligeant le carré de la force perturbatrice, Hoüel établit qu'on peut les considérer comme rigoureuses et il en donne une démonstration toute nouvelle, plus simple et plus directe.

C'était dans un but tout particulier, au point de vue de ses applications à l'étude des mouvements planétaires, que Hoüel avait entrepris l'étude de cette théorie; il s'est donc occupé d'une façon toute spéciale de l'emploi des propositions établies précédemment dans la théorie des perturbations planétaires. Il examine les différentes formes que l'on peut donner dans ce cas à la fonction perturbatrice, et emploie cette fonction de Hamilton à la démonstration simple de plusieurs théorèmes de mécanique céleste : sur les inégalités à longues périodes produites par les perturbations réciproques de deux planètes; sur l'invariabilité des moyens mouvements et des grands axes, en ayant même égard à tous les termes de l'ordre du cube de la fonction perturbatrice.

La théorie une fois établie sur une base solide et nettement exposée, Hoüel ne recule pas devant la mise en nombre des formules auxquelles il était parvenu. Sa seconde Thèse est une Application de la méthode de M. Hamilton au calcul des perturbations de Jupiter, où il se montra pour la première fois tel qu'il a toujours été depuis, mathématicien aussi profond que calculateur infatigable.

Il fit ensuite autographier une Note sur le théorème d'Hamilton... qui contient le résumé des développements contenus dans sa Thèse de Mécanique, et où il appuie spécialement sur le problème des perturbations planétaires. Il y montrait que la méthode déduite par Jacobi des découvertes d'Hamilton était de beaucoup la plus directe et la plus simple pour arriver aux équations de la variation des constantes arbitraires.

La question difficile des perturbations dans les orbites d'excentricité et d'inclinaison quelconque attira dès lors son attention.

Il présenta à l'Académie des Sciences, en 1861, un Mémoire sur le développement des fonctions en séries périodiques (*Comptes rendus*, t. LII, p- 512-515), qui fut l'objet d'un rapport élogieux de Serret : Rapport sur un Mémoire relatif à l'application de l'interpolation au développement des fonctions en séries périodiques.

Hoüel désirait faire l'application des théories qu'il avait perfectionnées ; il était déjà à l'œuvre et avait entrepris l'étude de la perturbation de Pallas et des méthodes nécessaires pour parvenir le plus rapidement possible au calcul des différents termes qui y entrent.

C'était un travail pénible qui prenait toutes ses journées et une partie de ses nuits, pour lequel il se voyait obligé de laisser de côté tout ce qui aurait pu le détourner. En 1863, Hoüel avait terminé la cinquième partie du travail qu'il s'était imposé ([1]). C'est alors que parut, dans les *Comptes rendus,* un extrait d'un Mémoire sur le calcul des perturbations absolues dans les orbites d'une excentricité et d'une inclinaison quelconques, par C.-J. Serret (de Saint-Omer) (t. LVI, p. 946-949). L'année suivante, une Note des *Comptes rendus* apprend que C.-J. Serret soumet au jugement de l'Académie la première partie d'un travail ayant pour titre : Mémoire sur les perturbations de Pallas dues aux actions de Vénus, la Terre, Mars, Jupiter, Saturne, Uranus et Neptune.

Tout le travail de cinq années bien remplies était, sinon perdu, du moins défloré. Hoüel n'eut pas le courage de continuer dans ces conditions, dans l'attente d'une publication similaire. Il s'arrêta. Il eut peut-être tort ; le monument de Mécanique céleste auquel Hoüel avait si ardemment travaillé n'a pas été élevé depuis, malgré les promesses faites.

Hoüel crut toutefois devoir revenir plus tard sur ce sujet.

Le Mémoire qu'il avait présenté à l'Académie des Sciences, en 1861, parut en 1865 dans les *Annales de l'Observatoire.* Ensuite

---

([1]). C'est à M. Lespiault que nous devons ces renseignements, il les tenait de Houel.

il en revit encore et en perfectionna les différentes parties qu'il exposa en 1875, dans son travail : Sur le développement de la fonction perturbatrice suivant la forme adoptée par Hansen dans la théorie des petites planètes.

Ce Mémoire contient l'ensemble des résultats auxquels Hoüel était parvenu dans ses recherches sur les méthodes de calcul des perturbations planétaires, recherches faites particulièrement, comme nous l'avons dit, à propos de la construction des Tables de Pallas.

On devait appliquer à cette planète la méthode de Cauchy. Mais on reconnaissait bientôt que la méthode ordinaire d'interpolation, la méthode des quadratures mécaniques, est inapplicable et qu'il est nécessaire d'avoir recours au procédé dû à Le Verrier (Développements sur plusieurs points de la théorie des perturbations de planètes, 1841, et *Ann. de l'Obs. de Paris*, I, 1855). L'emploi même de cette méthode, déjà plus simple cependant, conduisait encore ici à des calculs trop compliqués; aussi Hoüel chercha-t-il à la simplifier en rendant les opérations plus symétriques et en les appliquant aussitôt que possible aux valeurs particulières des fonctions à développer. C'est ainsi qu'il arriva à un algorithme aussi facile à employer que les quadratures mécaniques, et qui offre, en même temps que les avantages du procédé de Le Verrier, ce profit considérable de fournir sans peine une vérification de l'ensemble des calculs effectués pour obtenir chacun des coefficients. Les formules nouvelles exigent seulement la construction d'un tableau de coefficients que l'on peut calculer une fois pour toutes et qui simplifie considérablement la détermination des valeurs particulières de la fonction.

En 1865, Hoüel avait publié sa méthode dans le VIII° volume des *Annales de l'Observatoire de Paris*.

Dans le Mémoire de 1875, il reproduit la partie essentielle des développements en question. Le travail est partagé en trois sections. — La première : Sur le développement d'une fonction d'une variable complexe en série périodique à l'aide de l'interpolation, donne un abrégé des méthodes de quadratures mécaniques, suivi de la méthode de Le Verrier modifiée et de la méthode de

Liouville (*J. de Liouville*, t. I, 1836). — La seconde section contient les formules générales de développement sur lesquelles repose la fonction perturbatrice; on y trouve le développement de l'expression $[1 - a(z + z^{-1}) + a^2]^{-1}$, suivant les puissances de z; elle donne aussi la transformation d'un développement relatif à l'anomalie excentrique d'une planète en un développement relatif à l'anomalie moyenne et le développement d'une puissance quelconque du rayon vecteur. Ces détails une fois exposés, Hoüel arrive dans la troisième partie au développement de la fonction perturbatrice et de ses dérivées. Il compare les deux méthodes données par Cauchy pour le développement en série double des puissances négatives de la distance de deux planètes. Cette série double est ordonnée suivant les puissances de fonctions exponentielles qui ont comme argument l'anomalie excentrique de la planète perturbatrice et l'anomalie moyenne de la planète troublée. L'une des méthodes est purement algébrique; l'autre consiste à déterminer pour un nombre suffisamment grand de positions de l'une des planètes les coefficients du développement des puissances négatives de la distance relative des deux planètes suivant des puissances de fonctions exponentielles relatives à l'autre planète. Ces coefficients sont ensuite développés par interpolation, suivant les puissances de fonctions exponentielles relatives à la première. Pour le calcul algébrique des coefficients de très hauts indices la méthode abrégée de Cauchy est exposée et réduite à un procédé excessivement simple, aussi simple qu'il est possible de l'espérer dans une telle question. En terminant son Mémoire, Hoüel communique quelques-uns des résultats qu'il avait obtenus et qu'il avait renoncé à poursuivre dans le calcul des perturbations de Pallas.

Les astronomes regrettent que Hoüel n'ait pas voulu terminer son travail sur Pallas; nous devons songer que s'il avait persévéré dans ses travaux de Mécanique céleste, les calculs laborieux qui lui restaient à faire l'auraient certainement empêché de consacrer son temps, comme il l'a dès lors fait avec tant de succès, à l'Analyse et à la Géométrie.

V.

Comptes rendus et Traductions.

———

La liste que nous avons donnée dans le Catalogue des travaux de Hoüel contient un nombre considérable d'Analyses d'ouvrages récemment parus. Hoüel a successivement enrichi du compte rendu des publications nouvelles les *Nouvelles Annales* et surtout le *Bulletin des Sciences mathématiques et astronomiques*.

Les traités de Géométrie, les Tables de logarithmes qui paraissaient successivement, les Cours d'Analyse dont les différentes éditions se succédaient étaient l'objet de toutes ses préoccupations. Il estimait que la France ne devait pas ignorer l'existence des publications faites à l'étranger et il était un des premiers à les faire connaître à nos géomètres.

L'histoire des sciences mathématiques, du développement de l'esprit humain, de ses efforts vers la connaissance de la vérité appelaient non moins sérieusement son attention.

Il donnait tous ses soins aux analyses d'ouvrages tels que ceux de Bretschneider [1], Die Geometrie und die Geometer vor Euklides; de Friedlein [2], Die Zahlzeichen und das elementare Rechnen....

Il se tenait au courant de tout ce qui se faisait, de toutes les questions importantes qui étaient soulevées; et, dès qu'un renseignement précis et tiré de sources certaines était produit, il s'empressait de le communiquer à tous.

———

[1] *Bull. des Sc. Math. et Ast.*, t. IV, p. 113.
[2] *Bulletino di Bibl.*, t. III, p. 67-90.

Sa connaissance approfondie des principales langues européennes lui permit de rendre aux géomètres français d'autres
signalés services.

Il savait depuis longtemps l'anglais, l'allemand, l'italien, l'espagnol; il profita de la présence à Bordeaux d'un jeune étudiant
russe, Potocki, pour apprendre une langue dans laquelle ont paru
bien des ouvrages mathématiques importants.

Nous avons eu déjà l'occasion de parler de sa traduction de la
Théorie des Déterminants de Baltzer, des Mémoires de Lejeune-
Dirichlet, de Kummer, de Kronecker, de Lobatchewsky, de Bolyai,
de Beltrami, d'Helmholtz et de Riemann; il nous donna aussi la
traduction française des travaux d'Imchenetsky non seulement
sur les fonctions de Jacques Bernoulli, mais aussi sur l'intégration
des équations aux dérivées partielles et sur les méthodes d'intégration des équations aux dérivées partielles du second ordre
d'une fonction de deux variables indépendantes. Son activité s'est
encore étendue plus loin.

Hoüel fut averti, par M. Dillner, croyons-nous, de l'existence
d'articles de Bjerknes sur Abel. Dillner représenta à Hoüel l'avantage qu'il y aurait à faire connaître en France cette notice.

Hoüel saisit cette occasion d'appliquer une fois de plus ses
connaissances polyglottes, il se mit courageusement à l'œuvre,
ne se laissant rebuter par aucune difficulté.

En 1880, Bjerknes avait publié dans la *Revue scandinave pour
les Sciences, les Arts et l'Industrie*, éditée à Stockholm, une suite
d'articles sur Abel. Ces articles, tout d'abord de caractère
biographique, ne tardèrent pas à prendre une tournure plus
spéciale, plus scientifique. De là l'origine du livre que Hoüel se
chargea de traduire.

Dans leur édition des Œuvres d'Abel, MM. Silow et Lie
signalaient l'apparition de cette biographie d'Abel, « biographie
détaillée, fondée sur des recherches étendues, dans laquelle
M. Bjerknes a tenu compte des matériaux recueillis pour cette
édition. Dans ce travail intéressant, ajoutent-ils, on trouve
réunies à peu près toutes les données accessibles de la Vie d'Abel.

Tout en exprimant le vœu que cette biographie soit bientôt traduite dans une langue plus généralement connue, nous devons faire observer que nous ne partageons pas toutes les vues de l'auteur, bien que nous reconnaissions avec lui que c'est à Abel en première ligne que la science doit la découverte des fonctions elliptiques proprement dites. »

L'édition française répond amplement aux vœux de MM. Silow et Lie. Ce n'est pas une traduction pure et simple du travail primitif, c'en est plutôt un remaniement. On doit savoir gré à Hoüel du travail considérable qu'il s'est imposé pour amener ce livre à sa forme actuelle, à M. Bjerknes de la peine que lui ont occasionnée des corrections nombreuses, des additions importantes.

Le livre parut sans que le nom de Hoüel y figurât.

C'est alors que Bjerknes envoya à Hoüel la lettre suivante :

« Christiania, le 30 janvier 1885.

. « MONSIEUR ET CHER COLLÈGUE,

» Je viens de recevoir de vous le livre qui, pendant ces deux dernières années, nous a à tous deux coûté tant d'efforts. En le voyant ainsi terminé, presque comme une œuvre de grande étendue, l'importance et la grandeur du travail que vous avez accompli est devenue encore plus évidente pour moi, et je sens davantage encore combien je dois vous être reconnaissant. Le vif intérêt que vous avez porté à cette entreprise a seul pu vous rendre capable de vaincre les difficultés qui si souvent ont paru devoir être insurmontables.

» Et après cela, Monsieur, votre nom comme collaborateur est omis! quand sans vous ce livre n'aurait jamais existé, en français tout au moins, avec cette étendue narrative et explicative. Cet oubli de votre part de votre personne, après une si longue confraternité en de si durs travaux, je la regarde avec respect, mais elle me cause de la douleur. Permettez au moins, Monsieur, en adressant l'expression de ma reconnaissance à la Société des

Sciences physiques, d'y comprendre aussi le savant dont le précieux travail m'a été si indispensable pour l'accomplissement de cette œuvre.

» Veuillez agréer...»

En même temps, Bjerknes adressait au président de la Société des Sciences physiques et naturelles la lettre suivante, que l'on doit également citer à l'honneur de Hoüel :

« Christiania, 2 février 1883.

» MONSIEUR,

» La biographie d'Abel étant maintenant publiée dans les mémoires de votre Société, je considère comme un devoir pour moi de présenter mes remerciements à la Société, et aussi au savant qui, pendant ce travail de deux années, m'a prêté une assistance si zélée et si précieuse.

» J'ai reconnu à chaque instant les efforts personnels qu'a faits M. Hoüel pour la bonne réussite de cette entreprise. Les preuves ne m'ont pas manqué. Laissant de côté ses propres travaux, il a persévéré jusqu'à la fin, en dépit de l'insuffisance des moyens mis à sa disposition, en dépit de sa santé vacillante. Je crois que je ne suis point le seul à lui devoir de la reconnaissance pour tout le travail dépensé à faire connaître cette histoire d'Abel. Mais, dans ce volume qui nous a occupés tous deux pendant ce long intervalle, le nom de mon collaborateur n'apparaît pas; je pense que ce ne sera qu'un acte de justice de reconnaître que, sans l'active assistance de M. Hoüel, cet essai sur une époque importante dans l'histoire des progrès de la science n'aurait guère existé en français, ou, tout au moins, jamais dans son développement actuel.

» Ce n'est pas seulement à un membre honoré de votre Société que je dois exprimer ainsi mes sentiments de gratitude, c'est aussi à votre généreuse Société.

» On le sait, il se présente, à chaque époque et dans tous les pays, des hommes qui ne sont point compris de leur temps. Dans un champ de recherches jusqu'alors inculte, les hommes d'élite qui vivent à ses côtés n'ont pas même le privilège de suivre les traces d'un penseur profond. Il reste solitaire, et plus ses conceptions sont différentes des idées reçues, plus on met de temps à les comprendre. Il est donc bien plus facile, dans la suite, d'être injuste; et si l'on ne s'efforce, lorsqu'il en est temps encore, de réparer cette injustice, il pourra encore arriver deux choses : l'histoire de la science sera faussée, on sera exposé à perdre la connaissance importante de l'origine des idées nouvelles.

» Le petit pays auquel appartient cet homme supérieur a eu dans le sort inique qui lui a été fait une trop grande part; on a maintenant commencé à le comprendre, et aux frais de l'État, avec de grandes dépenses, on a publié à nouveau ses œuvres complètes, alors que de son vivant on lui niait le nécessaire.

» La France a eu aussi, à son égard, quelque chose à se reprocher. Elle répare maintenant d'une façon bien noble et bien généreuse les torts qu'elle a pu avoir. En ce cas, et sur l'initiative de M. Hoüel, votre Société des Sciences de Bordeaux marche en tête. Elle a offert avec une large libéralité une place dans ses écrits à un étranger qui s'est fait de ces anciens événements un sujet d'étude; elle m'a fourni en outre le concours efficace d'un de ses membres savants.

» Agréez, Monsieur....»

Cette traduction fut le dernier travail de Hoüel.

Nous ne pouvons mieux terminer l'analyse de ses travaux qu'en reproduisant les paroles mêmes adressées par M. Bjerknes au président de la Société des Sciences physiques et naturelles à l'occasion de sa mort :

« Christiania, le 6 juillet 1886.

» Monsieur le Président,

» Vous m'avez annoncé le décès de votre collègue de la Société des Sciences de Bordeaux, de celui qui pendant deux ans a été mon collaborateur de chaque jour dans la traduction de la *Vie d'Abel*. Je vous remercie, Monsieur le Président, de m'avoir fait connaître avec quelques détails ce triste événement dont je pressentais l'approche, hélas! depuis quelque temps.

» Je n'étais point le seul, parmi les étrangers dont M. Hoüel était devenu l'ami, à être inquiet pour sa santé. Les informations précises nous manquaient, ce qui ne laissait point que de nous attrister. Cette inquiétude est pour celui qui l'a excitée un signe de dévouement plus parlant que les mots.

» Un des amis que M. Hoüel avait à l'étranger m'écrivait une fois qu'il était un des plus nobles hommes qu'il ait jamais connus; je crois que bien des personnes ont eu la même pensée, mais je doute que personne plus que moi en ait des preuves aussi irréfutables.

» M. Hoüel était un savant profond, aimant la science jusqu'à entreprendre des travaux qui ont peut-être contribué à miner sa vie. On peut certainement dire de lui qu'il sacrifiait tout pour sa science chérie, jusqu'à la vie et au bonheur. Homme de grand cœur, il aimait tous ces hommes supérieurs qui, comme lui, ont pensé grandement, qui, comme lui, ont travaillé avec le plus grand désintéressement. Il avait pris à tâche une entreprise extrêmement difficile, et tandis qu'un autre savant français, érudit distingué, reculait devant la besogne, M. Hoüel la conduisait à bien. Il s'agissait de comprendre les mots d'une langue étrangère, d'en saisir les pensées. Il fallait être à la fois profond mathématicien et savant linguiste. M. Hoüel n'avait jamais été dans notre pays; il n'avait à sa disposition que des dictionnaires incomplets, n'ayant jamais lu dans notre langue que quelques contes et une Vie de Tycho-Brahé, lorsqu'il entreprit la traduction de la Vie d'Abel. Il avait cependant pour l'aider ses profondes connaissances linguistiques.

» Bien des fois il fut péniblement arrêté dans son œuvre. Tantôt c'était le véritable sens des phrases qui se dérobait à lui; il lui fallait passer du norvégien au français par l'intermédiaire de l'anglais. Tantôt des constructions étrangères et compliquées le laissaient en doute. Puis il fallait, sans être guidé par des formules et, par suite, dans des conditions extrêmement difficiles,

arriver à rendre d'une façon précise des considérations d'ordre
abstrait.

» Et, cependant, toujours il continuait, malgré les arrêts trop
longs ou trop fréquents qui eussent abattu un tempérament moins
courageux. Il demandait des explications sur tout ce qui ne lui
paraissait pas suffisamment clair; il y revenait deux, trois et
même quatre fois jusqu'à ce que les moindres détails aient été
bien mis en évidence. En dépit de toutes les difficultés, il voulait
toujours continuer.

» Et, après tout cela, après deux années d'un travail acharné,
quelle abnégation admirable! Il ne mettait même pas son nom
sur notre livre commun! Mais l'histoire le gardera.

» Agréez, Monsieur,.... »

Nous avons essayé de montrer dans tout ce qui précède quels
sont les services nombreux rendus à la science par Hoüel.

Nous avons vu que c'est surtout grâce à lui, grâce à son
activité, que la théorie des principes fondamentaux de la Géométrie a été définitivement établie. A l'époque actuelle, dès
qu'une voie se trouve ouverte, tous les savants s'y précipitent à
l'envi; aussi ses travaux entraînèrent-ils à leur suite de nombreuses et importantes recherches sur les surfaces à courbure
constante, sur la géométrie non euclidienne, sur la géométrie
à n dimensions dans le sens euclidien, ou dans le sens plus
général de Riemann.

La théorie des quantités négatives laissait beaucoup à désirer,
l'emploi des quantités complexes formées avec deux unités ne
reposait pas sur une base suffisante, la connaissance des quantités
complexes formées avec plusieurs unités linéairement indépendantes, et en particulier des quaternions, ne s'était pas encore
introduite en France. Hoüel s'est appliqué à éclaircir ces différentes notions, à faire connaître chez nous les travaux faits en
Allemagne, en Angleterre et aussi en France.

Les idées de limite, d'infiniment petit, de quantité incommensurable demandaient à être nettement précisées; la notion d'opération, base de la science mathématique, devait être hardiment et franchement introduite. C'est sur ces fondements, une fois bien établis, que Hoüel a édifié son Cours de Calcul infinitésimal, produit d'un travail de tous les jours, continué avec patience pendant plus de vingt ans, sans précipitation et sans relâche.

C'est avec la même persévérance que Hoüel a mené ses recherches de Mécanique céleste, ses travaux sur la construction et l'emploi des Tables de logarithmes.

Toutes ces occupations auraient suffi et amplement à remplir la vie de tout autre qu'un travailleur aussi infatigable. Quant à lui, il assumait encore la lourde charge de la rédaction du *Bulletin des Sciences mathématiques et astronomiques;* il préparait et corrigeait l'édition des Œuvres de Laplace, heureux de rendre service aux autres et d'accomplir le devoir qu'il s'était imposé.

Son souvenir restera chez tous ceux qui l'ont connu.

Son nom sera conservé pieusement par la Faculté des Sciences et par la Société des Sciences physiques et naturelles de Bordeaux.

En France et à l'étranger, une large place lui sera réservée dans l'histoire du développement des méthodes scientifiques.

LA GRANDE ANNÉE

D'ARISTARQUE DE SAMOS

PAR M. PAUL TANNERY

I.

Dans l'étude que j'ai déjà consacrée à Aristarque de Samos (*Mémoires de la Société des Sciences physiques et naturelles de Bordeaux*, V, 1883, p. 237 suiv.), j'ai volontairement négligé, comme il l'avait toujours été, un double renseignement fourni par Censorinus (*De die natali*, 18, 19). Ce renseignement paraissait en effet inutilisable, et cela par une corruption du texte.

D'un côté, Aristarque est donné en effet comme ayant fixé l'année solaire à la même durée que Callippe, c'est-à-dire $365\frac{1}{4}$, en l'augmentant toutefois de $\frac{1}{1623}$ de jour. D'autre part, il aurait assigné 2484 ans pour la durée d'une *grande année*, c'est-à-dire de la période ramenant tous les astres à leur position initiale dans le ciel.

Comme cette grande année doit évidemment comprendre un nombre entier de jours, il est clair que l'un, au moins, des deux nombres 2484 et 1623 se trouve erroné, et si l'on cherche à les rectifier, il ne se présente à l'esprit que des corrections aventureuses.

Mais, en essayant de voir si la période chaldéenne servant à la prédiction des éclipses ne se trouverait pas liée à quelqu'une des *grandes années* que les auteurs anciens attribuent à certains personnages, je suis arrivé à déduire de cette période précisé-

ment la valeur de l'année solaire d'Aristarque et à conclure en
même temps que le nombre 2484 doit être corrigé en 2434. Je
crois que la coïncidence ainsi établie ne peut laisser aucun doute
ni sur la nécessité de la correction, ni sur le caractère de la
période d'Aristarque.

La période chaldéenne, vulgairement désignée, d'après Suidas,
sous le nom probablement impropre de *saros,* est bien connue,
tant par Geminus (*Introduction aux Phénomènes,* ch. 15) que
par Ptolémée (*Syntaxe,* IV, 2), qui d'ailleurs n'indiquent nullement son origine. Elle était estimée à $6585^j \frac{1}{3}$ comprenant
223 lunaisons, 239 révolutions anomalistiques, 242 révolutions
draconitiques et 241 révolutions sidérales, plus $10° \frac{2}{3}$ parcourus
par le soleil en sus des 18 années sidérales écoulées dans le même
temps. Le triple de cette période ou l'*exéligme,* comme disaient
les Grecs, était donc de 19756 jours comprenant 669 lunaisons,
717 révolutions anomalistiques, 726 draconitiques et 723 sidérales, plus 32° parcourus par le soleil en sus des 54 années
sidérales écoulées dans le même temps.

Il résulte de ces relations que l'année sidérale est évaluée à :

$$\frac{19756}{54 + \frac{32}{360}} = \frac{889020}{2434} = 365 \frac{1}{4} \frac{3}{4868} = 365,250616\ldots$$

Or, $\frac{4868}{3} = 1623 - \frac{1}{3}$. En remplaçant la fraction complémentaire par $\frac{1}{1623}$, Aristarque a procédé suivant l'usage grec de n'admettre que des fractions ayant pour numérateur l'unité et il a
négligé le terme insignifiant $\frac{1}{1623 \times 4868} = \frac{1}{9900764}$.

On voit en même temps que la période de l'*exéligme* est multipliée par 45 et que l'on a maintenant 889020 jours comprenant
2434 années solaires sidérales, 30105 lunaisons, et par suite,
32539 révolutions sidérales de la lune, comme en même temps
274 révolutions du périgée et 131 des nœuds (32265 révolutions
anomalistiques et 32670 draconitiques).

Ainsi la *grande année* d'Aristarque est déduite de l'*exéligme;*

cette période ne comprenant pas un nombre entier de révolutions sidérales, Aristarque l'a multipliée par le nombre convenable pour faire disparaître toute fraction.

A-t-il cru qu'en même temps il obtenait ainsi une période comprenant également un nombre entier de révolutions des cinq planètes? Le fait est absolument improbable, comme je le montrerai plus amplement en traitant de l'historique du problème de la *grande année*. C'est donc par suite d'une méprise de compilateur que la période d'Aristarque figure dans Censorinus comme une solution de ce problème.

II.

Il ressort de ce qui précède que, dès le temps d'Aristarque, c'est-à-dire vers le commencement du IIIe siècle avant notre ère, les Grecs avaient une connaissance complète de la période chaldéenne et de l'*exéligme*. Cette connaissance leur parvint probablement par le chaldéen hellénisé Bérose, fondateur de l'école astronomique de Cos après les conquêtes d'Alexandre. Mais dès auparavant ils avaient sans doute une certaine notion de ces périodes.

La valeur de la révolution synodique qui s'en déduit est plus approchée que toutes celles qu'admirent les Grecs avant Hipparque, mais elle n'est pas tellement éloignée de celles qui ressortent des cycles lunisolaires d'Eudoxe et de Callippe que l'on ne puisse croire qu'elle ait pu servir à la combinaison de ces cycles.

Dans ma *Seconde note sur le système astronomique d'Eudoxe* (*Mémoires de la Société*, V₁, p. 129 suiv.) j'ai montré que cet astronome connaissait la rétrogradation des nœuds de l'orbite lunaire; il est dès lors assez probable qu'il avait sur ce phénomène la connaissance que l'on peut déduire de la période chaldéenne.

Au contraire, il n'admettait pas l'anomalie, que Callippe fut le premier à considérer. On ne peut croire qu'Eudoxe ait prétendu la nier, mais il ne se regardait probablement pas comme suffisamment renseigné à ce sujet. Il devait donc ignorer les théories chaldéennes sur l'anomalie.

Callippe les connaissait-il au contraire? Cela reste douteux, car nous n'avons pas de détails suffisants sur la réforme qu'il fit subir au système des sphères concentriques d'Eudoxe; à prendre à la lettre ce qui nous en est dit, il aurait supposé une anomalie analogue à celle du soleil, c'est-à-dire sans révolution; il ne se serait donc appuyé que sur des observations tout à fait insuffisantes; mais, comme le remarque Schiaparelli, les deux sphères qu'il ajoute à celles d'Eudoxe pour la lune permettaient de représenter la révolution anomalistique.

En tout cas, nous n'avons ni pour Eudoxe ni pour Callippe une preuve précise de la connaissance exacte de la période chaldéenne, tandis que pour Aristarque cette preuve peut désormais être considérée comme donnée.

Il n'est pas sans intérêt de rapporter ici ce qu'on trouve dans Geminus sur l'anomalie lunaire d'après les Chaldéens. Ils admettaient que le mouvement journalier (en longitude) variait par une différence constante entre un maximum et un minimum. Cette différence était évaluée à 18′, tandis que le mouvement journalier moyen ressortait, d'après la période, à 13° 10′ 35′. Le mois anomalistique était divisé en quatre quarts, pendant chacun desquels le mouvement total s'effectuait avec des variations symétriques.

Il est évident que ce système n'était pas simplement appliqué à l'équation du centre; les Chaldéens devaient sans doute l'employer aussi tant pour le mouvement de la lune en latitude que pour l'anomalie solaire; ils l'appliquaient même, comme on peut le déduire de l''Αναφορικός d'Hypsiclès, au calcul des ascensions des différents degrés du zodiaque, puisqu'ils supposaient constante la différence ascensionnelle de deux degrés consécutifs. On doit en conclure que les longitudes des étoiles du zodiaque, déduites de leurs ascensions mesurées en temps, se trouvaient entachées de graves erreurs, et qu'il en était de même de la longitude vraie du soleil pour un moment donné, tant à cause de l'erreur pour le passage de l'ascension à la longitude que pour celle correspondant à l'anomalie solaire.

Cette remarque a une importance capitale pour juger de la conclusion tirée par Aristarque de la période chaldéenne relativement à la longueur de l'année sidérale. Évidemment cette conclusion était sans valeur.

La période chaldéenne a été déduite de l'observation des éclipses ; on a classé les similaires et reconnu qu'elles revenaient, suffisamment pareilles comme dimensions, circonstances et durée, au bout d'un temps que la supputation a fixé à 6585$\frac{1}{3}$. Si la théorie du soleil avait été rigoureusement établie ou bien si l'on avait exactement observé les différences de longitudes entre les lieux de deux éclipses similaires, après avoir fait la correction de l'anomalie solaire, on aurait pu évaluer avec précision le nombre de degrés parcourus pendant la période par le soleil en sus du nombre entier de révolutions. Mais cette précision ne pouvait être atteinte par les Chaldéens et l'estime de 10° $\frac{2}{3}$ pour ce nombre a sans doute été obtenue d'après la simple différence entre 6585$^\text{j}\frac{1}{3}$ et 18 ans de 365$\frac{1}{4}$, soit 6574$\frac{1}{2}$. Cette différence est en effet de 10$^\text{j}\frac{1}{2}\frac{1}{3}$; si on la transforme en degrés en multipliant par $\dfrac{360}{365\frac{1}{4}}$, on trouve 10° $\frac{2}{3}\frac{1}{91}$ environ. Le terme complémentaire a été négligé, d'autant que, pour le but auquel devait servir la période, on n'avait pas besoin d'une plus grande approximation, et que, d'autre part, la durée de la période était elle-même un peu trop forte d'une fraction de jour (environ $\frac{1}{85}$) à très peu près équivalente. La période chaldéenne suppose donc en fait l'année sidérale de 365$^\text{j}\frac{1}{4}$ et Aristarque n'avait pas à la corriger.

Sa période présente un autre défaut. L'exéligme est encore exact à un jour près. Mais si on le multiplie par 45, on se trouve en avance par rapport aux révolutions synodiques de plus d'un jour et demi en retard, par rapport aux révolutions draconitiques de plus d'un jour et quart. Pour les révolutions sidérales, l'avance n'est que d'un demi-jour, mais pour les anomalistiques le retard dépasse une révolution entière de près de deux tiers de jour. C'est dire qu'en fait la période d'Aristarque ne contient que 32264 et non 32265 révolutions anomalistiques, 275 et non 274 révolutions du périgée.

III.

C'est évidemment par suite d'un hasard heureux que la période de l'exéligme contient un nombre entier de révolutions synodiques, anomalistiques et draconitiques. Quand Hipparque chercha une période plus exacte, il se trouva dans la nécessité de dédoubler le problème et de construire en fait deux périodes amenant la concordance, l'une pour les révolutions synodiques et les anomalistiques, l'autre pour les synodiques et les draconitiques.

On admet que ces périodes d'Hipparque représentent les mouvements lunaires, pour le temps qui le précédait, avec toute l'exactitude possible, et elles ont servi à Laplace, par exemple, pour prouver l'accélération du mouvement moyen de notre satellite. Mais on n'a pas remarqué, que je sache, qu'on déduit de la première une valeur trop forte de l'année sidérale.

Cette période est, comme on sait, de 126007 jours et une heure équinoxiale, comprenant 4267 mois lunaires et 4573 révolutions anomalistiques. Hipparque l'a évaluée de plus à 4612 révolutions sidérales (d'où 345 années sidérales) moins $7° \frac{1}{2}$. Ptolémée nous affirme que, dans cette évaluation, son précurseur a bien eu soin de corriger l'anomalie du soleil. Il n'en est pas moins clair qu'il s'est trompé d'environ 1° et qu'il n'aurait dû retrancher que $6° \frac{1}{2}$ du nombre total de révolutions.

Notre précédente remarque sur l'inexactitude des calculs chaldéens trouve ici une seconde application. Sans aucun doute, les observations d'éclipses anciennes qu'Hipparque avait à sa disposition pour établir sa période, étaient accompagnées de déterminations plus ou moins précises de longitudes, mais ces longitudes avaient été *calculées* par les Chaldéens et elles étaient entachées d'erreur. Hipparque ne pouvait l'ignorer, mais il n'avait pu de son côté déterminer la durée de l'année solaire sidérale avec assez d'exactitude pour tenter de calculer lui-même la longitude du soleil, ainsi que le fit Ptolémée pour les éclipses anciennes. Le procédé qu'il employa pour réduire l'erreur au minimum n'en est pas moins digne d'attention.

En réalité, la période d'Hipparque est le multiple par 17 d'une période de 251 mois lunaires et 269 révolutions anomalistiques; il a ainsi cherché le multiple de cette petite période qui lui donnât la plus petite différence avec un nombre entier de révolutions sidérales. L'erreur absolue devait par suite se trouver aussi réduite que possible. Il n'en est pas moins certain que celle tenant simplement au passage des ascensions aux longitudes pouvait s'élever jusqu'à un degré et que l'inexactitude de la détermination d'Hipparque se trouve ainsi expliquée.

Mais il est également clair qu'il devait attribuer une valeur très sérieuse à cette détermination et par suite à celle de l'année sidérale qui en résulte et qui est de :

$$365^j,2598537....$$

Personne cependant n'a attribué cette valeur de l'année sidérale à Hipparque. On admet au contraire que, comme Ptolémée, il avait déterminé l'année solaire tropique à

$$365^j \tfrac{1}{4} - \tfrac{1}{300} = 365^j,2466666...$$

et la précession des équinoxes à 1° pour 100 ans, d'où résulterait en fait pour l'année sidérale une erreur qui n'est que le dixième de la différence entre son année solaire et la nôtre.

Hipparque fut bien, comme on sait, le premier à distinguer l'année tropique et en même temps à la fixer, avec certaines réserves, à la valeur que confirma plus tard Ptolémée. Mais quant à la précession des équinoxes, la détermination adoptée par ce dernier n'était certainement indiquée par Hipparque que comme un *minimum*, ainsi qu'il résulte formellement de son texte dans Ptolémée (VII, 2). Ce minimum, il l'avait déduit de la comparaison entre les longitudes d'étoiles observées par lui et celles trouvées par Timocharis; mais il ne pouvait regarder cette comparaison comme ayant plus de valeur que les discussions des éclipses anciennes.

La conclusion finale d'Hipparque ne pouvait donc être que celle-ci : L'année sidérale est de $365^j,2598537...$ Or, la précession des équinoxes, d'après l'observation des longitudes, est d'au moins 1° par 100 ans. Donc l'année tropique est au plus de 355ᵁ,2498391... Mais l'observation directe ne donne que 365ᵁ,246666... Donc la précession des équinoxes peut s'élever jusqu'à 1° pour 64 ans. Ainsi Hipparque a simplement assigné des limites à la précession des équinoxes, mais il a estimé avec des valeurs trop fortes et avec des erreurs sensiblement égales tant l'année sidérale que l'année tropique. D'ailleurs, à la façon dont il s'exprime sur cette dernière, il ne devait pas attribuer à sa détermination plus de certitude qu'à celle de la période dont nous avons déduit son année sidérale.

IV.

Si l'on recherche quels ont été, depuis l'origine jusqu'à Hipparque, les progrès successifs des Grecs dans la détermination des révolutions du soleil et de la lune, on peut composer le tableau suivant :

		DURÉE	
		du mois lunaire.	de l'année.
Ancienne octaétéride.	Limite supérieure.	29,53535...	365,500
	Limite inférieure..	29,52525...	365,375
Cycle d'Œnopide...............		29,53013...	365,37288...
Cycle de Méton...............		29,53191...	365,26316...
Octaétéride d'Eudoxe............		29,53006...	365,25
Cycle de Callippe.............		29,53085...	365,25
Période chaldéenne (Aristarque)		29,53004...	365,250046 ..
Hipparque.	Cycle de Callippe corrigé...	29,53042...	365,246711 (année tropique)
	Période anomalistique......	29,53059	365,259854 (année sidérale)

Il ne sera pas sans intérêt de rappeler comment, en fait, la question s'est posée pour les Grecs.

Depuis un temps immémorial, ils ont observé les mois lunaires, pour les cérémonies de leur culte; comme tous les peuples dans le même cas, ils ont rattaché chaque nuit au jour suivant et commencé leur mois le premier soir où ils voyaient le nouveau croissant apparaître à l'occident après le coucher du soleil. La nuit et le jour suivants formaient la *néoménie*, c'est-à-dire le premier jour du mois.

À l'origine, la détermination du commencement du mois fut nécessairement faite par la simple observation. Quand les états se formèrent, que les villes grandirent, l'affaire concerna naturellement les autorités religieuses, donc, en Grèce, les autorités civiles chargées du culte public. Déjà sans doute on avait reconnu dès longtemps que l'on peut pendant de longues périodes se dispenser de l'observation en faisant alternativement les mois de 30 et de 29 jours; mais on avait pu s'apercevoir aussi que de la sorte il s'accumule des erreurs (un jour tous les 33 mois environ) et qu'à la longue la *néoménie* doit être déplacée pour se retrouver d'accord avec l'observation. Jusqu'au IVe siècle avant J.-C., les choses restèrent en l'état; aucune ville ne suivit guère de règles précises; quand l'alternance des mois caves et pleins avait amené un désaccord trop apparent, chaque ville faisait la correction, l'une plus tôt, l'autre plus tard. En tous cas, il est clair qu'il n'y eut jamais une époque où l'on ait procédé exclusivement par mois de 30 jours.

Mais il ne suffisait pas de régler les mois; il fallait aussi régler l'année. La coutume religieuse fixait son commencement à la *néoménie* suivant le solstice d'été. Cette époque ne fut pas observée avec le gnomon avant le VIe siècle, elle devait l'être par l'observation du coucher ou du lever du soleil. Lorsqu'il cesse de s'avancer vers le nord, quand au contraire il retourne vers le midi, alors la première nouvelle lune commencera l'année et ramènera le cycle des cérémonies religieuses.

Ainsi, à l'origine, l'année fut aussi réglée empiriquement, sans prévision préalable; mais là encore la régularité dans de certaines limites du retour des années de 12 et des années de 13 mois amena l'habitude d'une période usuelle que toutes les villes adoptèrent, sauf à en corriger l'effet, chacune à sa guise, quand cela devenait nécessaire.

Cette période usuelle, qui remonte aux temps mythiques, car la fable d'Endymion s'y rapporte, fut l'*octaétéride,* divisée en deux périodes de quatre ans, dont la première comprend deux années intercalaires, la seconde n'en contient qu'une. Quant à supposer que l'on ait jamais procédé régulièrement par intercalation d'un mois une année sur deux, c'est une hypothèse tout aussi impossible qne celle des mois de 30 jours.

Cependant cette double hypothèse, recueillie par Censorinus, fut adoptée dès que le peuple grec, ignorant de ses origines, vit un certain nombre de ses enfants s'efforcer de poser des règles pour remédier aux désordres du calendrier, quand il les vit, dans ce but, chercher à déterminer des nombres fractionnaires représentant la durée vraie de l'année solaire et du mois lunaire. Au lieu de se dire qu'auparavant ces problèmes n'existaient pas pour leurs pères, que ceux-ci ne voyaient dans les mois ou les ans que des durées variables, déterminées empiriquement, on crut que les désordres du calendrier avaient été amenés par des fixations théoriques erronées. Comme on ne connaissait pas d'auteur ayant traité de l'octaétéride avant Cléostrate de Ténédos au vi^e siècle, on crut qu'avant lui l'intercalation se faisait tous les deux ans; parce que la tradition attribuait à Solon l'établissement du calendrier lunaire à Athènes, parce qu'on avait pris l'habitude de compter en nombre rond 30 jours au mois, 12 mois à l'an, et que cet usage apparaissait déjà dans une énigme attribuée à Cléobule, on crut qu'avant l'époque des sept sages, c'étaient là des déterminations auxquelles on conformait le calendrier.

C'est ainsi qu'Hérodote (I, 32) faisant calculer à Solon, à la cour du roi Crésus, le nombre de jours contenu dans 70 ans, lui fait multiplier 70 par 360 et ajouter 35 mois de 30 jours. Ce qu'il y a au plus d'admissible dans ce récit, c'est que Solon n'eût pas été capable de faire ce calcul avec une approximation convenable. Mais sans doute il ne s'en préoccupait pas ; la seule réforme sérieuse qu'il ait apporté au calendrier d'Athènes, sauf une mise en accord avec l'observation, paraît être, d'après les textes de Plutarque et de Diogène Laërce, qu'il aurait donné au dernier jour du mois le nom d'ἕνη καὶ νέα, pour marquer qu'il appartenait à la fois à l'ancienne et à la nouvelle lune.

Si l'on se reporte à ce que j'ai dit de la *néoménie*, il est clair que l'idée de Solon était juste en ce qu'il reportait théoriquement le commencement du mois à la conjonction; mais elle n'a pas d'autre importance.

Les mois fixes de 30 jours sont d'ailleurs certainement les mois égyptiens de l'année solaire vague de 365 jours, apportée en Grèce par Thalès et vulgarisée par un poème qu'il paraît avoir composé. Auparavant les Grecs ne s'étaient même pas posé la question de la durée de la révolution du soleil; désormais ils en eurent une valeur approximative, sans ignorer d'ailleurs sans doute qu'elle péchait par défaut plutôt que par excès.

Au reste, l'octaétéride grecque, telle que nous la connaissons, est de 2922 jours et suppose donc l'année solaire de $365\frac{1}{4}$. Mais cette fixation ne remonte pas au delà d'Eudoxe de Cnide, qui l'a rapportée d'Égypte au IVᵉ siècle. Les anciens auteurs d'octaétérides dont parle Censorinus, Cléostrate, Harpalos, Nautelès, Menestratos pouvaient sans doute observer déjà les solstices, mais il est certain qu'ils ont beaucoup plus tôt observé les néoménies sur lesquelles l'erreur d'observation était en tout cas moins considérable, et que leur principal travail dut consister à répartir les mois caves et pleins de la façon qui leur sembla la meilleure d'après les observations. Au contraire, ils durent admettre *a priori* que les 99 mois lunaires comprenaient exactement 8 ans.

Or, en fait, 99 mois synodiques font 2923ᵈ,53, ils ont dû, d'après les différences d'observation, compter 2923 jours ou 2924; d'où les deux limites, inférieure et supérieure, que j'ai indiquées pour le mois lunaire d'après l'ancienne octaétéride; d'où aussi pour l'année solaire les fixations $365\frac{2}{3}$ et $365\frac{1}{4}$.

D'un des auteurs ci-dessus, Harpalos, Censorinus nous dit qu'il avait fixé l'année à 365 et 13 heures équinoxiales. La fraction ne convenant pas à une octaétéride, Scaliger a soupçonné une erreur et proposé de lire 12; nous aurions ainsi la seconde des deux fixations indiquées. Cependant il est possible que, devançant le procédé employé plus tard par Eudoxe, Harpalos ait admis des octaétérides inégales. Il aurait alors augmenté d'un jour chaque troisième période; il est clair qu'il n'aurait d'ailleurs été conduit à cette correction que par une erreur d'observation de néoménie, et comme il faut supposer cette erreur de plus de deux jours, elle est à peine admissible. Si elle a réellement eu lieu, Harpalos aurait porté le mois lunaire à $29^j,53872...$

V.

Dans la première moitié du ve siècle, Œnopide de Chios proposa un cycle qui avait la prétention d'embrasser les révolutions, non seulement de la lune et du soleil, mais encore des planètes, dont les Grecs venaient seulement d'emprunter la connaissance aux Barbares.

Schiaparelli (*I precursori di Copernico nell'antichità*, 1873) a parlé de cette grande année de 59 ans sous le nom de Philolaos, mais il a été induit en erreur par Censorinus, d'après lequel le pythagorien aurait compté 729 mois lunaires de $29^j,5$ pour cette période et évalué l'année solaire à $364^j\frac{1}{4}$. D'une part, il est inadmissible de supposer une période qui ne soit pas d'un nombre entier de jours; d'un autre côté, à la fin du ve siècle, de pareilles déterminations sont beaucoup trop grossières.

L'erreur attribuée à Philolaos doit sans doute provenir de ce que, faisant une allusion au cycle d'Œnopide, et en même temps une remarque dans le goût des spéculations pythagoriennes sur les nombres, il aura dit, comme Platon l'a répété après lui, que le cube de 9 représente, entendant cela à une unité près, le nombre des mois dans la grande année, le nombre des jours et des nuits dans la petite.

Censorinus nous dit nettement qu'Œnopide fixait l'année à $365\frac{22}{59}$. Le cycle de 59 ans comprend dès lors 21557 jours, c'est-à-dire 730 et non pas 729 mois lunaires. La révolution synodique est dès lors évaluée avec une approximation remarquable; l'erreur n'atteint pas un tiers de jour sur la période entière.

L'année solaire 365,37288..... est au contraire encore passable-
ment inexacte; l'erreur est de près de 3 heures et monte à
7 jours pour la période.

Œnopide semble d'ailleurs avoir procédé, pour combiner sa
grande année, d'une façon très simple. Partant des valeurs
approximatives simples obtenues avant lui pour l'année et pour
le mois, 365 et 29 ½, il aura conclu que 59 ans étaient équivalents
à 730 mois. Il ne s'agissait plus que de déterminer exactement le
nombre de jours formés par 730 mois, chose qui pouvait être facile
dans une ville où le calendrier était suivi avec tant peu de soin.

Cette tentative prouvait en tout cas que l'octaétéride ne
comprenait pas un nombre entier de jours et qu'il fallait adopter
une autre période ou la réformer complètement dans son principe.

A la suite d'observations portant cette fois aussi bien sur le
solstice que sur les néoménies, Méton et Euctémon proposèrent
en 432 le cycle de 19 ans qui au reste ne fut adopté à Athènes
que cent ans après, à une époque où son inexactitude avait déjà
été reconnue. D'après ce cycle de 235 lunaisons et 6940 jours, le
mois est moins exact que dans le cycle d'Œnopide (ce qui tient
à la brièveté de la période), l'année, 365,26316 est au contraire
plus près de la vérité. Les deux durées sont d'ailleurs trop
longues.

Eudoxe, et d'après lui au siècle suivant Ératosthène et Dosithée,
reprirent les errements de l'octaétéride avec des périodes inégales;
celles de rang pair furent augmentées de 3 jours, au bout de
160 ans on retranche un mois de trente jours; de la sorte, l'ensemble des mois suivait assez convenablement la lune et pour
toute la période de 1979 lunaisons, on se retrouvait d'accord
avec l'année chaldéo-égyptienne de 365 ¼. Le mois lunaire est
un peu trop faible, mais sa valeur est presque identique à celle
assignée par Œnopide.

Callippe corrigea le cycle de Méton en ramenant l'année solaire
à 365ᵢ ¼. Le mois lunaire se trouva en même temps heureusement
corrigé, tout en restant un peu trop fort, comme l'est aussi, mais

moins, le mois qui se déduit de la période chaldéenne pour la
prédiction des éclipses.

Enfin Hipparque détermina la valeur du mois lunaire sous la
forme

$$29^{j}\ 31'\ 50'\ 8'''\ 20''''.$$

Reconnaissant d'autre part la précession des équinoxes, il distin-
gua l'année tropique et la fixa à $365\frac{1}{4} - \frac{1}{300}$. Mais pour corriger
le cycle de Callippe en le quadruplant et en retranchant un jour,
comme avait fait Callippe pour celui de Méton, il admit de
fait $\frac{1}{304}$ au lieu de $\frac{1}{300}$ et en même temps il introduisit dans la
valeur de la lunaison une erreur égale à celle de Callippe, mais
de sens inverse. On en était déjà arrivé à une époque où l'impossibilité de périodes rigoureusement exactes était constante; s'il
avait voulu procéder régulièrement, Hipparque serait arrivé à
une période de 3827165 ans.

Il est encore un cycle luni-solaire grec dont je n'ai pas parlé,
parce qu'il est impossible d'en rien tirer d'assuré. Démocrite avait
combiné une période qui, au dire de Censorinus, était de 82 ans
avec 28 mois intercalaires seulement.

Il est impossible d'admettre, à la fin du v° siècle, un rapport
aussi visiblement inexact. Je propose de lire 77 (LXXVII) au lieu
de 82 (LXXXII). On aurait donc 952 mois pour 77 ans. Maintenant nous pouvons admettre que Démocrite, pour faire l'année
solaire, ajoutait à 365 une fraction dont le dénominateur était 77
et dont le numérateur n'était probablement pas divisible par 7,
sans quoi la période aurait pu être réduite à 11 ans = 136 mois,
Enfin Démocrite pouvait très bien avoir commis une forte erreur
sur l'année solaire, mais pour le mois il devait s'être au moins
maintenu dans les limites que j'ai indiquées d'après l'ancienne
octaétéride. Dans ces conditions, la fraction de jour ajoutée à
l'année peut varier entre $\frac{4}{77}$ et $\frac{12}{77}$. En admettant maintenant qu'il
n'y ait eu aucune erreur sur le nombre des jours des mois
lunaires, c'est-à-dire que Démocrite ait procédé aussi exactement
qu'Œnopide, on aurait une période de 28113 jours, un mois

de $29^j53046..$, et un an de $365\frac{8}{77} = 365,1039...$ Comme exemple d'une détermination aussi faible ou à peu près, on peut citer, d'après Censorinus, celle d'un Aphrodisius, de $365^j\frac{1}{8}$.

VI.

Nous avons maintenant à étudier si la grande année d'Aristarque a correspondu ou non à des déterminations effectives de la révolution des planètes. L'affirmative aurait un intérêt particulier, puisque Aristarque aurait dû, d'après son système, s'attacher à la révolution héliocentrique de Mercure et de Vénus, tandis que dans les autres grandes années, par exemple celle d'Œnopide, on ne doit considérer que la révolution géocentrique des planètes inférieures et que dès lors elles n'entrent pas en ligne de compte, leur position moyenne étant toujours identique à celle du soleil.

Quant aux planètes supérieures, Œnopide ne devait probablement connaître que la durée approximative de leur révolution, telle qu'on la retrouve dans tous les cosmographes anciens, savoir 30 ans pour Saturne, 5 ans pour Jupiter, 2 ans pour Mars. Dans sa période de 59 ans, il admettait dès lors 2 révolutions de Saturne, 5 de Jupiter et sans doute 30 ou 31 pour Mars. Admettons avec Schiaparelli ce dernier nombre qui est le plus exact, on trouve, pour une période de 21557 jours comme pour celle de $21505\frac{1}{2}$ qu'il admet, des durées dont l'erreur ne dépasse pas, dit-il, un centième de la valeur vraie.

Mais ce n'est pas ainsi, je crois, qu'il faut juger des périodes de ce genre. Il faut plutôt considérer l'erreur sur la position moyenne à la fin de la période. Or elle n'atteint pas $2°$ pour Saturne, $9°$ pour le soleil, il y a donc là une approximation vraiment satisfaisante pour l'époque; mais pour Mars l'erreur dépasse 107 degrés, ce qui est complètement inadmissible. Si Œnopide seulement avait indiqué le signe du zodiaque où se trouvait chaque planète au début de son cycle, on dut en reconnaître l'insuffisance pour Mars dès après l'époque de Philolaos.

Nous jugerons de la même façon la grande année attribuée à

Aristarque. Nous admettrons que dans la période de 889020 jours il a admis le nombre entier de révolutions de chaque planète qui, multipliée par la durée de la révolution sidérale, donne le nombre le plus voisin de ce chiffre de 889020; soit 10106 pour Mercure, 3950 pour Vénus, 1294 pour Mars, 206 pour Jupiter, 83 pour Saturne. Nous sommes assurés ainsi qu'aucune erreur de position au bout de la période n'atteindra 180°, et même pour un nombre absolument pris au hasard, nous devrons nous attendre à en trouver autant au-dessus qu'au-dessous de 90°. Or, nous trouvons pour Saturne environ 133°, pour Jupiter 70°, pour Mars 25°, pour Vénus 171°, pour Mercure 11°.

En présence de ces résultats, il devient difficile de croire que la période d'Aristarque ait été conçue autrement que comme un cycle lunisolaire sidéral.

Censorinus et les *Placita* du Ps.-Plutarque nous donnent une série d'autres prétendues grandes années. Les voici par ordre de grandeur :

Arétas de Dyrrachium................	5552 ans.
?	7777
Héraclite et Linus (Censorinus)......	10800
Dion de Naples....................	10884
Héraclite (Ps.-Plutarque)............	18000
Ps.-Orphée........................	120000
Cassandre.........................	360000
Diogène de Babylonie..............	365 fois l'année d'Héraclite.

Évidemment la majorité de ces nombres sont de pures combinaisons de fantaisie. Tous doivent d'ailleurs être considérés comme antérieurs à l'ère chrétienne, et ils se relient à une superstition astrologique.

Héraclite, peut-être d'après une tradition orphique, comme le montre le rapprochement avec Linus, avait assigné une durée périodique déterminée, après laquelle, chaque fois, le monde devait être détruit par le feu pour renaître ensuite. Cette période n'avait certainement dans sa pensée aucun caractère astronomique. Censorinus nous apprend qu'il avait fixé à 30 ans la génération humaine, c'est-à-dire la durée après laquelle l'enfant devenu homme se reproduit à son tour. Héraclite semble avoir considéré sa période comme une année cosmique dont chaque jour durait une génération humaine et avoir pris le nombre rond 360 comme celui des jours de cette année. En effet $30 \times 360 = 10800$. Ce dernier nombre a été corrompu en 18000 dans le texte des *Placita*.

Plus tard les stoïciens reprirent l'idée d'Héraclite et ils imaginèrent, d'après les croyances astrologiques qui s'introduisaient en Grèce, que cette période cosmique était liée aux révolutions des planètes. On supposa que leur retour à une conjonction simultanée (point de départ hypothétique) serait le signal de l'embrasement universel. Ce devait être d'ailleurs là l'été de la grande année, c'est-à-dire son commencement comme celui de l'année grecque; à l'hiver de cette même année devait au contraire correspondre un déluge général.

Ces idées ne doivent nullement être imputées à Aristarque, ennemi des stoïciens. Mais elles n'ont donné naissance à de réelles combinaisons astronomiques, comme les périodes de 5552, 7777 et 10884 ans, dont la dernière notamment semble être une correction de la période d'Héraclite. Les autres n'ont même pas l'apparence d'une tentative scientifique, leur élévation indique seulement la conscience que le problème posé est insoluble en chiffres plus faibles. Leurs auteurs pouvaient d'ailleurs avoir connaissance de la différence entre l'année tropique et l'année sidérale.

Pour discuter la valeur d'une grande année, voici la marche qui me paraît la plus logique.

Comme la révolution de la lune a toujours été connue plus exactement que celle du soleil, pour déterminer avec une approximation suffisante le nombre de jours de la période, on commencera par chercher le nombre de mois, d'où l'on passera au nombre de jours en prenant les chiffres d'Hipparque pour la durée du mois lunaire, et en prenant la partie entière du produit.

Pour obtenir le nombre de mois lunaires, on divisera par la durée du mois le produit du nombre d'années de la période par la durée de l'année sidérale, et on prendra le quotient entier le plus approché.

Pour les planètes, on procédera comme je l'ai précédemment indiqué pour l'année d'Aristarque.

En fait, en appliquant cette méthode aux trois périodes que j'ai indiquées comme n'étant pas purement fantaisistes, on n'obtient pas de résultats plus satisfaisants que pour la prétendue grande année d'Aristarque.

Ces périodes ne sont même pas intéressantes comme simplement lunisolaires; pour la moins erronée à cet égard, celle de 7777 ans, l'erreur est déjà de 7 jours.

Quant à la grande année de 600 ans dont parle Josèphe, et sur laquelle on a tant discuté, elle n'est certainement qu'une période lunisolaire; l'intérêt qu'elle présente est que si on la suppose exacte par rapport à la lune (219147 jours pour 7421 lunaisons), l'année solaire est assez voisine de l'année tropique pour avoir coïncidé avec elle. Mais tant qu'on n'aura pas prouvé par des faits l'existence de cette période chez les Chaldéens, on doit la considérer comme une combinaison récente; par exemple, une octaétéride réformée d'après la valeur de l'année tropique d'Hipparque (soit 219148 jours) avec une durée du mois lunaire intermédiaire entre celles de Callippe et de la période chaldéenne.

ACTION

DES

VAPEURS MERCURIELLES

SUR L'ÉCONOMIE

Par M. MERGET

DOCTEUR ÈS SCIENCES,
PROFESSEUR DE PHYSIQUE A LA FACULTÉ DE MÉDECINE ET DE PHARMACIE DE BORDEAUX.

INTRODUCTION

Ce qu'on dit partout, ce qu'on répète à l'unisson depuis très longtemps sur l'action toxique des vapeurs mercurielles, consiste en affirmations vaguement définies, empruntées sans critique et sans méthode à une masse confuse d'observations de provenances très variées, obtenues d'ailleurs dans des conditions habituellement très complexes, où ces vapeurs n'étaient pas seules à intervenir; et c'est ainsi qu'on a mis trop généreusement sur leur compte beaucoup de méfaits dont elles n'étaient nullement responsables.

C'est pour contribuer au rétablissement de la vérité, sur un point de toxicologie d'une importance aussi capitale, que j'ai entrepris les recherches dont je vais exposer les résultats; recherches que j'ai complétées en ajoutant, à l'étude de l'action toxique des vapeurs mercurielles, celle de leur action physiologique et thérapeutique.

Comme il faut, pour se rendre compte de leurs effets à ce triple point de vue, pouvoir les suivre sûrement dans leur mouvement de propagation diffusive, j'ai dû consacrer un premier chapitre à la description des procédés qui permettent de les reconnaître, en proportions pour ainsi dire infinitésimales, partout où il est besoin de s'assurer de leur présence.

Un second chapitre, aussi indispensable que le premier, renferme l'exposé de la méthode d'analyse que j'ai suivie pour retrouver le mercure dans les diverses parties des organismes des animaux soumis à l'action de ses vapeurs.

On a fait, en France, fort peu de recherches sur l'action toxique, physiologique et thérapeutique des vapeurs du mercure; mais il n'en a pas été de même en Allemagne, où ces recherches ont été très activement poursuivies par de nombreux savants, et où elles ont fourni, surtout au point de vue clinique, des résultats du plus haut intérêt.

Comme chacune de ces recherches exigeait forcément des analyses mercurielles multiples, pour les effectuer en aussi grand nombre, il a fallu se mettre en quête de procédés réalisant, à la fois, les meilleures conditions possibles de simplicité et de sûreté, et la liste est longue de ceux qui ont été proposés pour répondre à ce double objectif.

Pour la plupart, ils sont inacceptables, parce qu'ils pèchent, soit par défaut de sensibilité, soit par excès de complication, et un seul d'entre eux, celui de Fürbringer, fort employé en Allemagne, est resté disponible pour les besoins de la pratique courante.

Malheureusement, comme tous ceux qui ont recours à la réaction de l'iode pour reconnaître le mercure, ce procédé comporte une cause d'erreur justement signalée par Lefort; cause d'erreur qui empêche d'avoir une confiance absolue dans ses indications, et qui rendait son remplacement désirable. Celui que je propose, à cet effet, substitue, à la réaction de l'iode, une réaction qui ne saurait donner lieu à aucune confusion; son manuel opératoire se réduit aux opérations les plus simples; il est, enfin, d'une sensibilité très grande; aussi me paraît-il remplir les conditions d'un procédé de clinicien.

CHAPITRE Ier

Diffusion des vapeurs mercurielles.

———

§ 1. — *Diffusion des vapeurs mercurielles dans le gaz.*

On sait depuis longtemps que le mercure exerce, sur tous les êtres vivants, animaux et végétaux, placés dans son voisinage, une action désorganisatrice qui peut aller jusqu'à déterminer leur mort; depuis longtemps aussi, la volatilité bien connue de ce métal a fait chercher, dans l'intervention de ses vapeurs, la cause des effets qu'on le voyait capable de produire à distance.

Trop naturelle pour qu'elle ne s'imposât pas *a priori,* cette explication, tout en étant universellement acceptée, laissait place cependant au doute et à l'objection, par la difficulté qu'on éprouvait à la concilier avec le fait, tenu pour expérimentalement démontré, de la très faible diffusibilité des vapeurs mercurielles.

On croyait, en effet, d'après les résultats des expériences de Faraday, que ces vapeurs formaient, au-dessus de la surface du métal générateur, une couche dont l'épaisseur restait toujours très petite, tant que la température ambiante ne s'écartait pas trop des limites de ses variations ordinaires, et on ne manquait pas de trouver, pour justifier leur prétendue impuissance à s'élever plus haut, des raisons théoriques tirées de la valeur exceptionnellement grande de leur poids spécifique.

Toutefois, en même temps qu'on affirmait, comme il vient d'être dit, leur diffusibilité restreinte, il était impossible de ne pas reconnaître, à la suite d'observations très nombreuses et très précises, le pouvoir qu'elles avaient d'exercer leur action toxique dans un rayon dépassant de beaucoup la faible portée de leur mouvement diffusif. Il y avait donc ainsi contradiction flagrante entre les résultats positifs de ces observations et les résultats, sinon négatifs, du moins fort limitatifs, des expériences de Faraday. Comme l'exactitude des premiers était hors de toute contestation, cela rendait fort douteuse celle des derniers, pour lesquels s'imposait alors la nécessité d'une vérification préalable.

On sait comment Faraday (1) opérait dans ses recherches sur la volatilité du mercure : au-dessus de ce métal, placé successivement dans des milieux à températures différentes, il suspendait, à des hauteurs inégales, des lames d'or qui devaient blanchir par amalgamation si les vapeurs mercurielles atteignaient leur niveau, et rester intactes dans le cas contraire. Il s'en tenait d'ailleurs exclusivement à la constatation de ces apparences, et c'est en se prononçant sur des éléments d'appréciation aussi contestables qu'il est arrivé à formuler les deux conclusions suivantes :

1° Le phénomène de la vaporisation du mercure n'est pas continu, il cesse absolument de se produire à la limite inférieure de 7° au-dessous de zéro ;

2° Pour des températures supérieures à cette limite, et dans une étendue de l'échelle thermométrique que Faraday laisse indécise, contrairement à la loi générale de diffusion des fluides électriques, les vapeurs mercurielles forment, au-dessus du liquide générateur, une couche de très faible épaisseur atteignant quelques centimètres à peine, à la température ordinaire.

La première de ces conclusions est en complète opposition avec les déductions des formules qui expriment la tension maximum des vapeurs des liquides parfaits en fonction de la température; car ces formules tendent toutes à faire admettre la continuité du phénomène d'évaporation.

Parmi ces formules, qui sont d'ailleurs de valeur fort inégale à cause de leur mode empirique de construction, prenons celle de Regnault (2), qui offre assurément les meilleures garanties d'exactitude. Elle résume les résultats des recherches classiques de cet illustre physicien sur les forces élastiques des vapeurs de très nombreux liquides, parmi lesquels figure précisément le mercure.

On sait qu'elle donne :

$$\log \frac{f}{760} = a - b\alpha^t.$$

Or, comme pour tous les liquides expérimentés sans aucune exception, α est inférieur à l'unité, il s'ensuit que, pour avoir $f = 0$, il faut faire $t = -\infty$: conclusion analytique qui renferme l'affirmation de la continuité du phénomène de l'évaporation des liquides, puisqu'elle place à une température infiniment reculée, au-dessous de zéro, la limite où ce phénomène cesse de se produire.

Passant à la seconde de ces deux conclusions de Faraday, nous la trouvons en désaccord flagrant avec les données fondamentales des deux théories, cinétique et dynamique, entre lesquelles se débattent aujourd'hui les questions relatives à la constitution moléculaire et aux propriétés primordiales des fluides élastiques.

Quelle que soit celle de ces deux théories qu'on adopte, comme tous les fluides élastiques se diffusent finalement de la même manière dans un espace donné, que cet espace soit vide ou déjà occupé par un fluide différent, c'est en déterminant, pour chacun d'eux, à une température donnée, la vitesse de son écoulement dans le vide, qu'on aura la mesure de sa tendance plus ou moins marquée à la diffusion, ou de ce qu'on peut appeler son *pouvoir diffusif*.

Dans la théorie cinétique, cette vitesse se calcule *à priori ;* les gaz et les vapeurs sont considérés comme composés de molécules indépendantes, parfaitement élastiques, qui se meuvent et se choquent dans tous les sens avec des vitesses moyennes considérables, dépendant, pour chaque fluide, de sa nature et de sa température, et calculables par la formule connue de Clausius (3)

$$V = \sqrt{3 g p_0 T}.$$

Quand il s'agit d'un gaz de densité d, pris à la température de zéro, cette formule se ramène à l'expression plus simple

$$V = 485^m \sqrt{\frac{1}{d}},$$

et son emploi nous fournit un moyen facile de déterminer les
vitesses moléculaires des divers fluides élastiques. Or, quand on
les fait écouler dans le vide, il est de toute évidence que leurs
vitesses d'écoulement doivent être identiquement égales à leurs
vitesses moléculaires respectives, et leurs pouvoirs diffusifs sont
alors mesurés par ces dernières.

Dans ces conditions, les vapeurs mercurielles ayant, d'après la
formule de Clausius, une vitesse moléculaire de 180 mètres à la
seconde, leur pouvoir diffusif serait exprimé par le même nombre,
et s'il atteint réellement cet ordre de grandeur, on voit aisément
quelle étendue considérable devront présenter les mouvements
de diffusion produits sous son influence impulsive.

Qu'on suppose, en effet, du mercure contenu dans une enceinte
à zéro et s'y évaporant à cette température ; les molécules de
vapeur, qui se détachent de la surface émissive, sont projetées,
d'après l'hypothèse de la théorie cinétique, avec une vitesse
moléculaire de 180 mètres à la seconde, ce qui correspond, dans
la direction verticale, à une hauteur de chute de 1,653 mètres.
Quelque petit qu'on suppose le chemin parcouru verticalement
par chaque molécule, entre les chocs réciproques, il y aura toujours des molécules de vapeur qui devront finir par atteindre cette
hauteur, et c'est elle, par conséquent, qui marque la limite supérieure assignée par la théorie cinétique à la diffusion des vapeurs
mercurielles.

Dans la théorie dynamique, cette limite supérieure serait bien
plus élevée encore.

Hirn (4), qui nie les vitesses moléculaires et qui a cherché à
déterminer expérimentalement les vitesses d'écoulement dans le
vide, sous pression constante, prétend avoir trouvé que la valeur
de cette vitesse, pour l'air atmosphérique en particulier, est huit
fois plus grande que celle de la vitesse moléculaire ; car il évalue
la première à 4,000 mètres environ, tandis que la seconde est
seulement de 500 mètres dans la théorie cinétique.

En admettant le même écart pour les vapeurs mercurielles, on
voit qu'elles auraient, à zéro, un pouvoir diffusif de 1,440 mètres,

et la limite supérieure de leur diffusion dépasserait alors 105 kilomètres, ce qui serait vraiment énorme.

Il est probable que les chiffres fournis par Hirn sont entachés de quelque exagération ; ils ont été, d'ailleurs, très sérieusement contestés par des critiques compétents, et l'un d'eux, Hugoniot(5), a démontré qu'ils devaient être réduits dans d'assez fortes proportions, sans qu'ils cessent, malgré ces réductions, de dépasser ceux que la théorie cinétique leur oppose. Si donc ces derniers diffèrent des chiffres vrais, on sait au moins qu'ils leur sont inférieurs ; aussi est-on au-dessous de la vérité, en affirmant que les vapeurs mercurielles, avec un pouvoir diffusif de 180 mètres à la seconde, ont une limite supérieure de diffusion verticale égale à 1,686 mètres.

En supposant, d'ailleurs, contrairement à ce qui vient d'être démontré, qu'il faille, non pas ajouter, mais retrancher aux chiffres précédents, et que le pouvoir diffusif des vapeurs mercurielles, diminué des 9/10 de sa valeur, soit réduit à 18 mètres, ces vapeurs pourraient encore s'élever verticalement à 17 mètres environ au-dessus de la surface émissive, à la température de zéro, et les quelques centimètres auxquels Faraday limitait cette élévation seraient encore très fortement dépassés.

En présence d'écarts aussi démesurés, on avait des motifs sérieux pour douter de l'exactitude des expériences du savant anglais, et ce sont ces doutes qui m'ont déterminé à les reprendre. Comme le nom de leur auteur répondait suffisamment de la rigoureuse méthode qui avait dû présider à leur exécution, leur insuffisance présumée ne pouvait provenir que de la défectuosité des moyens employés pour reconnaître les vapeurs mercurielles, et cela m'imposait, d'abord, l'obligation de rechercher, pour ces vapeurs, un réactif plus sensible que la lame d'or blanchissant par amalgamation.

A la place de ce métal, en 1846, Davy (6) proposa l'iode, avec lequel il obtint la réaction caractéristique de l'iodure rouge, dans une expérience où le flacon qui contenait cet iode était placé à 0^m66 au-dessus d'une cuve à mercure. La réaction fut très nette, mais elle fut très lente à se dessiner, car il ne lui fallut pas moins de deux mois pour se produire, à une température qui resta comprise entre 12° et 14°.

En 1854, Brame (7), après avoir essayé l'iode et constaté que son emploi peut occasionner certaines méprises, lui substitua le soufre, qui lui parut doublement préférable pour la sensibilité et pour la sûreté de ses indications, surtout lorsqu'on le prend à l'état utriculaire. En l'employant à cet état, Brame a trouvé que la limite supérieure de la vaporisation du mercure pouvait s'élever jusques à 1m74, à la température constante de 11°; mais, encore ici, il a fallu longtemps attendre avant qu'on arrive à constater ce résultat, et c'est seulement après un intervalle de quatre mois qu'il a pu être affirmé avec quelque certitude.

Comme on le voit, tout en présentant une sensibilité un peu supérieure à celle de l'or, ni le soufre ni l'iode ne sont pratiquement utilisables pour la reconnaissance des vapeurs mercurielles, et il n'y a pas, en dehors d'eux, d'autre corps simple qu'on puisse proposer pour les remplacer. Passant alors aux corps composés, voici le fait bien connu qui a servi de point de départ aux essais que j'ai tentés avec quelques-uns d'entre eux.

Le mercure liquide réduisant les sels et chlorures dissous des métaux précieux, j'ai pensé que ses vapeurs jouiraient aussi du même pouvoir réducteur et qu'elles donneraient, en l'exerçant, des effets assez marqués pour accuser bien caractéristiquement leur présence. L'expérience a démontré que ces prévisions étaient justes, et, comme elle est d'une réalisation très facile, les réactions dont elle nous fournit l'indication pour la recherche spécifique des vapeurs mercurielles sont aussi sensibles qu'elles sont sûres. Voici ce qu'on obtient avec elles et comment on les utilise :

Réactions caractéristiques des vapeurs mercurielles. — On expose à l'action de ces vapeurs une feuille de papier ordinaire, sur laquelle on a préalablement étendu, au pinceau ou au tampon, une solution saline d'un des métaux précieux, solution qu'il est bon d'additionner, suivant les cas, de substances hygrométriques destinées à retarder sa dessiccation. Le métal du sel, réduit par le mercure vaporisé, se dépose sur le papier et s'y fixe en lui communiquant des teintes de plus en plus foncées, qui aboutissent définitivement au noir intense, avec des tons dont les nuances varient suivant la nature du métal réduit.

Les sels et composés haloïdes les plus usuels des métaux précieux, tels que les azotates d'argent et de palladium, les chlorures solubles simples ou doubles d'or, de platine, de palladium et d'iridium, sont ceux qui donnent les meilleurs résultats dans la préparation des papiers sensibles. Comme la sensibilité que l'azotate d'argent communique à ces papiers s'exalte considérablement en présence de l'ammoniaque, par suite de l'action que cet alcali exerce sur l'azotate de mercure formé, l'observation de ce fait m'a conduit à remplacer le sel simple par le composé qu'on nomme *azotate d'argent ammoniacal :* c'est avec celui-ci, en effet, qu'on obtient la mesure de sensibilité de beaucoup la plus élevée. — On le prépare en ajoutant de l'ammoniaque à une solution concentrée d'azotate d'argent, et en continuant cette addition jusqu'à redissolution complète du précipité qu'on voit d'abord se former.

Quelle que soit d'ailleurs la solution saline employée pour la préparation des papiers réactifs, on trouve que ces derniers peuvent être sensibles à des degrés très divers, suivant l'état moléculaire de leur surface; celle-ci se montrant d'autant plus impressionnable aux vapeurs mercurielles qu'elle est plus rugueuse.

On peut mettre cette remarque à profit pour modifier avantageusement, comme il suit, le procédé de préparation de ces papiers réactifs.

Au lieu de les recouvrir, au pinceau ou au tampon, d'une couche uniformément étendue de la liqueur sensible, on les raye fortement avec une plume d'oie trempée dans cette liqueur, et il est facile de s'assurer que, sur les traits ainsi tracés, la réduction s'opère avec plus de promptitude et plus de vigueur que sur des surfaces lisses.

Le plus impressionnable d'entre eux, le papier réactif à l'azotate d'argent ammoniacal, présente des particularités dont il convient de tenir compte dans son emploi. Il ne se teinte pas seulement

sous l'influence des vapeurs mercurielles, mais aussi sous celle
de la lumière, et il s'altère enfin, même dans l'obscurité la plus
complète, par suite de l'action réductrice de la cellulose sur le
sel argentique. En constatant qu'il est sujet à ces deux causes
d'altération, dont la seconde est absolument inévitable, je dois
ajouter qu'elles n'enlèvent rien à la justesse et à la sûreté de ses
indications, et qu'elles n'introduisent, par conséquent, aucune
possibilité d'incertitude ou d'erreur dans son emploi.

Il ne faut, en effet, que quelques secondes à ce papier, pour se
teinter très visiblement en présence des vapeurs mercurielles,
tandis que la production d'une teinte un peu marquée exige
plusieurs heures à la lumière diffuse, et un temps bien plus long
encore dans l'obscurité.

Lors donc qu'il s'agit d'expériences dont la durée ne dépasse
pas deux ou trois heures, il n'y a aucun compte à tenir de l'altération du papier sensible produite, soit par l'action réductrice de
la lumière, soit par celle de la cellulose de ce papier. Pour ne
laisser subsister aucun doute à cet égard voici la précaution, très
facile à prendre, à laquelle il convient de recourir dans chaque
cas particulier.

Le papier réactif est préparé sous forme de bandes qu'on raye
transversalement, comme je l'ai indiqué plus haut, de traits à
l'azotate d'argent ammoniacal. Cela fait, chacune de ces bandes
est divisée par le milieu, dans le sens de sa longueur, et l'une des
moitiés est mise en expérience, pendant que l'autre, soustraite
aux vapeurs de mercure, mais placée d'ailleurs dans les mêmes
conditions, joue le rôle de témoin.

Si l'expérience est de courte durée, le témoin reste intact, et le
réactif étant seul teinté, ses indications sont mises par cela même
à l'abri de toute contestation. Si l'expérience se prolonge, le
réactif et le témoin se teintent tous les deux, mais avec des différences de tons tellement prononcées qu'il n'y a pas à se méprendre
sur l'intervention des vapeurs mercurielles, dans les cas où elle
s'est réellement produite.

Moins sensibles aux vapeurs mercurielles que l'azotate d'argent ammoniacal, les chlorures de platine et de palladium ont sur lui l'avantage de ne pas être réductibles, ou de ne l'être que dans une mesure absolument négligeable, par l'action de la lumière et par celle de la matière cellulosique. Par suite, on devra donner la préférence aux papiers préparés avec ces chlorures, lorsqu'il s'agira d'expériences d'une durée exceptionnellement longue. Le chlorure de palladium surtout donne ici d'excellents résultats; on l'emploie en solution très étendue, additionnée de chlorure de calcium pour la rendre plus hygrométrique, et c'est avec une plume d'oie trempée dans ce liquide qu'on trace sur du papier sans colle, ou, à son défaut, sur du papier ordinaire, des traits qui noircissent par l'exposition aux vapeurs mercurielles.

Le chlorure de platine s'emploie de la même manière après neutralisation préalable de sa solution par du carbonate de chaux (¹).

En mettant en œuvre, suivant les circonstances, les papiers réactifs à l'azotate d'argent ammoniacal au chlorure de palladium ou au chlorure de platine, voici, contrairement aux conclusions de Faraday, les deux faits généraux que j'ai été conduit à constater.

1° La vaporisation du mercure est un phénomène continu, qui n'est même pas interrompu par la solidification du métal.

2° Les vapeurs émises ont un pouvoir diffusif considérable dont la valeur numérique, sans être exactement mesurable, semble cependant ne pas trop s'écarter de l'ordre de grandeur que lui assignent, *a priori*, les déductions de la théorie dynamique des gaz.

Rien n'est plus facile que de vérifier le premier de ces deux faits; j'en ai multiplié les preuves dans une série de très nombreuses expériences effectuées à des températures diverses et

---

(¹) Les papiers réactifs aux chlorures de platine et de palladium se teintent en présence de l'acide sulfhydrique gazeux, mais il n'y a pas à tenir compte de cette cause d'altération, car l'acide sulfhydrique est facile à reconnaître, au moyen des sels de plomb, et les vapeurs mercurielles ne sauraient coexister avec lui puisqu'il les détruit par la sulfuration du métal.

très rapprochées, comprises entre $+ 25°$ et $- 26°$, et dans une
série plus restreinte de quatre expériences faites aux températures
de $- 30°$, $- 35°$, $- 40°$ et $- 44°$.

En employant le procédé de Person, j'ai pu conserver, une
première fois, du mercure solide à $- 40°$ pendant une durée de
deux heures, et une seconde fois, du mercure solide à $- 44°$
pendant une durée de trois heures. Dans les deux cas, la comparaison des papiers réactifs, suspendus au-dessus de ces masses
refroidies de mercure, dans des éprouvettes de 3 décimètres de
haut, avec les papiers témoins, placés dans des éprouvettes de
même dimension et entourées du même mélange réfrigérant, a
nettement démontré qu'il y avait eu formation des vapeurs mercurielles, et il y a lieu d'affirmer, pour le mercure comme pour
l'eau, que ce métal se vaporise même encore après sa solidification.

Le premier des deux faits généraux énoncés plus haut étant
ainsi mis hors de doute, la démonstration du second ressort des
résultats toujours positifs d'observations nombreuses faites dans
des locaux très vastes et très élevés, où j'ai partout retrouvé, depuis
le plancher jusqu'au plafond, les vapeurs mercurielles émises par
des surfaces évaporatoires de fort peu d'étendue.

Je puis citer, par exemple, une de ces observations faite dans
un grand amphithéâtre de cours public, d'une capacité de
2,500 mètres cubes et contenant une cuve à mercure. En laissant
celle-ci découverte pendant trois jours, j'ai pu constater, après ce
laps de temps, la présence des vapeurs mercurielles, non pas
seulement dans le voisinage de la cuve, mais aussi dans les parties
les plus reculées de cette enceinte si largement espacée.

J'ai retrouvé également ces vapeurs dans toutes les pièces d'un
bâtiment qui renfermait un atelier d'étamage de glaces.

La grandeur du pouvoir diffusif des vapeurs mercurielles
s'expliquant très naturellement par le fait primordial de la
grandeur des vitesses avec lesquelles se meuvent leurs molécules,
c'est encore ce fait qui explique la facilité et la rapidité de leur
transmission à travers les corps poreux, lors même qu'elles les

rencontrent sous des épaisseurs considérables. Le bois dans le sens des fibres, la pierre, le plâtre, les briques, les étoffes, le papier n'arrêtent nullement leur mouvement diffusif, qui est à peine retardé par l'interposition de ces corps; et c'est là une particularité à noter, dans l'étude qui nous occupe, car elle permet de se rendre compte de cas d'intoxication qui se sont produits par delà des murailles.

Moutard-Martin (8) a communiqué à la Société médicale des hôpitaux un cas de ce genre, qui s'était présenté chez les voisins d'un atelier où on employait le mercure.

Je dois ajouter encore que plusieurs de ces corps poreux, placés dans une atmosphère saturée de vapeurs mercurielles, exercent sur elles une action de condensation tout à fait identique à celle qu'ils exercent sur les autres fluides élastiques, et, après les avoir condensées, ils les restituent au milieu ambiant, soit lorsqu'on les porte dans une atmosphère non saturée, soit lorsqu'on les échauffe. Dans ces conditions, on conçoit que ces corps soient aptes à provoquer des accidents hydrargyriques dont la cause possible était bonne à signaler.

---

§ 2. — *Diffusion des vapeurs mercurielles dans les liquides.*

L'observation nous apprend que tout gaz mis en présence d'un liquide finit toujours par le pénétrer dans toute sa masse, en proportions plus ou moins considérables. C'est à ce phénomène qu'on donne le nom de *dissolution*; en confondant ainsi dans une même qualification deux faits bien distincts dont Berthelot (9) a nettement marqué la séparation.

On peut, en effet, avoir affaire, soit à des gaz très solubles qui dégagent de la chaleur en se dissolvant et ne suivent pas la loi de Dalton, soit à des gaz peu solubles qui ne dégagent pas sensiblement de chaleur et qui suivent la loi de Dalton.

. Dans le premier cas, comme l'effet thermique produit le prouvé, il y a combinaison entre le liquide et le gaz, et c'est le composé formé par eux qui se dissout dans un excès du liquide : la dissolution s'effectue donc ici par la double intervention d'une réaction chimique et d'une cause physique.

Dans le second cas, sans chaleur sensible dégagée, l'action chimique est nulle et la dissolution se réduit à un phénomène purement physique, celui du mouvement progressif des molécules gazeuses qui pénètrent dans les intervalles que laissent libres, entre elles, les molécules liquides, sans cesser d'y conserver leur état de fluide élastique.

Ce mode de pénétration est alors absolument identique à celui par lequel un gaz s'introduit dans l'espace occupé par un autre ; il constitue donc un véritable phénomène de *diffusion*, et c'est comme tel qu'il faut effectivement le qualifier.

S'il est vrai, d'ailleurs, que les gaz en contact avec les liquides chimiquement inactifs s'y diffusent en restant gaz, dans les mêmes conditions, les vapeurs devront se comporter de la même manière, et il y a intérêt à examiner ce qui se passe, sous ce rapport, entre les vapeurs de mercure et l'eau.

D'après des expériences faites avec beaucoup de soin par Girardin (10) et par Paton (11), il y aurait insolubilité complète du mercure dans l'eau, et cependant ou emploie depuis longtemps une préparation connue sous le nom d'*eau mercurielle* ou de *décoction mercurielle,* dans laquelle on admet l'existence du mercure en nature.

Cette décoction se prépare, soit en faisant bouillir pendant deux heures, dans un matras de verre, une partie de mercure et deux parties d'eau distillée, soit en laissant séjourner, à froid, pendant plusieurs jours, cette même eau sur du mercure et en la séparant ensuite par décantation.

Je ne m'occuperai ici que de la décoction faite à froid. Comme Wiggers (12) et Soubeyran (13) l'ont démontré, elle contient incontestablement du mercure, mais non pas à l'état de dissolution saline, car elle ne donne rien lorsqu'on l'éprouve directement par les réactifs propres à déceler la présence des sels mercuriels, tandis qu'elle est très nettement sensible à ces réactifs lorsqu'elle a été préalablement traitée par l'acide nitrique ou par le chlore et le chlorure d'ammonium. On a constaté ainsi qu'elle contenait une proportion d'environ 2/1000 du mercure.

Ce premier point acquis, Wiggers, qui admettait avec Girardin et Paton l'insolubilité complète du mercure dans l'eau, fut amené à conclure que ce métal existait dans l'eau mercurielle à l'état de *vapeurs diffusées*, et les chimistes qui se sont occupés de ce sujet, après lui, ont tous adopté cette conclusion.

Quoiqu'elle n'ait pas été contestée, il lui manquait cependant, pour la rendre inattaquable, la confirmation directe d'une preuve de fait, et c'est ce complément nécessaire que sont venues lui apporter les remarquables expériences de Royer (14).

Cet habile expérimentateur, qui a opéré non seulement sur l'eau, mais aussi sur l'alcool, sur des huiles et sur des essences diverses, s'est proposé de démontrer que les vapeurs mercurielles se diffusent dans tous ces liquides, comme elles se diffusent dans les gaz; et la méthode rigoureuse qu'il a suivie dans ses recherches, les précautions qu'il a multipliées pour se mettre à l'abri des causes d'erreur, sont autant de gages de l'exactitude de ses résultats.

Dans une première série d'expériences, instituées pour vérifier d'abord le fait de la transmissibilité des vapeurs mercurielles à travers l'eau et les autres liquides sur lesquels ont porté ses essais, voici, d'une manière générale, comment il a procédé.

Après avoir versé le liquide employé dans une éprouvette, sous des épaisseurs qui ont varié de quatre à dix centimètres, il a introduit, au-dessous de la couche liquide, assez de mercure pour recouvrir le fond de l'éprouvette et il a bouché celle-ci avec un bouchon à la partie inférieure duquel était fixé un petit disque de papier réactif à l'azotate d'argent ammoniacal ou au chlorure de palladium. Dans ces conditions, et en contrôlant les résultats de chaque expérience par leur comparaison avec ceux d'une épreuve à blanc, où l'appareil identiquement disposé ne contenait pas de mercure, il s'est assuré que les liquides superposés à ce métal étaient perméables à ses vapeurs, car celles-ci venaient, au sortir des couches traversées par elles, impressionner très nettement le papier réactif fixé au bouchon.

Dans une seconde série d'expériences, entreprises pour étudier le mode de progression des vapeurs mercurielles à l'intérieur des liquides perméables, Royer s'est servi de plaques de cuivre amalgamées pouvant facilement prendre toutes les positions possibles dans ces liquides, et en regard desquelles il plaçait à des distances variables, soit du papier réactif lorsque celui-ci n'était pas altéré, soit une lame d'or sur laquelle on décelait ensuite la présence du mercure. Dans tous les cas, il a vu les vapeurs mercurielles montrer par leurs effets qu'elles se meuvent dans tous les sens à partir de leur point de départ, et, de cet ensemble de résultats si parfaitement concordants, il a pu légitimement tirer la conclusion suivante : *les vapeurs mercurielles se diffusent dans les liquides comme dans les gaz.*

Cette conclusion, dont j'ai verifié la justesse en répétant les ingénieuses et décisives expériences de Royer, avait, au point de vue de la généralisation du sujet principal de cette thèse, une importance facile à comprendre.

S'il était vrai, en effet, que l'eau mercurielle renfermât le mercure à l'état de *vapeurs diffusées,* elle devait être toxique pour les animaux et végétaux aquatiques, comme l'air saturé des mêmes vapeurs l'est pour les animaux et les végétaux aériens; et il y avait là, par conséquent, l'indication de recherches à tenter pour s'assurer si ces prévisions théoriques étaient confirmées par les faits. Ces recherches, et surtout celles qui se rapportent aux animaux et aux végétaux aériens, ayant nécessité de très nombreuses analyses mercurielles, auxquelles j'ai procédé par une méthode nouvelle, j'ai d'abord à faire connaître le principe de cette méthode et les détails pratiques de son application.

BIBLIOGRAPHIE

(1) FARADAY. — *Annales de Chimie,* t. XVI, 1821.

(2) REGNAULT. — *Mém. de l'Acad. des Sc. de Paris,* t. XXI, p. 538.

(3) CLAUSIUS. — *Ann. de Pogg.,* t. C, p. 353, et *Philosoph. Mag.,* 4ᵉ série, t. XIV, p. 108.

(4) HIRN. — *Ann. de Phys. et Chim.,* 6ᵉ série, t. VII, p. 289, 1886.

(5) HUGONIOT. — *Ann. de Phys. et Chim.,* 6ᵉ série, t. IX, p. 375, 1886.

(6) H. DAVY. — *J. Institut,* t. XIV, p. 56, 1846.

(7) BRAME. — *C. R. de l'Acad. des Sc.,* t. XXXIX, p. 1033, 1854.

(8) MOUTARD-MARTIN. — *Société méd. des Hôp.,* 1846.

(9) BERTHELOT. — *Essai de Mécanique chimique,* t. II, p. 144.

(10) GIRARDIN. — *Journ. de Chim. méd.,* 2ᵉ série, t. IX, p. 288.

(11) PATON. — *Journ. de Chim. méd.,* 3ᵉ série, t. IV, p. 306.

(12) WIGGERS. — *Journ. de Pharm. et Chim.,* 3ᵉ série, t. XIII, p. 618.

(13) SOUBEYRAN. — *Traité de Pharmacie,* t. II, p. 445.

(14) ROYER. — *Mém. de la Soc. des Sc. phys. et nat. de Bordeaux,* t. IV, 2ᵉ série.

CHAPITRE II

Recherche du mercure dans les liquides et dans les tissus de l'organisme.

————

La question de la méthode à suivre pour la recherche du mercure dans les liquides et dans les tissus de l'organisme a pris, depuis quelque temps, une importance considérable au point de vue pathologique, et on l'a surtout agitée en Allemagne, où elle se rattachait à la poursuite d'études du plus haut intérêt pratique, sur la valeur comparée des diverses médications mercurielles, dans le traitement de la syphilis.

En présence de la variété de ces médications et de la confusion avec laquelle elles sont trop souvent appliquées, les syphiligraphes allemands, pour s'éclairer sur leur mode d'action spécifique et pour régulariser leur emploi thérapeutique, ont tenu d'abord à savoir comment le mercure introduit par elles dans l'économie passe dans les principaux organes, puis, de là, dans les sécrétions et dans les excrétions par lesquelles il s'élimine. Se trouvant ainsi dans l'obligation de multiplier les analyses mercurielles, ils ont dû se préoccuper d'en simplifier le plus possible le manuel opératoire, sans acheter, cependant, ces simplifications au prix d'une diminution de l'exactitude des résultats et de la sensibilité de la méthode.

Ils n'ont rien changé au mode de traitement préalable des matières organiques dans lesquelles on se propose de rechercher le mercure. Lorsque celles-ci sont liquides et qu'elles renferment le métal à l'état de dissolution, une simple acidulation avec l'acide chlorhydrique est la seule préparation qu'on leur fasse subir : lorsqu'elles sont solides, on les détruit par l'acide chlorhydrique et par le chlorate de potassium. Comme le liquide provenant de cette opération contient le mercure à l'état de chlorure dissous, ce second cas se trouve ainsi complètement ramené au premier.

En règle générale, la question de la recherche du mercure dans une matière organique revient donc à celle de la démonstration de la présence de ce métal dans une de ses dissolutions salines.

L'analyse chimique nous fournit, à cet effet, de nombreuses réactions sur lesquelles on a pu fonder autant de méthodes de recherche ayant toutes la même valeur théorique, mais qui sont loin d'être pratiquement équivalentes. Dans un travail très consciencieux et très complet, publié en 1860, Schneider (1) a étudié, au double point de vue de la facilité et de la sûreté de leur application, toutes les méthodes dont on s'était servi avant lui, et il s'est finalement prononcé en faveur de celle qui consiste à séparer le mercure, en nature, de ses dissolutions, pour le soumettre en suite à l'essai par la vapeur d'iode, lorsqu'il n'est pas directement reconnaissable.

Réduite à ses termes les plus simples, cette méthode peut se formuler comme il suit.

Le mercure est séparé de ses dissolutions, soit par voie de simple précipitation au moyen d'un métal d'une section supérieure (cuivre ou zinc, par exemple), soit par voie d'électrolyse, ce qui ne le donne encore qu'à l'état d'amalgame. Pour l'obtenir en nature, on le volatilise dans un tube de verre fermé à un bout et effilé à l'autre, sur les parties froides duquel il se condense en gouttelettes, ou en anneaux miroitants. Quand il est en proportion trop faible pour qu'on puisse directement le reconnaître, on fait agir sur lui l'iode en vapeurs, qui le transforme en periodure rouge, et on regarde, comme spécifiquement déterminatif, le caractère fourni par la coloration propre de ce composé.

On a d'abord séparé le mercure de ses dissolutions salines en utilisant simplement l'action réductrice des métaux d'une section supérieure, mais Schneider, laissant de côté ce mode de séparation, lui a préféré celui qui est fondé sur l'emploi de la méthode électrolytique. Dans l'application de cette méthode, il remplace le couple classique de Smithson, plongeant dans le liquide à électrolyser, par six éléments d'une pile de Smée (zinc et platine platiné), ayant son anode en platine et sa cathode en or. Le mercure extrait de la cathode par volatilisation est ensuite reconnu par l'iode.

Depuis Schneider, on a proposé pour la recherche analytique du mercure des procédés nouveaux, en nombre assez considérable, et Lehmann (2) les a soumis à une série d'essais comparatifs qui lui ont permis de se prononcer en connaissance de cause, sur leur valeur pratique et sur leur sensibilité respectives. Comme ils sont d'autant plus sensibles que la limite inférieure à laquelle ils cessent de fournir des indications nettement appréciables est, elle-même, plus reculée, on peut prendre, dans chacun d'eux, pour expression de sa sensibilité, soit la proportion minimum de mercure qu'il est apte à faire reconnaître dans 100 centimètres cubes d'urine acidulée, soit le titre qui correspond à ce minimum.

Dans ces deux modes d'expression, j'ai substitué le mercure à son chlorure, pour fournir des renseignements plus directs.

Comme le procédé de Schneider est sans effet sur des liqueurs d'essai qui contiennent moins de 0,1 milligramme de bichlorure et, par conséquent, moins de 0,074 milligramme de mercure effectif, le titre correspondant sera donné par la fraction 1/1,400,000, et cette fraction pourra être prise pour mesure de la sensibilité de ce procédé.

On peut d'ailleurs lui faire atteindre une limite plus reculée encore, en l'employant avec les perfectionnements qu'il a reçus de Schmidt (3), de Hoff (4) et de Wolf (5); aussi est-il toujours considéré comme un de ceux qui méritent une juste confiance, et s'accorde-t-on unanimement à reconnaître sa valeur pratique, qui est classiquement consacrée.

Quoi qu'il en soit de ses mérites intrinsèques, lorsqu'on veut l'appliquer aux multiples essais qu'exigent souvent les recherches cliniques, on se heurte, avec lui, à des difficultés d'exécution matérielle qui ôtent toute possibilité de l'appliquer, et rendent son remplacement indispensablement nécessaire.

Quand on a, par exemple, dans un service de vénériens, de nombreux malades traités comparativement par des méthodes diverses dont il s'agit d'éprouver la valeur thérapeutique, il faut, dans ce cas, pour chaque mode de traitement employé, s'astreindre à suivre attentivement la marche de l'absorption et de l'élimination du mercure; ce qui impose l'obligation d'effectuer quotidiennement un grand nombre d'analyses mercurielles portant sur les produits organiques les plus variés, tels que fèces, urine, salive, sueur, etc. Comme chacune d'elles, si on la pratiquait par le procédé de Schneider, exigerait le montage d'une pile séparée de six éléments de Smée ou de quatre éléments Bunsen, lorsqu'on voudrait mettre plusieurs de ces analyses en train à la fois, il faudrait disposer d'un matériel trop coûteux à acquérir et trop encombrant à manier pour qu'on puisse, sérieusement, en conseiller l'emploi à des cliniciens. Les conditions très particulières dans lesquelles ceux-ci sont placés, ne comportant de leur part que l'emploi de méthodes d'analyse mercurielle à la fois expéditives et sûres, on a fait de nombreuses tentatives pour leur en fournir qui réuniraient cumulativement ce double et rare mérite, et il me reste maintenant à examiner dans quelle mesure les auteurs de ces tentatives ont réalisé leur objectif commun.

Trois d'entre eux, Byasson (6), en 1872, Mayençon et Bergeret (7), en 1873, ont conservé le principe de l'électrolyse, mais ils l'ont simplifié, dans l'application, en remplaçant la pile séparée de Schneider par des piles locales.

Pour retirer le mercure de sa dissolution, c'est à la pile de Smithson que Byasson a recours : il la laisse en marche pendant vingt-quatre heures, détache alors la lame d'or qui a servi de cathode, la dessèche avec soin et l'introduit au fond d'un tube fermé qu'il chauffe légèrement afin de faire dégager, en vapeurs, le mercure de l'amalgame. Sans chercher à déterminer la condensation de ces vapeurs, il les fait directement agir, comme je l'avais déjà pratiqué avant lui, en 1871, sur un papier sensible dont il complique gratuitement la préparation, en substituant, aux solutions que j'avais indiquées, le mélange suivant :

Eau distillée......................	100^{gr},0
Chlorure d'or et de sodium..........	0^{gr},6
Bichlorure de platine..............	0^{gr},4

Ce papier sensible, placé au haut du tube contenant la lame d'or, devait, lorsqu'on chauffait celle-ci, accuser la présence des vapeurs mercurielles en prenant une coloration caractéristique.

Pour faire juger et condamner ce procédé, il me suffira de dire que le papier sensible de Byasson, occupant l'extrémité supérieure d'un tube fermé qui ne contient pas de mercure et qu'on chauffe par en bas, est impressionné par la chaleur seule comme il l'est par l'action simultanée de la chaleur et des vapeurs mercurielles. Le procédé fondé sur l'emploi d'un pareil réactif est donc absolument défectueux et ne mérite pas de nous arrêter davantage.

Mayençon et Bergeret substituent à la pile de Smithson un couple formé par un clou de fer soudé à un fil de platine. Ce petit couple est immergé à moitié dans la liqueur d'essai, acidulée avec quelques gouttes d'acide sulfurique ou chlorhydrique purs, de façon à provoquer le dégagement de quelques bulles d'hydrogène sur le platine, et on le laisse fonctionner pendant un quart d'heure environ. On le retire alors, on le lave à l'eau pure, pour enlever toute trace d'acide, et, après l'avoir séché légèrement, on le soumet, pendant une ou deux minutes, à l'action du chlore obtenu en traitant le bioxyde de manganèse, à froid, par l'acide chlorhydrique. On a d'avance imbibé faiblement une feuille de papier sans colle avec une solution aqueuse d'iodure de potassium au centième, et pendant qu'elle est encore humide on essuie sur elle le fil de platine. S'il y a du mercure, il se produit une raie rouge brique de biiodure, qui est caractérisé spécifiquement par sa couleur et par sa solubilité dans un excès d'iodure de potassium.

Ce procédé est expéditif, mais il comporte des causes d'erreur assez nombreuses, qu'on ne peut éviter qu'en s'assujétissant à des précautions fort minutieuses, et on a surtout à lui reprocher de pécher par un défaut notoire de sensibilité. Lorsqu'on l'applique, en effet, à l'analyse qualitative du mercure dissous en proportions progressivement décroissantes dans 100 centimètres cubes d'urine, il n'indique plus la présence de ce métal dans les liqueurs d'essai dont le titre est inférieur à 1/140,000; ce qui lui assigne une sensibilité dix fois plus faible que celle du procédé de Schneider.

Dans les procédés dont la description va suivre, le principe de l'électrolyse est complètement abandonné, et on n'y fait intervenir ni pile séparée, ni pile locale.

Parmi ceux qui appartiennent à cette série, le plus ancienne- ment connu est celui de Ludwig (8), qui a fait l'objet d'une pre- mière publication en 1877, et d'une seconde en 1880 : résumé dans ses traits principaux, il se ramène à la triple opération qui suit.

Procédé de Ludwig. — 1° Séparation du mercure de sa disso- lution par l'emploi d'un métal pulvérulent, zinc ou cuivre, qui provoque la formation d'un amalgame;

2° Expulsion du mercure de l'amalgame par la chaleur;

3° Reconnaissance du mercure par la réaction caractéristique de l'iode.

Supposons, par exemple, qu'il s'agisse d'appliquer ce procédé à la recherche du mercure contenu dans l'urine d'un malade sou- mis au traitement mercuriel : cette urine, prise sous un volume de 200 à 300 centimètres cubes, est légèrement acidulée avec de l'acide chlorhydrique, additionnée de 3 grammes de poudre de zinc et vivement agitée jusqu'à ce que le métal pulvérulent se dépose en sédiment bien tassé. Le liquide surnageant étant alors décanté, on lave la poudre de zinc à l'eau chaude, on la dessèche à une température de 60° à 70°, et on l'introduit dans le bout fermé d'un tube de verre difficilement fusible. A sa suite on dispose successivement, dans le tube, un tampon d'amiante, une couche d'oxyde de cuivre, un second tampon d'amiante, une couche bien exactement desséchée de zinc en poudre, et enfin un dernier tampon d'amiante au-dessus duquel le tube est effilé capillairement. On chauffe alors fortement le tube sur un fourneau à grille, en commençant par l'extrémité fermée, et le mercure vient se condenser dans la partie effilée; on sépare celle-ci et on reconnaît la présence du métal par l'emploi de la vapeur d'iode. L'oxyde de cuivre porté au rouge détruit les matières organiques volatiles qui se dégagent avec les vapeurs mercurielles; le zinc desséché décompose la vapeur d'eau qui se condenserait en gouttelettes dans le tube capillaire.

Ce procédé ne saurait prétendre à la simplicité, car il exige le recours à des moyens d'action qu'on ne trouve réunis que dans un laboratoire bien outillé; la précision lui fait aussi défaut, car l'oxyde de zinc volatil, provenant de l'action du zinc sur la vapeur d'eau, peut recouvrir l'anneau mercuriel formé dans le tube capillaire, et masquer ainsi la réaction de l'iode; enfin, sa sensibilité, qui est très faible, est au-dessous même de celle du procédé de Mayençon et Bergeret, et c'est à peine si on peut lui assigner la fraction 1/100,000 comme expression de sa limite inférieure.

Procédé de Fürbringer (9). — En conservant le principe de la méthode de Ludwig, Fürbringer s'est proposé de l'appliquer dans de meilleures conditions de simplicité et de sûreté.

Pour la précipitation du mercure il remplace le zinc par du laiton, qu'il prend à l'état connu en Allemagne sous le nom de *bourre de laiton,* ou *lamette,* et qu'il introduit à la dose de 25 centigrammes dans 100 centimètres cubes d'urine légèrement acidulée. On chauffe le tout à une température de 70° environ, et on maintient cette température pendant quelques minutes, ce qui suffit, d'après Fürbringer, pour terminer l'amalgamation. On retire alors la bourre de laiton pour la laver d'abord à l'eau chaude, puis à l'alcool et à l'éther, et, après l'avoir bien desséchée entre des doubles de papier buvard, où l'introduit au milieu d'un tube de verre qu'on étire aux deux bouts. En chauffant au rouge la partie moyenne de ce tube, le mercure distillé vient se condenser à l'entrée de chacun des bouts effilés et on a recours à la réaction de l'iode pour démontrer sa présence.

Sans contredit, ce procédé est beaucoup plus simple que celui de Ludwig, mais sa simplicité est plus apparente que réelle, et il est loin d'être aussi facilement applicable qu'il le semble au premier abord. Le Dr J. Nega (10), qui en a fait une très sérieuse étude, y a justement signalé plusieurs causes effectives d'erreur, dont on ne réussit à se préserver qu'en s'astreignant à la rigoureuse observation de tout un ensemble de précautions minutieuses.

Le procédé de Fürbringer ne peut donc fournir des résultats exacts qu'en se compliquant de détails nombreux et délicats qui surchargent d'autant son manuel opératoire; et quand on veut l'appliquer dans toute sa rigueur, il faut avoir à sa disposition les ressources d'un de ces laboratoires spéciaux qu'on trouve partout en Allemagne à côté des services de clinique, mais qui n'existent nulle part en France. Quant à sa sensibilité, en recherchant, suivant la convention précédemment établie, la proportion minimum de mercure qu'il peut faire reconnaître dans le volume normal d'urine bichlorurée, on trouve qu'elle a une limite inférieure exprimée par la fraction 1/700,000; elle est donc deux fois plus faible que celle du procédé de Schneider.

Les savants allemands, fort partisans du procédé de Fürbringer, qui est fréquemment employé par eux, ont voulu remédier à son défaut relatif de sensibilité, et ont proposé des moyens divers pour y parvenir. Comme ce défaut provient de la présence dans l'urine de matières organiques qui empêchent la précipitation complète du mercure par la bourre de laiton, ils ont visé, comme on va le voir, à se débarrasser de ces matières.

Schridde (11) fait passer à travers l'urine un courant d'acide sulfhydrique, filtre pour séparer le sulfure de mercure formé, attaque le filtre et le précipité par l'eau régale, élimine l'acide azotique en excès et, pour le reste, opère comme Fürbringer.

Lehmann (12) détruit les matières organiques par l'acide chlorhydrique et par le chlorate de potassium, et, après avoir chassé le chlore; c'est dans la liqueur ainsi obtenue qu'il introduit la bourre de laiton.

Pris séparément, ces deux procédés laissent encore échapper

une partie du mercure, et c'est par leur combinaison seulement qu'on a pu arriver enfin à précipiter tout ce métal.

Wolf et Nega (13), qui prétendent y avoir réussi, traitent d'abord l'urine par le chlorate de potassium et l'acide chlorhy-. drique, jusqu'à ce qu'elle soit claire et sans couleur. Ils la réduisent alors à la moitié ou au tiers de son volume et la font traverser pendant deux ou trois heures par un courant d'acide sulfhydrique, après quoi, ils filtrent pour séparer le sulfure de mercure formé, qu'ils attaquent par l'eau régale. Le liquide provenant de cette opération est évaporé jusqu'à consistance sirupeuse, ramené, par addition d'eau distillée, au volume de 300 centimètres cubes, et on y introduit, à moitié, une mince lame de cuivre de 8 centimètres de longueur. Le tout est porté à 80°, puis, après avoir laissé reposer, lorsqu'on suppose la lame de cuivre bien amalgamée, on la retire, on la lave à la potasse et à l'alcool, et on fait enfin volatiliser le mercure dans un tube effilé, où il est soumis à la réaction de l'iode.

Avec un manuel opératoire poussé à ce degré de complication, le procédé de Wolf et Nega ne saurait être appliqué que par un chimiste de profession, habile dans son art et possédant les ressources multiples nécessaires pour en aborder toutes les applications.

Quant au clinicien, qui est privé de ces ressources, a tous les jours à rechercher le mercure dans les sécrétions et dans les excrétions de plusieurs malades à la fois, il serait absolument dérisoire de lui imposer l'obligation de faire passer, pendant trois heures, un courant d'acide sulfhydrique à travers chacune des dissolutions qu'il devrait analyser, et de pareilles complications équivalent à une véritable impossibilité, lorsqu'il s'agit de pratique courante.

Finalement, ni Ludwig, ni aucun des savants qui lui ont emprunté son principe, en essayant d'en tirer un meilleur parti dans l'application, n'ont réussi à formuler un procédé réunissant à la fois les deux conditions de simplicité et de sûreté qui le rendraient avantageusement applicable aux recherches de clinique.

La méthode de Ludwig et celles qui s'y rattachent ne répondant pas aux desiderata des cliniciens, examinons celles qui ont été proposées à leur place et qui reposent sur des principes différents.

Procédé de Mayer (14). — Dans l'exposé qui précède j'ai cité Fürbringer immédiatement après Ludwig, parce que leurs procédés appliquent le même principe; mais, dans l'ordre historique, les essais de Fürbringer ont été précédés par ceux d'un autre savant allemand, August Mayer, qui s'est beaucoup occupé de la question de la recherche analytique du mercure, et qui l'a résolue par des méthodes nouvelles, où il a visé particulièrement à la sensibilité.

Une de ces méthodes, celle qui a le caractère le plus pratique, est fondée sur la propriété qu'a le mercure, tenu en suspension dans l'eau à un état d'extrême division, d'être mécaniquement entraîné par les vapeurs qui se dégagent de ce liquide, lorsqu'on le porte à l'ébullition.

Pour appliquer cette propriété à l'essai d'une urine mercurielle, on ajoute à cette urine de la chaux et une lessive de potasse, on introduit le tout dans un ballon d'un volume double de celui du volume à traiter, et on adapte à ce ballon un tube en U rempli de bourre de verre préalablement trempée dans la solution du nitrate d'argent ammoniacal dont je me sers pour reconnaître la présence du mercure en vapeurs, mais que Mayer emploie ici pour fixer ce métal. Le ballon et le tube en U sont chauffés ensemble dans un bain de chlorure de calcium porté à la température de 130° à 140°, et les vapeurs d'eau, qui se dégagent de la masse en ébullition très active, entraînent le mercure qui vient se fixer sur la bourre de verre, en noircissant le nitrate d'argent ammoniacal. Cette bourre est chauffée dans un tube fermé à un bout, fortement effilé à l'autre, et c'est à la réaction de l'iode qu'on a finalement recours pour reconnaître le mercure.

Quand on veut, par cette méthode, rechercher le mercure dans les organes d'un animal intoxiqué, il faut d'abord réduire ceux-ci en petits fragments et les porter à l'ébullition dans le bain de chlorure de calcium, après les avoir mélangés, non pas avec de l'eau, qui rendrait l'opération impraticable par une production très abondante d'écume, mais avec une solution, à 20 p. 100 de chlorure de sodium, proposée par Lehmann, et qui donne une ébullition sans trouble.

Avec ce procédé, comme avec celui de Schneider, la proportion minimum de mercure qu'on peut reconnaître, dans le volume normal d'urine bichlorurée, est de 0,074 milligrammes; nous avons donc la même limite de sensibilité, représentée par la fraction 1/1,400,000.

Mayer est encore l'auteur d'un second procédé dont voici les traits principaux :

Ce n'est plus sur l'urine elle-même qu'on opère, mais sur le résidu de son évaporation. Ce résidu mélangé avec de la chaux est fortement chauffé, dans le but de donner naissance à du mercure réduit qui se dégage en vapeurs, et comme ces vapeurs sont accompagnées de produits organiques volatils, on fait passer le tout sur du bioxyde de cuivre chauffé au rouge, qui brûle la matière organique en lui fournissant de l'oxygène. Les vapeurs mercurielles passent intactes et sont soumises, après condensation, à la réaction de l'iode.

Ce second procédé de Mayer, calqué dans ses parties essentielles sur ceux qui servent aux analyses organiques, est, comme eux, d'une application délicate et difficile, et son exécution ne peut être confiée qu'à des mains suffisamment exercées aux travaux chimiques : aussi tous ceux qui l'ont essayé sont-ils unanimes pour le déclarer inacceptable dans la pratique.

Le premier procédé lui-même est loin de se recommander par ses mérites de simplicité, et l'obligation de chauffer longuement un appareil volumineux, dans un bain de chlorure de calcium à 140°, le rend inapplicable partout ailleurs que dans un laboratoire de chimie. Ce n'est donc pas un procédé de clinicien, et, en Allemagne, où il est prisé à cause de sa grande sensibilité, on le réserve pour des cas exceptionnels, tels qu'on en rencontre en médecine légale, alors qu'il s'agit de rechercher des quantités très faibles de mercure dans des masses volumineuses de matière suspecte.

A la suite de ces procédés, sur lesquels Lehmann a fait porter ses études comparatives, je dois en mentionner un autre, qui a été récemment publié, et qui tire son intérêt de l'importance des recherches auxquelles il a servi : je veux parler de celui que Welander a décrit dans son important mémoire sur l'absorption et sur l'élimination du mercure, et dont il attribue la paternité à Vilmein et à Schilliber. Welander l'a d'ailleurs exclusivement employé à l'analyse des urines mercurielles, et voici comment il indique qu'elles doivent être traitées (15).

On ajoute à l'urine essayée de la soude caustique et un peu de miel, puis on fait bouillir le tout dans une cornue pendant un quart d'heure, après quoi on verse le liquide dans un verre, où on le laisse jusqu'à ce que le précipité qui s'y est formé se soit totalement déposé. Cette opération terminée, le liquide surnageant est décanté, additionné d'acide chlorhydrique et introduit dans une petite cornue de verre en même temps qu'un fil de cuivre d'une longueur de 3 centimètres et d'un diamètre de 0,5 millimètres. Quand le tout a été porté à l'ébullition, on ferme la cornue avec un bouchon et on la maintient, de trente-six à quarante-huit heures, dans une étuve chauffée à 60° environ. Le fil de cuivre est alors enlevé, séché avec soin et mis dans un tube de verre mince qu'on ferme par fusion. En chauffant, à la lampe à alcool, la partie du tube qui contient le cuivre, le mercure se sublime et vient se déposer en petits globules sur les parois froides : on le reconnaît directement par un examen qui doit être fait au microscope.

Comme on le voit, ce procédé est loin d'être simple, et avec son manuel opératoire surchargé de détails, avec l'obligation qu'il impose de recourir à l'emploi d'étuves maintenues à un degré déterminé de chaleur, il ne saurait être question de le faire entrer couramment dans la pratique usuelle. Il est d'ailleurs, à certains égards, et par son principe même, d'une application fort délicate, qui impose l'obligation des soins les plus minutieux, malgré lesquels on se heurte encore à des causes d'erreur difficilement évitables. Quand on se propose, en effet, dans la recherche du mercure, de le reconnaître directement, pour se bien assurer qu'on a réellement affaire à lui, il faut l'obtenir déposé sous la forme de globules à reflets nettement miroitants. C'est ce miroitement qui les caractérise spécifiquement; c'est donc lui qu'il est essentiel de constater, et cette constatation est toujours facile lorsque les globules sont au-dessus d'un certain diamètre; lorsqu'ils sont trop petits, ils perdent leur pouvoir réflecteur et deviennent noirs. A cet état, ils ne présentent plus aucune particularité distinctive et ils peuvent être confondus physiquement avec un grand nombre de produits volatils. Cette confusion étant toujours à craindre lorsque la recherche du mercure porte sur de très minimes quantités de ce métal, il en résulte que les procédés fondés sur le principe de la reconnaissance directe ne conviennent pas à ces cas limites; aussi Schneider s'est-il nettement prononcé contre leur emploi dans la pratique, et rien n'autorise à faire une exception en faveur de celui que propose Welander.

Cette élimination faite, si l'on s'en tient aux seuls procédés d'analyse mercurielle qui aient quelque notoriété et qui méritent, à ce titre, d'être pris en considération, on se trouve réduit à ceux que Lehmann a comparativement étudiés, et c'est parmi eux que nous avons maintenant à faire un choix.

Dès l'abord, trois d'entre eux doivent être rejetés sans hésitation : celui de Byasson, parce qu'il est notoirement entaché d'erreur; celui de Mayençon et Bergeret, parce qu'il est trop peu sensible; celui de Ludwig, parce qu'il joint à son défaut de sensibilité l'inconvénient d'un manuel opératoire trop compliqué. Les seuls procédés auxquels on puisse avoir efficacement recours sont donc, soit celui de Schneider avec les perfectionnements de Schmidt et de Hoff, soit ceux de Mayer et de Fürbringer. Les deux premiers entraînant des difficultés d'exécution qui rendent impossible leur emploi usuel, c'est le dernier seulement qu'on appliquerait dans la pratique courante; les deux autres seraient exceptionnellement réservés pour les cas où une précision extrême est de rigueur.

Telle est la conclusion finale à laquelle aboutit Lehmann, et en recommandant, comme il le fait, les procédés pour la conservation desquels il se prononce, il admet implicitement la sûreté absolue de leurs indications. Il se trompe en cela, car ces trois procédés sont entachés d'une même cause d'erreur, que Lefort (16) le premier a signalée, et qui tient au risque qu'ils font courir d'une confusion possible entre le mercure et l'arsenic. Ces deux corps, en effet, sont également réductibles de leurs solutions par les mêmes agents, et tous deux, après avoir été réduits, se volatilisent de la même manière sous l'influence de la chaleur, en formant des anneaux miroitants par la condensation de leurs vapeurs. Enfin, l'iode fait prendre aux deux sortes d'anneaux des colorations qui, sans être identiques, sont assez rapprochées pour qu'il devienne difficile de les distinguer lorsqu'elles sont faiblement accusées.

Les trois procédés de Schneider, de Mayer et de Fürbringer aboutissant finalement à la volatilisation du mercure et à la réaction de l'iode, on est donc, en les employant, exposé au danger de confondre l'arsenic avec le mercure, et cette confusion est si bien possible que les exemples n'en sont pas rares. J'en citerai un qui est particulièrement significatif : les eaux de Saint-Nectaire, qu'un savant hydrologiste prétendait être mercurielles, sur la foi qu'il ajoutait à la réaction de l'iode, sont tout simplement arsenicales, comme Lefort l'a démontré par les preuves les plus indiscutables.

Si l'on tient compte de la cause d'erreur sur laquelle ce chimiste habile a si justement insisté, on voit qu'il n'est plus permis, dans cette discussion des mérites comparatifs des divers procédés d'analyse mercurielle, de s'arrêter à la conclusion de Lehmann, et qu'il faut lui en substituer une autre beaucoup plus radicale. La vérité est qu'en prenant, parmi ces procédés, ceux qui se recommandent le mieux par l'autorité scientifique de leurs auteurs, et qu'on classe au premier rang pour la précision de leurs résultats, il n'y en a pas un seul auquel on puisse accorder une confiance sans restriction. C'est d'ailleurs le plus répandu dans la pratique, celui de Fürbringer, qui offre ici le plus de prise à la critique, car le laiton qu'on y emploie comme agent réducteur est toujours arsenical quand on l'a préparé avec le zinc du commerce.

C'est ce défaut de sûreté commun aux procédés les plus usuels et les plus accrédités d'analyse mercurielle que je me suis efforcé d'éviter dans celui que je propose à leur place, et qui se range, dans l'ordre des dates, immédiatement après celui de Schneider; car, après avoir été publié une première fois en 1871, dans les *Comptes rendus de l'Académie des Sciences,* il a été reproduit dans les *Annales de Physique et de Chimie,* en mars 1872. C'est également en 1872, mais en juillet seulement, que Byasson a publié le procédé dont il est l'auteur et qui se réduit à une simple variante du mien, puisqu'il repose sur le même principe dont les détails d'exécution ont seuls été modifiés.

J'ai dit plus haut en quoi consistait cette modification et quelle cause d'erreur elle entraînait avec elle, je n'ai donc pas à revenir sur une démonstration déjà faite : mais comme Byasson, pour établir la supériorité pratique de son procédé, l'a opposé au mien auquel il reproche de ne pas offrir des garanties suffisantes d'exactitude, c'est en décrivant celui-ci que j'aborderai la discussion de ce reproche.

Procédé d'analyse mercurielle par le cuivre et par l'azotate d'argent ammoniacal. — Pour rechercher le mercure dans les substances organiques, j'ai recours à la méthode la plus généralement suivie, celle qui consiste à détruire plus ou moins complètement ces substances, en attaquant le métal toxique de manière à le faire passer dans une combinaison soluble, qui devient alors le *substratum* de l'analyse.

Le mode de destruction habituel, par l'action du chlorate de potassium et de l'acide chlorhydrique, comporte une manipulation d'assez longue durée exigeant une surveillance incessante et ne répondant nullement à l'objectif de simplicité pratique que j'avais en vue. Mayençon et Bergeret (17), qui ont essayé de l'employer dans leurs nombreuses analyses, ont dû y renoncer par suite des pertes trop considérables de temps qu'il occasionne lorsqu'on le fait servir à des recherches cliniques, et ils l'ont remplacé comme il suit.

Les substances organiques solides, où l'on soupçonne la présence du mercure, sont réduites en pulpe et on les fait bouillir pendant un quart d'heure avec de l'eau fortement additionnée d'acide nitrique. Le liquide ainsi obtenu, filtré ou séparé par décantation, contient tout le métal toxique à l'état de nitrate acide dissous, et c'est sur cette dissolution qu'on opère, soit par la méthode électrolytique, soit par voie de précipitation simple, pour obtenir le mercure réduit. Celui-ci devient ainsi disponible pour les réactions ultérieures auxquelles on a besoin de le soumettre.

Avant d'employer, dans mes recherches, la méthode de Mayençon et Bergeret, je devais préalablement m'assurer de sa rigueur, et voici, dans ce but, à quel contrôle je l'ai soumise.

Profitant des nombreuses autopsies que j'ai faites d'animaux morts après intoxication par les vapeurs mercurielles, j'ai pris sur plusieurs des sujets autopsiés, ceux des viscères, foie, reins et poumons, qui retiennent le plus de mercure, et deux fragments de poids égaux, fournis par chacun d'eux, ont été traités simultanément, l'un par l'acide nitrique à chaud, l'autre par l'acide chlorhydrique et le chlorate de potassium. Les deux liqueurs mercurielles provenant de ce double traitement, soumises aux mêmes essais, ont été constamment trouvées d'une même contenance en mercure.

Le traitement par l'acide nitrique à chaud fournit donc un moyen facilement et sûrement applicable de retirer le mercure des organes des animaux intoxiqués, en faisant entrer ce métal dans une dissolution saline où il passe intégralement.

Ce même mode de traitement suffit encore pour l'essai des excréments. Quant à l'urine mercurielle, il n'y aurait évidemment aucune manipulation préalable à lui faire subir, s'il était vrai, comme on paraît généralement l'admettre, que le mercure s'y trouve tout entier à l'état de combinaison soluble; mais rien ne prouve qu'il en soit rigoureusement ainsi. J'indiquerai ailleurs comment certains faits permettent de penser qu'il y a, au moins partiellement, élimination, en nature, de ce métal par la sécrétion urinaire; et comme il ne peut y être reconnu qu'à la condition d'être engagé dans une dissolution saline, il faudrait

alors, dans tous les cas, traiter préalablement l'urine, soit par
le chlorate de potassium et l'acide chlorhydrique, soit par l'acide
nitrique à chaud.

C'est à ce dernier mode de traitement que j'ai invariablement
soumis toutes les urines que j'ai analysées, après les avoir préalablement additionnées d'un volume d'acide pour quinze à vingt
volumes d'urine, et après les avoir maintenues à l'ébullition pendant quelques minutes.

Qu'elle s'exerce sur les urines ou sur les excréments des
animaux intoxiqués par le mercure, l'action de l'acide nitrique
bouillant a toujours le même effet; elle détermine la formation
d'un nitrate mercurique dissous sur lequel il reste à faire, avec
toute la rigueur possible, la preuve de l'existence du métal.

La méthode que j'ai employée à cet effet se réduit, en principe,
aux deux opérations suivantes : 1° précipitation du mercure de sa
dissolution par le cuivre; 2° reconnaissance du métal par la réaction de ses vapeurs sur le papier sensible à l'azotate d'argent
ammoniacal.

Je passe aux détails de la mise en expérience.

1° *Précipitation par le cuivre.* — Dans les conditions où elle
a été obtenue, la solution de nitrate mercurique est toujours assez
fortement acide; il ne faut pas qu'elle le soit au point d'attaquer
le cuivre avec dégagement de bulles gazeuses; aussi, toutes les
fois qu'elle présentera ce caractère, il faudra la neutraliser
partiellement par l'addition de quelques parcelles d'un carbonate
alcalin : le carbonate d'ammoniaque est celui qui me paraît devoir
être préféré.

Ainsi amendée, s'il y a lieu, la solution de nitrate mercurique
est introduite dans des flacons à goulot étroit qu'elle doit remplir
à peu près complètement, et où elle est soumise à l'action réductrice du cuivre.

Je prends ce métal sous la forme de lames étroites obtenues
en aplatissant légèrement, au marteau, des fils d'un millimètre
environ de diamètre; et, après avoir engagé ces fils aplatis dans
l'axe d'un bouchon percé, je plonge une de leurs extrémités,

décapée avec le plus grand soin, dans la liqueur mercurielle à essayer. Une immersion d'un centimètre à un centimètre et demi me paraît pouvoir être adoptée comme suffisante, en moyenne; il n'y aurait aucun avantage à dépasser supérieurement cette limite, mais on peut descendre au-dessous, à des degrés variables, à mesure que la quantité du liquide à essayer et la proportion du métal contenu diminuent.

Pour l'efficacité de la réduction et pour la régularité de l'amalgamation qui la suit, il importe essentiellement que les fils réducteurs soient d'un cuivre très pur; on devra donc choisir, en conséquence, les échantillons auxquels on les emprunte, et les recuire encore fortement avant de les mettre en expérience.

On doit également attacher une importance particulière à ce que ces fils, dans leurs parties immergées, soient en contact bien intime avec la solution de nitrate mercurique, et pour assurer ce contact il ne suffit pas d'un décapage purement mécanique. Les fils ainsi décapés, brunis et graissés par le frottement, retenant en outre à leur surface une couche d'air adhérente, sont, dans ces conditions, incomplètement mouillés par la liqueur mercurielle et leur pouvoir réducteur s'en trouve alors considérablement affaibli. On le conserve intégralement par un décapage à l'acide nitrique, suivi d'un lavage à grande eau et d'une immersion immédiate, sans dessiccation préalable.

Cette immersion, elle-même, doit être plus ou moins longtemps prolongée suivant qu'on opère sur des solutions plus ou moins riches en métal. Si j'en juge par mon expérience personnelle, on n'aurait jamais besoin, dans les cas les plus extrêmes, de dépasser le maximum de trente-six heures. Ici, d'ailleurs, la question de temps ne tire nullement à conséquence, car on n'a plus à s'occuper des fils une fois qu'ils sont mis en place, et, dans les cas où on aurait de nombreuses séries d'analyses quotidiennes à effectuer, le chevauchement des expériences, d'un jour sur l'autre, n'entraînerait aucun inconvénient réel, parce que le matériel élémentaire que chacune d'elles comporte permet de les multiplier dans telle proportion qu'on voudra.

2° *Reconnaissance du mercure par la réaction de ses vapeurs sur le papier sensible à l'azotate d'argent ammoniacal.* — Lorsqu'on juge l'amalgamation terminée, on retire le fil de cuivre de la solution mercurielle, on le lave à plusieurs reprises dans l'eau distillée, de façon à le débarrasser de toute trace de la liqueur d'essai, et après avoir complété sa dessiccation en l'essuyant légèrement avec du papier de soie, après l'avoir nettoyé en le décapant mécaniquement au-dessus de sa portion immergée, on le fait agir sur le papier sensible à l'azotate d'argent ammoniacal.

Celui-ci, pour cette circonstance particulière, doit avoir été préparé par étendage uniforme au pinceau ou au tampon, et j'insiste sur la recommandation expresse de ne l'employer qu'après l'avoir laissé bien complètement se dessécher dans l'obscurité. Quand cela est fait, on le découpe en bandes de 2 à 3 centimètres de large sur 5 à 6 centimètres de long, avec chacune desquelles on forme un pli, la surface sensibilisée en dedans : c'est à l'intérieur de ces plis qu'on introduit les fils de cuivre partiellement amalgamés, en les séparant du papier sensible par l'interposition de deux ou plusieurs doubles de papier de soie. On intercale le tout, soit entre les feuillets d'un livre, soit entre ceux de petits livrets de papier brouillard qu'on affecte spécialement à cet usage et qu'on maintient sous une faible pression. On peut, en ouvrant de temps en temps les plis, sans déranger les fils, suivre les progrès croissants de la réaction des vapeurs mercurielles.

Cette réaction est pour ainsi dire instantanée, quand l'amalgamation est tant soit peu forte ; elle se manifeste après quelques minutes, dans les cas où cette amalgamation a lieu au minimum. Elle se traduit, sur chacun des deux feuillets du pli, par la formation d'une tache de plus en plus teintée, qui apparaît juste en regard de la portion amalgamée du fil de cuivre et qui en produit une sorte d'empreinte à contours estompés.

Le fil de cuivre ne touchant nulle part le papier sensible, on ne saurait voir, dans la formation de l'empreinte, un effet de l'action réductrice du métal cuprique, car celui-ci n'agit évidemment pas à distance, et s'il en fallait une preuve, on la trouverait dans ce fait, que le papier sensible n'est impressionné à aucun degré par la portion émergée du fil de cuivre. On ne saurait davantage expliquer la formation de l'empreinte par une altération locale du papier sensible, lequel peut bien à la vérité s'altérer spontanément, à la longue, même dans l'obscurité, mais qui se teinte alors uniformément sur toute sa surface et qui ne peut pas se teinter autrement, puisqu'un étendage régulier l'a partout également recouvert d'une mince couche de la substance impressionnable.

Lorsqu'un fil de cuivre, après avoir servi à l'essai d'une liqueur présumée mercurielle, fournit des empreintes rentrant dans le type, parfaitement caractérisé, de celles que je viens de décrire, on est en droit d'affirmer, avec toute assurance, que ces empreintes sont dues à l'action d'un corps volatil provenant de la portion immergée du fil, et, dans les conditions où l'essai a dû être opéré, ce corps volatil ne peut être que du mercure.

Si l'arsenic, avec lequel seul la confusion est possible, existait dans le liquide analysé, il serait précipité avec le mercure et volatilisé avec lui par une élévation suffisante de température; mais, en opérant à froid, comme je le fais, l'expérience prouve que l'arsenic n'émet pas sensiblement de vapeurs, ou que ces vapeurs, si elles sont émises en proportions infinitésimales, sont absolument dépourvues de la propriété d'impressionner le papier à l'azotate d'argent ammoniacal.

La cause d'erreur, commune à tous les procédés de recherche du mercure fondés sur la volatilisation de ce métal et sur son traitement par l'iode, est donc complètement évitée dans le procédé que je propose à leur place, et il ne fait, par conséquent, courir aucun risque de confondre l'arsenic avec le mercure. Tout danger étant conjuré de ce côté, il n'y a pas à redouter de le voir renaître à propos d'une autre substance; car il faudrait pour cela que celle-ci fût précipitable par le cuivre et volatilisable à froid comme le mercure, et on n'en signale aucune qui présente exceptionnellement cette double particularité. S'il pouvait cependant s'en rencontrer une, et que les vapeurs émises par elle eussent la propriété d'impressionner les papiers sensibles, il resterait encore à compter sur les moyens assurés de différentiation qu'on ne manquerait certainement pas de trouver dans l'examen comparatif des empreintes. Celles que forme le mercure sont si singulièrement remarquables pour leur mode de développement, par la régularité qu'elles affectent dans la succession de leurs teintes et par l'invariabilité de leur type, qu'un pareil ensemble de caractères spécifiques rend, à leur égard, toute méprise impossible. Enfin, pour achever l'énumération des traits qui les distinguent, j'ajouterai qu'elles peuvent être fixées à l'hyposulfite de soude, et renforcées par virage à l'or, au platine ou au palladium.

Le procédé d'essai des liqueurs mercurielles par le cuivre et par l'azotate d'argent ammoniacal, en même temps qu'il est d'une très grande simplicité pratique, présente donc aussi, sous le rapport de la rigueur, toutes les garanties requises pour faire accepter son emploi avec confiance : j'ai à montrer maintenant ce qu'il vaut sous le rapport de la sensibilité.

J'ai dû rechercher, dans ce but, à quelle limite inférieure il cesse d'être applicable, ce qui m'a conduit à opérer sur une série de dissolutions de sublimé que j'ai toutes ramenées au volume constant de 100 centimètres cubes, et que j'ai réduites par le cuivre, en abaissant progressivement leur titre par des degrés très rapprochés, jusqu'à ce qu'on n'observe plus de traces visibles d'empreinte. C'est ce qui arrive lorsque le titre de dissolutions mercurielles essayées descend au-dessous de 1/10,000,000, et comme il s'agit ici du titre en mercure effectif, on a 0,01 de milligramme pour poids correspondant du métal.

Avec la possibilité d'atteindre cette limite inférieure, mon procédé est près de huit fois plus sensible que ceux de Schneider et de Mayer, car ceux-ci ne permettent pas de reconnaître la présence du mercure au-dessous du poids de 0,074 de milligramme.

Il est juste de dire, toutefois, que les empreintes fournies par des liqueurs mercurielles au titre de 1/10,000,000 sont très aiblement marquées, et qu'on ne peut pas en tirer des indications bien sûres, mais toute incertitude disparaît dès qu'on remonte tant soit peu au-dessus de ces limites inférieures si reculées. Il suffit, en effet, d'opérer sur des liqueurs mercurielles contenant 0,02 milligrammes de mercure effectif pour obtenir des empreintes dont la netteté ne laisse rien à désirer. Or, en admettant qu'on doive s'arrêter au titre 1/5,000,000 de ces liqueurs, pour avoir la limite inférieure de l'emploi pratique du procédé au cuivre et à l'azotate d'argent ammoniacal, on voit que ce procédé l'emporterait encore sur ceux de Schneider et de Mayer, puisqu'il serait quatre fois plus sensible.

Si l'on veut, d'ailleurs, lui faire donner tout ce qu'il est capable de rendre et le sensibiliser au plus haut degré, il n'y a qu'à l'appliquer électrolytiquement en le modifiant comme il suit :

Au lieu de soumettre simplement la liqueur mercurielle à l'action réductrice d'un fil de cuivre, on l'électrolyse en la faisant traverser par le courant d'une pile à six éléments de Smée ou de trois à quatre éléments de l'unsen, avec anode en platine et cathode formée par une mince lame d'or, dont on se sert ensuite pour impressionner le papier sensible à l'azotate d'argent ammoniacal. En se conformant, pour cette décomposition électrolytique, aux règles posées par Schneider, et en appliquant ses méthodes avec les perfectionnements qu'elles ont reçus de Schmidt, de Hoff et de Wolf, il n'y a pas de trace, fût-elle infinitésimale, de mercure, qui puisse échapper à l'analyse, et on a des empreintes très apparentes, même avec des liqueurs mercurielles dont le titre est inférieur à 1/10,000,000.

Si ce n'est plus à un accroissement de la sensibilité que l'on vise, mais à une économie de temps résultant d'un mode d'exécution plus expéditif des analyses, on se trouvera bien de l'emploi des deux moyens suivants :

1° Remplacement du fil de cuivre par la limaille du même métal, ou par des copeaux de laiton, et chauffage à une température comprise entre 60° et 70° : action de la limaille ou des copeaux, après lavage et dessiccation, sur le papier sensible à l'azotate d'argent ammoniacal.

2° Application de la méthode de Flandin, pour amener plus

efficacement et plus rapidement toutes les particules de la dissolution mercurielle en contact avec le fil de cuivre réducteur.

Les cas particuliers qui exigeraient le recours à l'une ou à
l'autre de ces modifications me paraissent devoir être très rares, et
je crois que le procédé d'analyse mercurielle par le cuivre et par
l'azotate d'argent ammoniacal, réduit à la formule la plus simple
de son manuel opératoire, suffit, tel quel, à tous les besoins de la
pratique courante. Applicable surtout aux recherches de clinique,
en vue desquelles il a été plus spécialement établi, il est incontestablement, de tous ceux qui ont été proposés dans le même but,
celui qui les rend le plus facilement abordables. Il permet, en
effet, quel qu'en soit le nombre, de les effectuer partout, sans avoir
besoin de l'installation d'un laboratoire, avec un outillage qui ne
saurait être ni plus élémentaire, ni plus facilement maniable, et
il se place incontestablement au premier rang par l'extrême
simplicité des manipulations qu'il exige. Appliqué dans ces conditions de simplicité, il est de beaucoup le plus pratique de tous les
procédés d'analyse mercurielle, et comme il va de pair avec les
plus sensibles, on voit qu'il offre aux cliniciens les meilleures
garanties et les plus notables avantages.

Objections. — On lui a reproché de comporter une cause
d'erreur provenant de l'emploi d'un papier sensible qui est impressionnable à la fois par la lumière diffuse et par les vapeurs de
mercure; et Byasson, qui a formulé ce reproche, a proposé de
remplacer l'azotate d'argent ammoniacal, comme agent sensibi-
lisateur, par un mélange des deux chlorures d'or et de platine.
J'ai dit plus haut à quels médiocres résultats cette substitution
avait abouti, et j'ai montré la défectuosité flagrante du procédé
que Byasson y avait rattaché; il me reste maintenant à établir
que le motif invoqué pour la justifier est purement imaginaire.

Pour reprocher au papier sensible à l'azotate d'argent ammoniacal d'être trop facilement altérable à la lumière diffuse, il faut
n'en avoir jamais fait usage, ou fausser les faits de parti pris.
Pour peu qu'on le manie, en effet, on s'aperçoit bientôt qu'au
lieu de cette prétendue altérabilité, il présente, au contraire, une

fixité relativement remarquable, qui permet de le conserver, sans variation notable de teinte, pendant un intervalle de temps assez long, et de beaucoup supérieur, dans tous les cas, à celui qui est nécessaire pour la formation d'une empreinte mercurielle bien nettement caractérisée.

Dans ces conditions, on voit qu'il n'y a nullement à se préoccuper de l'action possible de la lumière diffuse sur ce papier sensible : mais lors même que cette action serait trop prompte pour être négligeable, il n'y aurait rien là, cependant, qu'on pût considérer comme défavorable à mon procédé, et qui fût de nature à l'atteindre dans sa rigueur. Au nombre des précautions que je recommande pour la préparation du papier sensible à l'azotate d'argent ammoniacal, j'ai, en effet, mentionné expressément celle de le dessécher dans l'obscurité, et c'est encore dans l'obscurité qu'on le maintient lorsqu'on l'emploie sous forme de pli contenant le fil de cuivre partiellement amalgamé; puisque ce pli est introduit entre les feuillets d'un livre fermé.

Quoique maintenu ainsi dans l'obscurité la plus complète, il ne s'y conserve pas cependant indéfiniment intact et on le voit toujours s'altérer à la longue, en prenant une teinte de plus en plus foncée, due à l'action réductrice de la matière cellulosique sur le sel argentique. C'est là, d'ailleurs, un effet très lent à se produire et qui est sans influence sur la marche et sur les résultats des essais analytiques, alors même qu'on les laisserait se prolonger beaucoup au delà du temps strictement nécessaire pour obtenir des empreintes mercurielles bien nettement accusées.

Ce qui se produit alors est aussi ce qu'on observe lorsqu'on opère à la lumière diffuse : dans les deux cas, mais plus rapidement dans le second que dans le premier, le papier à l'azotate d'argent ammoniacal prend d'abord une teinte rougeâtre uniforme qui met plusieurs jours à se foncer en passant au brun, et qui, tout en modifiant, ainsi, profondément son aspect, ne paraît rien lui enlever de sa sensibilité primitive aux vapeurs mercurielles. On obtient, en effet, sur ce papier teinté des empreintes en tout semblables à celles obtenues sur du papier récemment préparé, exempt de toute altération, et qui ont la même valeur spécifiquement caractéristique.

Cela étant, quand il arrivera, au cours d'une analyse mercurielle faite par mon procédé, que le papier à l'azotate d'argent ammoniacal se colorera de la teinte rougeâtre dont j'ai parlé plus haut, il n'y aura pas à s'en inquiéter pour la validité du résultat final, et celui-ci, sous quelque apparence qu'il se présente, n'en sera ni d'une constatation meins facile ni d'une interprétation moins sûre.

J'ai dû fournir ces explications pour bien établir qu'il n'y a nullement à tenir compte de l'objection formulée contre l'emploi du papier sensible à l'azotate d'argent ammoniacal dans les essais des liqueurs mercurielles, sous le spécieux prétexte que ce papier est altérable à la lumière diffuse. Cette objection, de parti pris, est doublement réfutée par les faits, car : 1° on peut toujours se préserver de l'action de la lumière diffuse, en opérant dans l'obscurité ; 2° en supposant que l'altération photo-chimique se produise, elle n'influe en rien sur l'apparition des empreintes, qui se forment identiquement de la même manière sur le papier teinté et sur le papier normal, et sont également caractéristiques dans les deux cas.

Recherche quantitative du mercure. — Les méthodes d'analyse qui donnent le mercure en nature permettent directement son estimation en poids, et c'est ainsi que l'ont dosé Soubeiran (18), Ettling, Bunsen et Millon (19). Comme on peut avoir à effectuer, par ce procédé, des pesées susceptibles d'aller jusqu'au 1/100 de milligramme, on voit qu'il exige forcément l'emploi de balances d'une extrême sensibilité, ce qui suffit pour le faire rejeter de la pratique courante, à cause du prix élevé et des difficultés de maniement de ces appareils.

A défaut du dosage direct, le dosage volumétrique semble réunir, *a priori,* toutes les conditions requises pour être avantageusement utilisé par les cliniciens ; mais, s'il est facile et expéditif, il n'offre aucune garantie de sécurité quand il s'agit d'évaluer des proportions de mercure inférieures à 1 milligramme.

Les procédés qu'on a proposés pour le dosage volumétrique de ce métal sont très nombreux : plusieurs d'entre eux, tels que ceux de Mialhe (20), de Hempel (21) et de Rose (22), sont notoirement défectueux; deux seulement, ceux de Personne (23) et de Riederer (24), ont pris rang dans la pratique.

Personne utilise la réaction du précipité d'iodure rouge de mercure, obtenu par l'emploi d'une liqueur titrée d'iodure de potassium; Riederer précipite le mercure à l'état de sulfure au moyen d'une liqueur titrée d'acide sulfhydrique.

Malgré leur supériorité relative, ces procédés présentent tous deux le grave inconvénient que j'ai signalé plus haut, celui de fournir des indications très incertaines dès qu'on les applique à l'analyse de solutions mercurielles renfermant moins d'un milligramme de métal. Au-dessous de cette limite, il suffit, en effet, d'essayer à plusieurs reprises la même solution avec la même liqueur titrée pour constater qu'on obtient des résultats numériques entachés des variations les plus discordantes.

La ressource des procédés de dosage direct ou volumétrique manquant aux cliniciens, Ludwig a proposé, pour eux, la méthode suivante d'analyse quantitative.

A un volume constant de 100 centimètres cubes d'urine, il mélange successivement des poids de bichlorure contenant 1 — 0,8 — 0,6 — 0,4 — 0,2 milligrammes de mercure, et après avoir soumis ces mélanges à l'électrolyse, il introduit les lames d'or amalgamées dans des tubes de verre bien appareillés où elles donnent, par l'action de la chaleur, des anneaux miroitants, sur lesquels on fait agir la vapeur d'iode. En passant alors au rouge plus ou moins vif, suivant la proportion de mercure qu'ils contiennent, ces anneaux forment une échelle de teintes typiques dont on rapproche celles des liqueurs mercurielles qu'on veut analyser quantitativement; on peut ainsi déterminer, au moins approximativement, les titres de ces dernières.

Ce qui ôte toute valeur pratique au procédé de Ludwig, c'est qu'il fait intervenir la réaction de l'iode, à laquelle se rattachent des causes d'erreur déjà signalées, et qui doit, par conséquent, après avoir été exclue de la recherche qualitative du mercure, l'être également de la recherche quantitative.

Le procédé que j'ai proposé pour la première de ces recherches dispensant de tout recours à l'emploi de l'iode, on peut, en lui conservant cet avantage essentiel, et sans compliquer beaucoup son manuel opératoire, le rendre facilement applicable à la seconde.

Je m'en tiens au seul cas intéressant à traiter pour des cliniciens, celui où l'on a de nombreux dosages à mener de front.

Quand ce cas se présente, on commence par réduire au même volume les liqueurs mercurielles qui doivent être dosées, puis on introduit un fil de cuivre dans chacune d'elles, en n'employant que des fils bien exactement appareillés et en ayant soin qu'ils soient tous également immergés. Après le même temps d'immersion, on les retire pour les faire agir, suivant le mode connu, sur le papier sensible à l'azotate d'argent ammoniacal, et on obtient ainsi des empreintes qui sont susceptibles d'un double mode d'utilisation, au point de vue de l'analyse quantitative du mercure.

On peut en effet comparer leurs teintes après des temps égaux de séjour des fils dans les plis du papier sensible, et en noter les tons plus ou moins foncés. Ceux-ci sont en rapport direct avec les proportions de mercure prises par les fils dans les solutions réduites par eux, et, par suite, avec celles du mercure contenu dans les solutions elles-mêmes.

On peut aussi, et cela me paraît plus sûr, mesurer, pour chaque fil, le temps qui s'écoule entre le moment de son introduction dans le pli et celui où il cesse d'impressionner le papier sensible. En admettant la régularité de l'émission des vapeurs mercurielles, ces temps sont proportionnels aux poids des vapeurs émises, et les poids de ces vapeurs sont précisément ceux du mercure primitivement contenu dans les solutions essayées.

Si l'on tient seulement, comme cela suffit dans beaucoup de cas, à savoir dans quel ordre se rangent ces solutions au point de vue de leur richesse comparative en mercure, tout se réduit à leur appliquer l'un ou l'autre des deux modes de traitement qui viennent d'être indiqués ; mais quelques soins de plus sont nécessaires lorsqu'on veut les doser.

A la série qu'elles forment on en ajoute alors une seconde formée par des liqueurs titrées dont on a fait varier la composition par degrés suffisamment rapprochés, et toutes deux sont traitées simultanément, de la même manière, pour obtenir deux séries d'empreintes mercurielles, dont la comparaison fournit tous les éléments du dosage qu'il s'agit d'effectuer.

On n'a besoin, en effet, pour doser les liqueurs de la première série, que de connaître leurs titres respectifs, et on y arrive ici très facilement, car chacune d'elles a précisément un titre égal à celui de la liqueur de la deuxième série qui donne une empreinte identique à la sienne.

Si l'identité fait défaut, on trouvera toujours, par la comparaison des empreintes, deux liqueurs titrées consécutives entre lesquelles sera comprise la liqueur dont on cherche le titre, et cela permettra de doser celle-ci avec une approximation dont on peut reculer la limite aussi loin qu'on voudra.

Le procédé d'analyse qualitative des liqueurs mercurielles par le cuivre et par l'azotate d'argent ammoniacal est donc facilement transformable en procédé d'analyse quantitative, et je l'ai assez fréquemment employé, comme tel, dans mes recherches sur le mode de répartition du mercure dans les divers organes des animaux intoxiqués, pour affirmer la possibilité de l'introduire utilement dans la pratique.

BIBLIOGRAPHIE

———

(1) Schneider. — *Ueber der chemische und electrolytische Verhalten des Quecksilbers* (*Sitz. der Kais. Akad. der Wissensch.*, Class. IX, Bd 40, p. 2139, 1860).

(2) Lehmann. — *Experiment. Untersuch. über des besten Methoden Quecksilber im thier. Org. nachzuweisen* (*Zeitschrift für physiol. Chemie*, t. VI, Heft I, p. 25, 1882).

(3) Schmidt. — *Elimination des Quecksilbers*, Dorpat, 1879.

(4) Hoff. — *Repert. für an. Chemie*, 1883.

(5) Wolf. — Strasbourg, 1883.

(6) Byasson. — *Recherche qualitative du mercure dans les liquides de l'économie* (*Journal de l'Anat. et de la Phys.*, 8ᵉ année, p. 397).

(7) Mayençon et Bergeret. — *Moyen chimique de reconnaître le mercure dans les excrétions* (*Journ. de l'Anat. et de la Physiologie*, 9ᵉ année, p. 81, 1873).

(8) Ludwig. — *Eine neue Methode zum Nachweis des Quecksilbers in thierischen substanzen* (*Med. Jahr. der K. K. Gessellschaft der Aerzte*, Heft I, p. 143, 1877).

(9) Fürbringer. — *Quecksilbers Nachweiss mittelst Messingwolle* (*Berl. Clin. Woch.*, Heft XXIII, p. 27, 1878).

(10) J. Nega. — *Ein Beitrag zur Frage der Elimination des Mercurs* (Strasbourg, p. 11, 1882).

(11) Schridde. — *Ueber des Fürbringersche Methode* (*Berl. Klin. Woch.*, t. XVIII, 34, 1881).

(12) Lehmann. — *Schmidts. Jahr.* (Bd. 211, n° 8, 1886).

(13) Wolf et J. Nega. — *Untersuch. uber die Zweckmassigste Meth. zum Nachw. minimaler Menge von Queck. in Harn* (*Deuts. med. Woch.*, t. XII, 15, 16, 1886).

(14) August Mayer. — *Versuch. über den Nach. des Queck. in Harn*, (*Med. Jahr. der K. K. Gesellschaft der Aerzte*, Heft 1, p. 29, 1877).

(15) EDVARD WELANDER. — *Recherches sur l'absorption et l'élimination du mercure dans l'organisme humain* (*Nordiskt med. Ark.*, t. XVIII, n° 12, p. 1, 1886).

(16) LEFORT. — *C.-R. de l'Acad. des Sc.*, t. XC, p. 141, 1880.

(17) MAYENÇON et BERGERET. — *Loc. cit.*, p. 237.

(18) SOUBEIRAN. — *Traité de Pharmacie*, 4° édit.

(19) ETTLING, BUNSEN, MILLON. — *Ann. de Chim. et Phys.*, 3° série, t. XVIII, p. 341.

(20) MIALHE. — *Journal de Ph. et Ch.*, 3° série, t. I, p. 293, 1842.

(21) HEMPEL. — *Rep. de Chimie pure de Würtz*, t. I, p. 60, 1859.

(22) ROSE. — *Rep. de Chimie pure de Würtz*, t. III, p. 141, 1861.

(23) PERSONNE. — *Journal de Ph. et Ch.*, 3° série, t. XLIII, p. 477, 1854.

(24) RIEDERER. — *Buchner's W. R.*, Bd XVII, Heft 5.

CHAPITRE III

Action toxique des vapeurs mercurielles. Historique.

———

L'histoire du progrès de nos connaissances relativement à l'action toxique des vapeurs mercurielles peut se partager en trois périodes assez nettement délimitées.

1re Période. — Du IVe siècle environ avant l'ère chrétienne au commencement du XVIe siècle : très pauvre, au début, en documents spéciaux, c'est vers sa fin surtout qu'elle en fournit une moisson abondante. Les faits relatés par ces documents mettent en évidence l'action toxique des vapeurs mercurielles, mais dans des conditions où celles-ci ne sont pas seules en jeu ; ce qui enlève tout caractère de rigueur aux résultats qu'on leur attribue.

2e Période. — Du commencement du XVIe siècle aux premières années du XIXe : on y étudie l'action des vapeurs mercurielles intervenant sans aucun mélange de substances étrangères, mais émises à des températures élevées ; ce qui complique leur action de celle du mercure liquide, en gouttelettes fines, provenant de leur condensation.

3e Période. — Des premières années du XIXe siècle jusqu'à nos jours : on y continue l'étude commencée dans la période précédente, en l'étendant aux vapeurs émises à de basses températures.

PREMIÈRE PÉRIODE.

Comme je l'ai dit ailleurs, les premières observations relatives à l'action toxique des vapeurs de mercure datent du jour où l'on trouva le moyen d'extraire ce métal de son minerai le plus répandu, le cinabre; et quoique l'on ne sache rien de bien précis sur les origines de cette invention, il y a tout lieu de croire qu'elle remonte à une antiquité très reculée.

Attribuée, sans preuve bien certaine, aux Hindous et aux Chinois, et apportée de l'extrême Orient en Egypte d'abord, puis en Phénicie, c'est par cette voie qu'elle serait arrivée jusqu'en Grèce, où elle était connue quatre siècles environ avant l'ère chrétienne, car on la trouve mentionnée dans les écrits de Théophraste (1).

Les Grecs, d'ailleurs, n'avaient pas besoin d'apprendre à préparer le mercure pour le connaître, car ils l'avaient rencontré à l'état natif avant de l'obtenir par des moyens artificiels; et comme ils admettaient une différence de nature entre ces deux mercures de provenances diverses, ils donnaient au premier le nom d'argent vif (αργυρος χυτος), tandis qu'ils appelaient le second *hydrargyre,* ou argent liquide.

L'exploitation des riches mines d'hydrargyre d'Espagne paraît avoir commencé 300 ans environ avant l'ère chrétienne, et Dioscoride (2), qui en décrit les procédés, témoigne de leur pernicieuse influence, en nous apprenant que les ouvriers chargés de les appliquer se recouvraient le visage d'un masque fait avec une vessie, afin de se préserver des vapeurs suffocantes dégagées pendant l'opération. Voici, en effet, ce qu'il dit en parlant du cinabre : « In metallis vero strangulantem halitum eructat, ob id » que fossores vesicis sibi faciem obvelant, ut per illas spectent, » nec respirando noxium vaporem attrahant. » (Traduction de Matthiole.)

On a eu longtemps recours à l'emploi de ce moyen de préservation dans l'exploitation des mines de mercure, et Matthiole (3) le retrouvait encore en usage au XVIᵉ siècle, chez les mineurs d'Idria.

Dioscoride, en signalant les dangers qui pouvaient résulter de la respiration des vapeurs mercurielles, ne dit pas en quoi ils consistent; mais ce qu'il nous apprend des précautions prises pour les éviter nous prouve suffisamment combien ils étaient redoutés. C'est probablement la connaissance des effets désastreux constatés sur les ouvriers employés à l'extraction du mercure qui a fait tenir si longtemps ce métal en suspicion, à cause des prétendues propriétés vénéneuses qu'on lui attribuait, même à l'état liquide.

Dioscoride, qui vivait vers le milieu du premier siècle de l'ère chrétienne, est le plus ancien des auteurs qui ait mis ainsi le mercure en cause : il l'accuse d'être un poison violent, qui tue, lorsqu'on le prend à l'intérieur, parce qu'il déchire les viscères par son poids, — *quoniam interiora membra disrumpit gravitate*, — et il n'hésite pas à le proscrire rigoureusement de la pratique médicale (4).

Pline (5), venu peu de temps après Dioscoride, qualifie le mercure de « poison de toutes choses, *venenum omnium rerum* » et il le tient pour tellement dangereux qu'il proscrit, avec lui, tous les médicaments dans la composition desquels il rentre directement ou indirectement. Il est possible d'ailleurs que Pline ait eu, pour condamner le mercure, des motifs tirés de son expé-rience personnelle; car il connaissait l'industrie de la dorure à chaud par l'amalgame d'or, et on doit supposer qu'il connaissait aussi les maladies auxquelles les doreurs sont sujets; mais il n'y fait aucune allusion.

A la suite de Dioscoride et de Pline, Galien (6), qui partage toutes leurs préventions contre le mercure, le place au premier rang des substances ennemies du corps humain, et qui ne doivent jamais figurer dans aucun médicament, en si faibles proportions que ce soit. Il le regarde comme également nuisible sous quelque forme qu'on l'administre, intérieurement ou extérieurement, et il est le premier qui ait signalé le danger de son emploi pour l'usage externe. Cela semblerait indiquer que l'action délétère des vapeurs mercurielles ne lui était pas inconnue; mais, ce qui enlève toute autorité à ses assertions, c'est qu'il les formule sur la foi d'autrui, sans jamais s'être mis en peine d'en vérifier l'exactitude : « Se » nullum unquam hydrargyri periculum fecisse, interimat ne » devoratum, aut extrinsecus admotum. »

Après Galien, tous les médecins grecs et latins qui mentionnent le mercure, Aëtius (7), Paul d'Égine (8), Actuarius (9), Oribase (10) et d'autres encore, le considèrent comme un poison redoutable, et ne parlent de lui que pour indiquer les moyens de conjurer ses effets pernicieux.

Ces préventions se perpétuèrent ainsi jusqu'au xe siècle, où les médecins arabes en finissent avec elles.

Ce fut Rhazès (11) qui démontra le premier la complète innocuité du mercure coulant, pris à l'intérieur, en expérimentant sur un singe auquel il fit avaler une assez forte dose de ce métal, dont l'élimination eut lieu par le tube digestif sans produire aucun phénomène morbide.

Antérieurement à cette expérience, on trouve dans une épigramme d'Ausone (12) la mention d'une tentative d'empoisonnement par ingestion de mercure, d'où il n'était résulté aucun inconvénient pour la victime; mais ce fait passe inaperçu des médecins grecs et romains, qui continuèrent à traiter le mercure en ennemi. La réaction qui se produisit au xe siècle, en faveur de ce métal, est entièrement due aux médecins arabes, éclairés et convertis par le succès de l'expérience de Rhazès.

Je n'ai pas à rappeler ici dans quelle large mesure ces médecins ont contribué à l'instauration et aux progrès de la thérapeutique mercurielle. Pour rester dans les limites de mon sujet, il me suffira de dire qu'on leur doit l'emploi des onguents mercuriels dont Rhazès et Mésué (13) proposèrent les premières formules, et dont ils surent, dès le début, tirer très avantageusement parti. Après s'en être d'abord servis contre la gale et contre la vermine, ils les utilisèrent bientôt pour le traitement de quelques maladies cutanées, et les observations, que l'application usuelle de ce médicament leur fournit l'occasion de faire, devaient inévitablement les conduire à constater l'action toxique des vapeurs mercurielles sur les parasites de l'homme et sur l'homme lui-même.

Abugérig, qui paraît avoir vécu vers la fin du xe siècle, et dont nous ne connaissons l'œuvre que par des citations de Sérapion (14), s'exprime à cet égard de la manière suivante : « Argentum vivum

» aliis quidem medicamentis ad scabiem accommodatis permixtum
» non inutile. Suffitum tamen maximopere noxium. Liberalior si-
» quidem ejus usus potissimum nervis est inimicissimus, resolu-
» tionem quam Græci παραλυσιν vocant excitat, sensum et motum
» perdit, omnes enim sensus, præsertim visum et auditum lædit :
» animæ itidem gravitatem facit, venenataque omnia animalia
» fugat. »

Avicenne (15), qui vivait à la fin du xe siècle et au commencement du xie (980-1037), rapporte que les vapeurs mercurielles
déterminent la paralysie, le tremblement et des mouvements
convulsifs; il constate aussi qu'elles rendent l'haleine fétide, et,
ce qui est surtout caractéristique, il propose, contre les maladies
cutanées et parasitaires, des remèdes qui doivent exclusivement
leur efficacité à l'action de ces vapeurs.

C'est ainsi qu'il guérissait la gale en faisant simplement porter
aux galeux des ceintures dites *mercurielles* qu'ils s'appliquaient
autour des reins, et qui contenaient soit du mercure en nature,
soit un liminent, préalablement desséché, obtenu par le battage
du métal avec du blanc d'œuf.

Ces mêmes ceintures, attachées autour des cuisses des brebis
et des porcs, servaient à préserver ces animaux d'être infectés de
parasites.

On doit également à Avicenne l'introduction dans la pratique
médicale, à titre de spécifiques contre la gale, des sachets en
peau pleins de mercure qu'on portait suspendus au cou ou aux
poignets, et celle des tuyaux de plume où l'on renfermait aussi
du mercure, et qui, cachés dans les tresses des cheveux, faisaient
périr les poux par le seul effet des émanations du métal intérieur.

Aux symptômes décrits, par Abugérig et par Avicenne, comme
caractéristiques de l'intoxication par les vapeurs mercurielles,
Alsaharavius (16) ajoute ceux des ulcérations à la bouche, de
l'angine mercurielle et de la salivation, et, avec ce complément,
on voit que les médecins arabes ont connu tout ce que cette
question présente d'important à noter.

Constantinus Africanus (17), qui devait son surnom au long

séjour qu'il avait fait chez les Arabes, et qui traduisit plusieurs de leurs écrits pour l'École de Palerme, fut le premier à introduire en Europe, vers la fin du xi° siècle (1087), l'usage du mercure et des médicaments empruntés à ce métal; mais, en le recommandant à certains égards, il ne manque pas de signaler très explicitement le danger de la respiration de ses vapeurs : « Argentum » vivum est calidum et humidum in quarto gradu, ideoque » pediculos et omnia reptilia necat. Cum lithargyro et aceto » mixtum fit bonum unguentum ad curandam scabiem et pus- » tulas. Cujuscumque membro adhœret, ipsum percutit et » corrodit. Quod si ad ignem ponatur, destruitur et fumum facit; » cui fumo si quis appropinquaverit, mollificantur ossa, et nervi » deficiunt et lacerti ejus, omnia etiam membra, quæ propter » voluntarios motus sunt composita. Unde plurimum incidunt in » paralysim, tremorem, sudorem et inanimatæ actionis corrup- » tionem, et habent pessimum odorem, et putridum os, et sicci- » tatem cerebri. »

La dernière partie de cette citation est à remarquer parce qu'elle établit que Constantin l'Africain avait observé les effets des vapeurs mercurielles isolées; cette observation est la seule de ce genre qu'on rencontre dans tout le cours de la première période.

Le mouvement d'adhésion aux doctrines de l'École arabique, qui commence à la fin du xi° siècle avec Constantin l'Africain, s'accentue rapidement et devient bientôt général en Europe, en raison des rapports fréquents qui s'établissent entre les Arabes et les chrétiens, tant par les croisades que par les guerres des Maures en Espagne. Depuis lors, jusques à la Renaissance, tous les médecins européens en renom font largement entrer le mercure dans la pratique de leur art.

C'est en frictions surtout qu'ils l'emploient, soit comme insecticide, soit comme agent curatif très puissant dans certains cas d'affections cutanées, et nous le trouvons recommandé en cette double qualité par Roger de Parme (18) (1259), Rolandus Capellatus (19) (1268), Petrus Hispanus (20) (1270), Théodoric (21) (1280), Gulielmo Varignano (22) (1300), Bernard Gordon (23)

(1305), Arnauld de Villeneuve (24) (1306), Guy de Chauliac (25) (1350) et Valesco di Taranta (26) (1415).

Marchant servilement sur les traces des Arabes, les médecins que je viens de citer n'ajoutent rien aux observations recueillies avant eux sur l'action toxique des vapeurs mercurielles, et il faut arriver à la fin du xvᵉ siècle, vers 1494, au moment où la grande épidémie, qui devait plus tard prendre le nom de syphilis, éclata brusquement en Europe, pour qu'on reprenne intérêt à l'étude des effets de ces vapeurs.

Comme quelques-uns des symptômes de la syphilis, au début de cette contagion, se rapprochaient de ceux des maladies cutanées qu'on traitait alors par les frictions, on fut naturellement conduit à user du même mode de traitement pour la syphilis ; et comme les premiers essais qu'on en fit donnèrent d'excellents résultats, il eut d'abord un grand succès de vogue.

La priorité de l'emploi de l'onguent mercuriel contre la syphilis revient à deux médecins allemands, Grümpeck de Burchausen (27) et Widmann de Meichinger (28), qui, dès 1494, conseillent l'application de ce remède ; mais, s'ils l'ont introduit dans la pratique médicale, c'est à Béranger de Carpi (29) et à Jean de Vigo (30), en 1512 et 1513, que revient le mérite de l'avoir fait adopter par la généralité des médecins, en régularisant scientifiquement son usage.

Pratiquées d'abord avec une grande prudence, et au moyen d'onguents dans la composition desquels il n'entrait que de faibles proportions de mercure mêlé aux drogues les plus variées, les frictions réussirent partout à souhait ; mais les doses primitives furent bientôt dépassées, et les empiriques, en les poussant à l'excès, ne tardèrent pas à déterminer les accidents les plus graves, tels que le ptyalisme, les ulcères de la bouche, le tremblement, la paralysie, etc.

Ulrich de Hutten (31) (1519), qui fut soumis à ce traitement nous a laissé une description saisissante des souffrances qu'on y endurait : « Les choses, dit-il, en venaient au point que les ma- » lades en ayant les dents ébranlées ne pouvaient pas s'en servir.

» Comme leur bouche n'était qu'un ulcère puant, et que leur
» estomac était affaibli, ils n'avaient plus d'appétit, et quoiqu'ils
» fussent tourmentés d'une soif intolérable, leur estomac ne
» pouvait s'accommoder d'aucune sorte de boisson. Plusieurs
» étaient attaqués de vertige, quelques-uns de folie. Ils étaient
» saisis d'un tremblement aux mains, aux pieds et par tout le
» corps, et ils étaient exposés à un bégaiement quelquefois
» incurable. J'en ai vu mourir plusieurs au milieu du traitement.
» J'en ai vu d'autres suffoqués par le gonflement de la gorge et
» d'autres qui ont passé par une difficulté d'uriner. Très peu ont
» recouvré la santé, encore ce n'a été qu'après les dangers, les
» souffrances et les maux dont j'ai parlé. »

Quand c'était sur les sujets frictionnés eux-mêmes que ces
accidents se produisaient, on pouvait les attribuer exclusivement
à l'absorption directe et locale du mercure et refuser d'y reconnaître l'influence délétère des vapeurs de ce métal, mais il fallut
bien recourir à l'intervention de ces vapeurs pour expliquer les
cas d'intoxication présentés par les aides chargés d'opérer les
frictions.

Quoique ceux-ci prissent la précaution d'éviter tout contact
avec l'onguent, en le maniant avec les mains recouvertes de
gants de peau très épais, ils n'en étaient pas moins atteints,
comme les malades qu'ils assistaient, et ils donnaient lieu à
l'observation des mêmes symptômes.

Fabrice de Hilden (32) et plusieurs autres encore ont consigné
dans leurs écrits de nombreuses observations de ce genre, et ce
fut probablement en voyant, dans la pratique des frictions, les
mêmes effets produits par le mercure en nature et par ses
vapeurs, qu'on en vint à imaginer de traiter la syphilis par les
fumigations mercurielles.

Ce mode de traitement fut proposé d'abord par Jacques Catanée (33) et par Ange de Bologne (34), en 1505 et 1508, mais ce
fut Nicolas Massa (35) qui formula le premier, en 1536, des
règles précises pour l'appliquer, et qui analysa ses effets avec soin.

De partielles que les fumigations étaient au début, on s'enhardit bientôt jusqu'à les rendre générales, et autant elles paraissent, sous leur première forme, avoir été avantageuses pour la guérison des sphacèles, des gourmes de mauvais caractère, des douleurs opiniâtres et des ulcères rebelles, autant elles furent désastreuses sous la seconde.

On sait comment elles étaient administrées : le malade tout entier était renfermé dans une étroite étuve; on plaçait à ses pieds un réchaud plein de charbons ardents sur lequel on jetait, à diverses reprises, par une ouverture *ad hoc*, un mélange de mercure éteint ou de cinabre, avec des matières grasses ou résineuses de facile inflammation, propres à dégager des fumées abondantes et des vapeurs mercurielles, auxquelles le patient restait exposé jusqu'à ce qu'il suât abondamment. Cela fait, on le couchait dans un lit chaud et on le couvrait bien, afin de le faire suer encore davantage. Une ou deux heures après on l'essuyait et on lui donnait de la nourriture; on réitérait cette pratique pendant quelques jours de suite jusqu'à ce que la salivation apparût.

Il est évident qu'on réunissait là, comme à plaisir, tout ce qui pouvait contribuer à rendre inévitable un empoisonnement violent par les vapeurs mercurielles, et ce mode de traitement de la syphilis produisit bientôt des accidents tellement désastreux, qu'il ne tarda pas à devenir l'objet d'une réprobation universelle et des condamnations les plus sévèrement motivées.

Déjà, en 1507, Johannes Vochs de Cologne (36) accusait les fumigations d'avoir tué un nombre considérable do malades : « Infinitos occidunt, licet aliqui bene fortunati ex his tormentis » evadant. »

Frascator (36'), en 1530, les déclare dangereuses au premier chef, et les proscrit formellement de la pratique médicale.

Benedictus Victor (37), en 1551, les incrimine dans les termes suivants : « Hoc enim suffumigium pravi et venenosi fumi, atque » vapores insurgunt, qui per os intrantes, attingentesque membra » et spirationis organa, in bisque decumbentes, suâ vi astric- » toriâ spirationem tollunt et repente patientem strangulant. » Pariter quoque per nares ad cerebrum permeant et organa

» atque instrumenta facultatis animalis adeo offendunt ut in
» multis pereant sensus atque facillime fiat lapsus in epilepsiam
» et apoplexim, in tremoremque et paralysim ac spasma. »

Fernel et Fallope affirment, eux aussi, qu'on a vu des malades,
soumis aux fumigations, mourir pendant le traitement, leurs
bourreaux les tenant impitoyablement enfermés dans des étuves
où la chaleur était excessive.

En rapprochant ces désastreux effets des fumigations de ceux
qu'on reprochait si justement aux frictions, et en présence de la
communauté de symptômes qu'ils affectaient si manifestement,
on ne pouvait autrement conclure qu'en affirmant les propriétés
toxiques des vapeurs mercurielles, et, à la fin du xv⁰ siècle, cette
conclusion était acceptée, en effet, sans contradiction par tous
les médecins, qu'ils fussent ou non favorables à l'emploi du mercure contre la syphilis. Tont en reconnaissant qu'elle ne saurait
être sérieusement contestée, il y a lieu de remarquer cependant
qu'elle n'est pas absolument rigoureuse.

Quand il s'agit de frictions faites à chaud, comme elles l'étaient
toujours aux premiers temps de leur emploi contre la syphilis, ce
ne sont pas seulement des vapeurs mercurielles qui se dégagent,
mais aussi des corps gras volatils, parfois même des acides rances,
qui ajoutent leur action à celle du mercure vaporisé. Le cas est
bien plus complexe encore quand on use des fumigations, si on
les opère surtout avec du cinabre. Ici les vapeurs mercurielles se
trouvent mélangées avec les produits volatils les plus variés,
parmi lesquels peut figurer l'acide sulfureux, et il devient difficile
d'assigner exactement à chacun des éléments de ce mélange la
part d'action qui lui revient effectivement dans le résultat total.

Pendant la période qui s'étend du commencement du x⁰ siècle
à la fin du xv⁰, toutes les observations dont les vapeurs mercurielles ont été l'objet se sont produites dans des conditions
où celles-ci n'étaient pas seules à intervenir, ce qui exposait à
méconnaître leur mode d'action véritable. On doit noter aussi ce
qu'il y avait d'anormal dans l'état des sujets mercurisés, et dont
la constitution profondément altérée par un mal d'une extrême

violence ne se prêtait guère à une évolution régulière des phases de l'intoxication à laquelle ils étaient soumis.

Constantin l'Africain semble bien, d'après le texte que j'ai rapporté, avoir constaté les effets pernicieux des vapeurs mercurielles isolées, mais il ne traite cette question qu'en passant, sans détails et sans preuves, et c'est Fernel qui, le premier, se préoccupa de l'étudier scientifiquement.

DEUXIÈME PÉRIODE.

Fernet (38), la plus grande autorité médicale de son temps (1497-1558), était aussi au premier rang des antimercurialistes ses contemporains, et pour montrer, sans réplique, que le mercure était bien la cause unique des accidents dus à l'usage des frictions et des fumigations, il voulut mettre en évidence les fâcheux effets que produisent les vapeurs de ce métal, lorsqu'on les fait agir seules et sur des organismes sains.

On pourrait croire qu'il a tenté personnellement quelques expériences pour éclairer ce sujet, car, dans un passage de ses écrits, où il parle de l'action stupéfiante des vapeurs mercurielles sur l'homme, il ajoute qu'elles peuvent aussi frapper mortellement les oiseaux : « Cujus solo vapore non homines solum perculsi, » sæpe stupidi ac prorsus veternosi reddentur, sed aves quoque » omnes repente mortuæ concidunt. »

Que ce soient là, d'ailleurs, des faits d'expérience ou de simple observation, ce qu'il importe de noter, c'est que Fernel constate leur production par la vapeur seule, *solo vapore ;* et pour trouver d'autres exemples de cette action isolée, au lieu de s'en tenir, comme on le faisait avant lui, à l'examen des vénériens traités par la méthode des frictions et des fumigations, il étend ses investigations aux artisans que leur profession mettait dans la nécessité de manier habituellement le mercure. « On voit, dit-il, » le tremblement survenir non seulement chez les gens atteints » du mal vénérien, mais chez ceux qui, bien portants d'ailleurs, » recueillent le vif argent dans les puits de mines, extraient le » vermillon et en tirent l'hydrargyre, ou bien additionnent

» celui-ci de soufre et les font chauffer pour obtenir le cinabre;
» ou bien encore chez les doreurs, enfin chez tous ceux qui, par
» n'importe quel moyen, absorbent par la bouche ou par les
» narines les vapeurs empoisonnées du vif argent, *venenatum*
» *argenti vivi vaporem* (39).

    » J'ai connu, ajoute-t-il, un doreur, homme robuste et bien bâti,
» dont les vapeurs hydrargyriques avaient tout d'un coup affecté
» le cerveau et le système nerveux au point, non seulement, que
» ses bras et ses jambes tremblaient violemment, mais qu'il ne
» pouvait se tenir debout, ou tenir droite sa tête tremblante et
» étonnée. Si les orfèvres ou doreurs sur pièces d'argent respirent
» imprudemment deux ou trois fois du mercure, aussitôt ils
» tombent dans la stupeur et l'engourdissement et deviennent
» muets (40). »

Pour les doreurs et pour les orfèvres, Fernel apportait les
résultats de ses observations personnelles, mais il ne dit pas avoir
constaté *de visu* ce qu'il affirme des troubles éprouvés par les
ouvriers employés aux travaux des mines de mercure. Si ses
affirmations sur ce point particulier manquent d'autorité, il n'en
est pas de même de celles de deux médecins célèbres du xvi⁰ siècle,
Fallope et Matthiole, qui sont allés recueillir à Idria les renseignements qu'ils nous ont laissés sur les maladies des mineurs de
cette localité.

Fallope (41) (1523-1562) nous apprend que ces mineurs ne
peuvent guère dépasser le terme de trois années de travail
continu, et s'ils vont au delà, ils sont atteints de surdité, d'épi·
lepsie, d'apoplexie, de vertige, de paralysie et autres maux de ce
genre : « Si ulterius talem artem exerceant, fiunt surdi, vel
» incidunt in malum habitum, vel in epilepsiam, vel in apo-
» plexiam, vel in vertiginem, vel in paralysim, vel in alios
» similes affectus. »

Matthiole (42) (1501-1577) énumère comme il suit les accidents
auxquels s'exposent les ouvriers chargés de l'extraction du mercure,
lorsqu'ils négligent de se couvrir le visage de masques en vessie,
pour se préserver de l'absorption des vapeurs mercurielles :

« Non solum hujus halitus noxâ, anhelosi sunt qui hauserint, sed
» plerumque dentes universas amittunt, putrescentibus circum-
» quaque gingivis, ut quidam apertissime testantur, qui spreto
» narium et oris velamento, ut cæteris videantur fortiores,
» edentuli prorsus facti sunt continuo tremore convulsi. »

Si nous ajoutons à ces observations celle d'un cas de paralysie
et de tremblement signalé par Petrus Forestus (43), en 1593, chez
un doreur qui avait imprudemment respiré des vapeurs de
mercure, nous aurons tout le contingent des documents, peu
nombreux, mais décisifs, fournis par le xvi° siècle sur l'action
pernicieuse de ces vapeurs isolées. Bien avertis désormais du
danger de leur absorption immodérée, les médecins, quand ils
n'abandonnèrent pas complètement la médication mercurielle
dans le traitement de la syphilis, surent au moins qu'ils devaient
y apporter de la mesure et de la prudence.

Sur l'autorité de Fernel, on cessa pendant quelque temps de
donner du mercure; pour les fumigations l'abandon fut définitif,
mais les frictions, un moment délaissées, reprirent bientôt faveur,
avec ce correctif qu'on les appliqua avec plus de modération et
plus de méthode, en les arrêtant aux premiers symptômes de
salivation. A partir de cette réforme, les cas d'intoxication par les
vapeurs mercurielles deviennent rares dans la pratique médicale,
et on n'en trouve pas un seul rapporté dans les ouvrages médi-
caux de la seconde moitié du xvi° siècle. Depuis lors jusqu'à
notre époque, le nombre de ceux qui sont authentiquement constatés est aussi très restreint, et ils se produisent d'ordinaire dans
des circonstances trop accidentelles pour qu'il y ait lieu d'en tenir
compte.

Le xvii° siècle est pauvre en documents relatifs à l'action toxique
des vapeurs mercurielles isolées, et ces documents ne contiennent
rien d'important à noter, si ce n'est cependant la mention de deux
faits d'empoisonnement qui seraient très dignes d'attention si l'on
pouvait être assuré qu'ils ont été bien exactement observés.

L'un, rapporté par Olaüs Borrichius (44), est relatif à un
homme qui serait mort, après vingt-quatre heures, pour s'être

laissé mettre aux poignets deux sachets contenant du mercure; l'autre, attesté par Jalon (45), concerne un individu qui aurait été empoisonné par le mercure parce qu'il portait une ceinture de laine renfermant ce métal.

La conclusion à tirer de ces faits, en les supposant véridiques, était que les vapeurs mercurielles agissent encore toxiquement, lors même qu'elles sont émises à une température relativement basse, comme celle du corps humain; mais rien n'indique que cette conclusion ait été tant soit peu pressentie par les savants auxquels on doit les deux observations précédentes. Celles-ci d'ailleurs n'eurent aucun retentissement à l'époque où elles furent publiées, et, si elles parurent dépourvues d'intérêt, c'est probablement par suite du peu de confiance qu'elles étaient faites pour inspirer.

En passant à un ordre de faits plus sérieux, nous trouvons, à l'actif du xviie siècle, la confirmation, par S. Walter Pope (46) et par Etmuller (47), des observations de Fallope et de Matthiole sur les maladies des ouvriers employés aux travaux des mines de mercure, et celle, par Borrichius (48) et par Jungken (49), de la description qu'on doit à Fernel des effets de l'intoxication mercurielle sur les doreurs et sur les orfèvres.

S. Walter Pope, qui visita, en 1665, les mines de mercure de Frioul, est très sobre de détails sur l'état pathologique des mineurs qu'il a examinés; il se borne à nous apprendre qu'ils deviennent tous paralytiques, les uns plus tôt, les autres plus tard, et qu'ils finissent par mourir de consomption. Ce qu'il y a d'intéressant à noter, dans sa relation, c'est la mention qu'on y trouve, pour la première fois, des maladies des étameurs de glaces; il dit avoir appris que ces ouvriers, dans les grandes fabriques de Venise, étaient sujets à la paralysie comme ceux qui travaillaient à l'extraction du mercure, mais il n'a rien vérifié personnellement à cet égard.

Etmuller, en affirmant que les mineurs sont presque tous atteints de tremblement, affirme aussi, ce qui est relativement vrai, qu'ils n'ont pas de salivation, alors que celle-ci est la consé-

quence ordinaire de l'administration des mercuriaux à l'intérieur :
« Hoc notandum quod fossores cinnabaris sunt plerumque tremuli
» propter mercurium, unde si contingant manu vas aliquid
» aureum statim albescit ; hoc tamen mirandum quod non con-
» querantur de salivatione, quæ tamen alias assumpta mercurialia
» subsequi solet. »

Les orfèvres, d'après lui, ne jouiraient pas de cette immunité,
car voici comment il s'exprime sur leur compte : « Nervis mercu-
» rius est inimicissimus, ita ut tremores manuum, paralysim,
» contracturas, etc., aurifabris subnasci quotidie observemus, ut
» nihil dicam de attenuatione corporis a salivatione nimiâ mercu-
» riali excitatâ. »

Les observations de Borrichius et de Jungken sur le mercurialisme des doreurs et les orfèvres ne disant rien de plus que celles
de Fernel, je n'ai pas à les rapporter ici.

La première année du xviiie siècle fut marquée par la publication d'un ouvrage entièrement nouveau dans son genre, et dont
la renommée resta longtemps considérable : je veux parler du
Traité de Ramazzini (50) sur les maladies des ouvriers, traduit
plus tard en français par Fourcroy (51) (1777), et en allemand
par Ackermann (52) (1780). Ce traité contient trois chapitres
consacrés spécialement aux maladies des mineurs, des doreurs
et des étameurs de glace ; mais, à part une observation, faite
par lui personnellement, du cas d'un jeune doreur mort d'intoxication mercurielle, Ramazzini se contente d'emprunter aux
auteurs qui l'ont précédé, la description des symptômes caractéristiques de cette intoxication chez les malades des trois groupes
ci-dessus mentionnés. Il n'y a donc rien qui mérite d'être noté
dans la partie de son œuvre qui se rapporte aux effets des vapeurs
mercurielles, et Fourcroy, en la traduisant, s'est borné à la faire
suivre d'annotations sans importance réelle, les faits nouveaux
leur faisant absolument défaut.

Ackermann, au contraire, a donné, du traité de Ramazzini,
une traduction revue et augmentée, où les documents ajoutés
par lui sont nombreux et intéressants à consulter. C'est ainsi

que les maladies des mineurs, dont Ramazzini et Fourcroy n'avaient parlé qu'en termes fort généraux sont, de sa part, l'objet d'une description détaillée et complète, dont je n'ai rien à dire ici, parce que nous allons en retrouver les traits principaux dans les travaux originaux dont l'analyse va suivre.

Le premier en date de ces travaux a pour auteur A. de Jussieu (53) qui visita les mines d'Almaden en 1710, et qui exposa les résultats de cette visite dans un mémoire présenté plus tard à l'Académie des Sciences. Ce que de Jussieu allait surtout étudier à Almaden, c'étaient les procédés particuliers qu'on y employait pour l'exploitation des minerais de mercure, et les maladies des ouvriers ne l'occupent que secondairement. Il signale cependant les plus ordinaires d'entre elles, en accordant une attention spéciale au tremblement, à propos duquel il a noté certaines particularités dont j'aurai plus tard à faire ressortir l'importance. Entre autres mérites il a eu celui de faire remarquer, le premier, le peu de gravité de cette affection lorsqu'elle n'est pas invétérée, et la facilité avec laquelle les mineurs s'en guérissent, dans ce cas, sans autre traitement que celui d'un repos de quelques jours simplement passés en plein air.

La remarque faite avec tant de justesse par A. de Jussieu pour les ouvriers d'Almaden, fut bientôt confirmée pour les ouvriers d'Idria; Keyssler (54), qui les visita en 1740, constate aussi l'efficacité du séjour à l'air libre pour guérir le tremblement, et il nous apprend, en outre, que cette affection n'atteignait pas seulement les mineurs, mais aussi les rats et les souris qui s'aventuraient dans la mine, où ils trouvaient promptement la mort.

Les deux observateurs précédents n'ayant exploré qu'en passant les deux mines de mercure les plus célèbres de l'Europe, le temps leur fit évidemment défaut pour étudier complètement les maladies des mineurs : cette étude qu'ils ne s'étaient pas trouvés en situation d'aborder, fut l'œuvre d'un praticien éminent, le Dr Scopoli (55), qui pendant six années, de 1755 à 1761, remplit à Idria les fonctions de médecin.

Nous devons à Scopoli une description très savante et très

complète de tous les troubles morbides auxquels les mineurs sont
exposés, mais celui qu'il place au premier rang pour la gravité,
et qu'il considère comme le plus nettement significatif, est le
tremblement dont il trace un tableau très fidèle. Il se prononce
très catégoriquement sur sa cause en affirmant qu'il est dû à la
pénétration des vapeurs mercurielles dans l'organisme, et il le
guérit, comme de Jussieu et Keyssler l'avaient déjà indiqué, par
un simple changement de milieu. Il est enfin le premier à
remarquer qu'on peut en être atteint sans que l'examen le plus
attentif fasse découvrir la plus minuscule trace d'altération dans
aucune des parties de l'organisme.

Après Scopoli, un spécialiste du même ordre, le Dr Arebalo,
médecin de l'hôpital des forçats d'Almaden, pendant dix années,
a résumé les résultats de ses observations personnelles dans une
courte notice que Thierry (56) a jointe à la relation de son voyage
en Espagne, en 1791.

Cette notice, qui ne contient aucun fait nouveau digne de
remarque, n'en constitue pas moins un document utile à retenir,
car il émane d'un témoin en bonne situation pour bien voir, et il
apporte un surcroît d'autorité aux documents antérieurs, en les
confirmant sur tous les points essentiels.

Au nombre des savants du xviiie siècle qui ont parlé des
maladies des mineurs, on peut encore citer Swédiaur (57) et
Gmelin (58); mais comme ils s'en tiennent à la répétition des
faits connus avant eux, sans y rien ajouter personnellement, c'est
seulement pour mémoire que je fais figurer ici leurs noms.

Ce que je dis de ceux-ci à propos des maladies des mineurs, je
puis le dire aussi d'autres observateurs appartenant également au
xviiie siècle, à propos des maladies des autres ouvriers exposés
à manier le mercure. Comme les études déjà mentionnées de
Ramazzini, de Fourcroy et d'Ackermann, celles de Jacob Trew (59),
de Anton de Haën (60), de C. Bartoldi (61) et de Sauvages (62),
se réduisent tantôt à de simples compilations, tantôt à des
constatations de faits isolés, et leur analyse ne saurait offrir
aucun intérêt véritable.

Pour rencontrer, sur ce terrain, un travail qui mérite de fixer l'attention, il faut sortir du xviii° siècle et arriver à Mérat (63), qui fit paraître en 1804, dans le Journal de Médecine, son mémoire sur le *Tremblement auquel sont sujettes les personnes employant le mercure*, et qui le réédita, en 1810, à la suite de son traité classique de la *Colique métallique*.

Ce qui appartient en propre à Mérat, ce qui le distingue avantageusement de ses prédécesseurs, c'est la netteté de vues dont il a fait preuve, en séparant de la question fort complexe du *mercurialisme professionnel* la question plus simple de l'action isolée des vapeurs de mercure; c'est aussi la justesse d'appréciation avec laquelle il a su définir et caractériser, dans ce qu'ils ont d'essentiel, les effets toxiques de ces vapeurs.

Voulant se borner à l'examen des cas où elles sont seules à intervenir, il a pris ses sujets d'observation dans une catégorie d'ouvriers plus particulièrement exposés à les respirer, celle des doreurs au feu, nombreux alors à Paris, et dont les malades professionnels affluaient à sa clinique de la Charité.

De ses études pathologiques sur ces artisans, Mérat fut amené à conclure que, dans les cas d'intoxication par les vapeurs mercurielles seules, le symptôme le plus remarquable, celui qui, suivant son expression, *résume en lui tout le mal*, est le tremblement, dont il donne une description très exacte et auquel il applique le nom, depuis lors universellement adopté, de *tremblement mercuriel*.

Il constata également que cette affection nerveuse est fort simple, qu'elle reste toujours semblable à elle-même quand des causes étrangères ne viennent pas la compliquer, et que le repos seul, loin des ateliers infectés, suffit ordinairement pour la guérir.

Dans ce court exposé des faits principaux résultant de ses observations, Mérat a condensé tout ce qu'il y a de vraiment important à dire sur l'action des vapeurs mercurielles, lorsqu'elles agissent seules, mais dans le cas, tout spécial, de leur émission à des températures très élevées. Ce cas est celui de l'ensemble des observations recueillies pendant la deuxième période, de celles au moins qui reposent sur un examen sérieux et méritent ainsi quelque confiance, car elles ont porté sur des doreurs au feu et sur des mineurs, c'est-à-dire sur des ouvriers également exposés au danger de l'intoxication par le mercure volatilisé à chaud. Or, quand les vapeurs mercurielles sont émises à une haute température, en se diffusant dans un air beaucoup plus froid, elles le sursaturent et s'y condensent en gouttelettes liquides; de sorte qu'elles sont alors inhalées, non seulement à l'état de fluide élastique, mais aussi à l'état de fine poussière mercurielle. C'est une même substance, mais sous deux états essentiellement différents, et l'erreur des savants de la deuxième période a été de croire que cette différence n'influait pas sur la nature des effets toxiques produits. Aucun d'eux, depuis Fernel jusqu'à Mérat, n'a pensé à se demander ce qui résulterait de l'emploi de vapeurs émises à la température ordinaire et soustraites ainsi à toute possibilité de sursaturation et de condensation : c'est tout à fait fortuitement que cette question a été introduite dans la science, et voici à quelle occasion.

TROISIÈME PÉRIODE.

Pour attirer l'attention des savants sur les propriétés toxiques des vapeurs mercurielles émises à de basses températures, il fallut tout l'éclat d'un fait accidentel qui fit beaucoup de bruit en son temps, et qui est resté légendaire dans l'histoire du mercure : je veux parler ici de ce qui se passa, en 1810, à bord du vaisseau anglais *le Triumph*.

Ce vaisseau étant entré dans le port de Cadix, dont les batteries étaient alors occupées par les Français, et un navire espagnol étant venu s'échouer sous ces batteries, le *Triumph* lui porta secours. On transborda sur celui-ci environ 130 tonnes de mercure contenu dans des vessies qui pourrirent, en laissant échapper tout le métal, et celui-ci s'éparpilla dans toutes les parties du vaisseau. Trois semaines après, 200 hommes étaient pris de salivation, affectés d'ulcères à la bouche et à la langue, frappés en plus ou moins grand nombre de paralysie. Le vaisseau fut conduit à Gibraltar, des ordres furent donnés pour changer ses provisions et son lest, pour le laver, le nettoyer et renouveler les objets d'équipement. Malgré tous ces lavages réitérés, et malgré toutes ces précautions, les hommes occupés à recharger le fond de la cale éprouvèrent encore le ptyalisme, et, pendant le retour de Gibraltar à Cadix, les rechutes furent nombreuses. La maladie, qui continua jusqu'au retour en Angleterre, détermina la mort de deux hommes de l'équipage.

Les effets observés dans cette circonstance étaient dus évidemment à la respiration d'une atmosphère chargée de vapeurs mercurielles; ils ne se firent pas sentir seulement sur les hommes de l'équipage, mais aussi sur les animaux qui étaient à bord. Les moutons, les porcs, les chèvres succombèrent sous l'influence de cette cause pernicieuse. Les souris, les chats, un chien et même un serin éprouvèrent le même sort, quoique le grain dont se nourrissait cet oiseau fût contenu dans une bouteille fermée, et Plowman, le chirurgien du bord, affirme avoir vu des souris entrer dans l'infirmerie, s'élancer en l'air et retomber mortes sur le pont.

Quoique la conclusion, tirée de l'événement du *Triumph*, relativement à l'action du mercure volatilisé à la température ordinaire, ne rencontrât aucune opposition, il importait néanmoins de la soumettre au contrôle de l'expérience, et un savant français, Gaspard (65), entreprit dans ce but, en 1821, une série de recherches qu'il fit porter, non sur des animaux tout développés, mais sur des germes et sur des fœtus aux diverses phases de leur évolution : elles ont donné d'ailleurs les résultats les plus frappants et les plus décisifs.

Des œufs de poules ayant été mis en incubation dans des vases contenant du mercure, mais sans contact avec lui; les fœtus se sont développés pendant deux jours, mais ils ont été constamment trouvés morts à cette époque, au moment de la formation du sang.

Deux œufs contenant deux poulets bien vivants âgés de six jours, ayant été exposés aux émanations du mercure, sans contact immédiat, les poulets ont péri en vingt-quatre heures.

Un morceau de viande de boucherie garnie d'œufs de mouche ayant été suspendu au-dessus du mercure, dans des conditions convenables de température et d'humidité, aucun ver ne s'y développa, tandis qu'ils naissaient par centaines dans les expériences de comparaison, sans mercure.

Une douzaine d'œufs de blatte, les uns récemment pondus, d'autres plus avancés, quelques-uns contenant déjà de petits fœtus tout formés, avec leurs yeux et leurs membres distincts, exposés, sans contact, aux vapeurs de mercure, n'ont donné lieu à aucune éclosion, tandis que ceux des expériences de comparaison ont produit de petites blattes à terme ordinaire. A l'ouverture des premiers on a trouvé les fœtus morts et les liquides décomposés.

Des œufs de colimaçon, pondus de la veille, ayant été introduits, avec quelques globules de mercure dans un petit trou creusé en terre et bien fermé, n'ont pris aucun développement, tandis que les autres œufs de la même portée, placés dans les mêmes conditions, mais sans mercure, se sont très bien développés.

On doit encore à Gaspard d'autres expériences relatives à l'action de l'eau mercurielle sur les œufs et les têtards des grenouilles et des crapauds; elles trouveront plus naturellement leur place dans le chapitre où j'étudierai l'action de cette même eau mercurielle sur les animaux aquatiques.

A défaut d'expériences, dont il ne saurait être question quand il s'agit de l'homme, um autre savant français, Colson (66), dont les travaux ont suivi de près ceux de Gaspard, a groupé des faits bien observés destinés à établir, d'une part, la volatilité du mercure à la température ordinaire, d'autre part, l'action délétère des vapeurs émises dans ces conditions.

Après avoir rappelé comment la démonstration de ces deux points résulte de toutes les particularités de l'accident du

Triumph, des expériences de Faraday, qu'il dit avoir répétées, et de celles de Gaspard, voici ce qu'il ajoute à cet ensemble de preuves. Médecin d'un hospice de vénériens, il constate que, dans les salles où sont réunis les malades traités par la méthode des frictions, on peut recueillir sur les murs, par le grattage, du mercure en nature, qui ne peut provenir que de la condensation des vapeurs de ce métal, et il en conclut à la diffusion de ces vapeurs dans l'atmosphère de la salle. Comme dans ce milieu vicié, lui-même et cinq élèves du service ne tardent pas à présenter les symptômes les plus marqués de l'intoxication mercurielle, Colson n'hésite pas à mettre exclusivement ces effets toxiques sur le compte de la respiration des vapeurs hydrargyriques. Il ne s'est pas trompé sur leur mode d'action en affirmant que leur absorption, par les voies pulmonaires, a pour conséquence immédiate leur pénétration dans le sang avec lequel il admet qu'elles circulent dans tout l'organisme. Il est allé plus loin encore en cherchant à vérifier expérimentalement ces vues *a priori* dont j'aurai, plus tard, à démontrer l'exactitude, et on lui doit l'initiative des premières recherches analytiques tentées pour déceler la présence du mercure dans le sang des sujets soumis à un traitement mercuriel. Comme il n'avait à sa disposition que des procédés d'analyse très imparfaits, on ne saurait accepter, avec une entière confiance, les résultats positifs qu'il prétend avoir obtenus.

A partir du moment où il fut bien démontré que les vapeurs mercurielles, même émises à la température ordinaire, ont une action toxique des plus prononcées, on s'attacha, avec un redoublement d'attention, à étudier les troubles qu'elles produisent dans l'organisme humain, et on alla chercher surtout les éléments de cette étude dans l'observation des symptômes présentés par les ouvriers des professions qui comportent le maniement du mercure à froid.

De l'ensemble de ces observations, quoiqu'elles fussent faites dans des conditions peu comparables, on se crut en droit de conclure à l'existence d'une affection spéciale bien définie, déterminée par l'introduction du mercure dans l'économie, et à laquelle on donna le nom de *mercurialisme professionnel*.

Plus tard, lorsqu'à la suite des travaux de Mialhe, de Voït et d'Overbeck, on admit que tous les médicaments mercuriaux, y compris le mercure en nature, ne pouvaient agir physiologiquement et thérapeutiquement qu'en se transformant d'abord en bichlorure, puis en chloralbuminate ou oxydalbuminate solubles, on fut naturellement conduit à admettre que le métal et ses composés donnaient forcément lieu aux mêmes troubles morbides, et on généralisa comme il suit : on appela *mercurialisme,* sans épithète, ou bien *mercurialisme constitutionnel,* le processus pathologique provenant de l'administration du mercure, sous quelque forme que celle-ci se produise.

J'aurai à discuter ailleurs la légitimité d'une généralisation aussi large; ce qui doit m'occuper ici, ce n'est pas le mercurialisme pris dans son acception la plus générale, mais simplement le mercurialisme professionnel, parce qu'il est le seul dont l'étude se rattache à celle de l'action toxique des vapeurs mercurielles.

Après le remarquable mémoire de Mérat sur les maladies des doreurs, on ne compte en France qu'un très petit nombre de travaux sur le mercurialisme professionnel, et encore se réduisent-ils, pour la plupart, au collationnement de quelques observations portant sur des faits trop isolés pour qu'on puisse attribuer une grande importance aux déductions qu'on voudrait en tirer : cela me permet d'être bref dans l'exposé qui va suivre.

En 1821, dans l'article *Tain,* du *Dictionnaire des Sciences médicales,* Burdin (67) décrit brièvement les troubles morbides auxquels sont sujets les étameurs de glace, en notant surtout la prédominance du tremblement.

Peyrot (68) signale, en 1834, un cas où le tremblement, en prenant le caractère convulsif, détermine la mort de l'individu qui en était atteint.

En 1841, le *Journal de Médecine de Bordeaux* (69) publie le fait suivant, qui est particulièrement significatif. Une salle de l'hôpital maritime de Rochefort étant infestée de punaises fut évacuée et on y distilla deux kilogrammes de mercure; lorsque les malades qui l'avaient momentanément quittée y revinrent, ils furent tous pris de salivation.

En 1841, Olivier (d'Angers) et Roger (de l'Orne) (70) mentionnent un commencement d'intoxication, avec affaiblissement intellectuel allant jusqu'à l'idiotie, survenu chez deux enfants logés au deuxième étage d'une maison donnant sur une cour où l'on distillait journellement du mercure.

Un fait d'intoxication plus grave encore est consigné, en 1845, par Grapin (71). Il s'agit, cette fois, d'une famille de quatre personnes soumise accidentellement à l'action délétère des vapeurs mercurielles dégagées par la combustion d'une sébile de bois qui avait servi à contenir du mercure : l'une des victimes de cet accident succomba dans l'intervalle de deux jours.

Rayer et Guérard (72) font paraître en 1846 des observations sans portée sur des faits isolés de mercurialisme professionnel, et les documents produits par eux sont absolument dénués d'intérêt.

Il n'en est pas de même de ceux que renferment les *Lettres médicales* de Roussel (73) sur l'Espagne, publiées en 1848 par l'*Union* : les chapitres consacrés aux mines d'Almaden ont principalement trait aux maladies des mineurs, qui ont été très attentivement et très judicieusement étudiées par Roussel, et j'aurai plus tard à puiser dans cette étude des renseignements dont je dois signaler dès à présent l'importance.

Après les *Lettres médicales* de Roussel, je trouve encore reproduites dans l'*Union*, à la date de 1867, quelques leçons intéressantes de Gallard (74) sur les maladies causées par le mercure, et de 1867 à 1878, en dehors d'une série d'observations isolées dues à Moutard-Martin, Bouchard, Jean et Sée, je n'ai pas à signaler de travaux de provenance française sur la question de l'action toxique des vapeurs mercurielles. Ces observations, dont il ne ressort rien de particulièrement important à noter, et que je puis par conséquent passer sous silence, ont été recueillies et pertinemment commentées par Hallopeau (75) dans sa thèse inaugurale sur le *Mercure*, œuvre remarquable d'érudition et de science, où l'étude du mercurialisme professionnel ne pouvait manquer de trouver sa place. Pour réunir les matériaux de cette étude, Hallopeau a plus emprunté à la littérature médicale allemande qu'à la nôtre, assez pauvre, depuis Mérat, en travaux de quelque importance ayant le mercurialisme professionnel pour objet.

En Allemagne, au contraire, les travaux de ce genre sont très nombreux et très complets, ce qui s'explique naturellement par les facilités exceptionnelles qu'offraient aux savants de ces pays, pour l'étude du mercurialisme professionnel, les services hospitaliers de plusieurs centres industriels, tels que les mines d'Idria, les grandes fabriques de miroiterie de Furth, d'Erlangen, de Prague et du Bomerwald, qui réunissaient des centaines d'ouvriers en contact incessant avec le mercure, et chez lesquels, par conséquent, les cas d'intoxication devaient fréquemment se produire. Ce sont surtout les étameurs de glace qui ont attiré l'attention des observateurs allemands, et leurs maladies ont fourni la matière d'études très intéressantes à Werbeck du Château (76), Anton Bayer (77), Bamberger (78), Fronmuller (79), Koch (80), Aldinger (81), Keller (82), Baum (83), Gotz (84) et Kussmaül (85), auxquels on peut ajouter deux savants anglais, Bateman (86) et Mitchell (87), qui se sont occupés du même sujet.

Les maladies des doreurs ont été étudiées en Allemagne et en Angleterre par Karl Sundelin (88), Bright (89), Arrowsmith (90), Van Charante (91) et Vallon (92); celles des constructeurs de baromètres, par Pleischl (93), et celles des mineurs d'Idria, par Hermann (94).

Je n'entreprendrai pas ici l'analyse de cette longue série de travaux; elle a été faite avec tout le soin et avec toute l'autorité désirables par Kussmaül, qui a mis en œuvre, dans son ouvrage classique, sur le *Mercurialisme constitutionnel*, non seulement les résultats de ses observations personnelles, mais aussi ceux des observations recueillies par ses devanciers; de sorte qu'il nous suffira de rapporter ici ses conclusions pour avoir la substance des travaux dont il a fait son profit.

Par *mercurialisme constitutionnel*, Kussmaül entend la diathèse spéciale due à l'introduction du mercure pur dans l'organisme, et comme il ne pouvait la rencontrer que chez les individus astreints, par état, à manier journellement le mercure, c'est forcément à cette catégorie de sujets qu'il a dû limiter son examen. Aussi, ce qu'il appelle *mercurialisme constitutionnel* n'est-il rien de plus que ce qu'on qualifie ordinairement de *mercurialisme professionnel*.

Or, comme il le remarque avec justesse, pour les ouvriers en contact habituel avec le mercure, l'absorption de cet agent toxique peut résulter, soit du maniement du métal, soit de l'inhalation de ses poussières, soit enfin de l'inhalation de ses vapeurs. Ces trois cas donneraient lieu, d'après lui, à la même genèse de symptômes, qui varieraient seulement d'intensité suivant que la marche de l'absorption elle-même serait plus ou moins rapide, et produiraient ainsi les deux formes, aiguë et chronique, du mercurialisme professionnel.

Sous ses deux formes, cette diathèse impliquerait, comme phénomènes primitifs, des troubles du côté du canal alimentaire, tels que stomatite, salivation, gastricisme, catarrhe intestinal, diarrhée; comme phénomènes consécutifs, des troubles de l'innervation, éréthisme, tremblements plus ou moins marqués pouvant aller jusqu'aux convulsions, aux vertiges, au délire et à la paralysie.

Comme il s'agit ici de faits que Kussmaül avait eu l'occasion de relever par centaines, pendant dix années de pratique médicale non interrompue à Furth et à Erlangen, on doit tenir pour exactement observés les symptômes qu'il assigne au mercurialisme constitutionnel; mais il y a lieu de se demander si ce mercurialisme lui-même, dont il fait une entité morbide à type distinct, a réellement le caractère de simplicité qu'il croit pouvoir lui attribuer.

A priori, rien n'autorise à penser que l'introduction du mercure pur dans l'organisme doive aboutir toujours au même résultat, à quelque titre qu'elle ait lieu, et c'est plutôt le contraire qu'on est tenté de préjuger, quand on voit combien sont dissemblables les conditions dans lesquelles elle est appelée à se produire.

Lorsqu'elle est la conséquence du maniement habituel du mercure, celui-ci à l'état d'extrême division, sous la forme d'une crasse où il entre probablement à l'état d'oxydation partielle, se loge profondément dans les replis et dans les sillons de la peau des mains, que des lavages réitérés à l'eau simple ne parviennent pas toujours à débarrasser de cet enduit adhérent.

Dans les manipulations des gaz sur la cuve à mercure, il suffit d'avoir tenu pendant quelques instants ses mains sous le métal liquide pour reconnaître qu'elles en sont imprégnées au point d'impressionner très fortement une feuille de papier sensible à l'azotate d'argent ammoniacal, à travers plusieurs doubles de papier buvard interposés afin d'empêcher le contact immédiat.

Appliqué sur la peau intacte, même avec frottement, le mercure, comme des expériences récentes l'ont irréfutablement démontré, n'est pas absorbable en nature, mais on admet qu'il peut le devenir à l'état de combinaison, après avoir été attaqué par les agents chimiques contenus dans les sécrétions des organes glanduleux de la peau. Si cette attaque se produisait réellement, ce qui est fort contestable, comme je le montrerai plus loin, je dois ajouter qu'elle serait toujours assez faible et assez lente pour rendre à peu près nul le danger d'absorption qui en résulterait.

Ce qui est autrement grave, quand on manie habituellement le mercure, quand les mains en restent imprégnées et qu'on les fait servir à la préhension des aliments sans les avoir préalablement lavées avec soin, c'est le risque auquel on s'expose de mélanger le métal aux aliments ingérés, et de l'introduire ainsi dans les voies digestives, où l'action des sucs gastriques et intestinaux peut le transformer en composés éminemment toxiques.

Donc, quand le mercure est introduit dans l'organisme par le fait de son maniement habituel, il n'y pénètre qu'à l'état de combinaison, et c'est encore ainsi que les choses se passent quand son absorption se produit à la suite d'une inhalation de poussières fines. Arrêtés au passage et retenus sur les muqueuses des voies respiratoires, les globules du métal pulvérulent, quelle que soit leur petitesse, ne peuvent pas traverser, en nature, les *septa* qui les séparent du réseau des capillaires sanguins, mais soumis, comme ils le sont alors, à l'action combinée de l'oxygène de l'air et des chlorures alcalins, ils se transforment en composés solubles qui se prêtent facilement à l'absorption. Ils peuvent aussi jouer le rôle de corps étrangers et, dans ce cas, l'irritation qu'ils produisent provoque la formation d'abcès susceptibles de dégénérer en ulcères.

Quand le mercure est inhalé à l'état de vapeurs, celles-ci agissent de façon fort différente suivant qu'elles sont émises à des températures très élevées, telles que celle de l'ébullition, par exemple, ou à la température ordinaire.

Dans le premier cas, les vapeurs qui se dégagent dans l'air ambiant, sensiblement plus froid qu'elles, s'y condensent en gouttelettes liquides très fines, et on est ainsi ramené aux effets connus de l'inhalation des poussières mercurielles. Dans le second cas, les vapeurs, en se diffusant dans l'air, qui est à une température égale ou supérieure, y conservent leur état de fluide élastique, et comme elles ne sauraient le perdre en pénétrant dans les voies respiratoires, elles peuvent alors participer aux échanges gazeux dont les poumons sont le théâtre et pénétrer directement dans le sang, au même titre que les gaz atmosphériques auxquels elles sont mélangées.

Après cette analyse qui montre combien sont variables les modes de pénétration du mercure dans l'organisme, il y a lieu de se demander si chacun d'eux comporte aussi un mode particulier d'intoxication, ou bien si tous indistinctement, malgré les différences essentielles qui les séparent, donnent naissance à des effets toxiques identiques.

Sans discuter contradictoirement ces deux opinions, sans se préoccuper de les soumettre au contrôle des faits, Kussmaül admet, *a priori*, la vérité de la seconde, et cela le conduit à faire entrer, dans la description qu'il donne du mercurialisme, l'ensemble des symptômes constatés par lui, et par d'autres savants allemands, sur les nombreux sujets qu'il leur a été donné d'observer.

On ne saurait évidemment douter de l'exactitude de ces observations, mais comme elles se rapportent à des cas spécifiquement très dissemblables, Kussmaül, qui n'a pas tenu compte de ces différences spécifiques, s'est exposé à une première cause d'erreur en n'admettant qu'une seule forme de mercurialisme, à laquelle il faudrait attribuer la totalité des symptômes dont il fait une énumération si longuement détaillée.

Comme cause d'erreur plus grave encore, on peut lui reprocher de s'être servi d'observations qui le mettaient en danger de confondre les symptômes de l'intoxication mercurielle avec ceux qui pouvaient résulter de l'intoxication par d'autres métaux. Il convient en effet de remarquer que ses études cliniques, et celles de la plupart de ses devanciers allemands, ont porté à peu près exclusivement sur des étameurs de glace, lesquels risquent d'être intoxiqués, non seulement par le mercure, mais aussi par l'étain, qu'ils manient à l'état de *regratures*, et qu'ils inhalent à l'état d'*avivures*.

Les *regratures*, résidus fournis par le grattage des glaces cassées ou défectueuses, et les *avivures*, poussières fines soulevées par le nettoyage des ateliers, sont deux amalgames d'étain, renfermant le premier 75 p. 100, le second 25 p. 100 de ce métal, et comme les ouvriers spécialement employés aux travaux de l'étamage absorbaient de l'étain en même temps que du mercure, leur situation est loin de ressembler à celle des autres ouvriers du même atelier que la nature de leurs occupations, distillation ou transport du mercure, emmagasinage et emballage des glaces, exposait uniquement à l'action des vapeurs mercu-rielles émises, tantôt à des températures élevées, tantôt à la température ordinaire.

En ne distinguant pas entre ces deux catégories d'ouvriers, Kussmaül a pu se trouver amené à mettre sur le compte du mercure des effets toxiques appartenant réellement à l'étain, et, lors même qu'on serait d'accord avec lui pour n'admettre qu'une seule forme de mercurialisme, il y aurait encore des réserves à faire au sujet des symptômes qu'il se croit en droit de lui assigner.

On ne saurait aborder la discussion de ces symptômes sans

avoir préalablement résolu la question de savoir si le mercurialisme est une entité morbide dont le type reste invariable malgré la variation des causes qui·peuvent lui donner naissance, et cela nécessiterait, pour chacune de celles-ci, l'étude séparée des effets toxiques qu'elle est capable de produire.

On sait que ces causes sont au nombre de quatre principales : l'absorption du mercure par les voies digestives, l'inhalation de ses poussières, l'inhalation de ses vapeurs émises à des températures élevées, et celle des mêmes vapeurs émises à la température ordinaire. L'étude de la dernière rentrait seule dans le plan du sujet qui m'occupe, et je vais maintenant exposer les résultats des recherches dont elle a été l'objet de ma part.

BIBLIOGRAPHIE

———

(1) THÉOPHRASTE. — *Opera omnia. Liber de lapidibus*, p. 12 et 13.

(2) DIOSCORIDE. — *De materiâ medicâ*, t. I, de *Hydrargyro*, cap. CX, p. 776.

(3) MATTHIOLE. — *Comment. in lib. Dioscoridis*, lib. V, cap. LXX : *de Arg. Viv.*, p. 936.

(4) DIOSCORIDE. — *Loc. cit.*, lib. V, ch. IX.

(5) PLINE. — *Hist. nat.*, t. V, lib. XXXIII, cap. VII, p. 38.

(6) GALIEN. — *De simpl. med. facul.*, t. XI, lib. V, p. 707.

(7) AETIUS. — *Med. græc. tetrabiblos*, sermo I, p. 712.

(8) PAUL D'ÉGINE. — *Op. omn.*, lib. VII, cap. III, p. 400.

(9) ACTUARIUS. — *Op. omn.*, lib. V, c. XII, p. 315.

(10) ORIBASE. — *Medic. collectan.*, lib. XIII.

(11) RHAZÈS. — *De re medicâ*, lib. VIII, cap. XLII, p. 203.

(12) AUSONE. — Can. II, cap. XLVII, épig. X.

(13) MÉSUÉ. — *Op. omn.*, lib. IV, cap. XIII, p. 162.

(14) SÉRAPION. — *De simpl. medic. hist.*, p. 135.

(15) AVICENNE. — *Canon medicinæ*, lib. II, tract. XI, cap. XLVII, p. 207.

(16) ALSAHARAVIUS. — *Lib. theor. ac. pract.*, fol XXXV, p. 108.

(17) CONSTANTINUS AFRICANUS. — *De morb. cogn. et curat.*, lib. IX, p. 103.

(18) ROGER DE PARME. — *Pract. med.*, lib. V, cap. XI.

(19) ROLANDUS CAPELLATUS. — *De cur. pestif. apostematum*, tract., lib. II.

(20) PETRUS HISPANUS — *Lib. emp. de medendis, hum. corp. morbis.*

(21) THÉODORIC. — *Chir. de morbo mortuo*, lib. III, cap. LV, fol. 127, p. 2.

(22) GULIELMO VARIGNANO. — *Chirurg.*, lib. V, cap. X.

(23) BERNARD GORDON. — *Lib. méd. de morb. curatione*, lib. II, cap. XVI.

(24) ARNAULD DE VILLENEUVE. — *De grad. med. Aphorismi*, tract. VI.

(25) GUY DE CHAULIAC. — *Chir.*, fol. 83, p. 2.

(26) VALESCO DI TARANTA. — *Philosopharm.*, lib. VI, fol. 156.

(27) GRUNPECK DE BURCHAUSEN.— *Tract. de pestil. scorrâ, sive de morb. gall.*, t. I, p. 57.

(28) WIDMANN. — *Tract. de pust. quæ vulgato nomine dicuntur mal. gall.*, t. I, p. 47.

(29) BÉRANGER DE CARPI. — *Comm. cum. ampl. add.*, t. I, cap. VII.

(30) JEAN DE VIGO. — *Chirurg.*, lib. V, cap. I, n° 2.

(31) ULRIC DE HUTTEN. — *De quaj. med. et morb. gall. Luisinus*, lib. I, cap. IV.

(32) FABRICE DE HILDEN. — *Eph. des C. de la N.*, cent. V, obs. 98.

(33) JACQUES CATANÉE. — *Luisinus*, lib. III, cap. II.

(34) ANGE DE BOLOGNE. — *Libellus de curâ ulc. et de unguentis. Bas. Sammlung*, p. 288.

(35) NICOLAS MASSA. — *Luisinus*, lib. VI, cap. IV.

(36) JOHANNES VOCHS. — *De pestilentiâ anni 1507 et ejus curâ.*

(36') FRASCATOR. — *De cont. morb. curâ*, lib. III, cap. X, fol. 109, p. 2.

(37) BENEDICTUS VICTOR. — *Luisinus*, t. I, cap. II, p. 96.

(38) J. FERNEL. — *De luis venereæ curat. perfect.*, t. I, cap. VII, p. 99, Trad. de LE PILEUR, Paris, 1879.

(39) J. FERNEL. — *Loc. cit.*, p. 137.

(40) J. FERNEL. — *Loc. cit.*, p. 139.

(41) FALLOPE. — *Op. omn. De metallis seu foss.*, cap. XXXVII, p. 345.

(42) MATTHIOLE. — *Comment. in lib. Dioscor.*, l. V, cap. LXX, p. 937.

(43) P. FORESTUS. — *Observationum*, lib. VIII, obs. 5.

(44) O. ROBRICHIUS. — *Act. Cop.*, 1673, obs. 79.

(45) JALON. — *Eph. des C. de la N.*, dec. II, obs. 107.

(46) S. WALTER POPE. — *Phil. Trans.*, t. I, p. 21, 1665.

(47) ETMULLER. — *De Vertigine*, t. I, cap. VIII, 1671.

(48) O. BORRICHIUS. — *Eph. des C. de la N.*, dec. II, obs. 16, p. 45.

(49) JUNGKEN. — *Chymia exp. cur.*, sect. II, cap. *de Mercurio*, p. 149.

(50) RAMAZZINI. — *De morbis artificum*, p. 13.

(51) FOURCROY. — *Essai sur les maladies des artisans*, p. 38.

(52) ACKERMANN. — *Krank. d. Kunst. und. Handw.*, Bd II, S. 63.

(53) A. DE JUSSIEU. — *Hist. de l'Ac. roy. des Sc. pour l'année 1719*, p. 359, 1721.

(54) KEYSSLER. — *Neueste Reisen durch. Deutsch.*, Bd II, p. 861.

(55) SCOPOLI. — *De morbis fossorum hydrargyri.*

(56) THIERRY. — *Obs. de Phys. et Méd. en Espagne*, t. II, p. 22.

(57) SWEDIAUR. — *Traité compl. des mal. syph.*, t. II, cap. XIX.

(58) GMELIN. — *App. médic., Règne minéral*, t. II, p. 22.

(59) JACOB TREW. — *Atrox-Merc. vidi effectus. Act. phys. med.*, t. IV, obs. 111, p. 540.

(60) ANTON DE HAEN. — *Rat. med. in Nosoc. pract. Pars tertia*, p. 201.

(61) BARTOLDI. — *Dissert. med. de morb. artif.*, p. 112.

(62) SAUVAGES. — *Nosologie méthodique*, t. IV, p. 38, 1772.

(63) MÉRAT. — *Mémoire sur le tremblement auquel sont sujettes les personnes qui emploient le mercure (J. de Méd.*, 1804, et art. *Tremblement mercuriel, Dict. des Sc. méd.*, t. IV, 1821).

(64) BURNETT. — *Fait du Triumph, Phil. Trans.*, t. II, p. 402, *et Billioth. Brit*, t. XLVII, p. 365.

(65) GASPARD. — *J. de Phys. de Mag.*, t I, p. 185, 1821.

(66) COLSON. — *Arch. gén. de Méd.*, t. XII, p. 68, 1826.

(67) BURDIN. — *Dict. des Sc. Méd.* Article *Tain*, t. LIV, p. 271.

(68) PEYROT. — *Arch. gén. de Méd.*, avril 1834.

(69) *Journ. de Méd. de Bord.*, cité par *Revue méd.*, févr. et mars 1840.

(70) OLIVIER (d'Angers) et ROGER (de l'Orne).— *Ann. d'Hyg.*, avril 1841.

(71) GRAPIN. — *Effets des vap. merc. sur l'homme.* Arch. gén de Méd., t. VII, p. 327, 1841.

(72) RAYER et GUÉRARD. — *Ann. de Thér.*, t. III, p. 470, 1846.

(73) ROUSSEL. — *Lettres méd. sur l'Espagne. Un. méd.*, 1848.

(74) GALLARD. — *Des mal. causées par le Merc. Un. méd.*, t. II, p. 18, 137, 152.

(75) HALLOPEAU. — *Du Mercure,* p. 89, 90, 113, 141, 145.

(76) WERBECK DU CHATEAU. — *Beob. über die Wirck. der Queck. Med. Jahr. 1814.*

(77) ANTON BAYER. — *Beob. über Queck. Vergift, Horn's Arch.*, 1820.

(78) BAMBERGER. — *Klin. Beob. — Deutsch Clin.*, 1850.

(79) FRONMULLER. — *Deutsche Klinik.*, N. III, S. 32, 1854.

(80) KOCH. — *Bemerk. uber Hydrarg. — Canstatt. Jahr.*, 1855.

(81) ALDINGER. — *Zur Lehre von Merc. — Diss. inaug.* Wurzburg, 1804.

(82) KELLER. — *Uber die Erkrang. in der Spieg. Fab.—Deutsch. med. Woch,* 1860.

(83) BAUM. — *Zur die Zust. der Arbeit. in den Spieg. Fabr.*, 1860.

(84) GOTZ. — *Cité par Kussmaül*, p. 136.

(85) KUSSMAUL.— *Untersuch. uber die. constit. Mercur.* Wurzburg; 1861.

(86) BATEMAN. — *Report of Diseases, Ed. med. and sur. J.*, t. VII, p. 176.

(87) MITCHELL. — *Lond. med. and surg. J.*, nov. 1831.

(88) KARL SUNDELIN. — *Horn's Arch.*, 1829, S. 550.

(89) BRIGHT. — *Rep. of. med. Deseases*, t. II, p. 2 à 495, 1831.

(90) ARROWSMITH. — *Uber das bei Metallvergift. vork. Zittern. Schmidts Jahr.*, Bd V, S. 304.

(91) VAN CHARANTE. — *Beobacht. einer Falls von Gliederzittern Schmidts Jahr.*, Bd VIII, S. 176.

(92) VALLON. — *Schmidts Jahr.*

(93) PLEISCHL. — *Tremores mercuriales, Œst. Zeitschr. für. pr. Heilk.*, nos 38, 39, 40, 41, 1856.

(94) HERMANN. — *Studien in Idria, Wien. med. Woch.*, nos 40, 41, 43, 1858.

CHAPITRE IV

Action toxique des vapeurs mercurielles. Expériences.

———

Dans les cas où il a été permis d'observer l'action toxique exercée sur l'homme, à la température ordinaire, par les vapeurs mercurielles, celles-ci étaient rarement seules à intervenir. Ces observations, avec la complexité de leurs résultats, laissaient donc indécise la question de la détermination des symptômes vrais de l'intoxication hydrargyrique, et on ne pouvait sortir de cette indécision qu'en expérimentant, dans des conditions bien définies, sur des animaux supérieurs.

C'est ce qu'ont tenté, en Allemagne, Barensprung, Eulenberg et Kirchgasser; mais leurs expériences, insuffisantes par le nombre et défectueuses par la méthode, sont loin d'être décisives, comme je vais le montrer en les exposant brièvement.

Barensprung (1), dont les travaux datent de 1850, s'est moins préoccupé d'étudier l'action toxique des vapeurs mercurielles sur les animaux, que de prouver leur pénétration directe dans les voies pulmonaires, et, pour fournir cette preuve, voici comment il opérait.

Expérimentant sur des lapins, il plaça successivement trois de ces animaux sous une cloche à l'intérieur de laquelle il faisait dégager des vapeurs de mercure bouillant, puis il les tua, après les avoir soumis, pendant quelques heures, à ce traitement.

A l'autopsie il trouva dans le tissu pulmonaire de nombreuses hyperémies variant de la grosseur d'une tête d'épingle à celle d'une lentille, et quelques taches rouges et grises correspondant à autant d'hépatisations. Le microscope lui révéla nettement la présence de gouttelettes de mercure formant le noyau de ces hyperémies et de ces hépatisations, et il rencontra d'autres gouttelettes très apparentes dans les mucosités des bronches. La muqueuse de la trachée et celle des bronches étaient d'ailleurs fortement injectées.

S'ils n'eussent été sacrifiés, les lapins qui présentaient d'aussi graves lésions seraient morts certainement des suites des désordres occasionnés par elles ; mais, tout en admettant que cette conclusion découle rigoureusement des expériences de Barensprung, il importait cependant de la confirmer par des preuves de fait, et c'est le Dr Herman Eulenberg (2) qui s'est le premier préoccupé de les fournir.

Il renferma d'abord un lapin dans une grande cage vitrée, où il fit évaporer, pendant sept jours, du mercure chauffé au bain de sable. Après quinze jours de séjour dans ce milieu, l'animal ne présentant aucun changement d'état apparent, Eulenberg fit arriver à la partie supérieure de la cage les vapeurs produites par 5 grammes de mercure en ébullition, et six jours plus tard, le lapin cessant de manger, ses gencives ainsi que ses conjonctives rougirent et se tuméfièrent. Ces symptômes disparurent au bout de quelques jours et la santé générale resta bonne.

Dans une seconde expérience, faite encore sur un lapin, la cage vitrée, qui était plus petite, reçut, le premier jour, toute la vapeur provenant de l'ébullition de 20 grammes de mercure. Le second et le quatrième jour eurent lieu deux volatilisations de 10 grammes chacune, sans que l'animal manifestât d'autre symptôme qu'un peu d'enflure des conjonctives, avec un léger dépôt de mucosités aux angles internes des yeux ; le sixième jour il fut trouvé mort en posture assise.

A l'autopsie, Eulenberg ne découvrit pas, comme cela était arrivé à Barensprung, des gouttelettes de mercure dans le tissu pulmonaire, mais des lames de cuivre humectées d'acide nitrique, appliquées sur ce tissu, s'amalgamèrent très distinctement. Les grosses veines, et toutes les cavités du cœur renfermaient du sang caillé noir, la muqueuse de la trachée et celle des plus petites branches étaient fortement injectées, les poumons et le cerveau étaient notablement congestionnés.

De cette unique expérience Eulenberg se croit en droit de conclure que les vapeurs mercurielles sont mortelles pour les animaux de petite taille, pourvu toutefois qu'on les fasse agir à doses fortes et fréquemment renouvelées; mais cette conclusion est doublement attaquable, car elle pèche, à la fois, par excès de généralisation et par défaut de rigueur, puisqu'elle repose uniquement sur un fait, et que ce fait, lui-même, a été fort inexactement interprété.

Quand on renferme, en effet, comme le pratiquait Eulenberg, des animaux dans une enceinte limitée où l'on fait dégager des vapeurs émises par du mercure bouillant, ces vapeurs, en pénétrant dans un milieu dont la température est de beaucoup inférieure à la leur, s'y condensent en gouttelettes très fines que les courants d'air respiratoires amènent jusqu'au contact avec la muqueuse pulmonaire, sur laquelle elles se déposent et se fixent. Là, jouant le rôle de corps étrangers, elles donnent lieu à des phénomènes inflammatoires dont le retentissement peut s'étendre au reste de l'économie, et provoquer ainsi des troubles généraux assez graves pour déterminer la mort, à échéance plus ou moins prochaine. Les vapeurs mercurielles proprement dites n'entrent pour rien dans ces manifestations de nature purement traumatique, et ce qui arrive alors ne leur est nullement imputable. Pour les mettre en situation d'agir seules, sans l'intervention d'aucun facteur étranger, il faut qu'elles soient émises à une température inférieure à celle des organismes où elles doivent pénétrer; car l'échauffement qu'elles subissent, au moment même de cette pénétration, s'oppose à leur condensation, et c'est bien alors en conservant jusqu'à la fin leur état de fluide élastique qu'elles se présentent à l'absorption.

On s'est peu préoccupé des effets qu'elles produisent lorsqu'elles sont employées dans ces conditions, et Kirchgasser (3) qui a seul abordé expérimentalement cette question, ne l'a traitée que fort accessoirement dans un travail où il avait en vue d'élucider certains points du traitement de la syphilis par la méthode des frictions mercurielles.

D'après ce savant, la stomatite et les phénomènes de salivation auxquels peut donner lieu l'application de cette méthode proviennent d'une action toute locale des vapeurs émises par l'onguent napolitain, et, à l'appui de son opinion, il apporte l'expérience suivante.

Deux lapins de moyenne grandeur, une femelle et un mâle, la première plus jeune et par conséquent plus petite, ont été renfermés par lui dans une niche en bois de sapin de 50 centimètres de long sur 30 centimètres de large et de haut, hermétiquement close de partout, et percée seulement de quelques trous pour laisser passer l'air. Une porte à joints bien serrés ne s'ouvrait que pour l'introduction des aliments, et, le jour où commença l'expérience, le plafond de la niche fut frotté avec $4^{gr},5$ d'onguent napolitain, dont les animaux mis en expérience étaient séparés par quelques bâtons en travers qui empêchaient tout contact. Le tout était contenu dans une pièce à température constante, de 20° centigrades, mais la température à l'intérieur de la niche devait être sensiblement plus élevée.

Après quatre jours ainsi passés, les deux lapins montrèrent un peu de rougeur aux gencives supérieures, qui étaient primitivement pâles, et Kirchgasser fit alors, sur le plafond de la niche, une nouvelle friction de 9 grammes d'onguent. Le cinquième jour, la femelle manifesta, dans les extrémités postérieures, une faiblesse visible qui se traduisait par de légers tremblements, lorsqu'on tenait l'animal par les oreilles. Elle mourut le sixième jour, et on lui trouva, à l'autopsie, une stomatite légère, avec une injection, légère également, de la muqueuse pituitaire.

Le second lapin qui était plus fort et qui, à ce moment-là, présentait, lui aussi, des symptômes de paralysie dans les jambes de derrière, fut laissé pendant un jour à l'air libre pour se rétablir un peu, et quand on le remit en expérience, le lendemain, une nouvelle friction de 9 grammes d'onguent fut faite sur le plafond de la niche. L'animal mourut le dixième jour sans avoir présenté aucun phénomène anormal, en dehors de la paralysie de ses membres postérieurs qui devint plus complète, et il conserva son appétit intact jusqu'à la fin.

A l'autopsie on constata, sur ce lapin, une stomatite sensiblement plus intense que sur le premier, car elle s'accompagnait d'abcès gangréneux aux muqueuses des deux joues et d'ulcères aux bords de la langue; la muqueuse pituitaire, celle de la luette et des bronches étaient en outre fortement injectées, les glandes salivaires très tuméfiées et très rouges, la muqueuse de l'intestin grêle légèrement hypertrophiée.

Dans aucun des deux cas Kirchgasser ne put observer de salivation, et il s'en étonne pour le second, où elle semblait devoir résulter de la tuméfaction inflammatoire des glandes salivaires. Il essaie d'expliquer cette anomalie apparente en disant que l'animal, tout en salivant davantage, a pu avaler l'excès de sa sécrétion salivaire.

Il attribue d'ailleurs, sans hésiter, les lésions produites à une action excitatrice locale des vapeurs mercurielles sur la muqueuse buccale, où il incline à penser qu'elles trouveraient des conditions favorables à leur transformation en sublimé corrosif. Ce serait alors à l'absorption de ce composé, si éminemment toxique, qu'il faudrait rapporter la mort des deux animaux mis en expérience.

Sans rechercher ici ce que vaut cette explication, sur laquelle je reviendrai plus tard, je me bornerai à faire remarquer qu'elle n'est pas acceptable, en principe, parce que son auteur n'a pas pris la précaution de faire agir seules les vapeurs mercurielles sur lesquelles portait son étude. Celles-ci, en effet, étaient émises par du mercure divisé, incorporé à l'axonge de l'onguent napolitain servant aux frictions du plafond de la niche, et quand on opère dans ces conditions, surtout à une température aussi élevée que celle des expériences de Kirchgasser, le rancissement rapide des corps gras, qui entrent dans la composition de l'onguent, donne naissance à des produits volatils, âcres et irritants, qu'on ne peut pas considérer comme inactifs. Les niches à l'intérieur desquelles ce dégagement a lieu en ont leur atmosphère insupportablement empestée, comme je l'ai constaté à plusieurs reprises, et les animaux que l'on condamne à vivre dans un milieu aussi infect y sont soumis à des influences perturbatrices qu'il n'est pas permis de négliger.

On ne peut donc pas accepter les résultats obtenus par Kirchgasser comme caractéristiques de l'action propre des vapeurs de mercure, et lors même qu'on ne serait pas aussi justement autorisé à douter de leur exactitude, ce n'est pas avec le trop insuffisant apport des deux seules expériences sur lesquelles ils s'appuient qu'on est en droit de les généraliser.

Après Kirchgasser, la question de l'action que les vapeurs mercurielles exercent sur les organismes animaux, quand elles sont émises à des températures plus basses que celles de ces organismes, restait donc tout entière à traiter : je vais exposer ce que j'ai tenté, à mon tour, pour contribuer à sa solution.

Mes recherches, qui ont porté sur des animaux aériens et aquatiques de l'embranchement des vertébrés, comprennent deux catégories d'expériences distinctes.

PREMIÈRE CATÉGORIE. — Animaux aériens.

J'ai soumis à l'action des vapeurs de mercure des chiens, des lapins, des cobayes, des rats et des oiseaux.

Les chiens étaient renfermés dans des niches en bois de sapin recevant le jour par une large ouverture supérieure recouverte d'une vitre, et clôturées latéralement par une porte pleine qu'on n'ouvrait que deux fois par jour, matin et soir, lorsque l'animal confiné était extrait de sa niche pour prendre ses repas au dehors.

Les lapins et les cobayes mangeaient dans leurs niches, qui étaient également en bois de sapin, mais sans ouverture supérieure et sans porte. Sur une de leurs faces latérales, la paroi, qui manquait complètement, était remplacée par une vitre glissant lâchement dans deux coulisses, et ne produisant, à dessein, qu'une occlusion très imparfaite.

Les rats et les oiseaux étaient renfermés dans des cages en fil de fer, qui étaient placées elles-mêmes dans des niches identiques à celles des lapins et des cobayes.

Toutes ces niches étaient construites avec des planches mal jointes et percées de trous nombreux afin d'assurer largement la circulation de l'air à l'intérieur, de sorte que les animaux qu'on y confinait y trouvaient à peu près autant de facilités qu'à l'air libre pour respirer. Aussi l'expérience prouvait-elle surabondamment qu'ils pouvaient y prolonger indéfiniment leur séjour sans en éprouver le plus léger détriment, tant qu'on les préservait de l'action nocive des vapeurs mercurielles.

Pour mettre en jeu celles-ci, sans rien changer d'ailleurs aux conditions de milieu que je viens de décrire, voici les méthodes que j'ai employées :

J'ai d'abord essayé, en le modifiant légèrement, le procédé de Kirchgasser; au lieu d'étendre l'onguent mercuriel sur les plafonds des niches, j'en ai enduit des toiles que j'ai appliquées à l'intérieur, par leur côté net, sur les trois faces latérales disponibles dans chaque niche; et pour éviter aux animaux, sur lesquels j'expérimentais, tout contact avec ces toiles, j'avais soin de les en séparer par un grillage métallique en fil de fer fort, à mailles très serrées. Cette précaution, d'ailleurs, devenait inutile pour ceux de ces animaux qui devaient être tenus en cage, comme c'était le cas pour les oiseaux et pour les rats.

En reprenant plusieurs fois, dans ces conditions, l'expérience de Kirchgasser, j'ai constaté qu'on ne pouvait pas, à moins d'un redoublement excessif de précautions, se soustraire à la cause d'erreur que j'ai signalée plus haut; celle du dégagement simultané de vapeurs mercurielles et d'autres produits volatils, dont l'action sur les organismes animaux est loin d'être négligeable.

Ces produits volatils sont dus, comme j'ai eu déjà l'occasion d'en faire la remarque, au rancissement de la matière grasse de l'onguent napolitain; la moindre élévation de température à l'intérieur des niches favorise beaucoup leur développement, et il faudrait, pour éviter leur formation, renouveler très fréquemment

les toiles enduites, dont l'emploi deviendrait ainsi d'une complication gênante.

Pour obtenir ce qu'on ne peut pas avoir avec elles, c'est-à-dire
une émission de vapeurs mercurielles pures de tout mélange, je
les ai remplacées, soit par des plaques de cuivre amalgamées,
soit par des toiles que je trempais successivement dans une solution de nitrate acide mercureux et dans de l'eau fortement ammoniacale ; double opération qui a pour effet d'imprégner ces
dernières d'un dépôt adhérent de mercure métallique, rendu
éminemment propre à l'émission des vapeurs par son état
d'extrême division.

Les toiles qui ont subi cette préparation, et que j'appellerai,
pour abréger, *toiles mercurielles* ou *mercurisées*, ont, en effet,
un pouvoir émissif considérable, et qui dépasse de beaucoup, à
surface égale, celui des plaques amalgamées, mais il faut se
tenir en garde contre un risque auquel expose leur emploi. Mal
préparées, il peut leur arriver, par suite d'un défaut d'adhérence
du mercure qui les imprègne, d'introduire des poussières fines de
ce métal dans les atmosphères respirées par les animaux mis en
expérience, et on se tromperait fortement en attribuant aux
vapeurs ce qui proviendrait de l'action de ces poussières. Cette
cause d'erreur est évitée par l'emploi des plaques amalgamées,
qui est moins commode mais plus sûr.

Qu'on se serve, d'ailleurs, de plaques ou de toiles, l'effet produit par elles est toujours le même : revêtant les parois latérales
des niches, les vapeurs qu'elles émettent abondamment et incessamment, n'ayant pour se diffuser qu'un espace relativement
très limité, le maintiennent, sinon toujours saturé, du moins
dans un état très voisin de la saturation, et cela malgré le renouvellement continu de l'atmosphère intérieure. Comme ces vapeurs
prennent toujours naissance à la température de l'air ambiant, qui
est elle-même toujours inférieure à celle des animaux confinés, en
passant de ce milieu dans l'appareil respiratoire de ces animaux,
elles y subissent une élévation de température qui rend leur
condensation impossible.

Intimement mélangées à l'air qui s'introduit dans les poumons, elles participent avec lui aux échanges gazeux dont cet organe est le théâtre, et c'est par cette voie surtout, comme nous le verrons bientôt, qu'elles trouvent accès dans l'économie. Leur mode de pénétration dans le sang ne diffère aucunement de celui des gaz qu'elles accompagnent; il est direct et immédiat pour elles, aussi bien que pour l'oxygène et l'azote atmosphériques.

Leurs effets toxiques dépendant de la continuité de leur action, il faut avoir soin d'entretenir les surfaces qui les émettent dans un état permanent de bon fonctionnement, et pour cela il convient, à partir du commencement de chaque expérience, de s'assurer, par un contrôle quotidien, de la régularité du dégagement des vapeurs mercurielles dans les niches. Ce contrôle est facile à exercer au moyen des indications fournies par des papiers réactifs, au chlorure de palladium ou à l'azotate d'argent ammo- niacal, qu'on a soin de préparer et d'employer toujours de la même manière. En se guidant sur la rapidité plus ou moins grande avec laquelle ils se teintent, on peut suivre pas à pas, dans toutes ses phases, l'affaiblissement progressif, mais toujours très lent, du dégagement des vapeurs mercurielles; et quand cet affaiblissement devient notable, il est temps d'intervenir pour y remédier. Cela, d'ailleurs, n'est pas souvent nécessaire; lorsque les plaques et les toiles ont été préparées avec soin, elles conser- vent longtemps leur pouvoir émissif sans trop d'altération, et en supposant cette condition remplie, il arrivera rarement qu'on ait besoin de les renouveler plus d'une fois par quinzaine.

Comme renseignement qui ne saurait être séparé de ceux déjà donnés sur le dispositif de mes expériences, je dois ajouter que celles-ci ont toutes été effectuées dans une grande pièce bien close, aux murs épais, dont la température restait invariable tant que celle du dehors ne présentait pas de trop grands écarts de valeur moyenne. Comme ces expériences, à part une seule qui s'est prolongée pendant plusieurs mois, ont été d'assez courte durée, pour chacune d'elles, entre ses dates extrêmes, la température du jour, prise dans les niches et déduite de trois observations faites à sept heures du matin, à midi et à sept heures du soir, a généralement très peu varié; les moyennes entre les températures des jours ainsi déterminées m'ont donné les températures des expériences.

Comme celles-ci ont été très nombreuses, en les échelonnant sur un intervalle de plusieurs années et en les partageant entre les diverses saisons, j'ai pu les effectuer dans des conditions thermométriques dont les écarts ont été assez considérables pour me permettre d'apprécier l'influence de la température sur le pouvoir toxique des vapeurs mercurielles.

Dans l'obligation où j'étais de m'assurer que les animaux, soumis à l'action de ces vapeurs, n'ont pas à compter avec d'autres causes nocives, comme celles qui pourraient provenir, par exemple, de leur séjour continu dans un milieu autre que leur milieu habituel, j'ai eu recours au moyen suivant de contrôle. Toutes mes expériences ont été faites en double, et pendant que l'une d'elles portait sur un animal exposé aux vapeurs mercurielles, l'autre portait sur un témoin placé dans des conditions qui, le mercure excepté, étaient identiques pour tout le reste.

Comme tous les témoins qui ont servi à ces expériences de contrôle n'en ont jamais éprouvé aucun dommage, comme ils n'ont présenté aucune apparence de troubles fonctionnels et qu'ils ont régulièrement augmenté de poids, pendant que les sujets dépérissaient rapidement et ne tardaient pas à succomber après avoir invariablement passé par la même série de symptômes, il devenait dès lors bien évident que l'action du mercure pouvait seule expliquer ces faits d'intoxication.

Telle a été la méthode que j'ai suivie dans mes recherches : il me reste maintenant à exposer les résultats auxquels ces recherches m'ont conduit; on les trouvera consignés dans les tableaux qui suivent.

PREMIÈRE SÉRIE. — Chiens.

Dimensions des niches. { Chiens de grande taille : 0ᵐ60, 0ᵐ60, 0ᵐ60.
{ Chiens de petite taille : 0ᵐ35, 0ᵐ38, 0ᵐ40.

	DATE de la mise en expérience.	DATE de la mort.	POIDS à la 1ʳᵉ date.	POIDS à la 2ᵉ date.	Tempé-rature.
Expér. I. — Toile.....	11 août 1883.	23 août 1883.	k 2,711	k 2,203	24°
Expér. II. — Plaque....	11 août 1883.	29 août 1883.	2,715	2,177	
Expér. III. — Toile.....	8 septemb. 1883.	2 octobre 1883.	6,200	4,504	»
Témoin...................	....	....	8,004	8,508	22°
Expér. IV. — Toile.....	2 octobre 1883.	5 mars 1884.	8,508	4,503	de 22° à 11°

DEUXIÈME SÉRIE. — Lapins.

Dimensions des niches : 0ᵐ35, 0ᵐ40, 0ᵐ55.

	DATE de la mise en expérience.	DATE de la mort.	POIDS à la 1ʳᵉ date.	POIDS à la 2ᵉ date.	Tempé-rature.
Expér. V. — Toile......	30 juillet 1882.	6 août 1882.	k 1,913	k 1,600	22°
Expér. VI. — Plaque....	30 juillet 1882.	10 août 1882.	1,904	1,543	
Témoin.................	»	»	»	»	
Expér. VII. — Toile	18 septemb. 1882.	28 septemb. 1882.	2,320	1,810	
Expér. VIII. — Plaque...	18 septemb. 1882.	1ᵉʳ octobre 1882.	2,345	1,792	18°
Témoin.................			2,120	2,625	
Expér. IX. — Toile	17 décemb. 1882.	8 janvier 1883.	2,004	1,448	
Expér. X. — Plaque....	17 décemb. 1882.	21 janvier 1883.	2,115	1,382	9°
Témoin.................			2,190	2,340	
Expér. XI. — Toile.....	27 mars 1883.	7 avril 1883.	1,877	1,532	
Expér. XII. — Plaque ...	27 mars 1883.	12 avril 1883.	1,862	1,475	11°
Témoin.................			1,645	1,877	
Expér. XIII. — Toile...	23 juillet 1884.	27 juillet 1884.	2,616	2,205	21°
Expér. XIV. — Plaque.	23 juillet 1884.	31 juillet 1884.	2,487	2,108	
Expér. XV. — Toile...	20 juillet 1885.	6 août 1885.	2,516	2,105	24°
Expér. XVI. — Toile...	24 septemb. 1885.	1ᵉʳ octobre 1885.	2,120	1,609	19°
Expér. XVII. — Toile...	13 mars 1886.	2 avril 1886.	1,720	1,507	12°
Expér. XVIII. — Toile...	8 novemb. 1886.	23 novemb. 1886.	1,768	1,476	9°
Expér. XIX. — Toile...	17 décemb. 1886.	21 janvier 1887.	2,015	1,553	8°
Expér. XX. — Toile...	17 septemb. 1887.	30 septemb. 1887.	3,140	2,449	18°

TROISIÈME SÉRIE. — Cobayes, Rats et un jeune Chat.

Dimensions des niches : 0ᵐ30, 0ᵐ25, 0ᵐ25.

Cobayes.	DATE de la mise en expérience.	DATE de la mort.	POIDS à la 1ʳᵉ date.	POIDS à la 2ᵉ date.	Température.
Expér. XXI. — Toile.	12 septemb. 1883.	14 septemb. 1883.	0,895	0,733	
Expér. XXII. — Plaque	12 septemb. 1883.	16 septemb. 1883.	0,890	0,711	22°
Témoin............	....	....	0,796	0,854	
Expér. XXIII. — Toile..	8 novemb. 1883.	13 novemb. 1883.	0,620	0,443	8°
Expér. XXIV. — Plaque	8 novemb. 1883.	15 novemb. 1883.	0,673	0,428	
Expér. XXV. — Toile.	24 septemb. 1884.	27 septemb. 1884.	0,653	0,549	20°
Expér. XXVI. — Toile.	7 décemb. 1884.	18 décemb. 1884.	0,610	0,512	8°
Expér. XXVII. — Toile..	2 décemb. 1885.	16 décemb. 1885.	0,630	0,425	7°
Expér. XXVIII. — Toile..	2 décemb. 1885.	3 décemb. 1885.	0,260	0,240	
Expér. XXIX. — Toile..	30 octobre 1886.	21 novemb. 1886.	0,482	0,365	10°
Expér. XXX. — Toile..	21 novemb. 1886.	5 décemb. 1886.	0,620	0,425	8°
Rats.					
Expér. XXXI. — Toile..	23 avril 1883.	25 avril 1883.	0,244	0,217	12°
Expér. XXXII. — Toile..	21 septemb. 1883.	22 septemb. 1883.	0,106	0,068	19°
Jeune Chat.					
Expér. XXXIII. — Toile..	12 septemb. 1883.	14 septemb. 1883.	0,595	0,533	20°

QUATRIÈME SÉRIE. — Oiseaux.

Dimensions des cages. { Pour les Pinsons et les Verdiers : 0ᵐ30, 0ᵐ25, 0ᵐ25. Pour les Pigeons : 0ᵐ35, 0ᵐ40, 0ᵐ45.

Verdiers et Pinsons.	DATE de la mise en expérience.	DATE de la mort.	POIDS à la 1ʳᵉ date.	POIDS à la 2ᵉ date.	Température.
Expér. XXXIV. — Toile..	14 septemb 1882.	17 septemb. 1882.	0,023	0,019	19°
Expér. XXXV. — Plaque	14 septemb. 1882.	18 septemb. 1882.	0,018	0,014	
Expér. XXXVI. — Toile..	5 mars 1883.	8 mars 1883.	0,027	0,022	13°
Expér. XXXVII. — Plaque	5 mars 1883.	12 mars 1883.	0,026	0,020	
Exp. XXXVIII. — Toile..	17 septemb. 1883.	20 septemb. 1883.	0,024	0,020	21°
Expér. XXXIX. — Toile..	8 décemb. 1883.	13 décemb. 1883.	0,025	0,019	7°
Expér. XL. — Plaque	8 décemb. 1883.	16 décemb. 1883.	0,025	0,020	
Expér. XLI. — Toile..	10 décemb. 1883.	25 décemb. 1883.	0,026	0,022	7°
Pigeons.					
Expér. XLII. — Toile..	27 juillet 1884.	2 août 1884.	0,375	0,256	23°
Expér. XLIII. — Toile..	3 août 1884.	11 août 1884.	0,397	0,250	24°
Expér. XLIV. — Toile..	14 mars 1885.	2 avril 1885.	0,324	0,285	13°

Ce qui ressort essentiellement de cet ensemble de résultats, c'est que les vapeurs mercurielles, émises à saturation à des températures plus basses que celles des organismes dans lesquels elles pénètrent, ont toujours une action mortelle sur les animaux qui les respirent, mais à la condition, toutefois, que cette respiration s'opère d'une manière continue. De plus, comme on devait s'y attendre, leur toxicité s'accroît dans la mesure même de l'accroissement de leur émission.

Les résultats de celles des expériences précédentes, que j'ai distribuées par couples et marquées d'une succession d'accolades, sont particulièrement significatifs à cet égard.

Dans chaque couple, les deux expériences conjointes ont porté simultanément sur des animaux de même espèce et sensiblement de même poids, soumis à l'action des vapeurs mercurielles dans des niches de dimensions et de dispositions absolument identiques. Pour l'un d'eux, ces vapeurs étaient émises par des plaques amalgamées, pour l'autre par des toiles mercurisées de même aire; et comme celles-ci, à surface égale, ont un pouvoir émissif notablement supérieur à celui des plaques, elles ont aussi déterminé plus promptement, dans la généralité des cas, la mort des sujets soumis à leurs émanations.

Une élévation dans la température des expériences se traduisant, en définitive, par un surcroît de dégagement des vapeurs mercurielles, devait nécessairement aboutir à une aggravation de leur pouvoir toxique; et les faits observés s'accordent tous avec cette interprétation du mode d'action de la chaleur.

En rangeant ces faits, pour chaque série, en deux groupes correspondants aux deux saisons extrêmes, on trouve que les animaux d'une même espèce meurent, en moyenne, plus promptement dans la saison la plus chaude : on en jugera par la comparaison des temps moyens après lesquels la mort survient, en été et en hiver.

	ÉTÉ.	HIVER.
Lapins.................	9 jours	20 jours
Cobayes................	3 —	10 —
Pinsons et Verdiers.....	3 —	6 —
Pigeons................	7 —	9 —

Si l'on peut, en s'appuyant sur les résultats qui précèdent, affirmer, comme un fait général, que l'action toxique des vapeurs mercurielles dépend principalement des causes extérieures qui influent sur le plus ou moins d'activité de leur émission, il faut aussi, dans l'appréciation de leurs effets sur les animaux atteints par elles, tenir compte d'un facteur emprunté à ces derniers eux-mêmes; je veux parler des différences individuelles qu'ils présentent dans leur résistance à l'intoxication mercurielle.

Ils peuvent, sous ce rapport, offrir de très grandes inéga-lités, dont on ne découvre, *a priori,* la raison d'être dans aucune particularité de leur constitution; et certains cas de mort très prompte, que j'ai constatés au cours de mes expériences, ne sont explicables que par un affaiblissement notable du pouvoir résistant des sujets sur lesquels ils ont été observés.

La possibilité de ces cas constituerait un danger sérieux dont nous aurions à nous préoccuper éventuellement pour nous-mêmes, s'il était vrai qu'il menaçât également tous les animaux, y compris l'homme, exposés aux émanations du mercure. Je me hâte de dire que nous n'avons pas à le redouter person-nellement, car on ne le voit frapper que les individus apparte-nant aux espèces de petite taille, et jamais les autres. Seuls, en effet, parmi les nombreux sujets que j'ai mis en expérience, les cobayes et les petits oiseaux (verdiers et pinsons) m'ont fourni un certain nombre de cas de morts promptes par intoxi-cation mercurielle, et je n'en ai trouvé aucun à noter chez les chiens, les lapins et les pigeons : l'immunité qui leur est acquise, sous ce rapport, s'étend, *a fortiori,* à tous les animaux d'une taille supérieure.

Sur une quinzaine de cobayes exposés aux vapeurs mercurielles, trois sont morts : le premier, en septembre 1884, après douze heures seulement d'exposition; les deux autres, en novembre et décembre 1885, après dix-huit et vingt-quatre heures; un verdier est mort en deux heures, le 15 juillet 1883; un autre en huit heures, le 17 septembre de la même année.

Ces faits ont leur contre-partie dans ceux qui suivent : le lapin de l'expérience XV a mis dix-sept jours à mourir, en plein été, et une femelle de cobaye, qui était pleine, est restée, du 18 septembre au 2 octobre 1885, sous l'influence des vapeurs mercurielles sans en paraître aucunement incommodée. Au terme de cette période d'immunité complète, qui s'était prolongée pour elle pendant quinze jours, elle mit bas une portée de trois petits dont un mort-né. Comme les viscères de celui-ci, soumis à l'analyse, donnèrent la réaction caractéristique de la présence du mercure, on ne saurait mettre en doute l'absorption du métal toxique par la mère. Laissée en liberté pendant deux mois, elle fut remise au mercure le 2 décembre 1885 et elle mourut le 16 du même mois, après avoir présenté tous les symptômes de l'intoxication hydrargyrique (Exp. XXVII). Un de ses petits, conservé avec elle, se montrait beaucoup moins résistant, car il succombait dès le second jour de la mise en expérience (Exp. XXVIII).

Ce fait, qui montre si nettement l'influence de l'âge sur la marche de l'intoxication, n'est nullement isolé; Kirchgasser en signale un du même genre dans l'expérience rapportée plus haut, et toutes les fois que des familles entières ont été empoisonnées par des émanations mercurielles, ce sont les enfants qui ont succombé les premiers. On peut donc affirmer, comme expression d'une loi générale, *que les animaux d'une même espèce sont d'autant moins résistants à l'action toxique des vapeurs mercurielles qu'ils sont plus jeunes.*

En laissant de côté les cas exceptionnellement rares où cette action se produit avec un caractère de soudaineté qu'elle ne présente jamais quand c'est sur nous qu'elle s'exerce, en la considérant dans la marche régulière de son évolution normale, on la voit se traduire pathologiquement par l'apparition d'un ensemble bien défini de symptômes spéciaux, que leur constance et leur netteté rendent particulièrement caractéristiques. Comme il importait qu'ils fussent déterminés avec une extrême précision et que je manquais de compétence en cette matière, j'ai prié mon savant ami, M. le Dr Solles (4), de vouloir bien se charger de cette détermination qui, faite par lui, devait sûrement réunir toutes les conditions de la plus rigoureuse exactitude. On trouvera, dans le

Bulletin de la Société d'Anatomie et de Physiologie de Bordeaux, le remarquable travail qu'il a publié sur les effets de l'intoxication par les vapeurs mercurielles ; je me borne à transcrire ici les conclusions auxquelles il est arrivé et qu'il formule comme il suit :

« 1° Amaigrissement rapide, d'autant plus prononcé que la » respiration est plus active, qui se produit malgré la persistance » de l'appétit, et qui a sa cause dans une déperdition plus grande » d'azote par la sécrétion urinaire, à la fois plus abondante et » plus riche en matières azotées chez le sujet que chez le témoin.

» 2° Tremblements qui se déclarent à peu près vers le milieu » de la période d'intoxication, agitation et convulsions sans » rythme bien marqué, qui atteignent tous les membres, mais » en premier lieu, et à un degré très élevé, les membres posté- » rieurs, et qui sont d'autant plus prononcés que la mort est plus » prochaine.

» 3° Paralysie précédée d'ataxie.

» 4° Nécropsie absolument négative : tous les organes, les » poumons, le foie, les reins, les intestins, la rate, le cerveau, la » moelle et les nerfs, ont été tour à tour examinés, macroscopi- » quement et microscopiquement, sans qu'aucun d'eux ait jamais » présenté la plus légère trace d'altération à laquelle la mort pût » être attribuée. Il semblerait donc que celle-ci aurait eu sa cause » dans l'amaigrissement extrême et la débilité des sujets intoxi- » qués, et on ne saurait, en particulier, l'attribuer à des convulsions » des muscles respiratoires, car les poumons n'ont jamais présenté » les lésions de l'asphyxie. Les globules sanguins ne varient pas » sensiblement en nombre, ils conservent leur forme et leur » couleur, le sang n'est nullement altéré. »

Les observations et les examens nécropsiques du Dr Solles ont exclusivement porté sur des animaux dont l'intoxication était due à une inhalation de vapeurs émises par des plaques de cuivre amalgamées, et c'est à ce mode d'émission qu'il faut recourir, lorsqu'on veut être bien assuré que ces vapeurs sont rigoureusement seules à intervenir. Avec des toiles mercurisées mal préparées, les animaux mis en expérience sont exposés à inhaler des poussières organiques qui servent de véhicule à du mercure réduit, et dont la pénétration dans les voies pulmonaires ne laisse pas d'offrir un assez grand danger. Si elles arrivent, en effet, jusque sur la muqueuse pulmonaire et qu'elles s'y fixent, elles jouent alors le rôle de corps étrangers, et leur nature irritante les rend particulièrement propres à provoquer des phénomènes morbides inflammatoires.

Les premières toiles que j'ai employées présentaient, par suite de leur préparation défectueuse, les inconvénients que je viens de signaler, et comme je m'en servais pour tapisser, non seulement les parois latérales, mais aussi les plafonds des niches, cette disposition tendait à favoriser la dissémination des poussières mercurielles dans l'air respiré par les animaux mis en expérience. Sous cette influence, l'autopsie a révélé, chez quelques-uns d'entre eux, les signes caractéristiques d'un commencement de congestion pulmonaire, mais les seuls atteints ont été des lapins et des cobayes, qui sont, à cet égard, d'une fragilité exceptionnelle, et il y a toujours eu immunité complète pour les chiens, les oiseaux et les rats. Cette immunité se retrouve d'ailleurs, non moins complète, pour les lapins et pour les cobayes, lorsqu'on se sert, avec ceux-ci, de toiles bien préparées et, mieux encore, de plaques métalliques amalgamées ne recouvrant que les parois latérales des niches.

L'absence de lésions capables d'expliquer la mort paraît donc être une particularité symptomatiquement caractéristique de l'intoxication par les vapeurs mercurielles émises à une basse température et agissant ainsi à l'état gazeux pur, sans aucun mélange possible de gouttelettes provenant de leur condensation. Sur ce point important, Kirchgasser confirme pleinement les résultats des observations du D\u02b3 Solles, car les deux lapins de son expérience sont morts sans présenter, dans leur organisme parfaitement intact pour tout le reste, d'autre trace de lésion qu'un commencement d'insignifiante inflammation du côté de la muqueuse buccale, irritée, non pas, comme il le prétend, par les vapeurs mercurielles, mais par les produits âcres et volatils provenant du rancissement de l'onguent qui les fournit.

Les faits de nécropsie négative, dont il vient d'être question,

n'ont été constatés par le D' Solles et par Kirchgasser que pour
des animaux de petite taille, mais des observations, qui méritent
toute confiance, établissent qu'on les retrouve également chez les
animaux des tailles les plus grandes.

La partie la plus insalubre d'Almaden est l'enclos des fours.
Les animaux, envoyés dans cet enclos pour le travail ou pour
brouter l'herbe, sont plus ou moins sujets au tremblement; les
mules particulièrement qui font mouvoir les tours employés à
l'extraction du minerai. Lorsqu'on les abat parce qu'elles sont
devenues incapables de travailler, au témoignage de Roussel (5),
on ne trouve pas en elles de traces de lésions intérieures.

Les mules employées, dans les mines d'argent du Mexique, à
piétiner le mélange de minerai, de chlorure de sodium, de sulfate
de cuivre et de mercure où s'opère l'amalgamation, abattues dans
les mêmes conditions, donnent les mêmes résultats négatifs. Je
tiens ce fait d'un jeune pharmacien, élève distingué de la Faculté
de Bordeaux, M. Ch. Elissague, qui a bien voulu mettre à ma
disposition les renseignements, rigoureusement contrôlés, qu'un
séjour prolongé aux mines de Charcas et de Zacatecas lui a permis
de recueillir sur l'action toxique du mercure.

Constaté pour toutes les parties de l'organisme des animaux
intoxiqués par les vapeurs mercurielles émises à froid, le fait de
l'absence de lésions apparentes est surtout important à noter pour
certaines d'entre elles, telles que la muqueuse buccale, les glandes
salivaires et l'appareil gastro-intestinal, dont l'état d'intégrité,
après la mort, est, ici, naturellement en rapport avec le fonctionnement normal pendant la vie.

Sur ce point particulier, mes expériences m'ont donné des
résultats d'une concordance absolue et sans une seule exception.
Jamais aucun des animaux qui ont servi à ces expériences n'a été
pris, au plus minuscule degré, ni de stomatite, ni de salivation,
ni de dérangements gastro-intestinaux, tels que vomissements ou
diarrhées; et ce que j'affirme pour eux est également affirmé par
Roussel et par M. Ch. Elissague pour les mules d'Almaden, aussi
bien que pour celles de Charcas et de Zacatecas.

Pendant que les choses se passent ainsi pour les animaux, et qu'on les voit succomber à l'action des vapeurs mercurielles sans présenter aucune lésion, ni du côté de la bouche, ni du côté de l'intestin, ces mêmes lésions sont très fréquentes chez l'homme, dans les professions qui l'obligent au maniement du mercure; et Kussmaül qui les considère comme symptomatiquement caractéristiques du mercurialisme professionnel, les attribue expressément à l'inhalation des vapeurs mercurielles. Ce qu'il affirme d'elles, à cet égard, accepté sans contradiction sur l'autorité de sa parole, est devenu une sorte de lieu commun qui a sa place consacrée, au premier rang, dans toutes les descriptions des symptômes du mercurialisme professionnel, et qui exprime, dans la pensée de ceux qui le formulent, le trait le plus saillant de cette affection. Rien n'est moins démontré, cependant, que cette prétendue vérité classique, et il est facile de s'assurer qu'on s'est manifestement trompé dans l'interprétation des faits invoqués pour l'établir.

Kussmaül, en effet, et tous les savants qui ont étudié, après lui, le mercurialisme professionnel, ont commis, ici, une commune erreur provenant de préoccupations *a priori* dont ils n'ont pas su suffisamment se défendre. Cette erreur est de n'avoir vu, dans les symptômes d'ailleurs très exactement observés par eux, que le résultat de l'intervention des vapeurs mercurielles et de n'avoir pas tenu compte des autres causes d'intoxication hydrargyrique qui agissaient simultanément sur les sujets soumis à leur examen; je veux parler de l'inhalation du mercure en poussières fines et de son ingestion en nature.

C'est à la première de ces causes qu'il faut attribuer, comme je le démontrerai plus tard, la stomatite et la salivation; c'est de la seconde que proviennent les troubles gastro-intestinaux. Les vapeurs mercurielles, en contact avec la muqueuse buccale, loin de produire, sur celle-ci, aucun effet d'irritation inflammatoire, peuvent au contraire, lorsqu'elle est primitivement enflammée, exercer sur elle une action curative.

C'est ainsi que, chez le chien de l'expérience IV, les gencives,

fortement phlogosées à la suite des blessures que l'animal s'y
était faites en essayant d'arracher le grillage en fil de fer qui
recouvrait les parois de sa niche, ont été trouvées parfaitement
saines à l'autopsie. Chez plusieurs syphilitiques, qui avaient des
plaques muqueuses à la bouche, ces plaques ont disparu après un
intervalle de temps qui a varié de 24 à 48 heures, par le seul fait
d'un traitement qui a consisté à leur faire simplement respirer
des vapeurs mercurielles.

C'est quand on voit ces vapeurs produire de pareils effets
qu'on reconnaît tout ce qu'il y a d'erroné à ranger la stomatite et
la salivation au nombre des symptômes qui caractériseraient le
mercurialisme résultant de leur inhalation : de même, loin
qu'elles aient de la tendance à provoquer des troubles gastro-
intestinaux accompagnés de flux diarrhéique, j'ai pu constater
qu'elles disposaient plutôt à la constipation l'homme et les
animaux qui les respirent.

Elles sont essentiellement un poison des nerfs, mais on ne sait
pas encore comment elles agissent sur le système nerveux qu'elles
modifient si profondément.

En dehors de la question réservée de son mécanisme, cette
action, considérée au point de vue purement empirique, nous
offre des particularités, jusqu'à présent méconnues, qui modifient
singulièrement l'opinion généralement acceptée sur son compte.

Quand elle est continue, et qu'elle provient de vapeurs émises
à saturation, elle est toujours irrémédiablement fatale aux animaux qui la subissent; mais la mort, qui est pour eux de nécessité
commune, les atteint à des échéances très diverses.

Ils meurent, en effet, d'autant plus promptement, toutes choses
égales d'ailleurs, que l'espèce à laquelle ils appartiennent est
d'une masse plus exiguë, et leur résistance à l'intoxication
semble croître d'après une loi de progression plus rapide que
celle des masses elles-mêmes; car nous voyons les temps, après
lesquels survient la mort, varier de deux jours à cinq mois lorsqu'on passe d'un cobaye du poids de $0^k,895$ à un chien du poids
de $8^k,598$ (Expériences XXI et IV).

En admettant que la résistance à l'intoxication par les vapeurs mercurielles suive toujours la même loi de progression accélérée, lorsqu'on s'élève du chien aux animaux qui le dépassent de plus en plus par leur masse, il faudrait, non plus des périodes de mois, mais des périodes d'années, pour amener ceux-ci au terme final de leur intoxication ; et c'est bien ainsi que les choses se passent, comme le prouvent, à défaut d'expériences, des observations très précises faites sur les chevaux et sur les mules employées aux travaux des mines. A Almaden, en particulier, les mules qui travaillent, dans l'enclos des fours, à mouvoir le tour pour l'extraction du minerai, sont au poste le plus dangereux de la mine, et cependant, d'après Roussel, elles sont généralement bien portantes, tout en absorbant journellement et notablement du mercure, dont l'influence nocive est très lente à se produire sur elles, car elles ne commencent à trembler qu'après plusieurs années de service.

Cette étude du mode d'action des vapeurs mercurielles nous conduit donc à la constatation d'un premier fait, important à noter et qui peut se formuler comme il suit : *Émises à une basse température et respirées d'une manière continue, elles sont toujours toxiques, quand elles sont saturées, mais elles agissent très lentement sur les animaux de grande taille.*

A ce premier fait, qui atténue déjà considérablement le danger de leur respiration continue, en l'ajournant à de fort lointaines échéances, s'en ajoute un second, qui avait échappé à toutes les investigations antérieures; celui de l'innocuité complète de leur respiration intermittente.

Cette innocuité peut se rencontrer avec deux modes d'intermittence, qui ont fait l'objet de deux séries nouvelles d'expériences.

Dans l'une de ces séries, les animaux sur lesquels j'opérais étaient alternativement soumis et soustraits à l'action des vapeurs mercurielles, pendant des périodes dont les retours étaient invariablement réglés par une loi de succession régulière.

Dans l'autre série, les sujets étaient laissés sous l'influence du mercure jusques à ce que l'intoxication se révélât par un commencement bien caractérisé de tremblement; à ce moment, on les changeait de milieu, en les maintenant, dans le nouveau, rigoureusement à l'abri des émanations mercurielles, jusqu'à ce qu'ils fussent complètement rétablis. On pouvait alors les remettre itérativement au mercure pour les en retirer encore dès qu'ils recommençaient à trembler, et rien n'empêchait de continuer pour ainsi dire indéfiniment la série de ces traitements alternatifs.

5ᵐᵉ Série. — Deux lapins bien développés, très vigoureux et très sains, ont été soumis, l'un pendant six mois, l'autre pendant une année entière, à l'épreuve de la respiration intermittente des vapeurs mercurielles, sous l'influence desquelles on les maintenait quotidiennement pendant douze heures, alors qu'ils passaient les douze autres en plein air et en toute liberté, dans l'enclos d'un assez vaste jardin.

Dans ces conditions, malgré la présence constante, bien régulièrement constatée, du mercure dans leur urine et dans leurs excréments, ils n'ont offert, à aucun degré, aucun des symptômes de l'intoxication mercurielle; ils ont conservé toute leur vigueur primitive, et l'augmentation de leur poids qui a été de $0^k,295$ pour le premier, de $0^k,266$ pour le second, atteste suffisamment la permanence de leur parfaite intégrité organique.

Comme on aurait pu attribuer le bénéfice de leur préservation à quelque particularité de leur constitution propre, qui les aurait rendus exceptionnellement réfractaires à l'action toxique des vapeurs mercurielles, pour démontrer qu'ils ne rentraient pas dans une exception de ce genre, du régime de la respiration intermittente, dont ils venaient de sortir sains et saufs, je les ai fait passer à celui de la respiration continue, auquel ils ont bientôt succombé, après avoir épuisé toute la série des symptômes caractéristiques en pareil cas.

Pour des lapins plus jeunes que ceux des deux essais précédents, les périodes de respiration alternant de douze heures en douze héures avec des périodes d'interruption, retardent plus ou moins considérablement la mort, mais sans en conjurer le danger. Quand il s'agit de sujets d'une même espèce, soumis au régime des intermittences, on voit varier, avec l'âge, le rapport qu'il faut établir entre les durées des périodes d'interruption et celles des périodes de respiration, pour arriver à la limite variable où l'immunité est acquise. Ce rapport augmente rapidement à mesure que l'âge diminue.

Il augmente encore, toutes choses égales d'ailleurs, lorsqu'on passe d'une espèce à une autre de taille inférieure; ainsi, les pigeons, dans aucun cas, n'échappent à l'action toxique des vapeurs mercurielles, lorsqu'ils les respirent quotidiennement douze heures sur vingt-quatre. Pour obtenir leur préservation, il a fallu rendre les durées des périodes d'interruption triples, au minimum, de celles des périodes de respiration, et quadruples avec de jeunes sujets.

Comme preuve de l'innocuité de la respiration intermittente des vapeurs mercurielles par les animaux de grande taille, on peut citer l'observation de Roussel relative aux animaux du bourg d'Almaden, lesquels restent parfaitement indemnes de tout accident d'intoxication, quoique journellement exposés aux émanations mercurielles provenant de la fumée des fours abondamment rabattue sur tout le voisinage.

6ᵐᵉ Série. — Les expériences de cette série ont porté sur deux lapins et sur deux pigeons, qui ont été, à plusieurs reprises successives, alternativement soumis et soustraits à l'action des vapeurs de mercure, et qu'on laissait dans la première situation jusqu'à l'apparition d'un commencement bien marqué de tremblement; dans la seconde, jusqu'à guérison complète. En réglant ainsi les alternatives par lesquelles on les fait passer, on peut leur en faire supporter, pour ainsi dire indéfiniment, les retours successifs, et les troubles légers qu'ils présentent, après quelques jours d'exposition aux vapeurs mercurielles, disparaissent bientôt dès que celles-ci sont supprimées, sans que la santé générale ressente aucun effet fâcheux de ces perturbations passagères, en quelque nombre qu'elles se renouvellent.

En constatant la facilité avec laquelle les animaux, frappés d'un commencement d'intoxication par les vapeurs mercurielles, se rétablissent par le fait seul de leur soustraction à l'action de ces vapeurs, on constate aussi que ce rétablissement précède toujours le moment où le mercure absorbé a complètement disparu des sécrétions et des excrétions.

Les deux séries d'expériences précédentes conduisent donc à une même conclusion; c'est que la présence d'une certaine proportion de mercure dans l'économie, lorsque ce métal y est introduit à l'état de vapeurs, est parfaitement compatible avec le maintien de l'état sanitaire normal.

Les vapeurs mercurielles ne deviennent donc toxiques, par le fait de leur inhalation, que lorsqu'elles sont émises à saturation dans les milieux où elles se diffusent, et que, respirées avec continuité, elles s'accumulent incessamment dans l'organisme, qui finit ainsi par en être saturé à son tour. Tant que cette limite de saturation n'est pas atteinte, le danger d'intoxication n'existe pas, et il est facile de se rendre compte de la façon dont les intermittences agissent pour le prévenir. Pendant les périodes de respiration, le mercure qui est immédiatement absorbé par les voies pulmonaires, augmente constamment dans l'économie, où il s'emmagasine en proportions très variables dans les différents organes; pendant les périodes d'interruption, le métal absorbé s'élimine par l'ensemble des sécrétions et des excrétions, et, si les alternatives sont convenablement réglées, on reste toujours trop éloigné de la limite de saturation pour que l'intoxication se produise.

Si on remplace la respiration intermittente par la respiration continue, mais que celle-ci, au lieu de porter sur des vapeurs émises à saturation, porte sur des vapeurs émises en proportions suffisamment faibles pour qu'il y ait sensiblement équilibre entre l'absorption et l'élimination, il est évident, sous ces réserves, que la respiration continue peut perdre, elle-même, tout caractère nocif.

Je m'en suis assuré en expérimentant sur des lapins placés dans des niches dont une portion seulement des parois latérales était recouverte de plaques amalgamées ou de toiles mercurisées, de manière à réduire la surface émissive au quart ou au cinquième de ce qu'elle est dans les expériences ordinaires; les animaux placés dans ces conditions ont pu rester soumis, pendant plusieurs mois, à l'action continue des vapeurs mercurielles, sans en paraître aucunement incommodés.

Finalement les résultats essentiels de cette étude, sur l'action des vapeurs mercurielles émises à une basse température, peuvent se résumer dans les propositions suivantes :

1° Ces vapeurs sont toujours toxiques lorsqu'elles sont émises à saturation et d'une manière continue; mais leur action est alors très lente à se produire sur les animaux de grande taille.

2° Elles cessent d'être toxiques, quoique respirées avec continuité, lorsqu'elles sont émises en proportions suffisamment faibles.

3° Elles cessent d'être toxiques quand elles sont absorbées par voie de respiration intermittente.

4° Quand l'intoxication se produit, ses symptômes sont exclusivement nerveux, et ils ne présentent, à leur début, aucune espèce de gravité; ils disparaissent bientôt, spontanément, par le seul fait de l'éloignement du mercure.

Action des vapeurs mercurielles sur l'homme.

A défaut de données expérimentales se rapportant à l'action des vapeurs mercurielles sur l'homme, nous avons des faits nombreux d'observation, tendant tous à démontrer l'identité de cette action avec celle qu'elles exercent sur les animaux de grande taille : les quatre propositions qui viennent d'être formulées pour ces derniers nous seraient donc également applicables, et nous allons examiner dans quelle mesure cela est vrai pour chacune d'elles.

1re Proposition. — Parmi les ouvriers employés au travail du mercure, il n'est pas rare d'en rencontrer qui restent, jour et nuit, sous l'influence des émanations de ce métal; le jour, à l'atelier où ils vivent dans un milieu saturé de vapeurs mercurielles; la nuit, chez eux où le mercure qu'ils emportent déposé en poussière, sur leur personne et sur leurs vêtements, entretient au même état de saturation l'atmosphère confinée dans laquelle ils respirent.

Tous les ouvriers que j'ai eu l'occasion d'examiner dans trois grands ateliers d'étamage de glaces, à Lyon, appartenaient à cette catégorie, et le mercure pulvérulent dont ils étaient partout imprégnés impressionnait fortement le papier sensible à l'azotate d'argent ammoniacal. Leur cas était donc bien celui de sujets qu'on aurait soumis à l'épreuve de la respiration continue et prolongée des vapeurs mercurielles, qu'ils absorbaient ainsi dans des conditions faites pour assurer son maximum d'effet à leur influence toxique. Malgré tout ce qu'une pareille situation avait de compromettant pour eux, ceux que j'ai trouvés atteints de tremblement n'avaient ressenti les premiers symptômes de cette affection que plusieurs années après leur entrée dans les ateliers. A côté de ceux qui avaient été pris de ces troubles nerveux, peu graves en général, d'autres ouvriers, dont quelques uns travaillaient depuis dix et vingt ans dans la même fabrique, étaient restés parfaitement indemnes, et ils étaient redevables de leur préservation au soin avec lequel ils s'attachaient à maintenir leurs personnes et leurs vêtements dans les meilleures conditions de propreté.

Ce que j'ai constaté sur les étameurs de glaces de Lyon, Kussmaül (6) et Pappenheim (7) *l'avaient constaté, avant moi,* sur d'autres ouvriers de la même profession, intoxiqués, eux aussi, parce qu'ils s'étaient exposés, par une sorte de parti pris d'incurie habituelle, à tous les risques qui se rattachent à la respiration continue des vapeurs mercurielles. Quoi qu'ils ne fissent rien pour se soustraire à ces risques, ils n'en ressentaient néanmoins que tardivement les effets, et le tremblement, qui était leur mal inévitable, n'apparaissait qu'après des périodes de plusieurs années. C'est Kussmaül qui l'affirme, et nul ne pouvait le faire avec plus d'autorité que lui, car il a professé pendant dix ans la clinique à Erlangen, ville où les fabriques de miroirs étamés étaient fort nombreuses; ce qui lui a permis d'embrasser dans ses observations une série de plus de 1,200 cas de mercurialisme industriel.

Les doreurs au feu, dont Mérat (8) dit expressément *qu'ils ajoutaient à la malignité des vapeurs mercurielles par leur négligence et leur malpropreté,* doivent être, eux aussi, comme les étameurs de glaces de Furth et d'Erlangen, rangés dans la catégorie des sujets soumis au régime de la respiration continue de ces vapeurs. Le tremblement qui devait forcément résulter de cette continuité n'a pas manqué de se produire; mais, encore ici, sa venue a été fort tardive et Mérat nous fournit, sur ce point, les renseignements les plus précis et les plus sûrs. Il s'est attaché, en effet, à noter, pour tous les doreurs malades admis dans son service, les temps écoulés depuis leur entrée à l'atelier jusqu'au jour de l'apparition des premiers symptômes du tremblement, et ces temps ont varié, de trois années au minimum à vingt-deux au maximum.

Ce qu'il y a surtout à relever dans les observations de Mérat, c'est la séparation bien tranchée qu'elles établissent entre le tremblement et les autres troubles morbides qu'on englobe ordinairement avec lui dans la symptomatologie de l'intoxication mercurielle.

Mérat est très explicite à cet égard, et il met une insistance spéciale à faire remarquer qu'il y a eu, chez tous les sujets traités par lui, coexistence de l'affection nerveuse avec le maintien d'un état général excellent sous tous les autres rapports. Dans toutes ses observations on voit invariablement revenir cette phrase stéréotypée : « *En dehors du tremblement, toutes les autres fonctions s'accomplissent comme en pleine santé.* »

Voici d'ailleurs en quels termes généraux il résume les résultats de ses observations : « Les phénomènes autres que le tremblement

» sont ceux-ci : le malade a la figure d'une teinte bise assez remar-
» quable, l'habitude du corps est peu ou point amaigrie, à moins
» que la maladie ne soit ancienne; la peau est généralement un
» peu sèche et quelquefois un peu chaude; la poitrine ne présente
» rien de particulier; la respiration se fait bien; il n'y a ni toux
» ni douleur particulière, aussi, par la percussion, cette cavité
» résonne-t-elle comme dans le meilleur état de santé; le ventre est
» ordinairement souple, mollet, de volume ordinaire; la sécrétion
» des urines et l'excrétion des matières alvines se fait comme
» en pleine santé, sans douleur, ainsi que sans augmentation
» ni diminution de quantité; finalement, le symptôme le plus
» remarquable de. la maladie, celui qui seul la constitue, est le
» tremblement. »

Martin de Gimard (9), qui a fait, en 1818, une thèse *sur le
tremblement des doreurs*, et qui a pu examiner cliniquement une
trentaine de sujets atteints de cette affection, adopte pleinement
les conclusions de Mérat et les reproduit en insistant sur leur
caractère de rigoureuse exactitude.

Ce que Mérat et Martin de Gimard ont observé sur les doreurs
au feu, Canstatt (10) et Kussmaül (11) ont eu également l'occasion
de l'observer avec la même netteté sur les étameurs de glaces de
Furth et d'Erlangen, Scopoli sur les mineurs d'Idria, don Lopez
de Arebala et Roussel sur les mineurs d'Almaden.

Scopoli (12) déclare que le tremblement survient sans qu'il se
produise aucun changement dans les parties solides ou liquides de
l'organisme, que la température reste invariable et que le pouls
se maintient normal.

Dans sa lettre à Thierry, don Lopez de Arebala (13), médecin
de l'hôpital des mines d'Almaden, dit que le tremblement ne nuit
pas aux autres fonctions du corps, et Roussel (14), à cent ans
d'intervalle, se prononce identiquement dans le même sens.

Parmi les mineurs d'Almaden que la nature de leurs opérations
exposait le plus aux émanations mercurielles, il en a rencontré
quelques-uns atteints de tremblement depuis plusieurs années
sans qu'ils souffrissent bien sensiblement de cette affection et

surtout sans qu'elle fût accompagnée d'aucun trouble concomitant. Il s'est adressé, nous dit-il, à plusieurs mineurs ayant de l'embonpoint, le teint frais, et qui déclaraient ne souffrir d'aucun organe, quoiqu'ils tremblassent légèrement au sortir de la mine; il a constaté que cet état de choses pouvait durer longtemps sans autre accident, même lorsque le tremblement arrivait jusqu'à la convulsion.

Il cite en effet un mineur, présentant des convulsions marquées et fréquentes des membres inférieurs, qui ne pouvait ni marcher, ni articuler que difficilement, et chez lequel il trouva le pouls régulier, l'appétit vif, la digestion ainsi que les autres fonctions de la vie en bon état, et l'absence complète de toute douleur.

Le tremblement se sépare donc bien nettement, dans certains cas, de tous les autres symptômes qu'on lui associe traditionnellement dans les descriptions classiques des effets de l'intoxication mercurielle. C'est lui seul qu'on voit apparaître, chez l'homme, lorsque cette intoxication est due à l'inhalation des vapeurs mercurielles émises à une basse température; et encore faut-il que cette émission satisfasse à la double condition d'être continue et de se produire à saturation. Dans les circonstances les plus favorables à son apparition, le tremblement est toujours très lent à se déclarer, et on ne le constate, généralement, qu'après des intervalles de plusieurs années.

2e *Proposition.* — Dans toutes les fabriques de miroirs où mes travaux sur le mercure m'ont conduit à faire des recherches, j'ai constaté la présence des vapeurs de ce métal, non seulement dans les ateliers d'étamage, mais encore dans toutes les pièces en communication directe ou indirecte avec eux; en notant toutefois, par l'emploi des papiers réactifs, une répartition fort inégale des vapeurs ainsi diffusées. Saturantes, en effet, dans les atmosphères des ateliers, elles descendaient plus ou moins au-dessous de la limite de saturation dans toutes les autres pièces, à proportion de l'éloignement de ces dernières, mais aucune de ces pièces n'en était exempte, à aucun moment de la journée. Quelques-unes étaient habitées, soit par des employés sédentaires de la fabrique, soit par le directeur et par sa famille, et toutes ces personnes vivaient dans un milieu où elles étaient, partout et toujours, sous l'influence des émanations mercurielles. Elles n'en éprouvaient cependant aucune espèce d'incommodité, parce que les vapeurs qu'elles respiraient d'une manière continue étaient trop au-dessous de la limite supérieure de saturation. Dans les ateliers au contraire, où cette limite était atteinte, l'intoxication suivait sa marche ordinaire.

Kussmaül (15) a signalé, chez certains employés des fabriques de Furth et d'Erlangen qui habitaient les dépendances des ateliers, des faits d'immunité pareils à ceux que je viens de rapporter, et qui s'expliquent par les mêmes causes.

3e Proposition. — C'est surtout pour établir l'innocuité des vapeurs mercurielles, lorsqu'elles sont respirées d'une manière intermittente que les observations abondent.

La plus ancienne date de 1718; on la doit à de Jussieu (16) qui constate que les habitants d'Almaden, travaillant aux mines de mercure en même temps que les forçats, étaient absolument indemnes d'accidents mercuriels, tandis que les forçats en étaient atteints au plus haut degré. En notant cette différence, il la rattache, avec beaucoup de sagacité, à sa véritable cause; car il la fait dépendre, non seulement du séjour moins prolongé des premiers dans la mine, mais aussi du soin qu'ils avaient de ne jamais y manger, de changer de vêtements des pieds à la tête, lorsqu'ils la quittaient, de s'entretenir la peau nette par des ablutions à l'eau tiède et de se livrer à des exercices violents pour provoquer de fortes sudations.

En agissant ainsi, les habitants d'Almaden se dépouillaient, avant de rentrer chez eux, de tout résidu de mercure, et c'est seulement pendant leur séjour dans la mine qu'ils restaient soumis à l'influence nocive des vapeurs de ce métal. Ils ne respiraient donc ces vapeurs que d'une manière intermittente, et cela suffisait pour qu'ils n'en fussent pas incommodés, alors que les forçats, condamnés à ne jamais quitter la mine, ni pour manger, ni pour dormir, et maintenus ainsi strictement au régime de la respiration continue, étaient tous intoxiqués à des degrés divers.

Roussel confirme, comme il suit, le témoignage de de Jussieu : « Ce savant, dit-il, avait déjà remarqué que les mineurs du bourg » d'Amalden, travaillant librement aux mines, conservaient leur » santé et vivaient comme les autres hommes, tandis qu'au con- » traire les forçats vivant constamment dans les mines étaient » sujets à tous les accidents mercuriels. Aujourd'hui en mettant » à la place des forçats les étrangers malheureux, dénués de » ressources, que la misère pousse à Almaden, les différences » signalées par de Jussieu subsistent toujours. C'est parmi les » habitants seuls que s'observent les exemples d'individus bien » portants, *après trente et quarante ans de travail dans les* » *mines.* »

Comme un des plus frappants parmi ces exemples il cite celui d'un officier des mines, sexagénaire robuste, jouissant d'une santé générale excellente, et aussi celui d'un ouvrier qui était dans le même cas, quoiqu'il n'eût pas quitté le travail de douze ans à quarante-cinq ans.

On trouve encore une preuve décisive de l'innocuité de la respiration intermittente des vapeurs mercurielles dans cet autre fait rapporté par Roussel, que la population d'Almaden ne paraît ressentir aucun fâcheux effet de la distillation du minerai de mercure dans les fours à aludels, bien que la fumée s'échappant de ces fours soit souvent rabattue sur le bourg par l'action du vent. Notre savant compatriote a vainement cherché à constater dans l'intérieur de ce bourg des accidents produits par les éma- nations mercurielles, même sur les habitants les plus voisins des foyers de distillation.

Le Dr Raymond (17) qui a fait récemment un voyage d'explora- tion à Almaden confirme pleinement les assertions de de Jussieu et de Roussel.

Dans les fabriques d'étamage de glaces de Berlin, depuis une

réglementation nouvelle qui date de 1886 et qui impose l'alternance régulière des jours de travail et de repos, tous les accidents
mercuriels ont disparu (18).

Dans les locaux convenablement clos, quelque vastes qu'ils
soient, qui renferment du mercure en masses assez considérables,
offrant à l'évaporation des surfaces libres d'une grande étendue,
il est facile de s'assurer, par l'emploi des papiers réactifs, que les
vapeurs mercurielles ont bientôt envahi, par voie de diffusion,
toutes les parties de l'enceinte où elles sont émises. Aussi quand
l'air ne se renouvelle pas assez promptement dans cette enceinte,
par insuffisance de la ventilation, la limite de saturation est-elle
bientôt atteinte. Ceux qui séjournent habituellement dans des
atmosphères ainsi saturées de vapeurs mercurielles, sont donc
exposés à respirer journellement ces dernières, et souvent même
à doses relativement fort élevées.

Tel est, notamment, le cas des chimistes qui passent leurs
journées de travail dans des laboratoires, où ils ont de fréquentes
manipulations à effectuer sur la cuve à mercure; et Berthelot (19),
après s'être assuré de la présence permanente des vapeurs mercurielles dans un laboratoire de ce genre, fait remarquer que leur
respiration habituelle, prolongée pendant plusieurs années, avait
été absolument sans effet sur ceux qui vivaient dans un pareil
milieu. Il attribue l'immunité complète dont ils ont bénéficié à la
faible dose de l'agent toxique qu'ils absorbaient journellement;
mais cette explication ne me paraît pas être la véritable. Dans les
laboratoires où la cuve à mercure est découverte, et où elle sert
fréquemment à des analyses de gaz, l'agitation du métal, en
augmentant beaucoup sa surface évaporatoire, détermine une
émission de vapeurs assez abondante pour amener bientôt la
saturation de l'atmosphère ambiante, à moins qu'une ventilation
bien réglée n'assure le renouvellement incessant de cette atmosphère. Le plus ordinairement elle est saturée, et les chimistes en
rapport avec elle absorbent ainsi le maximum de ce qu'ils
peuvent inhaler de vapeurs mercurielles; l'intermittence de cette
inhalation suffit pour lui enlever tout caractère de nocivité.

Pendant toute la durée de mes recherches sur la diffusion des vapeurs mercurielles, c'est-à-dire pendant un intervalle de plus de deux années, j'ai passé à peu près régulièrement toutes mes journées dans une pièce d'étendue moyenne, basse de plafond, très imparfaitement ventilée, et où le mercure, largement étalé, offrait une surface émissive considérable. Le milieu dans lequel je vivais habituellement était donc, comme cela résultait des indications des papiers réactifs, saturé de vapeurs de mercure; mais comme je ne les respirais que pendant une partie du jour, elles ne m'ont jamais occasionné le plus minuscule dérangement.

Décisive au point de vue de la durée, mais subie dans des conditions qui avaient très irrégulièrement varié, cette épreuve était loin, cependant, d'avoir la valeur d'une expérience rigoureusement et méthodiquement conduite, et, comme il importait que cette expérience fût faite, je n'ai pas hésité à la tenter sur moi-même.

Après avoir préparé avec le plus grand soin des flanelles mercurielles de 8 à 10 décimètres carrés de surface, je les ai renfermées dans des sacs en toile fine, bien clos, dont j'ai recouvert la partie de mon traversin sur laquelle j'appuyais la tête en dormant. Dans cette situation, l'air que je respirais pendant mon sommeil était saturé des vapeurs mercurielles abondamment émises par les flanelles et, comme celles-ci s'épuisaient à la longue, je les renouvelais tous les quinze jours.

Je me suis soumis à plusieurs épreuves successives de ce genre, sans jamais en avoir été incommodé; mais je n'en mentionnerai ici qu'une seule, parce qu'elle a duré pendant plus de trois mois, et que j'ai pris les plus minutieuses précautions pour la faire rigoureusement aboutir. J'ai voulu même, dans ce but, aller fort au delà des prescriptions générales ci-dessus indiquées, et il m'est souvent arrivé de m'appliquer, en guise de masque, sur le visage, le sac en toile et son contenu; m'astreignant ainsi à respirer, pendant des heures entières, de l'air que son tamisage, à travers des flanelles fortement imprégnées de mercure, saturait forcément des vapeurs de ce métal.

Dans ces conditions, l'absorption de ces vapeurs est instantanée, car j'ai constaté très nettement la présence du mercure dans mes sécrétions et dans mes excrétions recueillies aux premières heures de la matinée qui a suivi la première nuit d'inhalation, et il en a été de même à toutes les époques de l'expérience, conduite comme je viens de le dire.

Tant que cette expérience a duré, c'est-à-dire pendant une période de trois mois et d'une semaine, j'ai régulièrement passé 8 heures sur 24 à respirer des vapeurs mercurielles émises à la température moyenne de 20°, saturées à cette température, et qui étaient absorbées, comme je le démontrerai plus tard, dès que leur pénétration dans les voies pulmonaires les mettait en rapport avec le liquide sanguin.

Comme leur élimination était moins rapide que leur absorption, lorsque celle-ci a pris fin, le mercure dont mon organisme s'était lentement imprégné n'a totalement disparu qu'après un intervalle de trois semaines; mon état d'hydrargyrisme s'est donc prolongé pendant quatre mois sans interruption. Pour que le fait de cette permanence ne pût pas être contesté, pour qu'il fût bien établi que, du commencement à la fin de ces quatre mois, j'avais été constamment sous l'action du mercure, je n'ai pas omis, un seul jour, de rechercher ce métal dans mes urines, mes excréments et ma salive, et je n'ai pas, non plus, une seule exception à noter dans la série complète de résultats positifs que m'ont fournis ces analyses quotidiennement répétées.

Pendant que je subissais volontairement cette épreuve de mercurialisation prolongée, mon état sanitaire, qui était parfaitement normal au début, s'est invariablement maintenu dans les mêmes conditions, et il ne s'est produit aucun trouble qui en dérangeât tant soit peu minusculement l'équilibre. Le sommeil a toujours été calme et régulier, l'appétit excellent; les forces, mesurées chaque jour au dynamomètre, se sont sensiblement accrues, la température n'a pas varié, et la constance du pouls fait rejeter tout soupçon d'altération dans la constitution du sang.

Ce que je dois surtout signaler comme la particularité la plus caractéristique de mon état général, c'est l'absence absolue de toute trace de lésion du côté de la bouche, du tube digestif et du système nerveux. Quoique longtemps continuée, l'inhalation du mercure en vapeurs n'a provoqué chez moi l'apparition d'aucun des symptômes qu'on s'accorde à considérer comme des conséquences inévitables de l'absorption de ce métal par les voies pulmonaires; je n'ai été pris, à aucun degré, ni de stomatite, ni de salivation, ni de dérangements gastro-intestinaux, et je n'ai pas ressenti la plus légère atteinte du plus faible tremblement.

Après cette expérience personnelle, j'ai pu, dans des conditions que j'indiquerai plus tard, soumettre à la même épreuve un certain nombre d'autres patients, qui sont restés, eux aussi, indemnes de tout accident mercuriel. Les preuves de fait ne manquent donc pas pour attester l'innocuité de la respiration intermittente des vapeurs mercurielles saturées, émises à une basse température.

4ᵉ Proposition. —Cette respiration ne devient dangereuse qu'en devenant continue, mais le danger qui en résulte n'est pas de ceux qui éclatent à l'improviste et qui sont rendus redoutables par la soudaineté de leurs surprises. Dans les conditions les plus défavorables, on n'a jamais que très tardivement à compter avec lui, et les premiers symptômes qui le révèlent apparaissent bien longtemps avant qu'il soit arrivé à son paroxysme. On sait que les effets toxiques des vapeurs mercurielles, lorsqu'elles sont respirées d'une manière continue, se réduisent à la production de troubles nerveux capables de déterminer la mort lorsqu'on leur laisse librement suivre leur progression croissante, mais qui débutent par un tremblement d'abord très bénin. Quand on prend ce tremblement à son origine, c'est un mal sans gravité et des plus facilement guérissables; car il suffit, pour en avoir raison, de soustraire ceux qui en sont atteints à l'influence des vapeurs mercurielles, en les éloignant des lieux où ils sont exposés à les respirer. Leur guérison est infailliblement assurée par cette simple mesure, sans qu'il soit besoin de recourir à aucune espèce de traitement.

· Don Lopez de Arebala, le médecin déjà cité de l'hôpital d'Almaden, est très explicite à cet égard, dans sa lettre à Thierry :
« Le mercure, dit-il, cause aux mineurs un tremblement qui ne
» se fait pas par la rétraction de leurs nerfs, mais par leur secousse,
» et il ne nuit pas aux autres fonctions du corps. Aussi *ne leur*
» *donne-t-on aucun* remède, la nature seule les guérit en évacuant
» le mercure par les selles et par d'autres voies. Il suffit, pour
» cela, qu'on *les éloigne pendant quelques jours* de la mine et des
» fourneaux. »

Keyssler (20) et Scopoli (21) constatent également, chez les
mineurs d'Idria, que le tremblement auquel ceux-ci sont sujets
se guérit par le simple retour à l'air libre et le changement d'occupations.

Antonio de Ulloa, cité par Akermann, dit, en parlant des
mineurs de l'Amérique du Sud, qu'ils quittent la mine dès qu'ils
sont pris de tremblement, et vont travailler la terre dans une
vallée où la chaleur est très grande et où ils sont très promptement remis.

Roussel, qui a étudié avec beaucoup de soin le tremblement, à
Almaden, en a distingué trois degrés : 1° tremblement simple;
2° avec convulsion; 3° avec paralysie et affaiblissement des facultés
intellectuelles. Pris à son premier degré, le tremblement constitue
un symptôme sans gravité, dont on guérit très vite en quittant
la mine, en changeant d'occupations et en suant beaucoup. Lorsqu'il est devenu convulsif et douloureux, il est plus difficile à
guérir. Le Dr Raymond, qui a visité Almaden, confirme pleinement les assertions de Roussel.

· Ce qui est vrai des mineurs, l'est également des étameurs de
glaces et des doreurs sur métaux. En parlant des premiers,
Canstatt dit que ceux qui sont atteints de tremblement mercuriel
guérissent sans aucun traitement, lorsque le malade s'éloigne des
vapeurs de mercure; en parlant des seconds, voici comment
s'exprime Mérat : « La marche de la maladie est très simple,
» quand des causes étrangères ne viennent pas la compliquer; elle
» est toujours la même et se termine par le repos et la cessation

» de travail, sans qu'aucun phénomène fâcheux se manifeste dans
» son cours. Cette maladie se termine toujours, sinon d'une façon
» très heureuse, du moins peu fâcheuse, et on ne se souvient pas,
» à la Charité, d'avoir vu mourir quelqu'un de cette affection. »

Je pourrais ajouter encore d'autres faits à ceux que je viens
d'exposer. Ceux-ci me paraissent plus que suffisants pour montrer
comment les vapeurs de mercure agissent sur l'homme; leur
action est identique à celle qu'elles exercent sur les animaux, et
on peut, par conséquent, la résumer dans les quatre propositions
suivantes :

1re Proposition. — Les vapeurs mercurielles saturées, émises
à une basse température et respirées d'une manière continue, ont
sur l'homme une action toxique qui se réduit à la production de
troubles nerveux, tels que tremblement, convulsions, paralysie.
Ces troubles, qui finissent toujours par devenir mortels, n'apparaissent que très tardivement et ils évoluent avec une extrême
lenteur.

2e Proposition. — Lorsque les vapeurs mercurielles ne sont
plus saturées, si elles sont émises en proportions assez faibles au
dessous de la limite supérieure de saturation, elles peuvent cesser
d'être toxiques, même lorsqu'il y a continuité dans l'acte respiratoire.

3e Proposition. — Elles ne sont pas davantage toxiques, quoique émises à saturation, quand elles sont absorbées par voie de
respiration intermittente.

4e Proposition. — Dans le cas de la respiration continue avec
effets toxiques, les troubles nerveux, pourvu qu'on ne les laisse
pas arriver à leur troisième période, sont dépourvus de tout caractère dangereux et leur guérison s'obtient, sans traitement, par le
seul fait de l'éloignement du mercure.

Hygiène des professions mercurielles.

———

Les professions mercurielles exposent ceux qui les exercent à une grande diversité d'accidents, provenant de causes multiples qui agissent rarement isolées. Comme on avait négligé, jusqu'à présent, de rechercher la part d'action de chacune d'elles dans leur œuvre commune, la confusion qui en était résultée dans l'étude de leurs effets se retrouvait forcément dans l'énoncé des règles à suivre et des précautions d'hygiène à prendre pour se préserver de leur atteinte.

Ces causes peuvent se classer comme il suit : 1° Respiration de vapeurs mercurielles émises à de basses températures; 2° respiration de vapeurs mercurielles émises à des températures élevées et inhalation simultanée de fines poussières de mercure provenant de leur condensation; 3° inhalation de poussières soulevées par des opérations mécaniques, telles que le balayage de pièces dont le sol est recouvert de mercure très divisé; 4° ingestion de mercure mêlé aux aliments lorsqu'on les prend avec les mains imprégnées de ce métal, ou qu'on mange dans des ateliers envahis par ses poussières; 5° absorption du mercure par la peau lésée mise en contact avec des sels mercuriels; 6° inhalation et ingestion de poussières de composés mercuriels.

1° *Respiration des vapeurs mercurielles émises à de basses températures.* — Dans toutes les pièces non chauffées qui renferment du mercure, surtout quand il s'y trouve en masses un peu considérables, ce métal se répand partout en vapeurs qui, se disséminant dans l'atmosphère ambiante, peuvent aller souvent jusqu'à la saturer et sont forcément respirées avec elle. Les cas où ces vapeurs sont seules à intervenir sont assez rares, on peut cependant en citer deux: celui des chimistes exposés aux émanations des cuves à mercure de leurs laboratoires; celui des ouvriers employés dans les fabriques d'étamage, à la distribution du mercure aux étameurs, au transport des bains et à l'emballage des glaces.

Dans ces deux cas et dans quelques autres semblables, tout se réduit à la simple action de vapeurs émises à une basse température, et respirées pendant le jour seulement, c'est-à-dire pendant des périodes qui reviennent à des intervalles régulièrement intermittents. Or, comme ce sont là des conditions qui rendent inoffensive la respiration des vapeurs mercurielles, il s'ensuit qu'il n'y a, lorsqu'il en est ainsi, aucune précaution à prendre contre ces vapeurs.

On constate en effet que ni les chimistes, ni les ouvriers étameurs dont il a été question plus haut, ne sont sujets aux accidents mercuriels. L'immunité dont jouissent les premiers est un fait de la plus incontestable notoriété, celle que présentent les seconds est attestée par Kussmaül, et mes observations personnelles, partout où elles m'ont été possibles, concordent avec celles de ce savant.

2° *Respiration de vapeurs mercurielles émises à de hautes températures.* — Le danger qui résulte du fait de cette respiration est très grand, et il l'est à double titre. Les vapeurs mercurielles ont, en effet, une tension qui croît rapidement avec la température, et qui varie par exemple de $0^{mill},03$ à $0^{mill},23$ lorsqu'on passe de la température ordinaire à celle du corps humain, c'est-à-dire de 16° à 40° environ. Si donc elles ont, quand elles pénètrent dans l'organisme par les voies respiratoires, la seconde de ces températures, elles sont absorbées en proportion sept fois plus forte que lorsqu'elles ont la première. Par suite de cette absorption exagérée, l'économie peut promptement se saturer de mercure qui s'introduit directement dans le sang, et cette prompte saturation, à son tour, se traduit par une apparition hâtive des troubles nerveux qui en sont la caractéristique symptomatique essentielle. C'est ainsi que s'expliquent les cas réels, mais fort rares, de tremblements plus ou moins brusques présentés par des ouvriers de professions mercurielles, peu de temps après leur entrée à l'atelier; on trouve toujours, à l'origine de ces cas exceptionnels, un fait de respiration de vapeurs mercurielles émises à des températures élevées.

A ce premier danger qui naît de l'action de ces vapeurs restant à l'état de fluide élastique, et passant directement dans le sang, s'en ajoute un second résultant des effets de leur condensation. Lorsqu'elles sont émises à une température sensiblement supérieure à celle du milieu ambiant, elles s'y refroidissent en s'y diffusant, et se condensent alors en gouttelettes très ténues qui peuvent rester plus ou moins longtemps en suspension dans l'air et pénétrer, par conséquent, avec lui, dans toute l'étendue des voies respiratoires. Elles peuvent ainsi s'introduire dans les poumons et se déposer sur l'épithélium pulmonaire, par rapport auquel elles jouent le rôle de corps étrangers et qui devient alors le siège d'un travail inflammatoire plus ou moins intense, dont les conséquences sont surtout fâcheuses pour les sujets disposés à la tuberculose. La pesanteur considérable de ces gouttelettes fait que la plus grande partie d'entre elles, avant d'arriver aux poumons, se dépose sur la muqueuse buccale qu'elles enflamment, en produisant de la stomatite. Une autre partie se dépose sur les dents à la surface desquelles elles glissent pour venir se rassembler au collet, où elles déterminent une périostite alvéolo-dentaire, qui provoque, elle-même, de la salivation. Les gouttelettes déposées sur la muqueuse buccale peuvent encore être avalées avec la salive, surtout avec celle qui se mêle aux aliments, et leur introduction dans les voies digestives, si elle est suivie d'absorption, peut faire naître des troubles gastro-intestinaux de diverse nature.

Les ouvriers exposés au double danger de la respiration des vapeurs mercurielles émises à des températures élevées, et de l'inhalation du mercure finement divisé qui provient de leur condensation, appartiennent à des catégories professionnelles très variées. On trouve d'abord parmi eux ceux qui sont employés à distiller du mercure, aux fours d'Almaden, dans les ateliers de

bijouterie où on traite par la chaleur les amalgames d'or pour
revivifier ce métal, dans les ateliers d'étamage où l'on traite de la
même manière les amalgames d'étain, et dans les usines de force
électrique où ce traitement est appliqué aux résidus des zincs
amalgamés des piles. Viennent ensuite les constructeurs de
baromètres, les doreurs au feu, aujourd'hui moins nombreux par
suite de la substitution de la dorure galvanique, les manœuvres
chargés, dans les exploitations minières, de retirer le mercure
des chambres de condensation où ils pénètrent avant qu'elles
soient bien refroidies, enfin les mineurs travaillant dans des
parties, quelquefois très chaudes de la mine, contenant du mercure vierge.

Quand le milieu dans lequel on respire contient des vapeurs
mercurielles à une haute température, ce qui suppose une élévation assez marquée de sa température propre, il est fort difficile
de se soustraire à l'influence de ces vapeurs, dont l'action toxique
est d'autant plus redoutable qu'elle est très prompte à se produire.
Peut-être pourrait-on user contre elles des procédés de destruction
dont il sera question dans le paragraphe suivant, mais on n'a
rien tenté dans cette voie, et je doute qu'on puisse, en la suivant,
arriver à quelque moyen de préservation vraiment efficace.

Le plus sûr, quand il s'agit des vapeurs mercurielles émises à
une température élevée, c'est de prendre toutes les précautions
nécessaires pour éviter leur dégagement dans une atmosphère
limitée qu'on serait exposé à respirer; ou bien, si ce dégagement
est inévitable, de ne pénétrer dans les pièces où il s'est produit
qu'après s'être assuré de leur entier refroidissement.

Il faudra donc, dans toute opération de distillation de mercure,
ou dans la construction des baromètres, redoubler de précautions
pour obtenir rigoureusement la condensation de la totalité des
vapeurs. Si cette condensation, comme c'est le cas à Almaden,
s'effectue dans de grandes chambres où l'on vient ensuite recueillir
le métal, il faut absolument interdire, aux ouvriers, l'accès de
ces chambres, tant qu'elles sont encore tant soit peu chaudes; on
hâterait leur retour à la température ambiante, en les arrosant

préalablement avec de l'eau très froide et très abondamment répandue.

La condensation ainsi obtenue n'est pas complète, mais les vapeurs résiduelles, fortement raréfiées par suite de leur passage au degré de saturation qui correspond à une basse température, ont perdu tout caractère nocif, et il n'y a pas à s'occuper d'elles si on n'est pas exposé à les respirer d'une manière continue.

Le refroidissement, par voie d'arrosage, des locaux saturés de vapeurs mercurielles à des températures élevées, suffit donc à écarter le danger redoutable qu'entraînerait la respiration de ces vapeurs, mais il laisse intégralement subsister celui de l'inhalation des fines poussières provenant de leur condensation.

J'ai précédemment indiqué comment ces poussières agissent sur l'organisme, mais comme leur mode d'action ne dépend nullement de leur provenance, ce que je vais dire des mesures de précaution à leur opposer dans le cas le plus fréquent de leur formation, celui où elles prennent mécaniquement naissance, devra s'étendre à tous les autres cas.

3° Inhalation de fines poussières mercurielles produites mécaniquement. — On provoque mécaniquement la formation de poussières mercurielles dans le balayage des ateliers dont le sol est recouvert de mercure très divisé, dans le balayage des chambres de condensation, dans le râclage de leurs murs, dans le nettoyage des tuyaux en fonte qui font communiquer ces chambres avec les fourneaux où s'opère le grillage du minerai, dans toutes les opérations qui donnent lieu à une agitation trop vive, à des transvasements répétés ou à des chutes de masses un peu considérables de mercure.

Qu'il s'agisse de poussières provenant d'une pulvérisation mécanique ou d'une condensation de vapeurs par réfrigération, les effets sont toujours les mêmes, et, parmi eux, celui qui est un des plus fâcheux et des plus caractéristiques, la stomatite suivie de salivation, est aussi très prompt à se produire; ce qui ne permet pas de temporiser quand on veut se précautionner contre lui.

En classant suivant leur degré d'insalubrité les industries où le mercure est employé à des titres divers, le premier rang doit revenir, sans contredit, à celles qui font courir le risque d'inhaler le métal toxique en fines poussières, et le danger de cette inhalation est un de ceux contre lesquels il importe le plus de savoir efficacement se prémunir.

Les ouvriers qui s'y trouvent exposés peuvent user, comme moyen de préservation direct, de masques qui se rapportent à deux sortes de types; les uns permettant de respirer de l'air pur pris en dehors des milieux viciés; les autres destinés à arrêter les poussières au passage.

Les premiers, d'une disposition gênante pour le travail, n'ont jamais été, à ma connaissance, pratiquement utilisés dans les ateliers. Les seconds, qui sont d'un emploi plus commode, se composent d'un grillage simple ou double recouvert de mousseline ou de toute autre étoffe poreuse, qu'on retire facilement quand on veut la nettoyer, et qu'on maintient mouillée, pendant qu'elle reste en place, afin de rafraîchir l'air et de retenir plus efficacement les poussières. Les masques d'Eulenberg, de Laffray, de Tyndall, de Paris, de Camus et de Denayrouse, appartiennent à cette catégorie, et aucun d'eux n'a sur les autres l'avantage d'une supériorité assez marquée pour justifier une recommandation spéciale.

A défaut de masques, il suffirait aux ouvriers de porter, au devant de la bouche et du nez, des éponges fines recouvertes extérieurement de potée d'étain ou de feuilles d'or, pour arrêter le mercure au passage, en formant avec lui des amalgames. Stokes a proposé de substituer aux éponges des tissus à trame peu serrée imprégnés de fleur de soufre, et qu'il serait, me paraît-il, préférable encore de mouiller avec des solutions d'azotate d'argent ammoniacal ou de chlorure de palladium.

Qu'il s'agisse de masques ou d'éponges, la difficulté est de faire accepter aux ouvriers l'emploi de ces moyens de préservation qu'ils trouvent insolites et gênants. Aussi, devant leur répugnance formelle à les mettre en œuvre, on s'est attaqué directement à l'agent toxique, et on a proposé, pour écarter son intervention, l'emploi des moyens suivants.

Comme c'est le balayage des sols recouverts de mercure qui détermine la production et la dissémination dans l'air des poussières de ce métal, il faut que ces sols, en les supposant planchéiés, aient un revêtement composé de planches bien bouvetées, afin qu'aucun dépôt de mercure ne puisse se former dans les joints.

On pourrait, je crois, remplacer avantageusement ces planchers par une aire macadamisée, ou mieux encore bitumée, à surface bien unie, avec pentes et rigoles pour l'écoulement du métal liquide.

Il conviendra de nettoyer ces planchers ou ces aires bitumées avec des rognures de feuilles d'étain; il serait même bon de les recouvrir d'une couche permanente de ces rognures ou de potée d'étain, dans le but d'absorber le mercure par amalgamation.

Pappenheim, Stokes et Boussingault recommandent de saupoudrer le sol des ateliers, avant le balayage, de fleur de soufre, ayant, d'après eux, le double avantage de sulfurer le métal à terre et d'émettre des vapeurs qui vont également sulfurer les vapeurs et les poussières mercurielles répandues dans l'atmosphère ambiante. Dans ce cas, l'agent toxique perdrait toute sa malignité spécifique en passant dans une combinaison fixe.

Ce résultat s'obtiendra plus facilement encore en remplaçant le soufre par des corps tout à la fois plus volatils que lui et plus actifs chimiquement.

Schrötter a proposé l'iode qu'on dégagerait en plaçant dans les ateliers des vases plats contenant une solution d'iodure de potassium saturée d'iode.

Dans une série d'expériences entreprises, pour contrôler pratiquement ces vues théoriques, j'ai constaté que les animaux, soumis simultanément à l'action du soufre ou de l'iode et à celle du mercure, mouraient plus rapidement que ceux sur lesquels on faisait agir le mercure seul. Les poussières de sulfure et d'iodure de ce métal ne seraient donc pas moins dangereuses à inhaler que celles du métal lui-même, et on ne gagnerait rien, peut-être même perdrait-on beaucoup, à la substitution.

Le chlore m'a paru donner de meilleurs résultats; si on se décidait à l'essayer, il serait facile de l'introduire à doses convenablement graduées dans l'atmosphère des ateliers, en l'obtenant par la décomposition de l'hypochlorite de chaux exposé à l'air; et il y aurait avantage certain à l'employer, car je me suis assuré qu'en se combinant avec le mercure des vapeurs et des poussières il donne exclusivement naissance au calomel, c'est-à-dire au plus inoffensif des composés mercuriels.

Claude (22), qui a essayé l'ammoniaque dans les ateliers de la fabrique de glaces de Chauny, affirme que tous les accidents d'intoxication ont disparu depuis qu'on a pris l'habitude de répandre tous les soirs, sur le sol de ces ateliers, un demi-litre de solution ammoniacale. Il est difficile de se rendre compte du rôle préservateur joué par l'ammoniaque dans cette circonstance, car les vapeurs ammoniacales, diffusées dans une atmosphère qui contient des vapeurs mercurielles, sont sans action sur celles-ci, qui impressionnent toujours de la même manière le papier réactif à l'azotate d'argent ammoniacal. Claude ne fournit, d'ailleurs, aucune explication à l'appui du fait de préservation qu'il affirme, et je n'ai pas appris que l'essai de Chauny ait été répété ailleurs et couronné du même succès.

En dehors de cette recherche, jusqu'à présent peu méthodiquement poursuivie, de moyens propres à détruire, par voie de combinaison chimique, les vapeurs et les poussières mercurielles dans les milieux respirables où elles sont disséminées, il y a, dans tous les ateliers, des mesures générales à prendre, pour atténuer au moins cette dissémination, sinon pour l'empêcher complètement, et voici ce que l'on prescrit à cet égard.

. On apportera le plus grand soin à la propreté des planchers, qu'on arrosera toujours, avant de les balayer, soit avec de l'eau ordinaire, soit avec de l'eau ammoniacale. afin de rabattre le plus possible les poussières que cette opération met en mouvement.

Les ateliers devront être vastes et bien aérés, mais il ne faudra pas, cependant, chercher à y entretenir une ventilation trop vive, qui aurait précisément pour effet, en agissant mécaniquement, d'entraîner, avec l'air agité, les particules mercurielles les plus ténues, qui sont aussi les plus dangereuses à inhaler.

Pour éviter d'ajouter aux effets toxiques des poussières ceux des vapeurs saturées émises à de hautes températures, il importe qne les ateliers soient maintenus, à peu près uniformément, à une température assez basse, qui ne dépasse pas, même en hiver, la limite supérieure de 15 à 16 degrés. Ce qu'on doit s'interdire surtout avec la plus extrême rigueur, c'est le chauffage par la chaleur rayonnante de poêles en fonte portés rapidement au rouge et présentant un long développement de tuyaux. On leur préférera les poêles en briques et en faïence, logés dans l'épaisseur des murs et alimentés du dehors. Pour se prémunir contre les chaleurs excessives de l'été, on aura soin, dans la construction des ateliers, d'orienter vers le nord toutes les ouvertures qui serviront à les éclairer.

Il ne suffit pas d'ailleurs que toutes ces prescriptions relatives à l'appropriation et à l'entretien des ateliers soient rigoureusement observées pour mettre les ouvriers à l'abri de tout danger; il faut encore que ceux-ci, pour assurer leur préservation complète, s'assujettissent à la stricte observance de tout un ensemble de règles d'hygiène personnelle, dont l'omission leur serait très préjudiciable.

La stomatite et la salivation qu'ils ont tant à redouter proviennent : la première, du dépôt des poussières mercurielles sur la muqueuse buccale et de l'action inflammatoire qu'elles exercent à titre de corps étrangers; la seconde, de la périostite alvéolodentaire que ces mêmes poussières provoquent en s'accumulant au collet des dents. Ils se préserveront de ces deux affections en s'astreignant à maintenir leur bouche dans un état d'extrême propreté, ce qu'ils obtiendront en recourant à de fréquents lavages avec des gargarismes astringents et à des frictions répétées avec des brosses dures.

Ce n'est pas seulement à raison de leur pénétration possible dans l'économie, par la voie de l'inhalation pulmonaire, que les vapeurs mercurielles sont dangereuses; trop lourdes pour rester longtemps suspendues dans l'atmosphère, elles s'insinuent, en tombant, dans les cheveux et dans la barbe des ouvriers, se déposent sur leurs vêtements, et comme elles recouvrent tous les objets qu'ils manient, ils en retiennent, sur leurs mains, un enduit qui peut devenir très épais.

Cette imprégnation totale de leur personne et de leurs vêtements est facile à démontrer par l'emploi du papier sensible à l'azotate d'argent ammoniacal, et je l'ai constatée, à un très haut degré, chez tous les ouvriers étameurs de glaces que j'ai eu l'occasion d'examiner. C'est surtout à leurs mains qu'adhère le mercure pulvérulent, et je les en ai trouvées imprégnées au point de pouvoir donner des empreintes très fortement marquées sur du papier sensible à l'azotate d'argent ammoniacal, dont elles étaient séparées par plusieurs doubles de papier buvard.

Si les ouvriers, ainsi recouverts de ce dépôt de mercure pulvérulent, qu'ils portent sur toute leur personne et qui pénètre tous leurs vêtements, ne s'en débarrassent pas avant de sortir de l'atelier, ils restent alors, même chez eux, soumis sans interruption à l'influence des vapeurs émises à saturation par le métal toxique, et ils rentrent dans un des cas d'intoxication précédemment examinés, celui de la respiration continue de ces vapeurs.

Dans ces conditions, ils ne sauraient échapper aux accidents nerveux qui sont la conséquence inévitable de cette continuité. En même temps que ces accidents nerveux, ils peuvent aussi présenter des troubles gastro-intestinaux occasionnés par le mercure qu'ils mêlent à leurs aliments, en touchant ceux-ci avec leurs mains salies par le métal pulvérulent, dont l'ingestion les expose à de graves désordres; aussi leur est-il particulièrement dangereux de prendre leurs repas dans les ateliers.

Le défaut des soins de propreté peut donc avoir les conséquences les plus compromettantes pour la santé des ouvriers qui travaillent le mercure dans des ateliers où ils sont exposés à l'action de ce métal disséminé en poussières fines, et le danger qui en résulte pour eux est un de ceux dont il leur importe le plus de savoir se préserver.

En toute rigueur, il devraient avoir des vêtements spéciaux de travail qu'ils endosseraient à leur entrée dans les ateliers, et dont ils se dépouilleraient complètement à la sortie.

S'il est difficile d'obtenir d'eux le strict accomplissement d'une prescription de ce genre, on devra au moins les astreindre à porter, pendant le travail, de longues blouses de toile serrées au cou et aux poignets, et garantissant ainsi le linge de corps de tout dépôt de poussières mercurielles. D'après Stokes, il serait bon que ces blouses fussent imprégnées de soufre, et il suffirait, pour cela, soit de les frotter avec de la fleur de soufre, soit de les tremper dans une solution concentrée de sulfure de potassium, et de les plonger ensuite dans un acide en solution convenablement étendue.

Comme il pourrait arriver, malgré les précautions les plus attentives, que le linge de corps finisse, à la longue, par s'imprégner de mercure, des lavages assez fréquents sont nécessaires pour prévenir tout risque d'accumulation du métal toxique.

Les soins à donner à la peau pour la maintenir dans un état constant de propreté s'imposent plus rigoureusement encore. Les frictions énergiques sur toute la surface épidermique suffisent parfaitement comme moyen d'enlèvement du mercure, et on a introduit une complication inutile en proposant des bains au sulfure de potassium, suivis d'autres bains faiblement acides, afin de déterminer la précipitation du soufre dans les pores de la peau. Dans tous les cas, on pourrait simplement se contenter de bains sulfureux.

Les ouvriers ne devraient porter ni barbe ni moustaches, qui peuvent s'encrasser d'un dépôt abondant de poussières mercurielles, et ce dépôt, à son tour, donne lieu, dans le voisinage immédiat de la bouche, à une émission incessante de vapeurs saturées dont la respiration s'opère dans des conditions de continuité qui constituent un danger spécial précédemment indiqué. Comme ce qui vient d'être dit de la barbe et des moustaches s'applique également aux cheveux, pour préserver ceux-ci de tout risque d'imprégnation de poussières mercurielles, il faudra faire porter aux ouvriers des coiffures qui devront être très légères, afin de ne pas être gênantes, et qui pourront être simplement confectionnées avec du papier.

4° Ingestion du mercure mêlé aux aliments lorsqu'on prend ceux-ci avec les mains imprégnées du métal toxique, ou lorsqu'on mange dans des ateliers envahis par ses poussières. — Dans les ateliers de cette catégorie, les poussières mercurielles, trop pesantes pour rester longtemps en suspension dans l'air, tombent donc rapidement, et si on laisse des aliments à portée de leur dépôt, ingérées avec eux, elles ont sur les voies digestives une action qui se traduit par la production des troubles gastro-intestinaux très nettement caractérisés. Il y a encore ingestion du mercure lorsque ce métal passe des mains salies par son maniement aux aliments touchés par elles, et les conséquences morbides sont les mêmes.

Les mesures d'hygiène préventive à prendre sont ici bien facilement applicables : il faut que les ouvriers s'abstiennent absolument de manger dans les ateliers, et qu'avant de manger chez eux ils s'expurgent soigneusement les mains, en les lavant avec du sable et du savon fort.

5° Absorption du mercure par la peau mise en contact avec des composés mercuriels solubles. — Les ouvriers qui préparent les sels de mercure, ceux qui les manipulent, comme cela se pratique dans les industries de la chapellerie, du décapage des pièces à dorer dans le nitrate acide de mercure, de l'impression des draps, de la préparation des couleurs d'aniline, du damasquinage des canons de fusil, de la conservation des bois, de l'empaillage des animaux, de la photographie, etc., sont sujets à des accidents qui ont tous la même origine, et dont ils peuvent avoir beaucoup à souffrir. Leurs mains, ordinairement en contact avec des liquides mercuriels acides, se gercent, se crevassent, contractent des dermatoses rebelles, et la peau, dans ces conditions, absorbe facilement le sel qui la mouille. Cette absorption est encore favorisée par toutes les lésions traumatiques de l'épiderme, telles que coupures, écorchures ou piqûres, et c'est là ce qui fait particulièrement le danger de l'opération du secrétage. Elle consiste, comme on le sait, à frotter avec des brosses imprégnées de nitrate acide de mercure les peaux destinées à la préparation des chapeaux, dans le but de faciliter la séparation des poils, et la main qui tient la peau est souvent blessée par la brosse.

L'absorption des sels mercuriels par la peau lésée est suivie d'accidents graves du côté de la bouche et du tube digestif; saveur métallique, salivation exagérée, déchaussement des dents, fongosités des gencives, diarrhée, amaigrissement. Elle donne aussi naissance au tremblement, parce que les sels absorbés se réduisent au contact des matières organiques des tissus et que le mercure très divisé provenant de cette réduction, en passant dans le sang, se comporte comme celui qui est absorbé en vapeurs et qui pénètre directement dans le système sanguin par les voies pulmonaires.

Dans les conditions qui viennent d'être indiquées, on évitera tout risque d'absorption cutanée du mercure en portant des gants imperméables en caoutchouc.

6° *Inhalation et ingestion de poussières de composés mercuriels.* — Les industries qui exposent au danger de l'intoxication par les composés mercuriels sont nombreuses et de genres très variés. Dans les ateliers d'étamage, les poussières toxiques ne sont pas formées seulement par le mercure, mais aussi par des amalgames d'étain, et c'est surtout le sulfure de mercure qui contribue à les former dans les mines. Les ouvriers chapeliers, arçonneurs et éjarreurs, vivent dans un nuage de poussières provenant de débris de poils nitratés et arsenicaux; les coloristes de fleurs ont à se prémunir contre celles du bisulfure, du biiodure et du bichromate de mercure; les empailleurs contre celles du sublimé; enfin la fabrication des amorces fulminantes et celle des serpents de Pharaon introduisent dans l'atmosphère respirable des poussières de fulminate et de sulfocyanure de mercure.

En s'attachant aux faits généraux, on constate que toutes ces poussières ont sensiblement le même mode d'action que les poussières mercurielles, aussi devra-t-on employer à leur. égard les mêmes moyens de préservation. On balaiera donc avec les précautions précédemment indiquées les ateliers dont elles recouvrent le sol, on usera de masques, de toiles ou d'éponges mouillées pour éviter leur inhalation, et on s'astreindra rigoureusement aux soins de propreté nécessaires pour se mettre à l'abri de leur ingestion.

DEUXIÈME CATÉGORIE. — Animaux aquatiques.

Les seuls animaux aquatiques qui m'aient occupé sont les poissons, et quand j'ai voulu les soumettre à l'action des vapeurs mercurielles, je me suis contenté d'introduire du mercure bien pur dans l'eau où ils vivaient, afin d'en faire de l'eau mercurielle.

On sait que celle-ci contient, non pas du mercure dissous, engagé dans quelque combinaison chimique faible, mais du mercure en nature, qui a pénétré mécaniquement dans les vides des espaces intermoléculaires de la masse liquide et qui s'y trouve diffusé à l'état de vapeurs conservant, comme Royer l'a si nettement démontré, toutes leurs propriétés et toutes leurs réactions caractéristiques.

Puisqu'elles sont au même état physique que dans l'air, leur action connue sur les animaux aériens nous permet de prévoir celle qu'elles devront exercer sur les animaux aquatiques, et ce n'est pas là le seul point de rapprochement qu'on puisse établir entre les sujets de ces deux catégories. Les conditions de milieu dans lesquelles ils vivent sont beaucoup moins différentes qu'elles ne le semblent au premier abord, et les animaux aquatiques sont en rapport immédiat non pas avec l'eau qui les environne de toutes parts, mais avec une mince couche gazeuse adhérente, qui forme autour d'eux, et surtout dans la région des organes respiratoires, une atmosphère limitée qui a la même composition que l'atmosphère illimitée des animaux aériens et qui sert identiquement aux mêmes usages.

On démontre facilement son existence, en ayant recours aux

trois ordres de preuves instituées par Gernez pour établir la propriété qu'ont les solides de condenser à leur surface, en couches minces adhérentes, les gaz dans lesquels ils séjournent.

C'est ainsi qu'en ajoutant à l'eau, dans laquelle nage un poisson, une solution gazeuse sursaturée, ou bien en la chauffant légèrement, ou bien encore en raréfiant l'air au-dessus, on voit le corps de cet animal se couvrir de bulles volumineuses qui ne peuvent provenir que de l'atmosphère limitée qu'il emporte partout avec lui.

Cette atmosphère ne saurait être normalement composée que des gaz en dissolution dans l'eau, et ces gaz doivent d'abord passer par elle avant de s'échanger, dans l'acte respiratoire, avec ceux que le sang tient en dissolution de son côté. L'azote s'y maintient sensiblement stationnaire, mais si, à un moment donné, elle contient de l'oxygène, celui-ci fait irruption dans le sang veineux où il se trouve à une tension inférieure, et son mouvement de diffusion rentrante est accompagné d'un mouvement simultané de diffusion sortante de l'acide carbonique intérieur, qui est immédiatement pris par l'eau ambiante dans laquelle il se dissout pour s'exhaler ensuite dans l'air, à la surface libre. Ainsi réduite à ne plus renfermer que de l'azote, l'atmosphère limitée se comporte comme le vide par rapport à l'oxygène de l'eau et à l'acide carbonique du sang veineux qui s'y diffusent en sens contraire, pour disparaître bientôt en s'échangeant réciproquement entre leurs deux dissolvants respectifs; et les conditions dans lesquelles ces échanges s'opèrent sont faites pour en assurer indéfiniment le renouvellement.

S'il s'agit, non plus d'eau ordinaire, mais d'eau mercurielle, les vapeurs de mercure, que celle-ci contient, accompagnent toujours l'oxygène dans ses transmigrations successives et passent avec lui de l'eau dans les atmosphères limitées, puis, de là, dans le sang des animaux aquatiques, qui trouvent ainsi, dans l'eau mercurielle, les mêmes conditions d'intoxication que leurs congénères aériens dans l'air.

C'est Gaspard (23) qui a, le premier, mis en évidence l'action toxique de cette eau : après avoir agité de l'eau ordinaire avec du mercure, ou, plus simplement encore, après l'avoir laissée séjourner pendant quelque temps sur ce métal, il y a introduit des œufs de grenouille qui ne purent pas s'y développer, et des têtards de crapaud et grenouille qui n'y vécurent pas plus de quelques heures.

J'ai pris pour sujets de mes expériences, des cyprins, mis séparément en essai dans des cuves en verre assez vastes dont les fonds étaient recouverts d'une couche de mercure très pur de 3 à 4 millimètres d'épaisseur. Pendant qu'ils étaient ainsi en pleine eau mercurielle, des témoins bien appareillés mis en essai dans de l'eau ordinaire, toutes les autres conditions restant d'ailleurs identiquement les mêmes, leur servaient de terme de comparaison. Pour que les sujets ne fussent pas en contact immédiat avec le mercure des cuves, ils en étaient séparés par des filets tendus à quelques centimètres de distance, de sorte que les phénomènes d'intoxication, s'il s'en produisait, ne pussent être attribués qu'à la seule intervention de l'eau mercurielle.

Tous les cyprins, au nombre de six, qui ont été soumis à l'action de cette eau, ont assez promptement succombé, mais les temps nécessaires pour amener la mort ont sensiblement dépassé ceux qui ont été trouvés pour des animaux aériens de même masse; on en jugera par les résultats consignés dans le tableau suivant :

SEPTIÈME SÉRIE.

Cyprins.	DATE de la mise en expérience.	DATE de la mort.	POIDS à la 1re date.	POIDS à la 2e date.	Température de l'eau.
Expér. XLV.........	13 septemb. 1885.	28 septemb. 1885.	^{k} 0,035	^{k} 0,030	18°
Expér. XLVI.........	13 septemb. 1885.	3 novemb. 1885.	0,068	0,061	14°
Expér. XLVII.........	28 septemb. 1886.	15 octobre 1886.	0,036	0,030	16°
Expér. XLVIII.........	28 septemb. 1886.	28 octobre 1886.	0,039	0,036	16°
Expér. XLIX.........	28 septemb. 1886.	2 novemb. 1886.	0,045	0,041	13°
Expér. L.........	28 septemb. 1886.	7 novemb. 1886.	0,047	0,043	13°

Dans quatre de ces expériences l'eau mercurielle qui servait d'habitat aux cyprins n'a pas été renouvelée; dans les deux autres,

Exp. XLV et XLVII, elle l'a été régulièrement tous les jours, et ce changement si radical, en apparence, dans la conduite des expériences, n'a pas introduit de modification sensible dans la marche progressive de l'intoxication. L'invariabilité des résultats obtenus s'explique sans difficulté par le fait connu de la prompte diffusion du mercure dans l'eau qu'on agite au contact avec lui.

Quoique mes expériences sur les poissons aient été relativement peu nombreuses, elles suffisent pour donner le droit d'affirmer que l'eau mercurielle agit toujours toxiquement sur les animaux aquatiques qu'on y laisse assez longtemps séjourner; et ceux sur lesquels je lui ai fait exercer son action toxique sont bien morts des suites de l'absorption du mercure auquel elle servait de véhicule, car les témoins soustraits à l'influence de ce métal, mais placés, pour tout le reste, dans des conditions identiques, n'ont rien présenté d'anormal à noter.

Plus lente à frapper les animaux aquatiques que les animaux aériens, la mort par le mercure s'est produite, dans les deux cas, avec le même appareil de symptômes. Pour les premiers comme pour les seconds, les troubles qui l'ont précédée, agitation convulsive et paralysie, se rattachent exclusivement à des lésions du système nerveux, mais aucune de ces lésions n'a pu être révélée par l'examen nécropsique, et toutes les parties de l'organisme ont été, comme le cerveau et les nerfs, également trouvées intactes à l'autopsie.

Malgré leur état apparent de parfaite intégrité, toutes cependant contenaient du mercure, réparti entre elles en proportions fort inégales; mais là même où il était relativement le plus abondant, il a été impossible de découvrir la plus légère trace d'altération qui lui fût imputable.

Dans la plupart de mes expériences, j'ai analysé les principaux viscères et une partie des tissus des animaux intoxiqués; et toutes ces analyses ont invariablement abouti à la constatation bien nette de la présence du mercure. Quand il est absorbé, sous forme de vapeurs, par les poumons ou par les branchies, ce métal, transporté par le sang, envahit donc l'organisme tout entier et pénètre dans la trame des organes, qui ne sont pas également aptes à le fixer. Pour savoir dans quelle mesure chacun d'eux possède cette aptitude, je les ai pris sous des poids égaux et j'ai déterminé, par voie d'analyse quantitative, les proportions de mercure qu'ils contenaient. Rangés dans l'ordre qui correspond au décroissement de ces proportions, ils forment la série suivante :

Reins, Foie, Poumons, Cerveau et Moelle, Cœur, Muscles, Os.

Jusqu'au cerveau, inclusivement, j'ai trouvé du mercure en quantité suffisante pour permettre le dosage; le cœur, les muscles en général, mais surtout les os, n'ont donné, à l'analyse, que des traces du métal toxique trop faiblement accusées pour se prêter à des déterminations numériques.

Quand ces déterminations ont été possibles, comme leurs variations, d'un animal à l'autre, se sont toujours produites dans le même sens, je me bornerai à transcrire ici celles qui se rapportent au cas du lapin de l'expérience XIII.

Poids au début de l'expérience : $2^k,616$. — Poids après la mort : $2^k,205$.

Poids des viscères : reins, $25^{gr},5$; foie, $71^{gr},5$; poumons, $19^{gr},41$; cerveau et moelle, $15^{gr},13$.

Poids de mercure trouvés dans 15 grammes de ces différents viscères : reins, $1^{millig},3$; foie, $0^{millig},7$; poumons, $0^{millig},46$; cerveau et moelle, $0^{millig},24$.

Ces poids sont sensiblement dans le rapport des nombres entiers 6, 3, 2, 1.

Contenance des viscères en mercure : reins, $3^{millig},3$; foie, $2^{millig},2$; poumons, $0^{millig},59$; cerveau et moelle, $0^{millig},24$.

Le mercure qu'on trouve, après la mort, dans toutes les parties de l'organisme des animaux intoxiqués par ses vapeurs se rencontre également, pendant la vie, dans le sang, l'urine et les excréments de ces mêmes animaux.

Pour ceux des trois premières séries, chiens, lapins et cobayes, les excréments et les urines recueillis quotidiennement et traités par l'acide nitrique à chaud, ont toujours donné, depuis le second jour de la mise en expérience jusqu'à celui de la mort du sujet

intoxiqué. les réactions caractéristiques de la présence du mercure.

Pour les oiseaux, comme chez eux les produits de la sécrétion
urinaire et ceux de la défécation se mélangent dans le cloaque,
leurs déjections reproduisent identiquement les résultats obtenus
avec l'urine et les excréments des mammifères.

Quant au sang, les vapeurs mercurielles ne pouvant pénétrer
dans l'organisme qu'à la condition d'être préalablement absorbées
par lui, quand cette absorption se produit, à tous les moments
de la durée de ce phénomène il doit forcément contenir du
mercure, et rien n'est plus facile que de le vérifier expérimentalement. J'ai fait servir à cette vérification plusieurs des lapins de la
3e série, sur lesquels j'ai pratiqué, en les prenant aux différentes
phases de leur intoxication, des saignées qu'ils ont pu supporter
sans inconvénient tant qu'elles n'ont pas dépassé la mesure de
30 centimètres cubes. Le sang ainsi obtenu, traité par l'acide
nitrique à chaud et analysé avec soin, a toujours été trouvé
mercuriel.

BIBLIOGRAPHIE

(1) BARENSPRUNG. — *J. für prakt. Chemie,* Bd L, S. 20, 1850.

(2) H. EULENBERG. — *Hand. der. Gewerbe Hygiene,* p. 729, 1871.

(3) KIRCHGASSER. — *Ueber die Werk. des Quecks. Dampfe.* — *Arch. für. path. Anat. und. Phys.,* Bd XXXII, H. 2, p. 145.

(4) Dr SOLLES. — *Bulletin de la Soc. d'An. et de Phys. normales et pathologiques de Bordeaux,* t. II, p. 20, 1881.

(5) ROUSSEL. — *Lettres méd. sur l'Espagne, Un. méd.,* 1848, p. 511.

(6) KUSSMAULL. — *Unters. über den const. Merc.,* p. 247, 1861.

(7) PAPPENHEIM. — *Handb. der Sanitats politz.,* Berlin, 1858.

(8) MÉRAT. — *Journ. de Méd.,* t. VII, 1804, et *Coliques métalliques,* 1812.

(9) MARTIN DE GIMARD. — *Troubles produits chez les doreurs sur métaux,* Th. de Paris, 1818.

(10) CANSTATT. — *Ueber Hydr. Klin. Rückbl,* H. I, S. 91, 1848.

(11) KUSSMAUL. — *Loc. cit.,* p. 251.

(12) SCOPOLI. — *De Hydr. Idriensi,* Venet., 1761.

(13) DON LOPEZ DE AREBALA. — Lettre du 1er juin 1755, citée dans *Obs. de Ch. et Ph. en Espagne* de Thierry, t. II, p. 22.

(14) ROUSSEL. — *Loc. cit.,* p. 513.

(15) KUSSMAUL. — *Loc. cit.,* p. 243.

(16) DE JUSSIEU. — *Hist. de l'Acad. des Sc. pour 1719,* Paris, 1721.

(17) RAYMOND. — *Intoxic. merc. aux mines d'Almaden,* Pr. Méd., n° 49, 1886.

(18) RÈGLEMENTS DE BERLIN. — *Berlin. Jahresbericht der Deuts. Fabr. Insp.,* 1884.

(19) BERTHELOT. — *Ann. de Phys. et Chim.,* 6e série, t. VII, p. 372.

(20) KEYSSLER. — *Neuest. Reis. durch Deutschl.,* Bd II, S. 861, 1740.

(21) SCOPOLI. — *Loc. cit.*

(22) CLAUDE. — *C. R. de l'Ac. des Sc.,* t. LXVI, oct. 1872.

(23) GASPARD. — *J. de Ph. de Mag.,* t. I, p. 185, 1821.

CHAPITRE V

Action physiologique des vapeurs mercurielles.

————

Comme on le voit par l'exposé des faits rapportés dans le chapitre précédent, les animaux qu'on maintient d'une manière continue sous l'influence des vapeurs mercurielles saturées, émises à une basse température, finissent toujours par succomber, et le mercure absorbé par eux se retrouve, à l'autopsie, dans toutes les parties de leur organisme.

Cette pénétration du mercure dans la masse entière du corps des animaux intoxiqués étant ainsi matériellement démontrée, il reste à rechercher : 1° par quelles voies ce métal est absorbé; 2° quel est le mécanisme de son absorption; 3° quel état et quelles relations il affecte dans le milieu intérieur.

C'est sous ce triple aspect que se présente la question de l'action physiologique des vapeurs mercurielles; posée pour la première fois par Mialhe(1), en 1843, elle a été, depuis lors, en France et surtout en Allemagne, l'objet de débats contradictoires très vifs et de travaux fort nombreux, qui ont, en somme, contribué médiocrement à son élucidation. On la discute encore, en effet, et comme toutes les solutions qu'elle a reçues se réduisent à des affirmations plus ou moins plausibles, mais qui ne reposent sur aucune preuve directe de fait, il y avait lieu de la soumettre à un nouvel examen.

————

§ 1. — *Des voies d'absorption des vapeurs mercurielles.*

Théoriquement, les vapeurs mercurielles peuvent s'introduire dans l'organisme par tous les points des surfaces avec lesquelles l'air dans lequel elles se diffusent peut être mis, lui-même, en rapport. Elles admettent donc, *a priori*, trois voies d'introduction bien distinctes : 1° la peau ; 2° la muqueuse gastro-intestinale ; 3' la muqueuse pulmonaire.

1° *Peau.* — Gubler (2) prétend que les vapeurs mercurielles peuvent être absorbées par la peau, après avoir pénétré, par suite de leur mouvement diffusif, dans les orifices, les conduits et les cavités des glandes cutanées ; mais il ne fournit aucune preuve à l'appui de cette assertion.

Rabuteau (3), qui admet également ce mode d'absorption, n'en place pas le siège dans les cavités des organes glandulaires. Pour lui, c'est à travers l'épaisseur de la peau elle-même que les vapeurs mercurielles se diffusent, et il en donne deux raisons qui lui paraissent décisives : l'une de fait, l'autre d'analogie.

Il fait valoir, en premier lieu, la propriété qu'auraient les fumigations d'introduire du mercure dans l'économie, alors même qu'elles porteraient exclusivement sur le tronc et sur les membres, la tête étant préservée. En second lieu, invoquant les résultats d'expériences dues à Chaussier (4), Lebkuchner (5) et Chatin (6), sur le prétendu passage, par diffusion, de l'acide sulfhydrique à travers la peau, il voit là l'effet d'un dynamisme commun à tous les fluides élastiques, et qu'on devait, par conséquent, retrouver dans les vapeurs mercurielles.

Ces arguments sont loin d'avoir la valeur que Rabuteau leur attribue. Quoi qu'il en dise, on n'a jamais appliqué la méthode des fumigations avec assez de rigueur pour mettre les patients dans l'impossibilité absolue de respirer les vapeurs mercurielles à haute tension diffusées autour d'eux, et qu'ils ont dû forcément absorber par les voies pulmonaires. D'autre part, il y a une trop grande différence de propriétés, surtout au point de vue de la solubilité, entre l'acide sulfhydrique et les vapeurs mercurielles, pour que l'on puisse, *a priori*, les identifier dans leur mode d'action, et les expériences de Chatin, instituées dans le but exclusif de prouver la réalité de l'absorption gastro-intestinale

de cet acide et des vapeurs arsenicales, n'ont nullement visé le
mécanisme de leur absorption cutanée.

Quant aux expériences de Chaussier et de Lebkuchner, qui,
elles, ont bien eu pour objectif la démonstration de l'absorption
cutanée de l'acide sulfhydrique, les résultats qu'elles ont fournis
s'expliquent facilement en admettant le passage de ce gaz par
imbibition, et non par diffusion, à travers la peau.

En Allemagne, Röhrig (7) émet aussi l'opinion que la peau
peut donner accès aux vapeurs mercurielles, mais en proportions
négligeables, tant elles sont faibles, et comme son assertion ne
vise qu'un fait sans importance, comme elle est dépourvue de
toute preuve à l'appui, elle ne mérite pas d'être prise en considération.

Avec Fleischer d'Erlangen (8), au contraire, nous entrons dans
la voie des expériences précises, et voici celles auxquelles ce
savant a eu recours pour démontrer l'impossibilité de la diffusion
des vapeurs mercurielles à travers la peau. Opérant sur des
substances telles que l'onguent gris et l'oléate de mercure, qui
ont la propriété d'émettre des vapeurs hydrargyriques, il les
introduisit dans des flacons à col étroit qui furent ensuite
hermétiquement occlus avec des lambeaux de peau de lapin : des
lames d'or polies placées au-dessus de ces lambeaux obturateurs
lui parurent rester parfaitement intactes, et il ne parvint pas à y
découvrir la plus légère trace d'amalgamation.

Comme on pouvait imputer ce résultat négatif au défaut de
sensibilité du réactif employé pour déceler la présence du
mercure, j'ai répété les expériences de Fleischer d'Erlangen en
remplaçant l'or par les papiers sensibles à l'azotate d'argent
ammoniacal et au chlorure de palladium. Ils ne m'ont donné
aucun signe de réaction mercurielle, lors même que je substituais
à l'onguent gris et à l'oléate de mercure, dans l'intérieur des
flacons, des substances plus émissives encore, telles que du
mercure finement pulvérisé, ou moléculairement réduit à la
surface de corps très poreux.

Mes expériences confirment donc pleinement celles de Fleischer, et l'on peut affirmer, en conséquence, que les vapeurs de mercure ne pénètrent pas dans l'organisme par voie de diffusion à travers la peau intacte.

Ce mode de pénétration étant exclu, voici celui qu'on a proposé, à son défaut. Certains savants ont prétendu que les vapeurs mercurielles se condensaient à la surface des téguments en gouttelettes très fines, et que celles-ci traversaient ensuite mécaniquement l'épiderme; d'autres, comme Gubler (9), admettent que la condensation des vapeurs s'opère sur les parois des cavités et des conduits des glandes cutanées, à l'intérieur desquelles elles s'introduisent par diffusion; une fois là, sous l'influence d'agents chimiques spéciaux contenus dans les sécrétions glandulaires, elles donneraient lieu à la formation de combinaisons solubles et par conséquent absorbables.

Ces explications doivent être rejetées par ce premier motif qu'elles sont purement hypothétiques, et qu'on ne produit aucune preuve de fait pour en établir la vérité; mais, fussent-elles vraies, je n'aurais pas davantage à en tenir compte, car elles ne sont nullement applicables au seul cas dont je me sois occupé, celui de l'action des vapeurs mercurielles émises à des températures plus basses que celles des organismes soumis à leur influence. Dans de pareilles conditions thermiques, il n'y a aucune raison pour que ces vapeurs se condensent, soit à la surface de la peau, soit à l'intérieur des cavités glandulaires; et je me suis, en effet, assuré, par des expériences répétées, qu'aucune condensation de ce genre ne s'était produite au cours de mes recherches. Pour tous les animaux sur lesquels j'ai opéré, et quelque prolongé qu'ait été leur séjour dans des atmosphères constamment saturées de mercure à la température du milieu ambiant, les peaux, essayées aux divers papiers sensibles, avant et après la mort, n'ont jamais produit sur eux aucune impression révélatrice de la présence du mercure.

Pour que les vapeurs de ce métal puissent se condenser sur les téguments, il faut qu'elles aient été émises à de hautes températures et que ces téguments jouent, par rapport à elles, le rôle de corps froids; ce qui se réalise rarement dans la pratique courante.

Il s'agit donc là d'un cas tout à fait exceptionnel, mais qui n'en méritait pas moins une étude attentive, entreprise et poursuivie avec la plus rigoureuse méthode par Fürbringer (10).

Ce savant a opéré sur un sujet dont l'avant-bras, découvert à la face interne et préalablement desséché avec soin, fut exposé, pendant un temps assez long, aux vapeurs de mercure chauffé. Dans ces conditions, il constata qu'une partie de la peau s'était recouverte d'un dépôt gris clair, au milieu duquel on distinguait à la loupe, principalement au fond des sillons épidermiques, de petits globules miroitants; et cette sorte de voile gris apparaissait, sous le microscope, comme composé de minuscules globules mercuriels. Après un nettoyage exact de la surface qu'ils recouvraient, un petit lambeau de peau fut excisé, plongé immédiatement dans de l'alcool absolu, et les coupes pratiquées sur ce lambeau, rendues transparentes par immersion dans la glycérine additionnée d'acide acétique, furent alors soumises à l'examen microscopique. Cet examen a donné les résultats suivants : Fürbringer trouva des globules isolés qui adhéraient à la surface externe de l'épiderme et qui étaient des restes du dépôt primitif, mais il ne put en découvrir un seul, ni entre les cellules fermées de la couche cornée, ni dans le réseau de Malpighi, ni dans les canaux excréteurs des glandes cutanées, ni, enfin, dans les follicules pileux.

Ce sont là des faits importants à retenir, car ils prouvent, contrairement à l'opinion de Gubler, que les vapeurs mercurielles, même quand elles sont émises à de hautes températures, et par conséquent avec un excès de tension qui accroît considérablement leur puissance diffusive, ne sont nullement aptes à pénétrer dans les cavités glandulaires de la peau. Elles sont arrêtées à la surface épidermique sur laquelle elles se condensent, et l'on peut affirmer, comme j'en fournirai bientôt la preuve, que les globules provenant de cette condensation ne sont absorbés, ni mécaniquement ni chimiquement.

De tout ce qui précède, on est finalement en droit de conclure que la peau intacte n'offre aucune voie ouverte à la pénétration des vapeurs mercurielles dans l'organisme.

2° *Muqueuse gastro-intestinale.* — En raison de son peu d'épaisseur et de son manque d'épiderme, la muqueuse gastro-intestinale est, *a priori,* dans de meilleures conditions que la peau pour livrer passage aux vapeurs du mercure; mais, avant de rechercher si elle a réellement quelque pouvoir absorbant pour ces vapeurs, il y a d'abord lieu de se demander si celles-ci peuvent arriver normalement jusqu'à elle.

Les expériences de Barensprung (11) et d'Eulenberg (12) répondent nettement à cette question : dans les autopsies faites par ces deux savants sur des animaux qu'ils avaient intoxiqués en les confinant dans des atmosphères saturées par des vapeurs de mercure bouillant, ils ont constaté la présence de nombreux globules de ce métal dans les poumons, sur la muqueuse des bronches et sur celle de la trachée-artère, mais ils n'en ont pas rencontré un seul sur les muqueuses de l'œsophage, de l'estomac et de l'intestin.

Sans exagérer la signification de ce résultat négatif et sans prétendre en tirer la preuve que les vapeurs mercurielles, mélangées à l'air respirable, ne pénètrent pas dans la cavité gastro-intestinale, on est du moins en droit d'en conclure qu'elles y pénètrent en proportions assez faibles pour les rendre complètement négligeables par rapport à celles qui pénètrent dans la cavité pulmonaire. Cette conclusion est confirmée par les expériences de Chatin (13) sur les rôles respectifs de la muqueuse pulmonaire et de la muqueuse stomacale dans l'absorption de l'acide sulfhydrique et de l'acide arsénieux. En exposant, en effet, par couples bien appareillés, tantôt deux chiens, tantôt deux lapins, à l'action de ces substances toxiques, l'un à l'état normal, l'autre après une ligature préalable de l'œsophage, Chatin a trouvé qu'ils mettaient à peu près le même nombre d'heures à mourir, mais avec une légère avance pour le premier. Si cela prouve que les gaz et les vapeurs toxiques peuvent avoir accès dans l'organisme par les voies digestives, cela prouve aussi qu'il n'y a pas à tenir compte des effets de la faible part ainsi absorbée.

3° *Muqueuse pulmonaire.* — S'il est vrai, comme tout ce qui précède le démontre, que les vapeurs mercurielles ne sont absorbées, ni par la peau, ni par la muqueuse gastro-intestinale, il ne leur reste plus d'autre voie d'accès dans l'organisme que celle de l'absorption pulmonaire, et ce mode d'absorption n'est, en effet, contesté par personne; mais s'il y a unanimité pour affirmer son existence, on est loin de s'entendre aussi bien sur la question de son mécanisme.

§ 2. — *Mécanisme de l'absorption.*

Parmi les savants qui se sont occupés de cette question, les uns, comme Mialhe (14), Owerbeck (15), Gubler (16), sont d'avis que les vapeurs mercurielles, quand elles sont mélangées avec l'air respirable et qu'elles pénètrent avec lui dans les poumons, y participent, au même titre que lui, aux échanges gazeux respiratoires, et qu'elles peuvent ainsi passer directement dans le sang. Introduites dans ce liquide, elles y trouveraient des conditions de milieu qui les rendraient chimiquement attaquables, et elles passeraient alors par une série de combinaisons dont le processus a été assez mal défini. Finalement, elles donneraient naissance à des composés d'un type spécial, tels que les oxydalbuminates ou chloralbuminates solubles de mercure, auxquels on devrait exclusivement rapporter tous les effets physiologiques et toxiques observés comme conséquence de l'inhalation de ces vapeurs.

En opposition avec les savants dont nous venons d'exposer les vues, Lewald (17), Michaelis (18), Hermann (19), Kirchgasser (20) nient la possibilité des échanges gazeux entre les fluides élastiques du sang et les vapeurs mercurielles, par suite de la faible tension de ces dernières, et ce fut Lewald, en 1857, qui formula le premier, pour expliquer leur passage dans l'économie, l'opinion suivante, acceptée plus tard par la généralité des savants. D'après lui, ces vapeurs condensées se déposeraient sur la muqueuse pulmonaire en gouttelettes très fines, qui auraient besoin d'être soumises à une oxydation préalable pour pénétrer dans le sang, où le métal apporté par elles se retrouverait finalement à l'état d'albuminate d'oxyde.

Rabuteau (21), qui admet l'absorption cutanée et l'absorption gastro-intestinale des vapeurs mercurielles, mais qui passe sous silence leur absorption pulmonaire, prétend qu'elles peuvent conserver dans le sang leur état métallique.

Enfin Nodnagel et Rossbach (22), adoptant une opinion mixte, . sont d'avis que le mercure, introduit directement dans le sang par le fait de l'inhalation de ses vapeurs, peut s'y diviser en deux parts : pour l'une d'elles, il s'oxyderait en donnant ultérieurement naissance à des albuminettes solubles; pour l'autre, il resterait inaltéré, et, après avoir traversé les tissus sans subir de changements, il pourrait reparaître à l'état métallique dans les sécrétions et dans les excrétions.

Fürbringer (28), qui a résumé dans une récente et remarquable étude tous les travaux dont la question de l'absorption pulmonaire des vapeurs mercurielles avait été l'objet avant lui, et qui s'est proposé de trancher le débat soulevé par les solutions contradictoires qu'elle a reçues, formule ainsi ses conclusions personnelles. « Quand des vapeurs sont en contact avec une surface humide, » elles se condensent nécessairement sur celle-ci. En conséquence, » quand des vapeurs mercurielles sont absorbées par la respira- » tion, le mercure doit se déposer sous forme de petites goutte- » lettes sur la muqueuse intéressée, et on le démontre en suspen- » dant une membrane humide au-dessus du mercure chauffé. » Après une exposition convenablement prolongée on découvre, » même à l'œil nu, des globules miroitants au milieu d'un dépôt » continu de teinte grise. Des feuilles d'or étendues pendant » plusieurs jours sur la membrane humide qui recouvrait un » récipient rempli de mercure ne fournissent, lorsqu'on les » chauffe, aucune trace de mercure. »

Après avoir ainsi nettement affirmé la condensation des vapeurs mercurielles en globules métalliques sur la muqueuse pulmonaire, Fürbringer ajoute : « Si nous n'admettons pas, en

» nous appuyant sur les résultats des expériences de Rindfleisch,
» que les globules mercuriels puissent traverser les muqueuses
» intactes, ceux qui se condenseront sur la muqueuse pulmonaire,
ɪ dans l'acte de la respiration des vapeurs hydrargyriques, ne
» pourront arriver directement au sang que dans les cas assuré-
» ment fort rares où cette muqueuse serait lésée. Lorsqu'elle est
» saine, les globules déposés à sa surface externe s'oxydent d'abord
» en place, puis les produits de cette oxydation entrent à leur
» tour dans la formation de composés qui doivent être solubles
» pour être à la fois résorbables et actifs. »

Ces conclusions n'ayant, jusqu'à présent, rencontré de contra-
dicteur, ni en France, ni en Allemagne, doit-on, en conséquence,
les considérer comme définitivement acquises à la science, et
comme donnant le dernier mot de la question à laquelle elles
s'appliquent? C'est ce que nous allons examiner maintenant.

Et d'abord, en affirmant, avec Lewald, Michaëlis et Hermann,
que les vapeurs mercurielles, introduites avec l'air dans les poumons, ont une tension trop faible pour participer aux échanges
gazeux respiratoires, Fürbringer émet une assertion qui est en
contradiction flagrante avec les faits les mieux établis de la théorie
moléculaire dynamique des gaz. Ce n'est pas, en effet, la tension
qui joue, dans la diffusion de ces gaz, le rôle le plus important,
mais la vitesse de translation de leurs molécules; or, s'il est
vrai que la tension des vapeurs mercurielles, à 0°, est seulement
de 0,01 de millimètre, par contre, la vitesse de translation de
leurs molécules, qui atteint 180 mètres par seconde, est d'un ordre
de grandeur qui la rend comparable à celle des autres gaz : il n'y
a donc pas de différence à établir entre ces gaz et les vapeurs
mercurielles, en ce qui touche la production des phénomènes
d'échange par voie de diffusion réciproque.

Partant de ces vues erronées sur la prétendue impossibilité où
seraient ces vapeurs de participer aux échanges gazeux respiratoires, Fürbringer était forcément obligé, pour expliquer leur
absorption, d'admettre qu'elles se condensaient d'abord sur la
surface externe de la muqueuse pulmonaire, et nous avons vu

comment il s'était efforcé de prouver la réalité de cette condensation. L'expérience qui, d'après lui, fournit cette preuve, et dans laquelle on constate un dépôt de gouttelettes hydrargyriques sur une membrane humide suspendue au-dessus de mercure chauffé, est loin de justifier l'interprétation qu'il lui donne.

Cette membrane, en effet, agit ici tout simplement comme corps froid et non pas comme un corps doué d'un pouvoir condensant spécifique; car si elle avait réellement ce pouvoir, elle l'exercerait sur des vapeurs à la même température qu'elle, tandis qu'elle est alors absolument inactive, comme il est facile de s'en assurer.

J'ai répété l'expérience de Fürbringer, une première fois en suspendant des membranes diverses, animales et végétales, au-dessus de mercure chauffé; une seconde fois, en suspendant ces mêmes membranes au-dessus de mercure qui était comme elles à la température du milieu ambiant. Dans le premier cas, les membranes impressionnaient très fortement les papiers réactifs à l'azotate d'argent ammoniacal et au chlorure de palladium; dans le second cas, elles le laissaient parfaitement intact. Des tranches de poumons frais de chiens, de lapins et d'oiseaux m'ont donné identiquement les mêmes résultats.

Quand donc il y a inhalation de vapeurs mercurielles, pour qu'elles puissent se condenser sur l'épithélium pulmonaire, il faudrait qu'elles pénétrassent dans l'appareil respiratoire à une température plus haute que celle de cet organe, et c'est ce qui n'arrive jamais lorsqu'elles sont émises à la température du milieu où vivent les animaux sur lesquels elles agissent. Comme elles ont, en effet, la température du milieu au moment de leur entrée dans les poumons, elles s'échauffent forcément en pénétrant dans cet organe, et cet échauffement, en abaissant leur degré de saturation, rend, *a fortiori*, leur condensation impossible.

Elles restent ainsi, en conservant leur état de fluide élastique, mélangées avec l'air dans lequel elles s'étaient diffusées, et il n'y a pas de raison pour refuser d'admettre qu'elles participent, comme lui, aux échanges gazeux respiratoires. On n'en est pas d'ailleurs réduit à cet unique argument pour affirmer leur passage direct dans le sang, au même titre que celui de l'oxygène et de l'azote qu'elles accompagnent et auxquels elles doivent être théoriquement assimilées. Cette assimilation, formellement autorisée en théorie, peut se vérifier, pratiquement, par des preuves de fait irrécusables.

Expérience I. — Pour démontrer que l'épithélium pulmonaire est directement perméable aux vapeurs mercurielles, comme il l'est aux gaz atmosphériques, j'introduis du mercure dans deux flacons à col étroit, de 30 centimètres cubes environ de capacité, que j'obture avec deux plaques de liège percées, à leur centre, de deux petits orifices circulaires. Je recouvre l'un de ces orifices d'un poumon bien étalé de grenouille, et, laissant l'autre librement ouvert, je dispose identiquement de la même manière, au-dessus de ces deux orifices, deux bandes de papier réactif à l'azotate d'argent ammoniacal. Or, les deux bandes ainsi disposées prennent, après des temps égaux, en regard des orifices correspondants, des teintes sensiblement uniformes, quoique les vapeurs mercurielles n'aient rencontré aucun obstacle pour arriver jusqu'à l'une d'elles, tandis qu'elles ont dû, pour atteindre l'autre, traverser l'épaisseur de la membrane pulmonaire interposée. Cette membrane n'oppose donc, au passage des vapeurs mercurielles, qu'une résistance à peu près négligeable, et ce passage lui-même s'effectue sans qu'il y ait la moindre trace de condensation préalable; c'est-à-dire dans des conditions qui l'assimilent complètement à celui des gaz atmosphériques.

Fürbringer a fait une expérience analogue en fermant un récipient contenant du mercure avec une membrane humide, au-dessus de laquelle il maintint pendant plusieurs jours des feuilles d'or, dont il ne put, en les chauffant, extraire aucune trace de vapeurs mercurielles. Il y a peut-être lieu d'imputer ce résultat négatif au défaut de sensibilité de l'or comme réactif du mercure; mais je crois qu'il faut plutôt l'attribuer à l'emploi d'une membrane trop épaisse, qui aurait arrêté le gaz atmosphérique au passage, comme elle arrêtait les vapeurs mercurielles. Fürbringer ne nous dit pas d'où il l'avait tirée, mais comme il la laissait pendant plusieurs jours en expérience, il est probable que c'était une membrane préparée, sans quoi elle n'aurait pas pu se conserver aussi longtemps intacte. Les résultats obtenus dans de pareilles conditions ne sauraient évidemment rien faire préjuger relativement à ce qui doit se passer avec l'épithélium pulmonaire.

La propriété que possède cet épithélium d'être directement perméable aux vapeurs mercurielles, comme il l'est aux gaz atmosphériques, s'explique d'abord par son extrême minceur : elle dépend aussi de l'interposition de l'eau dans sa trame délicate, car il la perd dès qu'il est desséché, sans devenir apte à la recouvrer quand on le remouille.

On peut donc se le figurer comme une pellicule liquide mince et continue, interposée entre les gaz extérieurs et ceux du sang ; et l'on sait aujourd'hui que cette continuité n'est pas un obstacle au passage mécanique des gaz.

Marianini (24) en a fourni la première preuve dans son expérience bien connue de la bulle de savon gonflée avec de l'air ou de l'hydrogène et grossissant rapidement dans l'acide carbonique ; mais on ne saurait rigoureusement conclure de ce fait à la réalité d'un passage mécanique. On peut admettre, en effet, que l'acide carbonique a pénétré dans la bulle en se dissolvant à la surface extérieure de l'enveloppe liquide, pour venir ensuite s'exhaler à la surface intérieure ; c'est alors à sa solubilité seule qu'il faudrait attribuer sa pénétration.

Si l'on veut avoir des phénomènes bien nettement tranchés de passage mécanique de gaz à travers des lames minces liquides, il faut opérer, comme l'a fait Exner (25), avec des gaz insolubles, tels que l'hydrogène, par exemple, et il n'y a plus alors d'erreur possible sur la véritable signification des résultats.

Les expériences d'Exner ont été surtout des expériences de mesure ; pour s'assurer simplement, en opérant sur l'hydrogène, de la facilité et de la rapidité du passage mécanique de ce gaz à travers des lames liquides minces, on pourra se contenter de la vérification suivante :

Expérience II. — Pour la confection des lames minces perméables je me suis servi d'eau de savon, des liquides sapoglycériques de Plateau et de Terquem, ou plus simplement encore, d'une solution albumineuse suffisamment épaissie, et je les ai employés de la manière suivante :

Après avoir rempli d'hydrogène et bouché avec soin un petit flacon à col long et étroit, on le renverse en plaçant son orifice à quelques millimètres au-dessous du niveau d'un des liquides précédents, et on le débouche dans cette situation. Lorsqu'on le retire, on le trouve fermé par une lame mince du liquide employé adhérente au rebord du goulot, et on le remet en position normale dans l'air. On voit alors la lame mince se déplacer rapidement vers l'intérieur, ce qui indique un mouvement de sortie de l'hydrogène, effectué avec une vitesse beaucoup plus grande que celle du mouvement inverse de rentrée de l'oxygène et de l'azote atmosphériques. Si les gaz qui s'échangent ainsi ne traversaient le liquide qui les sépare qu'à la condition de s'y dissoudre, l'avantage, sous le rapport de la rapidité du passage, appartiendrait incontestablement à l'oxygène et à l'azote, dont la solubilité dépasse si notablement celle de l'hydrogène; et, par suite, la lame mince, au lieu de descendre dans le goulot, aurait fait saillie en dehors : l'hydrogène est donc transmis mécaniquement.

On peut renverser l'expérience, en laissant le flacon à col étroit plein d'air et en le plaçant, après occlusion par le liquide sapo-glycérique, sous une cloche qu'on remplit d'hydrogène par déplacement. On voit alors la lame mince se bomber rapidement en dehors et se briser lorsqu'elle a pris une trop grande extension. Avant qu'elle éclate, si on renverse le flacon qu'elle ferme et qu'on introduise brusquement le goulot au-dessous de l'orifice d'une éprouvette pleine d'eau, on peut recueillir le gaz intérieur dans lequel on démontre facilement la présence de l'hydrogène.

Chimiquement voisines de ce gaz, les vapeurs mercurielles lui sont aussi dynamiquement comparables, et elles ont, comme lui, la propriété de traverser mécaniquement les lames minces de liquides dans lesquels elles ne sont pas solubles.

Expérience III. — Pour le démontrer, on prend deux flacons à col étroit contenant tous deux du mercure; on occlut l'orifice de l'un d'eux avec une lame mince de liquide sapo-glycérique, et laissant l'orifice du second librement ouvert, on dispose au-dessus de chacun d'eux une petite bande de papier réactif à l'azotate d'argent ammoniacal. Comme ces deux papiers, malgré les conditions différentes dans lesquelles ils sont placés, s'impressionnent à très peu près de la même manière dans des temps égaux, on est en droit d'en conclure que les vapeurs mercurielles se diffusent à travers une lame mince d'un liquide dans lequel elles ne sont pas solubles comme à travers une lame d'air de même épaisseur.

Cette expérience et l'expérience I nous permettent de nous rendre exactement compte de la façon dont se comportent les vapeurs mercurielles, lorsque, mélangées avec l'air ambiant, elles pénètrent en même temps que lui dans l'appareil respiratoire et qu'elles arrivent au contact de l'épithélium pulmonaire. En venant se heurter, avec de très grandes vitesses de translation moléculaire, contre ce diaphragme humide, elles ne sont pas, comme on l'a généralement cru jusqu'à présent, arrêtées à sa première surface, et n'ont pas besoin d'être préalablement transformées en produits solubles pour être absorbées. C'est mécaniquement qu'elles traversent la mince couche liquide qui les sépare du sang, et celui-ci ne reçoit, par le fait de leur inhalation, que du mercure à l'état métallique.

Sachant à quel état ce mercure est absorbé, il nous reste à rechercher ce qu'il devient après son absorption, et nous entrons ici dans la troisième partie de l'étude de son action physiologique.

---

§ 3. — *État et relations du mercure dans le milieu intérieur.*

Suivant l'opinion généralement acceptée aujourd'hui, le mercure, introduit dans le sang, par l'inhalation de ses vapeurs, ne saurait y conserver son état métallique, et il y trouverait tous les éléments de sa prompte transformation en composés solubles, qui auraient seuls le pouvoir d'agir physiologiquement et toxiquement.

C'est Mialhe (26) qui le premier s'est prononcé dans ce sens, et voici comment il formule ses vues : « N'est-il pas évident, » dit-il, que le mercure introduit dans l'organisme, à l'état de » vapeurs mélangées d'air, se trouve dans les conditions les plus » favorables pour être impressionné chimiquement par les chlo- » rures alcalins de nos humeurs? Il n'entre en circulation réelle » qu'après avoir subi la double influence de l'oxygène et des » chlorures alcalins, c'est-à-dire qu'il ne se mêle au sang qu'à » l'état de sublimé corrosif, et il ne produit d'effet sur l'organisme » que par la proportion variable, mais constante, de chlorure » mercurique auquel, par une réaction remarquable, il donne » naissance. »

Mialhe affirme donc très formellement que le mercure se chlorure dans le sang, mais il ne fournit aucune preuve directe de cette chloruration, et il la déduit simplement des résultats d'expériences *in vitro* qui sont loin d'être probantes à cet égard. A deux reprises il a mis du mercure métallique plus ou moins divisé en contact avec des solutions doubles de chlorure de sodium et de chlorure d'ammonium portées à des températures de 40° à 50°; et, après avoir fortement agité le tout afin d'aérer le mélange, il a constaté la formation de quelques milligrammes de bichlorure de mercure. Dans les conditions où il a opéré c'est bien ainsi que les choses se passent, mais il ne s'ensuit pas qu'elles doivent se passer de la même manière pour le mercure introduit dans le sang, car ce liquide ne contient pas de trace appréciable de chlorure d'ammonium. Quant à la proportion de chlorure de sodium qu'il renferme normalement, elle est dix fois plus faible que celle de la liqueur employée par Mialhe, et rien, comme on le voit, ne justifie les conclusions que ce savant a tirées de ses expériences.

Voit (27), qui a été conduit à les adopter, a essayé de mieux les défendre, et voici, d'abord, à quelles vues théoriques il les rattache.

Empruntant à Schœnbein ses idées sur les propriétés ozonogéniques du mercure, il prétend que ce métal mélangé à l'air dans les poumons détermine la formation d'une faible quantité d'ozone, lequel serait immédiatement absorbé par les globules sanguins. Agissant sur le chlorure de sodium du sang, cet ozone mettrait en liberté du chlore, qui se porterait, à son tour, sur le mercure contenu dans le sang et le ferait ainsi passer à l'état de bichlorure.

Pour montrer que ces vues théoriques sont acceptables, Voit a fait l'expérience suivante :

Pendant une durée de dix à douze jours il a vivement agité à l'air un mélange de mercure et d'une solution concentrée de chlorure de sodium ; après chacune de ces manœuvres quotidiennes il a observé la formation d'un précipité gris blanc, pendant que le liquide filtré se montrait légèrement alcalin et donnait naissance à une coloration brune avec l'acide sulfhydrique. Dans le précipité gris blanc, Voit voit du calomel ; l'action de l'acide sulfhydrique dénote, pour lui, la présence du sublimé, et l'alcalinité de la liqueur s'explique par l'action de l'oxygène ozonisé sur le chlorure de sodium qu'il décompose, en déplaçant le chlore et en s'emparant du métal.

Il est facile de s'assurer, comme l'a fait Overbeck et comme je l'ai fait moi-même, que ces résultats sont exacts. D'une part, en effet, de l'air agité dans un flacon de verre, avec du mercure chimiquement pur, devient capable de bleuir la teinture de gaïac, ce qui prouve qu'il s'ozonise ; d'autre part, si l'on fait arriver de l'ozone dans un flacon bouché contenant du mercure recouvert d'une solution de sel marin, on trouve bientôt que la solution devient alcaline et renferme du sublimé. Sans ozone, ce mélange, même après un intervalle de plusieurs semaines, ne présente pas la plus minuscule trace de sel mercuriel.

Les expériences de Voit sont donc inattaquables, mais elles ne prouvent rien en dehors du fait qu'elles établissent. S'il est vrai que l'oxygène de l'air s'ozonise quand on l'agite, dans un flacon de verre, avec du mercure pur, ce n'est pas un motif pour attribuer cette ozonisation à une action mystérieuse que le métal exercerait par sa seule présence; action qui serait également provoquée par ses vapeurs lorsque celles-ci, mélangées à l'air atmosphérique, participent avec lui à l'agitation des mouvements respiratoires. Il faut tenir compte, en effet, dans l'expérience du flacon, de l'intervention d'un facteur dont on ne retrouve l'équivalent à aucun degré dans des phénomènes qui se passent à l'intérieur de l'organisme; je veux parler du frottement du mercure contre les parois du flacon de verre dans lequel on l'agite. Ce frottement suffit pour mettre de l'électricité en liberté, comme le démontre la production des lueurs électriques dans le vide barométrique, et il devient ainsi une cause toute spéciale d'ozonisation.

Les preuves manquent donc pour affirmer que le mercure, introduit en vapeurs dans l'économie, y détermine une formation d'ozone et, par suite, un déplacement du chlore des chlorures alcalins du sang, d'où résulterait finalement une production correspondante de sublimé corrosif. Ce résultat final serait cependant toujours atteint si le mercure, au lieu de donner lui-même naissance à l'ozone, le trouvait déjà tout formé dans le sang, et c'est là ce qu'affirme Overbeck. D'après lui, le sang artériel renfermerait normalement de l'oxygène ozonisé, provenant de l'oxygène de l'air absorbé dans l'inspiration pulmonaire, et dont l'ozonisation, au moment de cette absorption, serait due à une action particulière de l'hémoglobine des globules rouges. L'ozone ainsi formé serait transporté dans le torrent circulatoire, soit par l'hémoglobine elle-même, soit par l'albumine du sérum, et il pourrait, ou bien oxyder directement le mercure, ou bien le chlorurer en agissant d'abord sur le chlorure de sodium dont il mettrait le chlore en liberté.

Voit et Overbeck aboutissent donc finalement à la même conclusion, et il devait en être ainsi puisque tous deux, quoique par des motifs différents, admettent, d'un commun accord, la présence de l'ozone dans le sang; mais, si les conséquences qu'ils déduisent de ce fait, une fois admis, ne sont pas contestables, on ne saurait en dire autant du fait lui-même sur lequel ils les appuient, et qu'ils n'ont pas cherché personnellement à vérifier.

C'est à Schœnbein (28), en effet, qu'ils l'ont emprunté de confiance, et ils n'en apportent d'autre preuve que celle qui résulterait de l'expérience suivante due à ce savant et sur la valeur de laquelle on s'est longtemps mépris. On verse une goutte d'une solution alcoolique fraîche de gaïac sur du papier à filtre : quand le papier est presque sec, par évaporation de l'alcool, on ajoute une goutte de sang ou une solution d'hémoglobine, et il se forme immédiatement, tout autour de l'hémoglobine, une auréole bleue indiquant l'oxydation du gaïac par l'ozone.

Ainsi obtenue, cette réaction est très nette et semble décisivement probante; mais Pflüger (29) remarque avec raison qu'on ne peut pas en faire d'application au sang qui circule dans les vaisseaux, et que, s'il y a formation d'ozone dans le sang extrait du corps, elle est une conséquence de l'altération rapide et profonde subie par l'hémoglobine au contact de l'air. On doit en outre ajouter, avec Hoppe-Seyler (30), que la présence de l'ozone dans le sang est absolument incompatible avec l'intégrité de ce liquide, et les expériences de Binz (31), de Huisinga (32), de Dogiel (33), de Barlow (34), ne laissent subsister aucun doute à cet égard.

Binz a introduit directement de l'ozone dans un mélange d'une solution aqueuse d'albumine et de gaïac, et il a vu l'albumine s'altérer immédiatement sans que le gaïac présentât le moindre symptôme de bleuissement.

Huisinga a démontré que l'ozone attaque rapidement l'hémoglobine dont il fait disparaître les bandes d'absorption, et qu'il finit par décolorer. Dogiel, qui a fait agir cet ozone sur le sang, a également noté la décoloration de ce liquide, qui devenait en même temps plus visqueux; enfin Barlow, qui a étudié au microscope les effets produits par l'oxygène ozonisé sur les globules sanguins, a constaté que ceux-ci étaient promptement désorganisés et réduits à leurs noyaux.

Exerçant une action destructive aussi marquée sur les éléments constitutifs du liquide sanguin, l'ozone ne saurait, en conséquence, exister librement dans ce liquide, et on ne peut pas invoquer sa prétendue intervention pour expliquer le passage du mercure absorbé, à l'état d'oxyde ou de chlorure. Voit et Overbeck n'ont donc pas réussi à rendre plus acceptable l'hypothèse de Mialhe; mais cette hypothèse si peu justifiée n'en a pas moins fait son chemin, et elle est à peu près universellement admise aujourd'hui, comme l'expression d'une vérité définitivement acquise à la science.

En affirmant que le mercure introduit dans le sang s'y transforme bientôt en chlorure ou en oxyde, Mialhe ne s'est pas demandé ce que devenaient ultérieurement les composés ainsi formés. Voit et Overbeck sont allés plus loin que lui : s'autorisant des résultats bien connus de la réaction du bichlorure et du peroxyde mercuriels sur l'albumine, en présence d'un excès, soit de cette substance, soit du chlorure de sodium, ils ont conclu à la production de choralbuminates ou d'oxydalbuminates solubles de mercure; ils font de ces sels la forme ultime sous laquelle ce métal existerait dans le sang, par lequel il serait ainsi transporté dans toutes les parties de l'organisme.

Il n'y avait qu'un moyen de faire accepter cette conclusion, c'était de la justifier expérimentalement en introduisant du mercure pur dans le système circulatoire d'animaux vivants, et en montrant qu'on trouve alors dans leur sang des sels mercuriels en solution. Voit et Overbeck ont omis de fournir cette preuve de fait, qui seule aurait pu être décisive, et c'est longtemps après eux que Fürbringer (35) a essayé de la dégager d'une série d'expériences remarquablement conduites, dont l'exposition doit trouver ici sa place.

Voici comment ce savant a procédé : dans un mucilage de gomme et de glycérine, il a éteint du mercure de manière à obtenir des globules d'un diamètre inférieur à celui des globules sanguins; puis, après avoir constaté que cette sorte d'émulsion mercurielle ne contenait pas, lorsqu'on l'employait fraîche, de traces de sel mercuriel soluble, il l'a injectée à la dose de 1 centimètre cube dans les veines jugulaire ou fémorale d'animaux divers (chiens et lapins), qui ont pu supporter cette opération sans en éprouver aucun dommage. A des intervalles qui ont varié de un à huit jours, l'animal était saigné au cou, on lui tirait 30 centimètres cubes de sang, en moyenne, et ce sang aussitôt défibriné était addi tionné d'une solution de chlorure de sodium au titre de 3 pour 100. Après un repos de vingt-quatre heures, les globules sanguins et mercuriels s'étaient déposés dans les couches inférieures de la masse sanguine, et le sérum, délayé par son mélange avec la solution saline, pouvait être facilement décanté et traité par l'acide chlorhydrique et le chlorate de potassium, pour détruire la matière organique. Le liquide ainsi obtenu était alors examiné analytiquement au point de vue de la recherche du mercure, et Fürbringer s'est servi, à cet effet, du procédé dont il est l'auteur.

Sur douze expériences faites dans ces conditions, cinq lui ont donné des résultats positifs, trois des résultats douteux, et quatre des résultats négatifs; c'est donc dans la minorité des cas que le mercure s'est montré dans le sang des animaux qui avaient subi des injections de ce métal, et encore Fürbringer est-il obligé de constater que les proportions de mercure révélées par l'analyse ont été extrêmement faibles.

A cette analyse du sérum délayé qui surmontait les globules mercuriels, Fürbringer a joint l'examen très attentif des globules eux-mêmes, et ceux-ci, pour la plupart, ne lui ont présenté aucune trace d'altération. Quelques-uns seulement, *en très petit nombre,* lui ont paru modifiés, et il décrit ainsi les modifications qu'il a observées au microscope. Pour les uns, tout se bornait à une simple diminution de leur éclat métallique, à un ternissement plus ou moins marqué de leur surface. D'autres, en perdant complètement leur éclat métallique, avaient aussi perdu leurs contours arrondis et leur forme tendait à devenir anguleuse. D'autres enfin, mais très exceptionnellement, avaient l'apparence de petites masses étoilées noirâtres à saillies anguleuses très prononcées, de nature cristalline, qui disparaissaient par l'action des acides acétique et chlorhydrique, en laissant un noyau brillant, attaquable lui-même par l'acide nitrique concentré, et qui ne **pouvait appartenir** qu'au mercure.

Toutes ces altérations, quel qu'en soit le degré, Fürbringer les attribue à l'oxydation des globules qui les présentaient, et il voit, dans cette oxydation, le premier terme de la série des réactions, non définies par lui, par lesquelles passerait le mercure avant de donner naissance aux sels solubles qui seraient le résultat ultime de ses transformations. Comme ce sont là des affirmations formulées sans preuve aucune à l'appui, elles manquent, par là, de valeur scientifique véritable, et il y a tout lieu de les tenir pour très suspectes. Il serait fort singulier, en effet, si le sang a réellement la propriété d'oxyder les globules mercuriels injectés dans sa masse, que cette action oxydante fût élective, et qu'elle s'exerçât sur un très petit nombre de globules, en respectant absolument les autres, qui sont placés, cependant, dans des conditions chimiques absolument identiques.

Peu importe d'ailleurs de savoir par quelles phases plus ou moins compliquées passe le mercure introduit dans le sang, si c'est un fait bien démontré qu'il aboutit finalement à former des composés solubles susceptibles d'être retrouvés dans le sérum, et Fürbringer prétend que ses expériences fournissent péremptoirement cette démonstration; aussi convient-il d'examiner jusqu'à quel point cette prétention est justifiée.

Sur les douze injections mercurielles qu'il a pratiquées avec succès, le savant allemand n'a compté que cinq résultats positifs; les sept autres ont été négatifs ou douteux. Les cas où le sérum a pu être considéré comme renfermant des sels solubles ayant été en minorité, ce qu'il faut en conclure, c'est que la formation de ces sels, en la supposant vraie, rentre dans la catégorie des faits accidentels et non pas dans celle des faits généraux.

Ce qui achève de montrer le caractère purement accidentel des résultats positifs obtenus par Fürbringer, c'est leur faible importance quantitative, qui les rend pratiquement négligeables.

Avec des doses de mercure injecté qui s'élevaient à 0gr,35, avec l'extrême division de ce métal qui multipliait démesurément ses points de contact avec le sang, tout conspirait pour exagérer les effets de la prétendue action oxydante de ce liquide et la formation de sels solubles qui devait en être la conséquence. Or, malgré ces conditions si favorables, Fürbringer ne trouve dans le sérum, lorsqu'il est mercuriel, que de très minimes proportions de mercure, et il est le premier à s'étonner qu'il en soit ainsi, sans que cet étonnement l'amène à douter des conclusions qu'il a tirées de ses expériences.

Celles-ci, cependant, comportent des causes d'erreur qu'il ne s'est pas dissimulées, mais contre lesquelles il prétend s'être efficacement prémuni. On en trouve une première dans la possibilité de l'altération du mercure par le mélange de glycérine et de gomme employé pour préparer, avec ce métal, les émulsions destinées aux injections, et dans lesquelles la gomme, en passant à l'état d'acide mucique, pouvait donner naissance à des mucates mercuriels solubles. Fürbringer a constaté, en effet, la formation de ces mucates, mais elle n'a lieu, d'après lui, qu'au bout d'un temps très long, et pour n'avoir pas à en tenir compte, il prenait la précaution de n'opérer qu'avec des émulsions fraîches. Dans ces conditions on peut bien admettre que les émulsions, au moment même où elles étaient injectées, ne renfermaient aucune trace de composés mercuriels solubles, mais rien ne prouve que ces composés ne naissaient pas dans le sang lui-même, par le fait de la transformation, en acide mucique, de la gomme mêlée à ce liquide.

Il y a dans les expériences de Fürbringer une autre cause d'erreur qui tient à ce que ce savant n'a pas directement abordé la question analytique qu'il se proposait de résoudre.

Le sang qu'il prenait sur les animaux injectés renfermait, comme nous l'avons déjà vu, une proportion notable de globules mercuriels intacts qui étaient recueillis avec lui. Au sortir de la veine, il était immédiatement soumis au battage pour être débarrassé de sa fibrine, puis délayé dans cinq à dix fois son volume d'une solution aqueuse de chlorure de sodium, et finalement laissé en repos pendant vingt-quatre heures, pour être ensuite décanté et soumis à l'analyse. Fürbringer, prétendant que le sérum ainsi obtenu par décantation renfermait des sels mercuriels en dissolution, devait chercher à démontrer directement leur présence, et il n'a rien fait pour fournir cette démonstration directe, qui était, pourtant, absolument indispensable. Au lieu d'opérer sur le sérum intact, il l'a traité par l'acide chlorhydrique et par le chlorate de potassium, pour détruire la matière organique, et c'est le liquide provenant de ce traitement qui lui a donné, accidentellement, des réactions mercurielles, réactions qui eussent été identiquement les mêmes si le sérum primitif avait contenu, non pas des sels de mercure, mais le métal lui-même, en nature. Fürbringer n'avait donc pas le droit de se prononcer pour les sels; il l'a fait, cependant, et comme on pouvait lui objecter que ces sels n'existaient pas primitivement dans le sang de la saignée, mais qu'ils y avaient ultérieurement pris naissance au cours des manipulations que ce sang avait subies, voici comment il répond à cette objection.

Opérant sur des animaux qui n'avaient pas été préalablement injectés, il leur fait des saignées de 30 centimètres cubes de sang, et, après avoir mélangé celui-ci avec 1 centimètre cube de son émulsion mercurielle, il le fait passer par la série des manipulations déjà décrites pour le traitement du sang des animaux injectés. Comme résultat final il obtient un liquide, dans lequel il affirme que l'application de son procédé d'analyse ne lui a jamais fait découvrir la plus légère trace de mercure.

Si Fürbringer entend par là qu'il ne se forme aucune combinaison mercurielle dans le sang pris en dehors de l'économie et mis en contact avec le mercure métallique pur, son assertion est exacte; mais ce qui est vrai pour les combinaisons ne prouve rien contre la possibilité de la présence du métal lui-même, et les expériences suivantes vont montrer la nécessité de cette distinction.

Expérience IV. — Si on laisse séjourner du sang défibriné, ou du sérum, sur du mercure bien pur, qu'on décante ensuite ces liquides avec soin et qu'on les traite par les réactifs les plus sensibles des sels mercuriels, les résultats obtenus sont constamment négatifs. Il n'en est plus de même si le liquide soumis à l'analyse est préalablement attaqué par l'acide chlorhydrique et par le chlorate de potassium, ou par l'acide nitrique à chaud; après cette attaque, si l'on traite ce même liquide par le procédé au cuivre et à l'azotate d'argent ammoniacal, il donne très nettement la réaction caractéristique de la présence du mercure. Le sang et le sérum qui ont séjourné pendant vingt-quatre heures seule-ment sur ce métal en contiennent déjà des proportions fort appré-ciables, qui vont en augmentant, comme on peut en juger par la teinte de plus en plus foncée des empreintes, à mesure que la durée du séjour se prolonge. Cette augmentation, d'ailleurs, n'est pas indéfinie, et elle ne dépasse pas une limite supérieure peu élevée, qu'elle atteint promptement par l'agitation.

La seule interprétation dont cette expérience soit susceptible consiste à admettre que le mercure se diffuse à l'état de vapeurs dans le sang et dans le sérum en contact avec lui. Il existe donc en nature dans ces deux liquides, mais on ne peut l'y retrouver qu'à la condition de l'engager préalablement dans une combinaison saline soluble. L'expérience suivante confirme la justesse de cette interprétation.

Expérience V. — Dans deux cristallisoirs de forme et de situa-tion identiques, dont l'un seulement contenait du mercure, j'ai versé, tantôt du sang défibriné, tantôt du sérum, en ayant soin que les couches de ces deux liquides fussent très exactement d'égale épaisseur. J'ai fait reposer sur les fonds de ces cristalli-soirs deux manchons de verre que je fermais supérieurement avec des bouchons auxquels étaient rattachées deux bandelettes de papier rayé au chlorure de palladium, découpées dans une même bande, afin que l'identité de leur préparation leur assurât rigoureusement le même degré de sensibilité. Le tout étant ainsi disposé et les deux appareils étant maintenus à l'abri de toute influence perturbatrice, dans une pièce obscure et bien close, on voit le papier réactif se teinter dans celui des deux qui contient du mercure, pendant qu'il reste intact dans l'autre. On est en droit d'en conclure que les vapeurs mercurielles, diffusées à travers les couches de sang ou de sérum du premier appareil, les ont traversées sans y subir aucune altération, puisqu'elles exercent, à la sortie, leur action réductrice caractéristique.

J'ai souvent répété ces expériences, et, comme elles m'ont constamment donné les mêmes résultats, cette constance garantit l'exactitude des conclusions que j'en ai tirées. A plusieurs reprises, j'ai doublé l'expérience principale, faite sur le sang ou sur le sérum, d'une expérience comparative faite sur l'eau dans des conditions absolument identiques, et je n'ai pas trouvé de différences bien appréciables dans la marche de l'altération des papiers sensibles.

Le sang et le sérum sont donc aussi facilement perméables aux vapeurs mercurielles que l'eau elle-même, et, comme l'eau également, ils paraissent sans action sur ces vapeurs, puisque celles-ci, qui s'y diffusent très lentement, conservent encore, après les avoir traversés sous des épaisseurs considérables, l'ensemble de leurs propriétés caractéristiques.

Cela étant, quand on introduit, comme l'a fait Fürbringer, du mercure très divisé dans le système circulatoire d'un animal vivant, le sang de cet animal devient alors mercuriel, non pas parce que le métal injecté donne naissance à des sels qui se dissoudraient dans le sérum, mais parce qu'il se diffuse en vapeurs dans ce même liquide; et si le savant allemand ne l'y a pas toujours rencontré, cela tient à l'insuffisance du procédé de recherche dont il se servait.

On sait, en effet, que ce procédé n'offre plus aucune garantie de sûreté dès que la proportion de mercure à reconnaître tombe au-dessous de $0^{millig},2$, et comme Fürbringer se trouvait ainsi dans l'impossibilité d'apprécier des proportions plus faibles, partout où elles existaient il a forcément qualifié de négatifs les résultats très réellement positifs qui échappaient à ses moyens insuffisants d'investigation. C'est ce qui lui est arrivé, notamment, dans celles de ses expériences par lesquelles il prétend avoir prouvé que du sang frais défibriné, agité avec du mercure, ne contenait aucune trace de ce métal. Ces expériences ne paraissent pas avoir été nombreuses; aussi, comme elles touchaient à une question dont il importait d'avoir la solution vraie, en les répétant, je me suis attaché à les multiplier. J'ai opéré sur huit échantillons de sang défibriné, additionné de cinq fois son volume de chlorure de sodium, que j'ai fortement agité avec du mercure et décanté après un repos de vingt-quatre heures; les huit analyses qui ont suivi m'ont toutes donné des résultats positifs.

Il ne reste donc rien de l'opposition que Fürbringer a voulu établir entre les deux modes d'action du sang sur le mercure, suivant qu'on le prendrait à son état normal, en libre circulation dans l'économie, ou bien qu'il serait extrait du système circulatoire et qu'on l'expérimenterait seulement *in vitro*.

Le résultat est identiquement le même dans les deux cas : qu'on le prenne dans l'économie, ou en dehors d'elle, le sang mis en contact avec du mercure devient toujours mercuriel, et comme il ne le devient, quand il est traité *in vitro*, que par diffusion, dans sa masse, de mercure en nature, on peut affirmer, par raison d'analogie, que tout se passe encore de la même manière lorsqu'il s'agit du sang de la circulation générale. Lors donc qu'on injecte, comme l'a fait Fürbringer, du mercure très divisé dans les veines d'un animal, ce métal imprègne bientôt toute la masse du liquide sanguin, mais c'est à l'état de vapeurs qu'il s'y trouve diffusé, et il y conserve intégralement son état métallique.

Ceux qui prétendent qu'il se transforme d'abord en oxyde ou en chlorure, et finalement en oxydalbuminates ou en chloralbuminates solubles, n'ont jamais fourni aucune preuve de la réalité de l'existence de ces sels; tout se réduit donc, de leur part, à la simple affirmation d'une hypothèse que rien ne justifie *a priori*, et à laquelle on peut opposer, par ailleurs, des faits qui la contredisent absolument.

Si elle était vraie, en effet, si le mercure introduit dans le sang d'un animal vivant n'exerçait pas d'action nocive par lui-même, mais seulement par des composés solubles dérivant de son oxyde et de son chlorure, on se trouverait alors placé dans le

cas d'une intoxication mercurielle du genre de celles qui sont
dues au sublimé, et l'on devrait, par conséquent, retrouver la
série des symptômes caractéristiques de ce mode d'intoxication.
Tout se réduit donc à savoir si c'est bien ainsi que les choses se
passent.

Les expériences d'injection de mercure dans les veines d'animaux vivants ont été fort nombreuses. La première en date
remonte à 1680 et Garman (36), auquel on la doit, la pratiqua
sur un chien qui reçut l'injection par la veine crurale. L'animal
soumis à cette épreuve n'en parut nullement incommodé, et,
dans la suite, il ne cessa pas d'accomplir ses fonctions comme à
l'ordinaire, quoique gardant toujours le métal introduit dans son
organisme.

En 1820, Clayton (37) injecta du mercure dans la veine
jugulaire d'un chien qui fut tué quatre mois après, sans avoir
présenté, jusque-là, le moindre symptôme d'intoxication mercurielle.

Les recherches de Gaspard (38) ont été plus complètes que
celles des deux expérimentateurs précédents; il a multiplié les
expériences, et, à côté de quelques-unes où les animaux injectés
mouraient de lésions matérielles dues à une action purement
mécanique du mercure, dans toutes les autres, les sujets employés
n'ont éprouvé que des troubles passagers dont ils se sont plus
ou moins promptement remis. Quand il est arrivé à Gaspard de
les sacrifier, pour en faire l'autopsie, les seules lésions qu'il ait
constatées ont toujours été des lésions provenant de l'action
mécanique du mercure.

Les faits suivants donneront une idée des résultats de ses
recherches.

Un chien de grande taille, dans la veine jugulaire duquel furent
injectés 2 gros (7 grammes) de mercure, supporta cette opération
sans paraître aucunement en souffrir, mais il fut pris, six heures
après, d'une forte fièvre et présenta les symptômes ordinaires
d'une péripneumonie confirmée. Au neuvième jour, le mercure
apparut sous la forme d'une multitude de gouttelettes dans les

matières fécales, où ces gouttelettes continuèrent à se montrer jusqu'au treizième jour, après quoi elles disparurent. On notait, en même temps une amélioration sensible dans la santé de l'animal, qui était à peu près délivré de sa péripneumonie lorsqu'on le tua par section de la moelle épinière.

Après une injection de 18 grains (1 gramme) de mercure dans sa veine jugulaire, un chien nouveau-né continua à téter pendant trente-six jours sans manifester le plus léger dérangement, et son développement, qui s'effectua sans aucun trouble, fut aussi marqué que celui des autres petits de la même portée. Ayant subi alors une nouvelle injection de 36 grains (2 grammes), il accusa un malaise sensible, refusa de téter et les symptômes de la péripneumonie se déclarèrent. Au bout de huit jours il se produisit une amélioration très marquée, la toux diminua, l'appétit revint, le développement reprit son cours régulier, et, en même temps, le mercure apparaissait dans les matières fécales. L'animal était en pleine voie de guérison lorsqu'il fut tué deux mois après la première injection.

Dans une dernière expérience, ce n'est plus du mercure coulant que Gaspard injecta dans la veine jugulaire d'un chien, mais de l'eau distillée qui avait bouilli sur ce métal et qui était devenue trouble et louche parce qu'elle le contenait en suspension, sous forme de poussière fine. Ce chien témoigna pendant quelques minutes une douleur assez vive, mais il se remit bientôt, reprit son appétit au bout de quelques heures, et recouvra une santé parfaite dans la journée.

Ces expériences sont très significatives, mais la suivante, due à Claude Bernard (39), l'est encore davantage.

Ce savant, après avoir perforé le fémur d'un chien et *rempli* de mercure la cavité médullaire, boucha le trou avec de la cire et laissa la plaie des parties molles se cicatriser. L'animal gardé dans cet état pendant trois mois ne présenta, pendant cet intervalle de temps, *aucun phénomène particulier à noter*, et après l'avoir tué *en pleine santé apparente* on chercha ce qu'était devenu le mercure.

Il en restait un résidu dans la cavité médullaire du fémur, mais les deux tiers au moins avaient disparu, à la suite d'une absorption manifeste, et une portion du mercure absorbé avait été probablement éliminée par les excréments et par les urines. Claude Bernard ne s'est pas occupé d'elle; il s'est borné à rechercher si le métal ne s'était pas fixé dans quelques organes, et en les examinant tous avec attention c'est dans les poumons surtout qu'il le rencontra. Ceux-ci, *dont la masse était saine,* avaient leur surface extérieure comme parsemée de petites tumeurs blanchâtres de la grosseur d'un grain de millet, semblables à ce qu'on appelle des tubercules miliaires. Ces petites tumeurs étant incisées, on trouvait visiblement à leur centre, en les examinant à la loupe ou à l'œil nu, un petit globule de nature métallique. La matière blanchâtre entourante constituait un véritable kyste, dont les parois, proportionnellement à la petitesse du globule mercuriel, étaient très épaisses.

Ces expériences, auxquelles je pourrais joindre celles de Magendie, de Cruveilhier, de Gluge, de Virchow et de Panum, qui toutes ont donné les mêmes résultats, sont très concluantes au sujet du rôle que le mercure, introduit dans le sang, joue dans l'organisme. Ce rôle est exclusivement mécanique; le métal injecté est absolument inoffensif par lui-même, et il n'intervient pas davantage en se transformant chimiquement pour donner naissance à des composés solubles qui seraient toxiques à sa place. Les seuls désordres qu'il occasionne sont dus à des lésions purement traumatiques, dont la raison est facile à donner. Quand le mercure injecté n'est pas suffisamment divisé, ses gouttelettes trop grosses s'arrêtent dans les capillaires de certains organes qu'elles obstruent en empêchant la circulation sanguine, et comme elles jouent alors, dans les tissus de ces organes, le rôle de corps étrangers, elles deviennent les centres d'autant de foyers d'inflammation, dont la formation peut devenir le point de départ de désordres plus ou moins graves.

Il suffirait, afin d'éviter la possibilité de ces désordres, que le mercure fût assez finement divisé pour traverser librement les capillaires du plus petit calibre; et l'on peut emprunter, à

Fürbringer lui-même, des arguments propres à établir l'innocuité des injections faites dans ces conditions particulières.

Comme nous l'avons déjà vu, ce savant employait de véritables émulsions de mercure dans un mucilage de glycérine et de gomme, et les résultats qu'il en obtint varièrent du tout au tout suivant le degré de division du métal. Au début, quand il opérait avec des émulsions où le diamètre des globules mercuriels était supérieur à celui des globules sanguins, les animaux injectés mouraient victimes d'accidents graves, tels qu'embolies innombrables, abcès métastatiques des poumons et du foie. Plus tard, quand il eut réussi, à force de patience et de soins, à réduire le mercure en gouttelettes aussi finement atténuées que les globules sanguins, tous ces accidents disparurent complètement, et les animaux sur lesquels ces nouvelles injections furent pratiquées ne présentèrent, jusqu'au jour où ils furent sacrifiés pour les besoins des expériences, aucune *apparence de souffrance ou de malaise.* A l'autopsie, on ne trouva aucune trace de lésions dans leurs organes, aucune trace d'altération dans leur sang.

S'il résulte des faits précédents que le mercure, introduit dans l'organisme par voie d'injection dans le sang, n'y subit aucune transformation qui lui fasse donner naissance à des composés toxiques, les faits qui vont suivre prouveront qu'il n'en subit pas davantage, lorsque l'introduction a lieu par voie d'injection sous-cutanée.

C'est Fürbringer (40) qui a, le premier, employé ce procédé hypodermique, comme mode de traitement de la syphilis. Dans une première série d'expériences il injecta, sous la peau de sujets syphilitiques, de 1 gramme à 4 grammes de mercure métallique très pur, et les injections furent renouvelées à des intervalles de cinq à huit jours. Elles ne causèrent jamais de douleur prolongée, et presque jamais d'irritation locale, une fois seulement il y eut formation d'un abcès. L'urine examinée au point de vue de la présence du mercure n'en donna jamais aucun signe. Ce mode d'introduction du métal fut d'ailleurs absolument sans influence sur la marche des manifestations syphilitiques.

Dans une seconde série d'expériences, Fürbringer, après avoir injecté sous la peau des malades syphilitiques du mercure métallique, tritura la masse afin de la réduire en particules aussi finement atténuées que possible, mais le résultat fut encore négatif, comme dans le cas précédent.

Dans une troisième série d'expériences, le métal injecté sous la peau fut pris en suspension dans un mucilage composé d'un mélange de glycérine et de gomme arabique, le tout formant une masse d'un gris noirâtre, homogène et peu diffluente, dont chaque centimètre cube renfermait environ 1 décigramme de mercure. Fürbringer injectait sous la peau de 25 à 75 milligrammes de mercure ainsi divisé, et renouvelait ces injections à huit ou dix jours d'intervalle. Elles étaient indolores ; dans la moitié des cas environ elles déterminèrent au niveau du point injecté une tuméfaction hémorrhagique qui se transforma progressivement en induration indolente. Dans d'autres cas, relativement assez rares, elles furent le point de départ d'abcès à l'ouverture desquels on ne trouva pas une seule goutte de mercure.

En dehors de ces symptômes purement locaux, qui n'ont jamais présenté aucun caractère de gravité et qui n'ont apporté aucun obstacle à l'application du traitement, Fürbringer ne signale pas d'autres phénomènes morbides. Malgré l'énorme développement en surface des globules mercuriels, malgré leur séjour prolongé dans l'organisme, il n'est pas, une seule fois, arrivé, au savant allemand, de constater le plus léger accident d'intoxication mercurielle, tel que stomatite, salivation ou diarrhée. Le mercure passait dans le sang, car on reconnaissait sa présence dans les urines, au plus tôt le quatrième jour après l'injection, ou le septième au plus tard, et il devenait alors efficace dans les cas de manifestations bénignes de la syphilis ; mais il a toujours échoué dans tous les cas de lésions papuleuses et gommeuses.

Luton (41) a répété, en France, les essais thérapeutiques de Fürbringer. Pour préparer la matière de l'injection, il agite vivement deux ou trois gouttes de mercure avec 1 gramme de glycérine, et il introduit le tout sous la peau. En opérant ainsi, il affirme avoir obtenu plusieurs guérisons, sans que ce mode de médication ait jamais donné lieu au plus minuscule accident toxique. Il se produisait seulement un peu d'induration au point injecté, et parfois un petit abcès qui se réduisait facilement. Dans une autopsie, après trois semaines, Luton retrouva quelques globules de mercure au centre d'une sorte d'infiltration purulente du tissu cellulaire, mais la plus grande partie du métal injecté avait disparu.

Qu'on l'introduise dans l'organisme par voie d'injection hypodermique, ou par voie d'injection intra-veineuse, le mercure pur se comporte donc toujours de la même manière. Son innocuité constante, en dehors des désordres mécaniques qu'il peut provoquer quand il n'est pas suffisamment divisé, prouve bien haut, contrairement à l'opinion préconçue si généralement accréditée, qu'il ne se modifie pas chimiquement dans le sang, en y donnant naissance à des composés solubles, qu'on devrait seuls considérer comme physiologiquement et toxiquement actifs.

Si ces composés se produisaient réellement dans l'économie, si l'introduction du mercure pur y déterminait d'abord la formation d'oxyde et de chlorure, puis finalement celle de chloralbuminates ou d'oxydalbuminates solubles, même à doses très atténuées, l'innocuité si bien constatée du métal serait absolument inexplicable, car tous les corps de cette série de dérivés qu'on lui attribue, essayés directement sur des animaux, ont provoqué les accidents les plus graves et toujours très promptement mortels.

Les expériences qui ont été ici fort nombreuses, et qui ont toutes donné des résultats parfaitement concordants, ont été faites, les unes, par la méthode des injections intra-veineuses, les autres, par celle des injections hypodermiques.

Gaspard (42), qui a employé la première et qui a opéré sur des chiens, a étudié sur eux l'action du sublimé qu'il leur injectait par la veine jugulaire : je ne rapporterai, des résultats obtenus par lui, que ceux des expériences qui correspondent à l'emploi des plus faibles doses de l'agent toxique.

Injection de 1 grain 1/2 (0^{gr},08) de sublimé dans la veine jugulaire d'un chien de moyenne taille: mort en cinq minutes, après dyspnée et vomissements bilieux.

Injection de 1 grain (0^{gr},05) dans la jugulaire d'un chien de grande taille: salivation, vomissements, déjections liquides: mort au bout de quatre jours.

Injection de 3/4 de grain (0^{gr},04) pratiquée sur un chien de moyenne taille: quinze minutes après, frissons, malaise, déjections alvines, vomissements, salivation: mort au bout de cinq heures.

Une autre injection de 3/4 de grain, pratiquée dans les mêmes conditions, a déterminé la mort au bout de deux heures, avec production des mêmes symptômes.

Comme rapprochement intéressant à noter, on remarquera l'action presque foudroyante que le bichlorure de mercure exerce à la dose de 3/4 de grain, pendant que le métal lui-même est inactif à la dose, environ deux cents fois plus forte, de deux gros.

Après Gaspard, les expérimentateurs qui ont repris l'étude de l'action toxique du sublimé ont substitué, à la méthode des injections intra veineuses, celle des injections hypodermiques, et cette question, ainsi traitée, a fourni la matière d'intéressants travaux à Rosenbach (43), Saikowsky (44), Wilbouchewich (45) et Heilborn (46).

Toutes les conclusions auxquelles ces savants sont arrivés se ressemblent; je me bornerai donc à résumer ici celles qu'on doit à Saikowsky, dont le travail est, sans contredit, le plus complet et le plus remarquable par la netteté de l'observation.

Comme tous les expérimentateurs que j'ai cités avec lui, Saikowsky opérait principalement sur des lapins auxquels il injectait hypodermiquement des doses de sublimé variant de 4 à 6 centigrammes. Les désordres observés consistaient en des troubles intestinaux graves, caractérisés par une forte diarrhée et une violente hypérémie intestinale pouvant aller jusqu'à des suffusions sanguines, à de véritables foyers hémorrhagiques et des ecchymoses des muqueuses stomacale et intestinale. Les reins offraient une forte hypérémie et dix-huit à vingt heures après l'injection on constatait une accumulation notable de sels dans les canaux droits de. la substance corticale. Les recherches chimiques ont montré que ces masses salines, qui augmentent progressivement jusqu'à la mort de l'animal, sont formées d'une proportion notable de phosphate de chaux, mélangé à du carbonate de chaux et à des traces de chlorure de sodium.

La mort arrive après un intervalle de un à trois jours.

Chez les chiens, qui présentent les mêmes phénomènes du côté de l'intestin, Saikowsky avait cru pouvoir conclure que le sublimé produisait une simple stéatose des reins, sans dépôts calcaires dans les tubuli ; mais des expériences ultérieures de Heilborn et de Prévost, de Genève, ont démontré que ces animaux étaient aussi atteints de calcification rénale.

Mering (47), dont les expériences ont été pratiquées sur des chats et des chiens, et exceptionnellement sur des lapins, se servait, pour ses injections hypodermiques, d'oxyde de mercure qu'il employait en solution dans le glycocolle. La mort survenait généralement dans les vingt-quatre premières heures, elle était précédée par l'apparition des mêmes symptômes que ceux de l'empoisonnement par le sublimé.

Je ne connais pas d'étude entreprise sur les effets de l'injection hypodermique des albuminates mercuriels solubles, mais on doit supposer que ces sels ont le même mode d'action que leurs congénères les peptonates, et ceux ci ont été, de la part de Prévost (48), de Genève, l'objet de recherches qui présentent un intérêt exceptionnel, à cause de leur valeur propre et de l'importance de leurs résultats.

Ces recherches ont porté sur des animaux d'espèces très variées, les uns de petite taille tels que rats et cochons d'Inde, les autres de taille plus grande tels que chats, lapins et chiens : je ne m'occuperai ici que de celles qui sont relatives aux animaux du second groupe.

Les plus fortes doses de peptonate qui leur aient été injectées renfermaient un peu moins de 4 décigrammes de mercure. A la suite de cette injection, le sujet qui l'a subie est souvent pris d'une violente diarrhée, avec évacuation de matières intestinales jaunâtres, quelquefois brunâtres et souvent sanguinolentes; son poil se hérisse, il se refroidit, sa respiration devient dyspnéique, et il ne tarde pas à succomber avec tous les symptômes d'une violente entérite.

Si la dose de peptonate est moindre et qu'elle corresponde à une proportion de mercure variant de 2 décigrammes à 1^{décig},5, les accidents intestinaux sont moins marqués, et le sujet intoxiqué ne succombe pas alors aussi rapidement; il ne paraît pas influencé le premier jour, mais bientôt il perd l'appétit, maigrit sensiblement, ses urines deviennent rares, transparentes et albumineuses, et il succombe ordinairement vers le troisième jour.

Des injections successives à la faible dose de 7 à 4 milligrammes de mercure déterminent encore les phénomènes décrits ci-dessus, avec moins de violence; après quelques jours, la diarrhée se déclare, puis l'albuminurie et l'animal succombe à la suite du dépérissement progressif produit surtout par les phénomènes intestinaux.

A l'autopsie on observe toujours deux lésions particulièrement caractéristiques : celle des intestins, qui sont fortement hypérémiés; celle des reins, qui consiste dans une calcification plus ou moins accusée des tubuli, qu'on pourrait au premier abord confondre avec une stéatose. Parallèlement à cette calcification des reins, Prévost a découvert qu'il se produit une décalcification des os qui a été, dans quelques cas, assez prononcée pour rendre les épiphyses des os longs mobiles sur les diaphyses.

Les lésions hypérémiques de l'intestin à la suite d'injections hypodermiques de peptonates mercuriels et de sublimé sont absolument identiques à celles que produit l'injection stomacale des mêmes substances; et cette identité, quand il s'agit de deux modes d'administration aussi différents, est déjà intéressante à ncter. Ce qui l'est davantage encore, c'est qu'à dose égale les lésions de l'intestin et des autres organes sont plus profondes et plus graves par la voie hypodermique que par la voie stomacale;

et il y a lieu de remarquer, enfin, que les peptonates injectés hypodermiquement sont, toutes choses égales d'ailleurs, plus toxiques de beaucoup que le sublimé.

On peut rapprocher de ces résultats expérimentaux ceux d'observations nombreuses rcueillies dans des cliniques de maladies syphilitiques. Bergh, Hagen, Lewin (49), Heilborn (50), ont signalé chez l'homme, à la suite d'injections sous-cutanées de solutions aqueuses ou peptoniques de sublimé, des accidents dysentériques analogues à ceux que présentent les animaux, dans les mêmes conditions.

En somme, le contraste frappant qu'on relève entre l'énergie des effets toxiques de l'oxyde, du bichlorure et des sels albuminiques solubles de mercure injectés par voie hypodermique, aussi bien que par voie intra-veineuse, et l'innocuité du métal lui-même employé de la même manière, permet d'affirmer qu'il ne se transforme pas, comme on le prétend, dans l'organisme, pour y donner précisément naissance à ces composés dangereux. En fournirait-il d'autres à leur place? Rien, au fond, ne le fait supposer, et ceux-là, s'ils existaient, constitueraient des facteurs négligeables, puisqu'ils seraient absolument inoffensifs. On est donc conduit à conclure que le mercure absorbé à l'état métallique, par voie d'injection, conserve encore cet état après l'absorption, et il n'y a rien là qui ne s'accorde parfaitement avec ce qu'on sait de sa faible impressionnabilité aux agents chimiques, lorsqu'il est irréprochablement pur.

S'il ne s'altère pas dans l'organisme lorsqu'il y pénètre à l'état liquide et par voie d'injection, il ne doit pas s'y altérer davantage lorsqu'il y pénètre à l'état de vapeurs, par voie d'inhalation pulmonaire, en traversant mécaniquement la membrane épithéliale, et nous allons voir, en effet, en recherchant ce qu'il devient dans le sang et dans la trame des organes, qu'il conserve partout son état métallique.

De l'état qu'affecte, dans le sang, le mercure absorbé sous forme de vapeurs. — Si ces vapeurs sont émises à saturation et avec continuité, comme elles sont instantanément absorbées à mesure qu'elles pénètrent dans les poumons où leur renouvellement est régulièrement assuré par le jeu normal de la respiration, cette absorption incessante a bientôt pour effet de saturer, à son tour, le sang de mercure aussi divisé que possible; car il est réduit moléculairement.

On a prétendu que ce métal, par suite de son état d'extrême division, devenait très facilement impressionnable aux actions chimiques qui ne pouvaient pas manquer de s'exercer sur lui dans le milieu sanguin, et qu'il s'y transformait promptement, après oxydation ou chloruration préalables, en oxydalbuminates ou chloralbuminates mercuriels solubles.

Admise conventionnellement, *a priori*, cette transformation ne se justifie par l'apport d'aucune preuve expérimentale, et toutes mes tentatives pour déceler la présence de sels albuminiques, ou d'autres composés mercuriels solubles, dans le sang des huit saignées que j'ai pratiquées sur des lapins de la 2ᵉ série, ont été absolument infructueuses. Ce sang, cependant, était mercuriel; mais comme il ne présentait ce caractère qu'après avoir été traité d'abord par l'acide chlorhydrique et par le chlorate de potassium, ou par l'acide nitrique à chaud, on doit inférer de là que le mercure qu'il contenait s'y trouvait simplement à l'état métallique, et d'autres faits encore conduisent à la même conclusion.

Ce qu'ont surtout de significatif les expériences, précédemment décrites, d'injection directe de mercure métallique dans le sang d'animaux vivants, c'est que ce liquide n'a jamais présenté la plus légère trace d'altération à noter, et nous possédons, sur ce point important, des observations dont l'exactitude nous est suffisamment garantie par le nom de leur auteur; car on les doit à Fürbringer

Nous avons vu combien ont été nombreuses les injections intra veineuses de mercure que ce savant a pratiquées, et avec quelle méticuleuse attention il a poursuivi l'étude de leurs effets; or il constaté que ces effets étaient nuls sur le sang, et il s'est particu lièrement assuré que les deux éléments essentiels de ce liquide les globules et la fibrine, ne subissaient aucune variation.

Pour que du sang reste ainsi parfaitement intact, malgré son mélange intime et longtemps prolongé avec du mercure en excès, il faut qu'aucun composé mercuriel soluble n'y prenne naissance, car ceux dont on affirme la formation dans cette circonstance, le bichlorure, le chloralbuminate ou l'oxydalbuminate, ne peuvent entrer en conflit avec lui sans l'altérer rapidement et profondément. Cela résulte d'expériences faites, les unes sur des sujets vivants, les autres *in vitro*, et toutes également significatives.

Lorsqu'on injecte directement dans le système circulatoire d'un animal vivant des solutions albuminiques ou peptoniques mercurielles assez atténuées pour ne renfermer que des doses de mercure effectif variant de $0^{gr},004$ à $0^{gr},01$, c'est le sang qui est surtout atteint : il devient diffluent et noirâtre, s'appauvrit en globules et présente un ensemble de modifications, comparables, d'après Prévost, à celles qui caractérisent si nettement l'intoxication par certaines substances très actives, telles que les arsenicaux, le chlorure de platine et le nitrate d'argent.

On a d'ailleurs une preuve frappante et irrécusable de l'altération profonde du sang, par l'action des sels mercuriels, dans les désordres symptomatiques qu'elle entraîne toujours après elle, et qui ont été spécialement signalés par tous ceux qui ont employé ces sels en injections intra-veineuses. En général, les animaux injectés meurent en quelques jours, trois en moyenne, et quand ces morts rapides se produisent, elles sont occasionnées par des troubles intestinaux graves, consistant en diarrhées abondantes et ordinairement sanguinolentes. Comme lésions correspondantes, on trouve alors, à l'autopsie, des ecchymoses et des desquammations des muqueuses de l'estomac et de l'intestin grêle, les muqueuses du gros intestin et du cœcum fortement hypérémiées et transformées, par places, en véritables foyers hémorrhagiques, et ces violentes hypérémies intestinales accusent, par leur violence même, une altération très avancée du sang.

Les expériences de Pololebnow (51) nous permettent de nous rendre compte de la nature de cette altération. Ce savant a pris du sérum de cheval auquel il a ajouté, par centimètre cube,

1 milligramme 1/2 de sublimé. Il a ainsi obtenu un chloralbuminate mercuriel en solution transparente, incolore, à réaction alcaline, pouvant se conserver intacte pendant plusieurs semaines, et il a mélangé cette solution à du sang frais de chien, préalablement défibriné. A chacune de ses expériences il joignait une expérience de contrôle faite avec du sérum seul employé à la même dose que le sérum mercuriel.

Sous l'influence du sérum seul, les globules du sang de chien finissent par se détruire, mais cette destruction est très lente.

Sous l'influence de l'albuminate mercuriel, les globules changent d'abord de forme; ils deviennent sphériques et ne peuvent plus reprendre leur forme primitive, par suite de la perte d'élasticité de leurs enveloppes. Ils sont en outre promptement détruits, et cela d'autant plus vite que la proportion de la solution mercurielle ajoutée est plus considérable. On accélère fortement cette destruction en agitant le mélange et en le portant à la température de 37° à 38°. L'hémoglobine mise en liberté passe tout entière dans le sérum, où il est facile de s'assurer de son augmentation croissante à mesure que les globules disparaissent.

Par la façon dont ils altèrent le sang, on s'explique facilement l'action spécifique que les sels mercuriels solubles exercent sur le reste de l'économie, et l'ensemble de leurs effets peut se résumer dans les termes suivants : déformation et destruction rapide des globules et passage de l'hémoglobine dans le plasma; d'où, comme phénomènes consécutifs, phlogoses, hypérémies et troubles intestinaux intenses.

L'absence totale de ces derniers phénomènes, chez les animaux intoxiqués par des vapeurs mercurielles émises à de basses températures, suffit déjà pour prouver que le mercure introduit directement dans leur circulation, par l'absorption de ces vapeurs, ne modifie en rien leur sang, dont il imprègne cependant toute la masse, et l'examen histologique de ce liquide confirme pleinement les raisons *a priori* qu'on avait de croire à son intégrité.

J'ai déjà mentionné, dans le chapitre III, les résultats d'un premier examen de ce genre, qui a conduit le Dr Solles à conclure que les globules sanguins des animaux intoxiqués par les vapeurs mercurielles ne variaient sensiblement, pendant la durée d'une expérience, ni dans leur nombre, ni dans leur forme, et qu'il n'y avait pas, sous ce double rapport, de différence appréciable entre le sang des sujets et celui des témoins. Ces conclusions sont également celles qu'ont formulées le Dr Rivals et M. Rochon-Duvigneaud, préparateur du cours d'histologie à la Faculté de médecine de Bordeaux, en s'appuyant, le premier sur deux, le second sur trois relevés d'évaluations hématimétriques effectuées sur autant de lapins de la 2ᵉ série, et renouvelées quotidiennement sur chacun d'eux.

On voit, par ce qui précède, comment, dans les cas d'intoxication par les vapeurs mercurielles, le mercure absorbé se comporte avec le sang. Introduit en nature dans ce liquide auquel il se mélange intimement, il ne l'altère, ni dans sa constitution chimique, ni dans sa constitution histologique, et son innocuité bien démontrée nous autorise à rejeter l'affirmation toute théorique de sa transformation prétendue en composés solubles, dont on peut nier l'existence à double titre; car ils échappent à l'analyse et ne se révèlent par aucun de leurs effets physiologiques connus.

Le mercure n'entre, à aucun degré, dans aucune de ces combinaisons hypothétiques: il conserve intégralement son état métallique, et c'est à cet état qu'il se diffuse dans le sang dont il ne modifie aucun des éléments, et sur lequel il ne saurait, par conséquent, exercer aucune action physiologique.

Quand ce sang est saturé, ce qui lui arrive bientôt, comme on sait, à partir de ce moment le mercure en excès tend à passer dans la trame des tissus organiques, à l'intérieur desquels le mouvement circulatoire le fait pénétrer, et nous avons à rechercher comment ce passage s'accomplit.

Passage du mercure du sang dans les tissus organiques; son mécanisme. — Le sang des capillaires étant en rapports continuels d'échanges endosmotiques avec les liquides des tissus dont il parcourt la trame, le mercure qu'il contient à l'état de division

moléculaire participe, lui aussi, à ces échanges, et pénètre ainsi
dans les organes qui en sont le siège, sans perdre son état métallique.

Cela suffit, à la rigueur, pour expliquer comment le mercure,
après avoir été inhalé en vapeurs, s'infiltre partout dans l'économie; mais on peut préciser encore davantage cette explication
en y faisant intervenir une particularité de structure anatomique
que présentent tous les organismes animaux, et qu'il importe
de noter à cause de l'importance de la fonction physiologique qui
s'y rattache.

On s'accorde généralement à considérer ces organismes comme
formés de solides et de liquides qui seraient partout en contact
immédiat, et Wundt qui les assimile, au point de vue des propriétés physiques, à des masses d'argile imbibées d'eau, définit
les tissus comme étant « *des corps solides dont les espaces intermoléculaires sont remplis de liquides* » : il résulterait de là que
ces derniers mouilleraient exactement et rigoureusement toutes les
surfaces des éléments solides avec lesquels ils seraient en rapport.

C'est là une assertion toute gratuite, qui ne repose sur aucune
preuve de fait : il y avait donc lieu de se demander jusqu'à quel
point elle était fondée, et voici quelques expériences qui la contredisent formellement.

Expérience VI. — Si l'on tue sous l'eau un animal aérien, ou si
l'on prend, pour plus de rigueur, un animal aquatique, et qu'on
les sectionne en divers sens; en faisant le vide sur les segments,
ou bien en chauffant l'eau dans laquelle ils plongent, ou bien,
enfin, en additionnant cette eau d'une forte proportion d'une
solution gazeuse sursaturée, on voit des bulles gazeuses apparaître
abondamment sur les surfaces de toutes les sections.

La formation de ces bulles ne peut s'expliquer que s'il existe,
aux points où elles prennent naissance, des gaz libres adhérents
aux tissus et capables, soit de se dégager dans le vide ou par la
chaleur, soit de fournir des atmosphères limitées dans lesquelles
se diffusent les gaz des solutions sursaturées.

C'est principalement le tissu connectif qui sert de substratum à ces atmosphères, car elles sont faciles à mettre en évidence partout où ce tissu est plus particulièrement développé, comme c'est le cas pour le tissu cellulaire sous-cutané.

Expérience VII. — Il suffit d'écorcher sous l'eau une anguille ou une grenouille pour avoir deux surfaces, celle de la peau retournée et celle du corps dénudé, respectivement recouvertes de deux couches épaisses de tissu cellulaire, et toutes deux donnent un abondant dégagement de bulles gazeuses, par le vide, par la chaleur et par l'emploi des solutions gazeuses sursaturées.

Comme le tissu connectif pénètre profondément dans toutes les parties de l'organisme, comme il est l'enveloppe et le moyen d'union de tous les organes, aussi bien que de toutes les parties de ces organes, et qu'il ne manque jamais autour des capillaires de la circulation générale, on peut dire que ces derniers trouvent, dans les gaines connectives qui les entourent, des atmosphères gazeuses limitées, avec lesquelles le sang charrié dans ces capillaires est forcément en rapport; il peut donc y avoir, entre elles et lui, réciprocité d'échanges gazeux. Les vapeurs mercurielles mélangées au sang participeraient alors, elles aussi, à ces échanges, et cela constituerait pour elles un mode nouveau de sortie du liquide sanguin, qu'elles abandonneraient à l'état de fluide élastique libre, pour se diffuser d'abord dans les atmosphères limitées du tissu connectif, et pour passer ensuite, de là, dans les organes auxquels ce tissu sert en quelque sorte de gangue.

Une fois introduites dans ces organes, qu'y deviennent-elles? C'est une question qu'on a généralisée et qui, posée non seulement pour elles, mais aussi pour le mercure introduit en nature dans l'économie par quelque voie que ce soit, paraît encore bien éloignée de sa solution définitive. Je ne pouvais pas me dispenser de l'aborder à mon tour, et j'ai multiplié les expériences pour contribuer à faire un peu de jour dans les obscurités qui l'enveloppent encore; mais ces expériences ne m'ont pas conduit à

des résultats assez nets pour qu'il soit permis d'en tirer des
conclusions rigoureusement inattaquables, et je n'ai que des
conjectures à proposer relativement au mode d'existence et au
mode d'action du mercure dans nos tissus, après sa sortie du sang.

Tout semble indiquer que, là encore, il ne subit aucune
modification chimique et qu'il conserve intégralement son état
métallique.

L'état où il se trouve dans nos tissus devant peu différer, suivant toute probabilité, de celui qu'il affecte au moment même
où a lieu son élimination, c'est ce dernier que j'ai d'abord cherché
à reconnaître, et j'ai fait, dans ce but, de nombreuses analyses
d'urines et d'excréments d'animaux intoxiqués par la respiration
continue des vapeurs mercurielles.

Essayées directement par les réactifs les plus sensibles des
sels solubles de mercure, les urines n'ont jamais accusé la présence de ce métal en dissolution, tandis qu'on l'y retrouvait
toujours après les avoir préalablement traitées par l'acide chlorhydrique et le chlorate de potassium, ou par l'acide nitrique à
chaud. L'eau mercurielle nous a déjà offert les mêmes particularités, et nous en avons conclu qu'elle renfermait du mercure en
nature; pourquoi n'étendrait-on pas cette conclusion à l'urine
mercurielle, puisqu'elle se comporte de la même manière?

L'hésitation ne serait pas permise à cet égard, si l'on pouvait
tenir pour véridiques les observations qui suivent. Rhodius,
Breyer, Valvasor, Vercelloni, Guidot, Burghard, Hoeschtelter et
Didier affirment, en effet, avoir trouvé du mercure, en gouttelettes brillantes bien visibles, dans les urines de syphilitiques qui
avaient abusé des frictions à l'onguent napolitain; or, ces frictions n'agissent, comme je le démontrerai plus tard, qu'en
donnant lieu à une abondante émission de vapeurs mercurielles,
dont la pénétration dans l'économie s'opère exclusivement par la
voie de l'absorption pulmonaire.

Dans aucune de mes expériences les urines des animaux
intoxiqués pas le mercure ne m'ont jamais montré la plus minuscule trace de ce métal en nature, mais, sans y être visible, il

aurait pu s'y rencontrer disséminé moléculairement par voie de diffusion, et l'expérience suivante montre qu'on doit tenir compte de cette possibilité.

Expérience VIII. — Cette expérience est la répétition de celles qui ont été précédemment décrites pour le sérum et pour le sang. Dans deux cristallisoirs bien semblables, dont l'un contenait du mercure pur, j'ai introduit de l'urine fraîche de manière à en former deux couches d'égale épaisseur, et j'ai fait reposer, sur les deux fonds, deux manchons de verre fermés supérieurement avec des bouchons auxquels étaient suspendues des bandelettes de papier sensible, au chlorure de palladium, découpées dans la même bande afin d'être également impressionnables. Dans l'obscurité la plus complète, la bandelette du cristallisoir à mercure a été seule impressionnée ; ce qui n'a pu se faire que parce que l'urine superposée au métal était devenue mercurielle, comme nous avons vu que le deviennent, dans les mêmes conditions, l'eau, le sérum et le sang.

L'urine des animaux intoxiqués par la respiration continue des vapeurs de mercure pouvant être mercurielle de la même façon, pour m'assurer si c'était bien là son cas, j'ai comparativement étudié son action, et celle de l'urine d'animaux non mercurisés, sur le papier sensible, au chlorure de palladium, en me plaçant dans les conditions de l'expérience précédente. L'urine mercurielle devait seule, ici, agir sur le papier sensible en modifiant sa teinte, et je crois pouvoir affirmer que cette modification s'est réellement produite ; mais elle a été trop faible pour qu'il soit permis de la considérer comme suffisamment démonstrative.

Les faits prennent un caractère de précision plus marqué quand il s'agit des excréments. Pas plus que l'urine ceux-ci ne contiennent des sels mercuriels solubles, car l'eau distillée dans laquelle on les délaie, et qu'on sépare ensuite par filtration, n'en accuse aucune trace. Au contraire, le résidu laissé sur le filtre, après avoir été préalablement traité par l'acide chlorhydrique et le chlorate de potassium ou par l'acide nitrique bouillant, fournit un liquide qui contient tout le mercure excrémentitiel en dissolution.

Cela ne suffit pas pour donner le droit d'affirmer que ce métal existe en nature dans les excréments où l'on démontre ainsi sa présence, car tout se serait passé de la même manière en le supposant engagé dans une combinaison insoluble, telle que le sulfure de mercure, par exemple; mais les faits suivants sont plus significatifs.

Quand les excréments des animaux mercurisés sont de consistance assez ferme, comme c'est le cas pour ceux des lapins, on les dessèche assez pour qu'ils puissent être réduits en poudre à gros grains, et, en les essayant alors comparativement avec ceux d'animaux non mercurisés, on trouve que les premiers seuls impressionnent le papier sensible à l'azotate d'argent ammoniacal ou au chlorure de palladium. Le mercure métallique qu'ils doivent contenir pour agir ainsi, ne révèle ici sa présence que par une réaction caractéristique de ses vapeurs, mais, dans d'autres circonstances, son élimination a été assez abondante pour qu'on ait pu le voir apparaître en gouttelettes nombreuses et bien distinctes.

Dans deux de ses expériences rapportées plus haut, Gaspard a eu l'occasion de constater des faits de ce genre, qui ont été de sa part l'objet de l'examen le plus attentif, et qui se sont produits avec trop de netteté pour qu'on puisse songer à les contester. L'un concerne un chien de forte taille injecté avec 1/2 gros (2 grammes) de mercure, et dans les matières fécales duquel, neuf jours après l'injection, Gaspard aperçut *une foule de globules métalliques* qui continuèrent à se montrer jusqu'au treizième jour et disparurent alors, sans que le sujet ait cessé de jouir d'une florissante santé. L'autre a été observé sur un jeune chien qui subit, à vingt jours d'intervalle, deux injections de 18 et 36 grains (1 gramme et 2 grammes) et dont les matières fécales, cinq jours après la seconde injection, commencèrent à montrer du *mercure en gouttelettes très visibles*, qui persistèrent pendant plusieurs jours sans coïncidence d'aucune espèce de troubles.

Don Lopez de Arebabala, le médecin déjà cité de l'hôpital d'Almaden, signale aussi la présence de globules de mercure, très apparents, dans les excréments des mineurs intoxiqués par les vapeurs de ce métal, et les mineurs d'Idria ont donné lieu aux mêmes observations que ceux d'Almaden.

Quoique les faits qui viennent d'être exposés ne puissent autoriser que des inductions plus ou moins plausibles, leur concordance semble, cependant, constituer un argument suffisant pour faire admettre que le mercure absorbé sous forme de vapeurs, et, par conséquent, introduit dans l'économie à l'état métallique, affecte encore le même état au moment où il est éliminé des organes et de la trame des tissus dans lesquels il a passagèrement séjourné.

Il était alors naturel de penser qu'il restait, dans ces organes et dans ces tissus, ce qu'on le trouvait être à son entrée et à sa sortie; et comme on le rencontre surtout, à l'autopsie, dans les reins, le foie et les poumons, c'est là que j'ai cherché à reconnaître sa présence.

État du mercure dans les tissus organiques. — Dans aucun des trois organes ci-dessus, examinés immédiatement après la mort et soigneusement expurgés du sang qui les imprégnait, je n'ai constaté la présence du mercure en gouttelettes visibles à l'œil nu ou au microscope; et les expériences que j'ai tentées sur eux afin de m'assurer, par l'emploi des papiers réactifs, s'ils contenaient du mercure réduit moléculairement, m'ont donné des résultats entachés de trop de causes d'erreur pour qu'ils méritent d'être pris en considération. Ce que je puis affirmer, seulement, c'est que les reins, le foie et les poumons des animaux intoxiqués par les vapeurs de mercure ne contiennent aucune trace de sels solubles de ce métal, comme on peut facilement le vérifier. Il suffit, pour cela, de les prendre complètement exsangues, et de les réduire en pulpe très fine et de les mélanger, à froid, avec de l'eau distillée qu'on retire par expression; jamais le liquide ainsi obtenu ne s'est montré sensible à aucun des réactifs révélateurs de la présence des sels solubles de mercure. Tout ce métal est resté dans la pulpe, d'où on ne peut l'extraire qu'en attaquant préalablement celle-ci par l'acide chlorhydrique et par le chlorate de potassium, ou par l'acide nitrique à chaud.

Ce qui est vrai pour les reins, le foie et les poumons des animaux qui succombent à l'action toxique des vapeurs mercurielles, l'est *a fortiori* pour tous leurs autres organes comme pour tous leurs tissus; et dans aucune des parties de leur organisme, le mercure qui est partout présent, quoique en proportions très inégales, ne se rencontre sous la forme de combinaisons solubles. Il faut donc admettre son existence, soit à l'état de composé insoluble, soit à l'état métallique pur, et toutes les probabilités sont pour l'affirmation du second terme de ce dilemme.

A l'argument de ces probabilités on peut d'ailleurs ajouter celui de quelques faits observés dans des conditions qui ne laissent aucun doute sur leur exactitude.

Lacarterie (52) a trouvé, dans le foie et dans la vésicule biliaire d'un syphilitique vingt-sept calculs dont le noyau contenait de nombreux globules de mercure.

Beigel (53) décrit un calcul biliaire provenant également d'un syphilitique, et dans lequel la présence de gouttelettes mercurielles était facile à reconnaître.

Enfin Frerichs (54) confirme les deux observations ci-dessus en les complétant par une troisième qui lui est personnelle et qui est relative à un cas où il a constaté la présence du mercure, *en quantité notable,* dans plusieurs calculs extraits du foie d'un autre syphilitique qui avait été, comme les deux précédents, traité par la méthode des frictions; ce qui veut dire qu'ils avaient été soumis tous les trois à l'influence des vapeurs mercurielles.

Les autres organes ont donné lieu aux mêmes constatations que le foie; si je ne rapporte pas ici les observations qui en témoignent, c'est qu'on se heurte, en ce qui concerne ces observations, à une opinion préconçue qui leur refuse, *a priori,* toute valeur scientifique et les rejette de parti pris, sans examen ni discussion. Je crois qu'on fait peser sur elles une injuste défiance et le fait, définitivement acquis de la présence du mercure libre dans le foie de sujets qui avaient absorbé des vapeurs de ce métal, rend parfaitement acceptables des faits pareils attestés, pour les autres organes, par des témoins dont rien n'autorise à nier la compétence.

De ces faits rapprochés des inductions que j'ai pu tirer de mes expériences, il semblerait résulter que le mercure, quand il est absorbé en vapeurs émises à de basses températures, ne contracte aucune combinaison chimique dans le parenchyme des organes où il pénètre au sortir du sang, et qu'il y conserve intégralement son état métallique.

Dans ces conditions, son action physiologique serait purement dynamique, et c'est en se fixant sur les éléments anatomiques des tissus qu'il deviendrait, dans certains cas, un modificateur plus ou moins actif de leur vitalité. Quand il s'agit d'organes de structure relativement grossière tels que les reins, le foie, les poumons et le cœur, la fixation du mercure moléculairement divisé sur leurs éléments anatomiques ne les trouble en rien dans l'accomplissement de leur travail biologique, et l'organe continue alors à fonctionner, comme nous l'avons vu, avec la même régularité qu'à l'état normal.

Quand il s'agit, au contraire, d'appareils organiques à structure particulièrement délicate, tels que celui du système nerveux, la fixation du mercure sur des cellules et des fibres éminemment sensibles aux excitations les plus faibles, peut devenir pour elles une cause d'irritation qui doit nécessairement provoquer des désordres du genre de ceux qui seuls ont été observés : tremblement, convulsions, paralysies.

Rabuteau (55), qui a émis depuis longtemps et qui soutient avec insistance la théorie du rôle mécanique du mercure dans son action physiologique sur le système nerveux, a cherché des arguments à l'appui de cette thèse dans de très intéressantes expériences sur l'action physiologique de l'or. Ce métal ayant à peu près le même poids atomique et la même chaleur spécifique que le mercure, il y avait, *a priori*, en vertu de la loi même de

Rabuteau, des motifs pour admettre qu'il se comporterait physiologiquement de la même manière; et son introduction dans l'économie y détermine, en effet, une excitation nerveuse très marquée, qui se traduit par des mouvements fibrillaires, et des secousses convulsives répétées. On peut s'assurer ici que ces troubles nerveux sont la conséquence de l'imprégnation de la moelle et des nerfs par l'or en nature, car le cylindre-axe des tubes nerveux des animaux sur lesquels on fait l'essai de ce métal se colore légèrement de la teinte verte qui est caractéristique de sa présence; c'est alors comme corps étranger adhérent aux cellules nerveuses qu'il devient pour elles une cause d'excitation très vive.

Le mercure jouant le même rôle excitateur, tout porte à croire qu'il exerce la même action mécanique; mais comme il ne colore pas les cellules nerveuses sur lesquelles il se fixe, et comme il est fixé par elles, ainsi que le démontrent mes analyses, en trop faibles proportions pour que la réaction de ses vapeurs soit appréciable, il échappe absolument à nos investigations.

On a récemment proposé, pour rendre compte de l'action exercée sur le système nerveux par le mercure inhalé en vapeurs, une explication qui diffère essentiellement de celle qui précède. Le Dr Letulle (56), auquel on la doit, partisan décidé des doctrines de Mialhe, de Voit et d'Overbeck, admet *a priori* que le mercure, sous quelque formule chimique qu'on l'introduise dans l'économie, s'y transforme finalement en sels solubles (oxydalbuminates et chloralbuminates), qui circulent dans les humeurs, pénètrent jusque dans l'intime constitution des protoplasmas et modifient profondément les éléments de l'organisme par leurs propriétés antiplastiques, dénutritives et destructives. D'après lui, les cellules les plus hautement différenciées, celles qui par leur structure plus délicate semblent le plus accessibles aux influences perturbatrices, comme les cellules nerveuses, sont précisément celles qui résistent le plus longtemps à l'envahissement de l'intoxication hydrargyrique, et il les croit, en vertu de cette résistance, capables de conserver presque indéfiniment leur intégrité anatomique. Inactif sur elles, le mercure aurait, au contraire, une action spécifique très prononcée sur toutes les variétés de cellules adipeuses qu'il altérerait dans leur composition chimique; aussi quand il attaque le système nerveux, respecterait-il les éléments nerveux proprement dits, cellules et fibres, pour porter tout son effet sur la myéline, qu'il modifierait chimiquement et qu'il désorganiserait jusqu'à désintégration complète, en faisant disparaître sa graisse de constitution. Ainsi dépouillés de leur myéline, les cylindres-axes deviendraient incapables de transmettre régulièrement aux muscles l'influx moteur parti des centres cérébraux, et c'est dans ces irrégularités de transmission qu'il faudrait surtout chercher la cause véritable de la pathogénie du tremblement mercuriel.

Comme Letulle a très nettement observé les lésions nerveuses dont il parle, et que les dessins qu'il en donne sont très explicites à cet égard, on ne saurait, à aucun degré, contester l'exactitude des résultats énoncés par lui; mais il s'est placé, pour les obtenir, dans des conditions d'expérience qui ne permettent pas de les considérer comme spécifiquement caractéristiques de l'intoxication par l'inhalation des vapeurs mercurielles.

Letulle, en effet, n'a opéré que sur un nombre très restreint d'animaux de petite taille, rats et cobayes, et voici à quel traitement il les soumettait. Il les plaçait sous des cloches de quatre litres environ de capacité, légèrement soulevées d'un côté afin de permettre la libre circulation de l'air, exposées, dans quelques cas, au soleil le plus ardent et contenant environ 125 grammes de mercure. Le sujet qui servait à ces essais n'était pas maintenu en permanence dans ce milieu quelquefois saturé de vapeurs mercurielles à une température très élevée; les séjours qu'il y faisait ne dépassaient pas une durée de plus de cinq à dix minutes, et ils ne se succédaient qu'à des intervalles de deux à trois jours.

Dans de pareilles conditions, plusieurs de ces sujets sont morts rapidement après une seule séance d'inhalation, et ceux qui ont été ainsi atteints, quoique victimes d'une intoxication par les vapeurs mercurielles, n'ont jamais présenté aucune trace de lésions dans aucune des parties de leur système nerveux. Pour que ces lésions apparaissent, il faut que l'intoxication soit lentement progressive, et qu'il se produise ce que Letulle appelle une *hydrar-gyrisation chronique expérimentale*, exigeant plusieurs mois pour son évolution. C'est alors seulement que la myéline s'altère; mais on ne saurait voir dans cette altération un effet spécifique de l'intoxication par les vapeurs mercurielles, car Letulle, lui-même, nous fournit la preuve de la possibilité de sa production en dehors de toute intervention du mercure; et voici des expériences de lui qui ne laissent aucun doute à cet égard.

Attribuant, ce qui est inexact, à l'inhalation des vapeurs de nitrate acide de mercure les accidents nerveux présentés par les ouvriers sécréteurs, et voulant reproduire ces accidents sur des animaux qu'il pût autopsier, il a pris encore des rats et des cobayes, sur lesquels il a opéré comme nous venons de voir qu'il le faisait pour les soumettre à l'action des vapeurs mercurielles; à cela près qu'il remplaçait, sous la cloche de quatre litres, le mercure par 10 centimètres cubes de nitrate acide de ce métal. Comme ce sel n'est pas volatil, même aux températures relative-ment élevées qu'on obtenait en exposant la cloche au soleil, il n'a jamais pu saturer de ses vapeurs l'atmosphère limitée dans laquelle il l'avait introduit, et les animaux confinés dans ces atmosphères y ont tout simplement inhalé des vapeurs nitreuses très délétères, qui ont été manifestement la cause exclusive des phénomènes d'intoxication chronique observés dans ce cas. Or, quoique le mercure n'ait eu aucune part à la production de ces phéno-mènes, les animaux intoxiqués n'en ont pas moins présenté, à l'autopsie, les lésions anatomiques qui caractérisent, d'après Letulle, l'intervention de ce métal, et tout s'est borné, encore ici, à une altération plus ou moins profonde de la myéline.

Il est difficile, après cela, de reconnaître à cette altération l'importance spécifique que Letulle lui assigne dans la séméiologie de l'intoxication par les vapeurs mercurielles, et tant qu'on ne saura pas mieux la rattacher à sa véritable origine, rien ne justifiera le rôle prédominant qu'on veut lui faire jouer dans la pathogénie des troubles nerveux produits par l'inhalation de ces vapeurs.

En attendant que des expériences nouvelles et plus précises permettent de se prononcer définitivement sur cette question pathogénique, la seule solution acceptable pour elle, au moins provisoirement, est celle que Rabuteau a proposée et qui consiste, comme nous l'avons vu, à déduire l'action du mercure sur le système nerveux de celle de l'or.

Tout en attribuant à ces deux métaux un même mode d'action physiologique, il convient cependant d'établir entre eux une différence essentielle que Rabuteau a pris soin de noter.

Fortement retenu par la substance nerveuse sur laquelle il se fixe, l'or lui reste inséparablement uni et ne peut s'éliminer qu'avec une extrême lenteur, au fur et à mesure du renouvellement même de la matière organique qui lui sert de substratum. Le mercure, au contraire, moins fortement retenu par suite de sa volatilité qu'il garde toujours en puissance, doit à cette propriété l'avantage de conserver une tension de vaporisation, et par suite une tension de dissociation, qui assurent virtuellement la possibilité permanente de son retour à l'état libre, et le placent ainsi dans des conditions particulièrement propres à faciliter sa sortie de l'organisme.

Pour qu'il s'engage dans ce mouvement de sortie, il faut que sa tension de dissociation, dans les combinaisons faibles qu'il a contractées avec les éléments organiques auxquels il est associé, soit supérieure à la tension de ses vapeurs libres diffusées dans les milieux en rapport avec ces éléments : or c'est cela qui arrive bientôt quand le sang cesse de fournir du mercure à ces milieux. Ceux-ci sont de deux sortes : ils sont formés, soit par les humeurs de l'organisme, soit par les atmosphères gazeuses limitées adhérentes aux lames et aux fibres du tissu connectif, et tous deux peuvent se prêter à la diffusion sortante des vapeurs mercurielles; mais c'est surtout par la voie du second que ce mouvement diffusif tend à s'effectuer. Tant que les atmosphères connectives sont saturées par les vapeurs qui leur viennent du sang, elles cèdent du mercure aux cellules avoisinantes des tissus organiques; c'est l'inverse qui se produit, et elles reçoivent au lieu de céder, à

partir du moment où la cause qui les maintenait à l'état de saturation cesse d'agir. Le mercure qui leur revient ainsi par diffusion
sortante doit, en grande partie, rentrer dans le sang, à mesure
que ce liquide perd celui qu'il avait absorbé en vapeurs, et on
s'explique facilement comment cette déperdition s'effectue.

Quand le mercure est absorbé en vapeurs et qu'il est ainsi
directement introduit dans la circulation générale, c'est le *plasma*
qui lui fournit le milieu propre à sa diffusion, et comme son
mélange intime avec la partie fluide du sang, à laquelle il est
inséparablement uni, rend forcément leurs migrations communes,
on le retrouve, avec elle, dans toutes les sécrétions liquides de l'économie, l'urine, la salive, le lait, la bile, le mucus intestinal, etc.

Atténué jusqu'au dernier terme de la division moléculaire,
classé parmi les éléments les plus inertes au point de vue des
affinités directes, le mercure n'agit, ni mécaniquement, ni
chimiquement, sur les organes qui servent à le sécréter, et le
fait de son passage, même longtemps prolongé, à travers ces
organes n'entraîne pour eux aucune lésion anatomique, aucune
perturbation dans leur fonctionnement physiologique normal.

L'élimination qui s'accomplit dans ces conditions d'innocuité
parfaite, comporte des périodes très variables, d'un cas à un
autre, et sa durée dépend, comme on devait s'y attendre, du
degré primitif, de saturation mercurielle de l'économie; c'est-à-
dire, toutes choses égales d'ailleurs, de la mesure dans laquelle
s'est opérée l'absorption régulière des vapeurs.

Je l'ai constaté sur moi-même en recherchant après combien
de temps le mercure disparaissait de mes urines et de mes excréments, à la suite d'expériences de respiration quotidienne intermittente des vapeurs mercurielles, effectuées dans des conditions
toujours identiques, mais comptant des nombres de jours différents.

Pour trois séries de 4, 8 et 98 jours de respiration, les nombres
de jours pris par l'élimination ont été respectivement, 1 ½, 2
et 23.

Cette dernière limite, elle-même, peut être de beaucoup
dépassée, et on a eu souvent l'occasion de s'en convaincre dans

l'application de la méthode des frictions au traitement de la syphilis. Comme cette méthode doit toute son efficacité à l'action des vapeurs émises par l'onguent et absorbées par la voie de l'inhalation pulmonaire, les sujets auxquels on l'applique sans modération arrivent ainsi à s'incorporer des doses considérables de mercure, dont l'élimination peut alors se prolonger fort long-temps : on cite, en effet, des cas bien avérés où elle n'a pas eu moins de cinq à six mois de durée.

Même dans ces cas extrêmes où elle s'est exceptionnellement prolongée au delà de ses limites ordinaires, l'élimination n'a jamais donné lieu à aucun désordre, ni général, ni local, et les organes qui en étaient le siège ont toujours fonctionné physiolo-giquement avec la même régularité.

Le mercure entraîné hors de l'économie s'élimine par toutes les sécrétions à la fois, mais principalement par la sécrétion urinaire et par l'ensemble des sécrétions gastro-intestinales. On a prétendu qu'il se trouvait en proportion plus grande dans les excréments que dans les urines, mais cela n'est pas toujours vrai, et la proportion est souvent renversée. Quand le flux intestinal est abondant, que les selles sont diffluentes, et *a fortiori* quand elles sont diarrhéiques, le mercure y prédomine; il y diminue rapidement à mesure que leur consistance augmente, et peut même manquer complètement dans les cas de constipation opiniâtre, comme je l'ai constaté chez le chien de l'expérience V.

En sus des modes d'élimination qui précèdent et qui n'ont rien de particulier au mercure, ce métal en affecte encore un autre qui lui est spécial, et qui se rattache essentiellement à sa propriété de volatilité.

Si on admet, comme je me suis efforcé de le démontrer, que le mercure introduit en vapeurs dans le sang y conserve intégrale-ment son état métallique, on doit admettre également qu'il y conserve sa tension propre de vaporisation; ce qui a pour effet de le provoquer incessamment à sortir de ce liquide par toutes les surfaces libres qui peuvent permettre son dégagement. Dans ces conditions, lorsque le sang parcourt le réseau des capillaires de

la petite circulation, il peut, suivant les cas, s'y trouver en conflit
soit avec de l'air inspiré saturé de vapeurs mercurielles, soit avec
de l'air inspiré où celles-ci font complètement défaut. Dans le
premier cas, les vapeurs extérieures libres ayant une tension supérieure à la tension de vaporisation du mercure intérieur, ce métal
ne quitte pas le liquide sanguin dans lequel il est refoulé; dans le
second cas, au contraire, il s'en exhale à l'état de vapeurs qui
passent dans l'air expiré et qui lui communiquent, en se mélan-
geant intimement avec lui, la propriété d'impressionner le papier
sensible, au chlorure de palladium.

Je n'ai eu que deux fois l'occasion de vérifier expérimentalement
cette exhalation; la première sur moi-même, au terme de l'épreuve
à laquelle je me suis soumis en m'imposant quotidiennement huit
heures de respiration de vapeurs mercurielles pendant une période
de quatre-vingt-dix-huit jours; la seconde sur un sujet syphilitique
qu'on traitait par la méthode de l'inhalation de ces vapeurs, et
qui, confiant dans leur efficacité, ne craignait pas de les absorber
aux doses les plus exagérées.

Dans les deux cas, l'air expiré, avant d'être mis en contact
avec le papier au chlorure de palladium, était dépouillé de sa
vapeur d'eau et de son acide carbonique par son passage à travers
une éprouvette à pied contenant des fragments de potasse caustique, et je m'assurais, par une expérience de contrôle de même
durée, que de l'air expiré dans des conditions identiques par un
sujet non mercurisé, n'impressionnait pas le papier réactif.

Le fait suivant me paraît pouvoir être cité à l'appui de ce que
je viens de dire sur l'exhalation pulmonaire des vapeurs mercurielles.

Le Dr Stepanow (67), de Moscou, a constaté que les bains d'air
chaud accéléraient, *d'une manière surprenante*, l'élimination du
mercure, et il les utilise pour le traitement de la stomatite et de
l'intoxication hydrargyrique aiguë. La salivation diminue très
rapidement après un ou deux de ces bains, et elle disparaît complètement si on les continue.

BIBLIOGRAPHIE

(1) MIALHE. — *Chimie appliquée à la Phys. et à la Thér.*, p. 450, 1856.

(2) GUBLER. — *Ann. de la Soc. d'Hydr. méd.*, t. IX, p. 201.

(3) RABUTEAU. — *Traité élémentaire de Thér. et de Phar.*, 4ᵉ édition, p. 6, 1884.

(4) CHAUSSIER. — *Précis d'exp. faites sur les animaux avec l'acide sulfhydrique. — Biblioth. méd.*, t. I, p. 108.

(5) LEBKUCHNER. — *Dissert. quæ exper. cruitur.* Tubingue, 1819.

(6) CHATIN. — *Recherches sur quelques princ. de la Toxic. — Thèses de Paris*, 1844.

(7) RÖHRIG. — *Exper. Krit. Unter über fluss. Haut. — Arch. d. Heilk. Jargh.* 13, 1871.

(8) FLEISCHER D'ERLANGEN. — *Unt. über das Resorptions vermöyen*, p. 67. Erlangen, 1877.

(9) GUBLER. — *Loc. cit.*, p. 204.

(10) FÜRBRINGER. — *Resorpt. und Wirk. des reg. Quecks. der graue Salbe. — Virch. Arch.*, Bd LXXXII, p. 491.

(11) BÄRENSPRUNG. — *Ueber die Wirk. der gr. Quecks. Jf. pract. Chemie*, Bd L, 1850.

(12) EULENBERG. — *Hand. der Gewerb. Hyg.*, p. 728. Leipzick, 1876.

(13) CHATIN. — *Loc. cit.*, p. 14.

(14) MIALHE. — *Mém. à l'Acad. de Méd.*, 1843.

(15) OVERBECK. — *Merc. und Syphil.*, H. 2, p. 17, 1861.

(16) GUBLER. — *Loc. cit.*, p. 205.

(17) LEWALD. — *Recherches sur le passage des médic. dans le lait. — Th. d'agrég.*, p. 23. Breslau, 1857.

(18) MICHAELIS. — *Comp. der Syphil.*, p. 376, 1859.

(19) HERMANN. — *Toxic.* Berlin, 1874.

(20) KIRCHGASSER. — *Ueber die Wirk. der Quecks. Dampfe bei Inunct. — Virch. Arch.*, Bd XXXII, H. 2, p. 146.

(21) RABUTEAU. — *Recherches sur l'absorpt. cut. — Gaz. hebd.*, 35, 1868.

(22) NODNAGEL et ROSSBACH. — *Élém. de Mat. méd.*, p. 167, 1880.

(23) FURBRINGER. — *Loc. cit.*, p. 494.

(24) MARIANINI. — *Ann. de Phys. et Chim.*, 3ᵉ série, t. IX, p. 382.

(25) EXNER. — *Sitz. der Wien. Ak.*, t. LXX, p. 465, 1874.

(26) MIALHE. — *Chimie appliq. à la Méd.*, p. 450, 1856.

(27) VOIT. — *Phys. Chem. Unters.*, H. 1. Augsburg, 1857.

(28) SCHŒNBEIN. — *Biblioth. univ. de Genève*, t. XIII, p. 164, 1840.

(29) PFLUGER. — *Die oxyd. process. in lebend Blut.* — *Centr. bl. für d. med. Wiss.*, n° 21, 1867.

(30) HOPPE-SEYLER. — *Beitr. zur Kent. des Blut. Med. ch. Unters.*, p. 71. Berlin, 1866.

(31) BINZ. — *Neues Rep. f. Pharm.*, Bd XXI, p. 462, 1872.

(32) HUISINGA. — *Ueber Ozon in Blut.* — *Virch. Arch.*, Bd LXII, p. 359, 1868.

(33) DOGIEL. — *Ueber Oz. und. seine Wirk.* — *Centr. bl. für d. med. Wiss.*, n° 30, p. 499, 1875.

(34) BARLOW. — *The phys. act. of ozon. Air. J. of Anat. and Phys.*, t. XIV, p. 107, 1879.

(35) FÜRBRINGER. — *Loc. cit.*, p. 501 .

(36) GARMAN. — *Eph. germ.*, Dec. I, obs. 148, 1650.

(37) CLAYTON. — *J. de Phys.*, t. I, p. 169, 1821.

(38) GASPARD. — *Mém. phys. sur le mercure. J. de Phys.*, t. I, p. 182.

(39) CLAUDE BERNARD. — *J. de Phys. et Chim.*, t. XV, p. 140, 1849.

(40) FÜRBRINGER. — *Zur loc. resorpt. Wirk. ein. Merc. Deutsch. Arch. fur Klin. Med.*, Bd XXIV, H. 2, p. 129, 1879.

(41) LUTON. — *Études de Thérap.*, p. 229.

(42) GASPARD. — *Loc. cit.*, p. 243-256.

(43) ROSENBACH. — *Zeitschr. für Real. med.*, Bd XXX, p. 86.

(44) SAIKOWSKY. — *Ueber ein. Ver. welche das Quecks. in thier. Org. hervorruft.* — *Virch. Arch.*, Bd XXXVII, p. 347, 1866.

(45) WILBOUCHEWICH. — *Infl. des prép. merc.* — *Arch. de Phys. nom. et path.*, p. 509, 1874.

(46) HEILBORN. — *Exp. Beitr. zur Wirk. subc. Subl. Inject.* — *Arch. für exp. Path. und Pharm.*, Bd VIII, p. 361, 1878.

(47) MÉRING. — *Ueber die Wirk. des Queck. auf. den thier. Org.* — *Arch. fur exper. Path. und Pharm.*, Bd XIII, p. 86, 1881.

(48) PRÉVOST. — *Revue méd. de la Suisse romande*, 2ᵉ année, n°ˢ 11 et 12; 3ᵉ année, n° 1

(49) BERGH, HAGEN et LEWIN. — *Arch. für Derm. und Syph.*, p. 712, 1873.

(50) HEILBORN. — *Loc. cit.*, Bd VIII, p. 372.

(51) POLOTEBNOW. — *Virch. Arch.*, Bd XXXI.

(52) LACARTERIE. — *Gaz. de Santé*, avril 1823.

(53) BEIGEL. — *Wien. med. Woch.*, n° 15, 1856.

(54) FRERICHS. — *Malad. des voies biliaires*, 2ᵉ édit., p. 805, 1886.

(55) RABUTEAU. — *Traité élém. de Thérap.*, 4ᵉ édit., p. 368.

(56) LETULLE. — *Recherches sur les paralysies mercurielles.* — *Arch. de Phys. norm. et path.*, 3ᵉ série, t. IX, p. 309.

(57) STEPANOW. — *Rev. de Méd.*, 8ᵉ année, n° 4, avril 1888.

CHAPITRE VI

De l'action thérapeutique des vapeurs mercurielles.

———

§ 1. — *Action thérapeutique des vapeurs mercurielles dans le traitement de la syphilis.*

La médication mercurielle, consacrée par les résultats d'une pratique de trois siècles, est encore aujourd'hui la plus fréquemment employée pour combattre la syphilis, et les questions qui se rattachent au principe même de son emploi ont conservé tout leur intérêt et toute leur importance.

Parmi les modes si nombreux et si divers d'administration du mercure qu'elle met en œuvre, un seul, je veux parler des *fumigations,* repose sur l'intervention nettement et franchement recherchée des vapeurs mercurielles, et celui-là, après avoir été, au début, l'objet d'un engouement poussé jusqu'à la manie la plus aveugle, est tombé depuis longtemps dans un discrédit profond et à peu près universel.

On reproche aux fumigations d'être incommodes et dangereuses, et il est certain, en effet, qu'elles ont eu, dans bien des cas, les conséquences les plus désastreuses; mais si les méfaits dont on les charge sont très réels, ce n'est pas aux vapeurs elles-mêmes qu'ils sont imputables, et ce n'est pas sur celles-ci qu'il convient d'en faire retomber la responsabilité.

Dans l'application de la méthode de traitement de la syphilis par les fumigations, ce sont bien des vapeurs mercurielles dont on provoque la formation lorsqu'on projette sur des charbons

ardents ou sur des surfaces rougies au feu, soit du mercure
métallique, soit des composés de ce métal réductibles par la
chaleur; mais ces vapeurs, émises à une température très élevée,
repassent à l'état liquide en se mêlant à l'air froid dans lequel
elles se diffusent, et si le malade qu'on veut soumettre à leur
action n'est pas placé dans des conditions de préservation
spéciales, c'est du mercure condensé en gouttelettes très ténues
qu'il introduit alors dans ses organes respiratoires. Ces gouttelettes
que leur poids entraîne et qui viennent, en tombant, se déposer
sur les surfaces des muqueuses buccale et pulmonaire, sont pour
ces membranes si délicates la cause d'accidents inflammatoires
d'où peuvent résulter les plus graves désordres.

On prévient ces dangers éventuels en prenant, comme le recom-
mandait Mussa Brassavolo (1), la précaution de faire porter les
fumigations sur le corps seulement du patient, en préservant
soigneusement sa tête de leur atteinte. Alors, en effet, le dépôt
des gouttelettes provenant de la condensation des vapeurs mercurielles s'opère exclusivement sur la peau, tandis que les muqueuses
buccale et pulmonaire ne sont plus en rapport qu'avec de l'air
contenant, il est vrai, des vapeurs dont on n'a pas pu empêcher
la diffusion dans la pièce où a lieu l'épreuve, mais les contenant
à une température plus basse que celle de l'organisme, où elles
pénètrent alors sans se condenser, en s'introduisant directement
dans le sang.

Toutes les fois que cette précaution a été prise, les fumigations
ont donné les résultats les plus satisfaisants, et cela ressort du
témoignage des autorités médicales les plus compétentes.

Trousseau et Pidoux (2) insistent particulièrement sur les
excellents effets qu'il ont obtenus de leur emploi, et Langston
Parker (3) (de Birmingham), qui a récemment entrepris de
rappeler l'attention sur elles et de les relever de l'abandon où on
les a laissées, s'exprime ainsi sur leur compte : « Elles constituent,
» dit-il, le traitement le plus sûr, le plus actif, le plus certain, le
» moins fréquemment suivi de récidives, et le plus efficace dans
» les cas opiniâtres. »

Si on en venait, comme le voudrait Langston, à leur rendre leur place dans la thérapeutique de la syphilis, il faudrait renoncer aux anciens errements, qui étaient si dangereux, et remplacer les fumigations faites à des températures élevées par la simple inhalation de vapeurs émises à une température plus basse que celle du corps humain : j'ai démontré dans le chapitre précédent qu'elles n'exerçaient alors aucune action nuisible, pourvu qu'on ne les respirât pas d'une manière continue.

En attendant qu'on revienne à leur emploi convenablement régularisé dans le traitement spécifique de la syphilis, qu'on le veuille ou non, elles interviennent forcément dans l'effet thérapeutique total que produit, sur cette maladie, un des modes de traitement auquel on a le plus fréquemment recours pour la combattre : je veux parler du traitement par les frictions mercurielles.

On est resté en France, à propos de frictions, sur le terrain de l'empirisme pur, et nos spécialistes, satisfaits d'avoir constaté qu'elles ont une vertu curative hautement attestée par les résultats d'une longue expérience, n'ont pas cru devoir se demander comment ces résultats étaient obtenus.

La question vaut cependant la peine qu'on se la pose, car elle comporte *a priori* plusieurs solutions possibles, qu'on ne saurait tenir toutes pour également vraies, et sur la valeur respective desquelles il importe, alors, de savoir exactement à quoi s'en tenir; le meilleur moyen, pour bien user d'un médicament et pour lui faire rendre tout ce qu'il peut donner, étant évidemment d'avoir une notion nette et précise du véritable principe de son action.

Examinons donc les frictions à ce point de vue : le but qu'on se propose, en les employant, étant de provoquer une absorption de mercure, on peut concevoir pour ce métal, quand il est fourni par elles, trois modes d'admission dans l'économie.

1º Pénétration directe et mécanique, à travers la peau intacte, des gouttelettes de mercure, dans l'état d'extrême division où l'onguent les présente.

des résultats que donne la peau lésée, à ceux qu'elle donnerait en restant intacte.

En opérant sur l'homme, et dans des conditions où la peau ne présentait aucune altération, Zülzer (15), en 1864, a constaté la pénétration de globules mercuriels dans les gaines radiculaires des poils et dans les conduits glandulaires de cette peau, dont il détachait des lambeaux à l'aide d'un vésicatoire.

Blomberg (16), en 1867, est conduit expérimentalement à se prononcer dans le même sens : après avoir frotté avec de la pommade mercurielle l'avant-bras d'un cadavre, immédiatement après la mort du sujet, il fit laver soigneusement, le lendemain, la partie frottée avec du savon et de l'eau chaude, et l'examen microscopique lui fit découvrir des globules mercuriels de $0^{mm},08$ à $0^{mm},005$ dans les couches profondes de l'épiderme, dans le corps muqueux, dans le chorion et dans quelques conduits des glandes sudoripares. Un chat, frotté pendant quatorze jours de suite avec des doses de 5 à 10 grammes d'onguent gris, présenta des globules dans le chorion et dans le tissu cellulaire sous-cutané, mais non dans les viscères.

Après Zülzer et Blomberg, qui affirment le passage direct du mercure à travers la peau, Rindfleisch (17), en 1870, le nie résolument, et il va jusqu'à prétendre que ce métal ne peut pénétrer ni dans les conduits glandulaires ni dans ceux des follicules pileux. C'est de l'expérience suivante qu'il tire ses convictions à cet égard : sur une des oreilles d'un lapin, frictionnée d'abord et lavée ensuite avec soin, un lambeau détaché et examiné au microscope présenta identiquement les mêmes apparences qu'un autre lambeau enlevé à l'oreille non frictionnée.

Neumann (18), Auspitz (19) et Röhrig (20), en 1871, sans aller aussi loin que Rindfleisch, nient comme lui la possibilité de l'absorption du mercure en nature par la peau; mais tout en ne rencontrant ce métal, ni dans le tissu cellulaire sous-cutané, ni dans le chorion, ils constatent sa pénétration, en globules très fins, dans les follicules pileux et dans les conduits des glandes sébacées. Les nombreuses expériences que Neumann a faites sur des animaux et sur l'homme, et qu'il a illustrées de remarquables dessins, semblent surtout concluantes à cet égard : cependant nous voyons, en 1871, Fleischer d'Erlangen (22) refuser d'admettre cette pénétration du mercure dans les follicules pileux, dans les glandes sébacées et dans les pores exhalants de la peau.

Jusqu'ici, comme cela ressort de ce qui précède, ces recherches, dues à des savants également dignes de confiance, ne permettent guère, de faire un choix dans la confusion de leurs résultats contradictoires, et le débat qu'elles perpétuaient sans le faire avancer menaçait de se prolonger indéfiniment, lorsque Für-bringer (22), en 1880, s'est proposé d'y mettre un terme. On peut affirmer qu'il y a pleinement réussi, et qu'il a définitivement résolu la difficile question, objet, avant lui, de tant de contro-verses; car toute opposition a cessé devant la solution qu'il lui a donnée.

Ce savant, qui a nettement montré, dans une étude critique approfondie des travaux de ses prédécesseurs, de quelles causes d'erreurs leurs recherches étaient entachées, a pris les précautions les plus minutieuses pour s'en garantir, et tous les résultats qu'il a obtenus ont été soumis au contrôle des méthodes de vérification les plus rigoureuses.

C'est à l'examen miscroscopique que Fürbringer a eu recours pour reconnaître la présence du mercure dans la peau des sujets qui ont servi à ses expériences, et celles-ci ont porté sur des lapins, sur des individus en pleine santé et sur des moribonds plus ou moins voisins de leur fin prochaine. Les parties fric-tionnées ont été, pour les lapins, l'oreille; pour l'homme, la peau des différentes régions du corps, muscles extenseurs et fléchis-seurs, extrémités, poitrine, abdomen, etc. Les frictions ont été opérées avec toutes les précautions requises pour éviter toute lésion de l'épiderme, elles duraient de dix à quinze minutes et elles étaient continuées *jusqu'à siccité*. Immédiatement après l'opération, on nettoyait au savon la surface frottée, dont on déta-chait de petits lambeaux, sur les lapins et sur l'homme sain, en les excisant au rasoir; quand il s'agissait de moribonds, cette

excision était pratiquée sur les cadavres dès que la mort du sujet était constatée. Les lambeaux excisés, plongés d'abord dans de l'alcool, étaient ensuite rendus transparents par l'action d'un mélange de glycérine et d'acide acétique, ou d'une solution de potasse, et c'est après avoir subi ce traitement qu'ils étaient soumis à des coupes dont l'examen avait lieu au microscope.

Après avoir fait porter ses investigations sur plus d'un millier de préparations de ce genre, et après avoir constaté la parfaite concordance des résultats fournis par l'homme et par les animaux, Fürbringer formule comme il suit les conclusions auxquelles il est arrivé : « Je nie, dit-il, de la façon la plus formelle, avec » Hoffmann, Bärensprung, Rindfleisch, Röhrig, Neumann et Fleis- » cher, contrairement à Œsterlen, Eberhard, Voit, Overbeck et » Blomberg, le cheminement mécanique des globules de mercure » à travers l'épiderme intact et le chorion ; mais, d'un autre côté, » j'affirme, non moins formellement, avec Zülzer et Neumann, » contre Rindfleisch et Fleischer, qu'il y a pénétration des globules » dans les follicules pileux et dans les canaux excréteurs des » glandes sébacées, et je considère la question comme définitive- » ment vidée par ces preuves. »

C'est donc aujourd'hui un fait bien acquis, et qui a pris rang parmi les vérités scientifiques les mieux démontrées, que le mer- cure de l'onguent, dans le traitement par la méthode des frictions, ne passe pas mécaniquement à travers la peau intacte ; et ce qui est vrai pour lui, dans ce cas, l'est également pour le mercure qu'on peut faire déposer sur l'épiderme, en y déterminant la con- densation de vapeurs émises à une température élevée. C'est encore à Fürbringer qu'on doit la constatation de ce fait, dont il a fourni la preuve par l'expérience suivante. Il a exposé l'avant-bras d'un de ses syphilitiques aux vapeurs émises par du mercure porté à une assez haute température, et le résultat fut que la partie ainsi exposée se recouvrit d'un dépôt gris clair au milieu duquel on distinguait, à la loupe, de petits globules miroitants, logés surtout au fond des sillons épidermiques ; le microscope révélait d'ailleurs que le dépôt tout entier était formé de globules de même nature, mais extrêmement atténués. Après un lavage préalable, un petit fragment de peau fut excisé et traité par la méthode précédemment indiquée, puis soumis à l'examen microscopique. Fürbringer trouva qu'il présentait encore quelques globules qui étaient restés adhérents à la surface interne de l'épiderme; mais aucun d'eux n'avait pénétré ni dans les follicules pileux, ni dans les conduits excréteurs des glandes sébacées : à plus forte raison manquaient-ils absolument dans la couche de Malpighi et dans le chorion.

Si les expériences de Fürbringer démontrent surabondamment que le mercure, de quelque façon qu'on le mette en rapport avec la peau, ne la traverse pas mécaniquement sous forme de globules, elles n'excluent pas cependant, pour lui, la possibilité d'un mode de passage mécanique différent, et voici celui que plusieurs savants lui attribuent.

D'après eux, ce métal, quand il forme enduit sur la surface épidermique, émettrait des vapeurs qui se diffuseraient, non seulement dans l'air ambiant, mais aussi à travers les pores de la peau, et ce mouvement progressif de diffusion rentrante les ferait pénétrer directement jusque dans le tissu cellulaire sous-cutané, d'où elles passeraient facilement dans le sang, puis de là dans tout l'organisme.

Comme ceux qui expliquent, par ce mécanisme, l'absorption du mercure n'ont produit aucune preuve de fait à l'appui de cette explication, j'en ai demandé la vérification à l'expérience de coutrôle suivante.

Expérience I. — Sur divers animaux (chiens, lapins et cobayes), au moment même où ils venaient de mourir, j'ai détaché des lambeaux de peau assez étendus dont j'ai rasé, au centre, une petite portion circulaire, que j'ai frottée ensuite avec de l'onguent mercuriel double. Les lambeaux ainsi préparés m'ont servi à fermer hermétiquement des flacons à large goulot, au-dessus desquels je les disposais, la partie frottée en dedans et sans contact avec les bords, de manière à rendre ainsi absolument impossible toute diffusion latérale du mercure. Le tout était placé sous une cloche à parois mouillées, pour conserver à la peau son état de moiteur normale. En recouvrant les lambeaux obturateurs de bandes de papier sensible, au chlorure de palladium, j'ai toujours vu celles-ci rester intactes. De la concordance de ces résultats, constamment négatifs, avec ceux auxquels Fürbringer est arrivé de son côté, on est en droit de tirer la conclusion générale suivante : *Dans le traitement de la syphilis par la méthode des frictions, le mercure en contact avec la peau ne peut traverser directement celle-ci, ni par voie de cheminement mécanique à travers les tissus, ni par voie de diffusion gazeuse.* Il y a toutefois lieu de remarquer que cette conclusion s'applique seulement à la peau saine, et non pas à la peau plus ou moins profondément lésée, comme elle peut l'être à la suite de frictions mal faites. Dans ce cas, les expériences d'Overbeck et celles de Fürbringer démontrent que le mercure peut très bien être absorbé, car tout, alors, favorise son passage immédiat dans la circulation sanguine.

Si l'on se rappelle enfin, pour épuiser cette question de l'absorption du mercure par la peau intacte, que les expériences de Fleischer et les miennes ne laissent aucun doute sur l'imperméabilité absolue du tégument externe aux vapeurs émises extérieurement par l'onguent, on devra tirer de l'ensemble de tous ces faits la conclusion suivante : *Sous aucune forme et par aucune voie, les frictions ne fournissent à l'organisme du mercure en nature.* Peuvent-elles lui fournir ce métal à l'état de combinaisons que leur solubilité rendrait plus ou moins facilement absorbables? C'est ce que nous allons examiner maintenant.

2° *Pénétration du mercure dans l'organisme sous forme de composés solubles dus à l'action des corps gras de l'onguent ou des produits des sécrétions cutanées.* — Nous devons éliminer d'abord du nombre des facteurs éventuellement capables de participer à l'action curative de l'onguent mercuriel, les composés de la première catégorie; je veux parler des sels qui se forment par la combinaison des acides résultant du rancissement de l'axonge

avec l'oxyde de mercure, dont la formation est favorisée et accélérée par la présence de ces acides.

S'il était bien vrai qu'il fallût considérer ces sels comme des
agents thérapeutiques tant soit peu efficaces, à mesure que leur
proportion augmenterait dans l'onguent, celui-ci devrait devenir
de plus en plus actif, et l'on a cru, en effet, pendant longtemps,
que la vertu curative de l'onguent mercuriel marchait de pair avec
son degré de rancissement. C'était une opinion complètement
erronée, et les expériences ainsi que les observations d'Overbeck,
de Kirchgasser (23) et de beaucoup d'autres en Allemagne, ne
permettent plus de la soutenir, après toutes les réfutations dont
elle a été l'objet. On sait sûrement aujourd'hui qu'il faut, pour
obtenir des frictions leur maximum de rendement thérapeutique,
les opérer avec de l'onguent frais; c'est-à-dire ne contenant que
du mercure métallique et de l'axonge pure, sans aucun mélange
de sels mercuriels aux acides gras.

Dans ces conditions, ceux qui croient devoir recourir, pour
expliquer les propriétés curatives des frictions, à l'intervention
de composés mercuriels rendus absorbables par leur solubilité,
sont obligés de chercher l'origine de ces composés dans de prétendues actions chimiques qu'exerceraient, sur le mercure, les
corps très variés que contiennent les sécrétions cutanées avec
lesquelles ce métal est forcément mis en contact, soit à la surface
de la peau où elles se déversent, soit à l'intérieur des glandes où
nous avons vu que lui-même peut arriver à pénétrer.

Pour le mercure qui reste à la surface épidermique, Mialhe
admet sa transformation en sublimé par l'action combinée du
chlorure de sodium que contient la sueur et de l'oxygène de l'air :

$$2\,NaCl + 2O + Hg = 2\,NaO + HgCl^2.$$

En présence d'un excès de chlorure de sodium, il se formerait
un sel double $HgCl^2, 2NaCl$ plus soluble encore que le sublimé,
et ce serait finalement ce composé double qui fournirait la matière
de l'absorption mercurielle.

Ce sont là de simples vues de l'esprit qui ne s'appuient sur

aucune expérience de vérification, et qui sont d'ailleurs en contradiction avec les faits. D'une part, en effet, le bichlorure de mercure
ne saurait subsister en présence de la soude libre; et, d'autre part,
ni le sublimé seul, ni ce sel en combinaison avec le chlorure de
sodium ne sont absorbables par la peau intacte, comme je le
démontrerai plus loin.

Laissant de côté la conception purement hypothétique de Mialhe,
Fürbringer (24) s'est attaché à rechercher ce que devenait le
mercure introduit par les frictions dans les cavités des glandes
cutanées, à l'état de globules très fins, et il fait de ces globules
les centres de formation des composés solubles réservés à une   .
absorption ultérieure.

Neumann (25) avait déjà constaté qu'au bout de quatre semaines, les globules mercuriels, très nettement apparents d'abord
dans l'oreille frictionnée d'un lapin, avaient totalement disparu.
Fürbringer, après avoir vérifié l'exactitude de cette observation,
remarqua, de plus, que la disparition signalée par Neumann était
progressive, et que les globules dont la persistance était la plus
longue présentaient aussi, avec le temps, une altération de plus
en plus prononcée, qu'il explique par un phénomène d'oxydation.
S'appuyant sur ces faits et sur une expérience de Lewald (26), qui
a constaté la formation d'un sel soluble de mercure lorsqu'on
met ce métal en contact avec un des éléments essentiels des
sécrétions cutanées, le butyrate d'ammoniaque, Fürbringer a formulé la conclusion suivante : « Les frictions, dit-il, agissent en
» faisant pénétrer par pression, aux endroits frottés, dans les
» follicules pileux et les conduits des glandes sébacées, des glo-
» bules mercuriels qui forment, sous l'influence des sécrétions
» glandulaires, des composés solubles et par conséquent propres à
» l'absorption. »

Cette conclusion, quelle que soit l'autorité de celui de qui elle
émane, ne repose pas sur des preuves de fait assez directes pour
qu'on doive l'accepter sans réserve et sans discussion.

Ce qu'il faut remarquer d'abord, au sujet des expériences de
Fürbringer, et ce qui suffit déjà pour leur opposer une fin de non-

recevoir préalable, c'est qu'elles n'ont donné des résultats nettement positifs que dans des conditions spéciales, auxquelles on ne s'astreint jamais dans la pratique courante de la méthode des frictions; il n'y a donc aucun rapprochement à établir entre le fait expérimental et le fait thérapeutique, et rien n'autorise à leur assigner des caractères identiques.

Quand on opère les frictions comme on le fait d'habitude, c'est-à-dire avec un excès d'onguent et en se contentant d'un étendage tout superficiel, on échoue absolument à faire pénétrer le mercure dans les cavités des glandes cutanées, et Fürbringer avoue que ce fut là son cas au début de ses recherches. Plus tard seulement, et après d'assez longs tâtonnements, il en vint à reconnaître qu'il fallait, pour obtenir des résultats positifs, frictionner avec de très petites quantités d'onguent, continuer les frictions jusqu'*à siccité*, et ne s'arrêter qu'au moment où le doigt, cessant de percevoir la sensation de glissement, rencontrerait un commencement de résistance.

Il est possible que les prescriptions de ce manuel opératoire soient strictement observées en Allemagne; on ne s'y est jamais conformé en France, et nos praticiens ont toujours appliqué la méthode des frictions sans prendre aucun souci des minutieuses précautions nécessaires pour faire pénétrer le mercure de l'onguent dans les culs-de-sac glandulaires de la peau. Comme il y a, malgré l'omission de ces précautions, absorption mercurielle manifeste, on voit combien il est inexact de prétendre que celle-ci est subordonnée à la formation préalable de composés solubles, qui prendraient naissance à l'intérieur des glandes cutanées.

Fürbringer s'est donc complètement trompé sur ce point, et il y a d'autres preuves encore à fournir de son erreur.

D'après lui, ce serait surtout dans les glandes sébacées que les globules mercuriels, après une oxydation préalable, seraient ultérieurement transformés en composés solubles et, comme tels, facilement absorbables. Or, comme il résulte de ses propres observations que ces globules ne dépassent jamais les conduits excréteurs des glandes dans lesquelles ils pénètrent, s'ils y sont modifiés chimiquement, les produits nouveaux ainsi élaborés,

intimement mélangés avec la matière sébacée qui les enveloppe
de toutes parts, doivent la suivre forcément dans le mouvement
continu qui l'entraîne au dehors, et on ne s'explique pas comment
ils pourraient prendre le mouvement en sens contraire qui est la
condition nécessaire de leur introduction dans l'organisme.

Fürbringer n'essaie pas de lever cette difficulté; il ne se
préoccupe pas davantage de démontrer que les globules mercuriels s'oxydent, comme il l'affirme, dans les conduits excréteurs
des follicules pileux et des glandes sébacées, et il est, sur ce
point, en contradiction flagrante avec Overbeck, qui nie formellement cette oxydation. Enfin, la substance qu'il fait intervenir
pour transformer cet oxyde hypothétique en composé mercuriel
soluble, le butyrate d'ammoniaque, ne saurait jouer le rôle qu'il
lui attribue, puisque c'est un produit d'altération de la sécrétion
sébacée, et qu'il n'existe pas dans cette sécrétion telle qu'on la
trouve, à l'état normal, dans l'intérieur même de la glande.

S'il fallait attendre, d'ailleurs, que le mercure administré par
la méthode des frictions ait épuisé, avant d'être absorbé, toute la
série des réactions chimiques par lesquelles on prétend qu'il doit
préalablement passer, comme il ne peut arriver que tardivement,
au dernier terme de cette série, ses effets seraient toujours très
lents à se produire; tandis qu'on les voit, au contraire, très
promptement apparaître, dans tous les cas. C'est là un des faits les
mieux établis de la thérapeutiqne de la syphilis, et dont la preuve
analytique est bien facile à obtenir, car les urines et les excréments d'un sujet frictionné accusent déjà une mercurialisation
très prononcée, quelques heures seulement après une première
application d'onguent napolitain.

Il y a, dans ce qui précède, plus d'arguments décisifs qu'il n'en
faut pour nous faire absolument rejeter l'explication donnée par
Fürbringer du mode d'action thérapeutique des frictions mercurielles; il est donc bien certain qu'elles ne doivent pas leur efficacité
à la formation de prétendus composés solubles qui résulteraient
de l'altération chimique du mercure pénétrant, par pression, à
l'intérieur des glandes cutanées.

Malgré la surabondance des preuves qu'on peut accumuler pour démontrer l'impossibilité d'un pareil mode d'absorption, les syphiligraphes les plus compétents sont cependant à peu près unanimes pour l'admettre comme très réel, et cela sur la foi qu'ils ajoutent au résultat d'une expérience allemande dont il m'a paru qu'ils parlaient sans avoir pris la peine de chercher à s'en rendre exactement compte.

Il s'agit de l'expérience de Fleischer d'Erlangen, si souvent citée en France, mais dont je n'ai trouvé nulle part la description dans aucun de nos livres spéciaux, et qu'on a fort inexactement inter- prétée, par suite de l'ignorance où on se trouvait des conditions particulières dans lesquelles elle a été effectuée. La voici fidèlement rapportée : Fleischer (27) a opéré sur un de ses aides de laboratoire auquel il a frictionné un bras avec 1^{gr},5, non pas d'onguent napo- litain, mais d'oléate de mercure, et pendant qu'on opérait cette onction, le sujet respirait l'air pur du dehors, au moyen d'un masque de Waldenburg. Le bras frotté fut d'abord recouvert d'une enveloppe de taffetas gommé, sur laquelle on enroula des bandes de toile et de flanelle de manière à obtenir une occlusion hermétique ; puis, le masque fut enlevé et l'aide alla s'habiller dans une pièce voisine, où il se rendit en ayant soin de retenir son haleine. Le bandage occlusif fut maintenu en place pendant soixante heures, et les urines recueillies dans cet intervalle de temps furent ana- lysées par le procédé de Ludwig : Fleischer ne put y découvrir que des traces extrêmement faibles de mercure « *ganz geringe Mengen von Quecksilber* ».

Il y a une première remarque critique à faire, à propos de l'ex- périence qui vient d'être décrite ; c'est qu'elle n'a nullement trait à la question qu'il s'agit de résoudre et qui est, expressément, celle de savoir si l'*onguent napolitain*, employé en frictions, fournit du mercure à l'absorption cutanée. Cet onguent et le sel mercuriel, employé à sa place par Fleischer, sont trop dissem- blables pour qu'on puisse légitimement conclure, des résultats obtenus avec l'un d'eux, à ceux que l'autre est apte à donner dans les mêmes conditions.

L'oléate de mercure, qu'on a vainement tenté de substituer à l'onguent traditionnel, dans le traitement de la syphilis par la méthode des frictions, a été promptement délaissé, à cause des inconvénients particulièrement attachés à son emploi et sur lesquels les recherches de Stelwagon (28) ont récemment appelé l'attention des praticiens. Appliqué sur la peau saine, il y produit de la rougeur et détermine une irritation plus ou moins vive qui peut aller jusqu'à la dermatite; aussi n'est-il utilisable, dans la pratique, qu'à la condition de varier très souvent son lieu d'application.

Comme cette condition n'a pas été remplie dans l'expérience de Fleisoher, il est difficile d'admettre que l'oléate ait pu rester soixante heures en contact avec la peau, sans lui faire subir quelque altération qui n'aura pas eu besoin d'être bien profonde pour rendre l'absorption mercurielle possible anormalement. J'ajouterai, enfin, que la recherche du mercure, dans les urines du sujet, a été faite par le procédé de Fürbringer, dont j'ai signalé ailleurs l'insuffisance notoire et sur lequel on ne saurait aucunement compter, quand il s'agit, comme c'est ici le cas, de constater la présence de traces infinitésimales du métal.

Cette question de l'absorption du mercure des frictions n'est donc nullement tranchée par l'expérience de Fleischer; elle ne me paraît pas l'être davantage par une expérience toute récente, qu'on a présentée, elle aussi, comme probante en faveur de l'affirmative et qui a été faite, cette fois, dans les conditions normales de l'emploi de l'onguent napolitain.

Son auteur, A. Rémond (29), a opéré sur un sujet qu'il a maintenu pendant quinze jours au régime des frictions quotidiennes; et, pour le préserver de tout risque d'absorption pulmonaire, il a pris les précautions suivantes.

Chaque friction était faite alternativement sur un quelconque des segments de chaque membre, et aussitôt après l'application de l'onguent on recouvrait la surface enduite d'une bande de toile. Celle-ci, à son tour, était elle-même recouverte par une enveloppe de gutta-percha dépassant de deux à trois travers de doigt la surface enduite, et appliquée, au-dessus et au-dessous, aussi soigneusement que possible contre la peau.

En opérant de cette façon, il a trouvé que l'absorption du mercure était à peu près nulle pendant les trois premiers jours, qu'elle s'accusait sensiblement à partir du quatrième, et qu'elle atteignait bientôt la mesure moyenne de 5 à 6 milligrammes par jour, en se continuant ainsi, sans variation bien notable, jusqu'à la fin de l'expérience.

Ces résultats, aussi positivement exprimés, seraient décisifs dans le sens de l'affirmative, s'il était bien rigoureusement démontré qu'ils doivent être exclusivement mis sur le compte de l'absorption cutanée; mais on reconnaît aisément que cette démonstration fait ici complètement défaut.

Comme le sujet de Rémond était frictionné quotidiennement et qu'il subissait cette opération sans porter de masque qui lui permît de respirer l'air du dehors, on voit que, pendant toute la durée de ces frictions quotidiennes, c'est-à-dire pendant un quart d'heure environ chaque jour, il restait sous l'influence des émanations de l'onguent; et celui-ci émet surtout d'abondantes vapeurs au moment où l'onction est pratiquée.

A cette première cause d'émission s'ajoutait encore la suivante.

Lorsqu'on applique la méthode des frictions en procédant par onctions successives effectuées à des places différentes, ce ne sont pas seulement les surfaces enduites qui sont émissives, mais aussi celles qui, après l'avoir été, ont été débarrassées de leur onguent et nettoyées, même, avec le plus grand soin. Celles-ci, en effet, malgré ce nettoyage, retiennent toujours, dans les sillons épidermiques, du mercure extrêmement divisé qu'elles ne perdent que très lentement, et qui dégage incessamment des vapeurs reconnaissables à l'action très marquée qu'elles exercent sur le papier sensible, à l'azotate d'argent ammoniacal.

Comme le sujet de Rémond était placé dans des conditions qui l'exposaient à inhaler des vapeurs de cette provenance, et qu'aucune précaution n'était prise pour le préserver de cette inhalation, on voit qu'il a, par le fait, constamment absorbé du mercure, par la voie pulmonaire, pendant toute la durée de l'expérience à laquelle il a été soumis.

Ni cette expérience, ni celle de Fleischer, ne sauraient donc
être invoquées, à l'appui de leur thèse, par ceux qui veulent, à
tout prix, que la peau constitue un appareil d'absorption pour
le mercure administré par la méthode des frictions; elles sont
d'ailleurs formellement contredites par d'autres expériences, dont
les résultats doivent être exposés à leur tour.

Le professeur Ferrari (30), qui déjà, en 1876, à la suite de
recherches expérimentales faites sur les animaux et de nombreuses
observations cliniques, avait conclu à la non-absorption du mercure des frictions par la peau saine, a repris, en 1886, l'étude de
cette question, et il a maintenu sa conclusion primitive, en
l'appuyant sur des preuves de fait plus directes.

Il a pris pour sujets de ses expériences cinq syphilitiques, sur
chacun desquels il a pratiqué, à un jour d'intervalle et avec de
l'onguent napolitain ordinaire, six frictions successives, aux cuisses,
aux jambes, aux bras et aux avant-bras. Pendant qu'ils étaient
ainsi frictionnés, trois d'entre eux respiraient l'air du dehors au
moyen de tubes en caoutchouc convenablement adaptés à un
masque très ingénieusement construit, qui enveloppait complètement la tête et s'ajustait hermétiquement sur le cou, de manière
à fermer toute voie de pénétration aux vapeurs mercurielles. Dès
que l'onction était terminée, la surface enduite était recouverte
avec du taffetas gommé, qu'on fixait à l'aide d'un bandage, et le
masque était alors enlevé. Les deux autres sujets, ne devant servir
qu'à des expériences de contrôle, étaient frictionnés suivant le
mode habituel; ce qui implique, à leur égard, la double suppression du masque et du taffetas gommé.

Pour chacun des sujets de ces deux séries comparatives d'essais,
toutes les urines recueillies pendant la période du frictionnement
étaient mises en commun, et c'est dans le mélange que le mercure
était recherché analytiquement par la méthode électro-chimique.
Les urines de la seconde série le contenaient en proportions notables, mais il a manqué complètement dans deux de celles de la
première, et la troisième n'en accusait que des traces extrêmement
faibles.

Malgré toutes les précautions prises, il y a donc eu absorption dans ce dernier cas, et elle s'explique par une lacune que Ferrari a laissée dans son manuel opératoire. En s'attachant, avec le soin scrupuleux qu'il y a mis, à préserver ses sujets de l'inhalation des vapeurs émises par les surfaces enduites d'onguent, pendant et après la manœuvre de l'onction, il a omis, comme nous l'avons déjà signalé pour Rémond, d'écarter d'eux celles qu'émettent encore les mêmes surfaces, quand on enlève l'onguent qui les recouvrait et qui leur laisse toujours un résidu de mercure très divisé, dont il est difficile de les débarrasser complètement.

Les expériences de Ferrari n'ont donc pas toute la rigueur désirable; mais, malgré ce qu'elles peuvent avoir de partiellement défectueux, elles n'en conservent pas moins une valeur très réelle, parce qu'elles montrent comparativement la très grande différence des résultats que la méthode des frictions donne, dans la pratique, suivant qu'on l'applique en favorisant, ou en empêchant, l'inhalation des vapeurs émises par l'onguent. Dans le premier cas, elle ne peut qu'être efficace, car on la voit fournir du mercure à l'absorption à doses largement thérapeutiques; dans le second cas, au contraire, ce métal n'est pas absorbé, ou bien l'est à doses trop insignifiantes pour produire aucun effet utile.

Pour lever toute incertitude à cet égard et pour ôter tout prétexte aux objections qu'on pourrait être encore tenté de tirer de l'expérience, si défectueuse et si mal interprétée, de Fleischer d'Erlangen, j'ai répété cette expérience à deux reprises, en redoublant de précautions pour la rendre aussi rigoureuse que possible, et en y remplaçant l'oléate de mercure, dont l'étude est sans intérêt, par des onguents mercuriels.

. *Expérience II.* — Elle a été effectuée sur un étudiant en médecine, M. C.... qui a bien voulu, par zèle pour la science, se soumettre à cette épreuve, et qui a été frictionné pendant dix minutes, sur la face interne du bras, avec quatre grammes d'onguent mercuriel double, à l'axonge. Pendant qu'on le frictionnait ainsi, M. C.... respirait l'air du dehors qui lui était amené par des tubes de caoutchouc adaptés au masque de Gavarret, et dès que la friction fut terminée, le bras fut enfermé dans une double enveloppe en gutta-percha imperméable aux vapeurs mercurielles, fixée à l'aide de bandelettes de diachylon et d'un bandage roulé.

Ce procédé d'occlusion est celui qu'ont employé Fleischer, Rémond et Ferrari, mais sans se préoccuper de rechercher ce qu'il valait pratiquement, et sans recourir à aucun moyen de contrôle pour en surveiller rigoureusement l'application. Cette omission suffit pour rendre douteux les résultats qu'ils ont obtenus, car rien ne leur prouvait l'efficacité des précautions qu'ils avaient prises pour empêcher les vapeurs mercurielles de se diffuser au dehors, et la surveillance nécessaire à cet égard doit se continuer avec soin pendant toute la durée des expériences. J'ai satisfait à cette obligation, dans les miennes, en plaçant à plusieurs reprises, sur le bandage roulé, des bandes de papier sensible, à l'azotate d'argent ammoniacal ; et comme elles n'ont jamais présenté la moindre trace de coloration, je puis positivement affirmer que les sujets sur lesquels ont porté mes essais ont été complètement préservés de tout risque d'absorption pulmonaire.

Pour M. C...., comme pour le sujet de Fleischer, la durée de l'épreuve a été de soixante heures, et je n'ai recherché le mercure que dans les urines. Celles-ci, quotidiennement analysées pendant que l'enduit d'onguent est resté en place, et trois jours encore après son enlèvement, n'ont jamais donné aucun signe de réaction mercurielle ; tandis que le mercure s'est nettement révélé, dès le second jour, dans les urines d'un syphilitique frictionné au même moment et de la manière, mais sans qu'on ait eu recours, pour lui, à l'occlusion ; ce qui lui a permis d'inhaler en toute liberté, les vapeurs émises par l'onguent de sa friction.

Expérience III. — On a fait grand bruit, dans ces derniers temps, de la facilité avec laquelle une substance nouvellement introduite dans la pratique médicale, la lanoline, traverserait la peau intacte ; et on lui a, par suite, attribué la propriété d'entraîner avec elle, et de faire ainsi sûrement pénétrer dans l'organisme, les agents médicamenteux auxquels on l'associait en qualité d'excipient.

En se plaçant à ce point de vue, il y avait évidemment intérêt à substituer la lanoline à l'axonge dans la préparation de la pommade mercurielle, et des praticiens de mérite, tels que Lassar et Liebreicht, qui ont fortement préconisé cette substitution, prétendent en avoir obtenu les meilleurs effets curatifs.

Comme ils admettent, pour expliquer la très grande supériorité attribuée par eux au traitement par la pommade lanolinisée, que celle-ci joue le rôle d'un véhicule qui traverserait facilement la peau en entraînant mécaniquement le mercure avec lui, ce serait là un fait bien caractérisé d'absorption cutanée de ce métal, si les choses se passaient réellement comme Lassar et Liebreicht n'hésitent pas à l'affirmer.

Cette affirmation, ne reposant que sur l'interprétation fort hypothétique des résultats d'un certain nombre d'observations cliniques, ne pouvait pas être acceptée sans avoir subi le contrôle d'une vérification préalable, à laquelle je l'ai soumise et qui a exigé la répétition, avec de la pommade lanolinisée, de l'expérience déjà faite avec de la pommade à l'axonge.

Expérience IV. — Pour cette nouvelle expérience, qui a été entièrement calquée sur la précédente, c'est encore un étudiant en médecine, M. S..., qui a bien voulu se mettre à ma disposition ; et pendant qu'il respirait au dehors avec le masque de Gavarret, on lui a fait, sur la face interne du bras, une friction avec 4 grammes d'onguent mercuriel contenant une partie de mercure éteint dans deux parties de lanoline. Dès que cette opération a été terminée, le bras frictionné a été immédiatement enfermé dans une double enveloppe imperméable en gutta-percha, et M. S... l'a gardé en cet état pendant trois jours. Le mercure a été recherché, cette fois, non seulement dans les urines du sujet, mais aussi dans ses excréments et dans sa salive ; il a toujours et partout fait défaut, tandis qu'il apparaissait, dès le second jour, dans les urines d'un syphilitique qui servait de témoin.

Les expériences qui précèdent, en prouvant que le mercure
n'est pas absorbé par la peau intacte, même après trois jours
d'application continue d'un enduit d'onguent sur la même surface,
démontrent *a fortiori* l'impossibilité de son absorption dans la
pratique courante de la méthode des frictions; la règle étant, ici,
de procéder par onctions successives, faites quotidiennement à
des places différentes, de manière à ce que l'onguent ne séjourne
pas plus de douze heures sur la même surface, ou de
vingt-quatre heures au maximum.

Ritter, dont les travaux sur l'absorption cutanée sont si justement estimés, conclut aussi, de l'ensemble des résultats acquis,
que le mercure des frictions ne pénètre pas dans l'organisme en
traversant la peau intacte.

Pour que la démonstration soit complète à cet égard, il reste
encore à produire une dernière preuve, qui me paraît faite pour
lever tous les doutes.

Après les remarquables travaux de Fürbringer, il n'y a plus, je
le crois, personne aujourd'hui pour soutenir que le mercure des
frictions est absorbé en nature, par suite de l'état d'extrême
division qui permettrait à ses fines gouttelettes de traverser mécaniquement la peau intacte; mais beaucoup de savants continuent
à admettre que son absorption est due à sa transformation en
composés solubles résultant des actions chimiques exercées sur
lui par les produits divers des sécrétions cutanées. Pour Mialhe,
c'est en dehors des organes sécréteurs que le métal serait attaqué
chimiquement; pour Fürbringer, ce serait dans l'intérieur de ces
mêmes organes.

Si c'est ainsi vraiment que les choses se passent, comme le
mercure est très difficilement attaquable par la plupart des agents
chimiques, partout où on l'emploie en nature, pour l'usage
externe, il y aurait manifestement avantage à lui substituer un de
ses composés, soit soluble déjà, soit susceptible de le devenir
facilement. Le bichlorure, qui est dans le premier cas, et le
calomel, qui est dans le second, sont donc naturellement indiqués pour cette substitution, dont on devra bénéficier surtout

avec le bichlorure, s'il est vrai, comme le veut l'opinion la plus généralement reçue, que l'action thérapeutique de l'onguent mercuriel soit en raison même de la proportion de sublimé à laquelle il donne naissance.

Dans ces conditions, pour être logique, il faudrait remplacer cet onguent, dans les frictions, par une pommade au chlorure mercurique, et celle-ci devrait avoir pour effet, toutes choses égales d'ailleurs, de fournir plus abondamment du mercure à l'économie.

C'était là ce que pensait Mialhe, et pour être conséquent avec ses doctrines il a proposé de remplacer l'onguent mercuriel, dans la pratique de la méthode des frictions, par la pommade de Cirillo, qui a, d'ailleurs, complètement échoué partout où elle a été employée. Tant qu'elle est appliquée sur la peau saine, son action curative est absolument nulle, et cela suffirait déjà pour prouver qu'elle ne fournit, alors, aucune trace de mercure à l'économie, lors même qu'on n'aurait pas une preuve expérimentale, plus décisive encore, à produire.

Expérience V. — M. S..., qui a bien voulu se prêter encore à cette nouvelle épreuve, a été frictionné, à la partie interne de la cuisse, avec 15 grammes de pommade de Cirillo (sublimé corrosif, 4 grammes; axonge, 30 grammes), et un bandage appliqué sur cet enduit est resté en place pendant trois jours. Les analyses quotidiennes de l'urine, continuées quelques jours encore après la fin de l'expérience, ont toujours donné des résultats négatifs au point de vue de la recherche du mercure.

Après s'être soumis à cet essai, M. S.... l'a renouvelé sur un autre sujet, en substituant la lanoline à l'axonge. La partie interne d'un bras de ce sujet a été frictionnée avec 12 grammes de bichlorure de mercure lanolinisé, et les choses sont encore restées trois jours en cet état. L'examen des urines, fait comme dans le cas précédent, a donné les mêmes résultats négatifs.

Expérience VI. — Avec la pommade de Cirillo, comme avec

toute autre pommade bichlorurée, on ne peut pas longtemps renouveler les frictions à la même place, par suite de l'action irritante du sublimé sur la peau ; celle-ci n'étant plus, pour si peu qu'elle soit lésée, dans les conditions normales afférentes à l'étude du phénomène de l'absorption.

La pommade au calomel, au contraire, est absolument inoffensive, et comme le protochlorure qu'elle contient doit, dit-on, se transformer facilement en bichlorure, sous l'influence du chlorure de sodium existant dans toutes les sécrétions cutanées, cette pommade serait ainsi, dans une certaine mesure, physiologiquement et thérapeutiquement équivalente à la pommade mercurielle. Son innocuité complète pour la peau permettant, lorsqu'on l'emploie en frictions, de renouveler indéfiniment celles-ci à la même place, j'ai pu, dans ces conditions, me frictionner journellement, aux aisselles, pendant une période de six mois, sans qu'il me soit une seule fois arrivé de présenter le plus léger symptôme de mercurialisation, et sans qu'il y ait eu, à aucun moment, apparition du mercure dans mes urines ou dans mes excréments.

Comme la peau des surfaces soumises à ces frictions répétées conserve toujours son état de parfaite intégrité, cela suffit pour prouver que le calomel ainsi mis en œuvre n'a donné lieu à aucune formation de sublimé ; et puisque le protochlorure de mercure employé en onctions ne passe pas, dans la plus minuscule mesure, à l'état de perchlorure, *a fortiori* doit-on pouvoir en dire autant du métal pur, employé de la même manière. C'est, d'ailleurs, ce qui ressort très nettement des expériences suivantes de Ritter (31). Ce savant a frotté, avec 10 grammes de pommade mercurielle, les parois d'un récipient contenant 230 grammes de sueur provenant d'une hypersécrétion provoquée par des injections de pilocarpine, puis il a laissé, pendant trois semaines, ce récipient dans une étuve maintenue à une température de 37° à 40° ; cette expérience plusieurs fois répétée, à différents intervalles, ne lui a jamais fourni le moindre indice révélateur de la présence d'un sel mercuriel quelconque. Il ne s'est pas contenté de ces essais *in vitro ;* allant droit au fait qu'il s'agissait d'éclaircir, il a constaté directement qu'on ne trouvait jamais de sublimé sur la peau à la suite de frictions à l'onguent napolitain, et pour que cette constatation portât sur des faits bien décisifs, voici comment il l'a faite. Après avoir frictionné les sujets qui servaient à ses essais, et leur avoir injecté de la pilocarpine, il a râclé leur peau au niveau des surfaces frottées, et, ni dans les produits ainsi obtenus, ni dans les sueurs abondantes qu'il provoquait, il ne lui est jamais arrivé de relever aucune réaction caractéristique de la présence d'une combinaison mercurielle.

Le mercure n'étant absorbé par la peau ni en nature, ni sous la forme de composés solubles, comme nous avons vu plus haut qu'il ne l'est pas davantage à l'état de vapeurs, il ne lui reste plus pour pénétrer dans l'économie que la voie de l'inhalation pulmonaire, et nous avons maintenant à examiner dans quelle mesure elle lui est accessible.

3° *Pénétration du mercure à l'état de vapeurs par la voie de l'inhalation pulmonaire.* — Quand un malade est traité par la méthode des frictions, quoi qu'on fasse à son égard, de quelques précautions qu'on l'entoure, il est toujours soumis à l'influence plus ou moins active, mais toujours inévitable, des vapeurs mercurielles, et surtout pendant son séjour au lit. L'onguent mercuriel, en effet, étalé sur de larges surfaces cutanées, émet abondamment de ces vapeurs qui se diffusent aussitôt dans l'atmosphère ambiante, et, si celle-ci est limitée, si elle ne se renouvelle que lentement, elle ne tarde pas à être saturée, comme on peut facilement s'en assurer par l'emploi des papiers réactifs, à l'azotate d'argent ammoniacal ou au chlorure de palladium.

Dans ces conditions, les sujets frictionnés inhalent du mercure, mais à doses très variables et, par conséquent, avec des effets très différents, suivant les circonstances particulières où ils sont placés.

Si la pièce qu'ils habitent est bien close et surtout bien chauffée, s'ils sont maintenus au lit, les doses respirées peuvent devenir considérables, et les effets observés sont alors très marqués et très prompts. S'ils vivent au grand air pendant le jour, s'ils couchent, la nuit, dans des pièces vastes, froides et bien ventilées, si leurs lits sont sans rideaux et s'ils y dorment la tête en dehors des couvertures, il peut arriver, dans ces conditions, que les frictions, malgré leur fréquence et malgré l'emploi des doses d'onguent les plus élevées, se montrent dépourvues de toute efficacité curative.

Ces différences si marquées dans les effets du même agent thérapeutique tiennent exclusivement à ce que tout tend, dans le premier cas, à favoriser la respiration des vapeurs mercurielles; à la restreindre et presque à l'annihiler, dans le second.

Kirchgasser (32), dont l'autorité s'impose en syphiligraphie et qui traite ses malades par la méthode des frictions, a bien vu qu'on ne pouvait pas, dans l'appréciation des effets généraux de ce mode de traitement, faire abstraction de l'intervention des vapeurs absorbées par la voie de l'inhalation pulmonaire; mais, d'après lui, leur influence serait essentiellement perturbatrice, et c'est exclusivement à elles qu'il attribue la stomatite et la salivation qui compliquent si fâcheusement l'emploi thérapeutique des frictions et le font, malgré ses avantages incontestables, rejeter par un très grand nombre de praticiens.

Tout en chargeant les vapeurs mercurielles de ces méfaits, Kirchgasser ne démontre nullement qu'elles en soient réellement coupables, et il se borne à affirmer, sans preuves à l'appui, qu'elles agissent, soit en trouvant, sur la muqueuse buccale, les éléments de leur transformation en sublimé, soit parce qu'elles seraient douées de propriétés irritantes propres, dont elles seraient redevables à l'état d'extrême division du métal.

Quoi qu'il en soit à cet égard, comme il les tient pour éminemment nocives, cela le met dans l'obligation de chercher à préserver, autant que possible, ses malades de leur atteinte, et voici comment il procède pour y réussir.

Il fait porter successivement les frictions sur les jambes, les cuisses et l'abdomen, en passant alternativement d'un côté du corps à l'autre. Jamais il ne les opère sur la poitrine ou sur les membres supérieurs, afin d'éviter que l'onguent soit trop rapproché de la bouche et du nez. Ces frictions durent quinze minutes; elles sont faites avec les soins les plus méticuleux, et c'est le soir seulement, à l'heure du coucher, qu'elles sont pratiquées. La surface ainsi frottée, dans la soirée, est recouverte, pendant la nuit, d'une peau souple placée là pour restreindre l'activité de l'évaporation mercurielle, et on la nettoie, le lendemain matin, à l'eau de savon. Les dortoirs sont vastes et bien aérés, et on les ventile à fond pendant la journée; les malades les abandonnent alors pour passer dans d'autres locaux, également très spacieux, et on leur permet des promenades extérieures, s'il fait beau.

Sur dix-neuf syphilitiques soumis à ce traitement et guéris par lui, un seul fut pris d'accidents buccaux, et comme cela eut lieu par suite de sa négligence à suivre fidèlement les règles prescrites, il n'y a évidemment pas à tenir compte de cette exception. Il est donc certain que la méthode de Kirchgasser a réellement pour effet d'éliminer tous les risques de stomatite et de salivation ; mais, ce qui est contestable, c'est qu'elle soit redevable de cet avantage, comme le prétend son auteur, à l'efficacité des précautions qu'elle multiplie pour soustraire le malade à l'action des vapeurs mercurielles. L'examen attentif des faits montre très clairement qu'on ne saurait, à aucun degré, compter sur le succès de ces précautions.

Tout individu frictionné vit forcément dans une atmosphère où le mercure de l'onguent émet continuellement des vapeurs, qui se trouvent, suivant les cas, disséminées en proportions très variables dans l'air ambiant, mais qui n'y font jamais défaut et fournissent ainsi constamment du mercure à l'absorption pulmonaire. C'est pendant la nuit surtout, sous l'influence de la chaleur du lit, que le dégagement de ces vapeurs est abondant, et comme elles ont bientôt saturé le faible volume d'air compris entre les draps, le malade ne peut que les respirer à haute dose, s'il dort la tête sous les couvertures. Dans le cas contraire, il les respire à dose moins élevée, mais assez forte encore, car elles sont entraînées avec l'air échauffé qui sort du lit, et ce mouvement régulier de sortie les porte tout droit aux organes respiratoires.

Si l'on veut s'assurer que les choses se passent bien réellement

comme je viens de le dire, et comme j'ai pu le constater dans un
grand nombre de cas, on procédera de la manière suivante. En
supposant qu'on ait sous la main un malade traité par la méthode
des frictions, il suffira, pendant qu'il est couché, de placer
quelques bandes de papier sensible, à l'azotate d'argent ammoniacal, les unes dans son lit, les autres en dehors, en échelonnant
ces dernières à des distances de plus en plus grandes de l'entre-
bâillement des draps. On les verra toutes se teinter; celles de
l'intérieur du lit, très promptement parce qu'elles sont dans une
atmosphère complètement saturée de vapeurs mercurielles; celles
de l'extérieur, de plus en plus lentement à mesure qu'elles
s'éloigneront davantage de la tête du lit; et si celui-ci est entouré
de rideaux, dans l'espace limité par eux, la présence du mercure
en vapeurs sera partout facilement démontrable.

On ne peut donc pas, quelque précaution qu'on prenne,
soustraire un sujet frictionné à l'action des vapeurs émises par
l'onguent dont on le frotte, et cette émission persiste assez
longtemps encore après le nettoyage des surfaces enduites, lors
même qu'on a le soin de laver celles-ci à l'eau de savon. Ce
lavage, en effet, quelle que soit l'application qu'on mette à
l'effectuer, n'enlève jamais complètement les particules mercurielles infiniment divisées qui se logent dans les dépressions des
sillons épidermiques, et, moins encore, celles qui pénètrent, à des
profondeurs diverses, dans les canalicules des cavités glandulaires. C'est là un fait que les observations de nombreux savants
allemands, mais plus particulièrement celles de Fürbringer, ont
mis nettement en évidence, et dont j'ai complété la preuve en
démontrant que le résidu de mercure, conservé par les surfaces
enduites après le nettoyage, donne lieu à une émission de vapeurs
souvent fort prolongée, qu'on peut facilement constater de la
manière suivante.

Quand un malade traité par la méthode des frictions est arrivé
au terme de son traitement, aux places où des onctions lui ont
été faites, quoique nettes en apparence, on reconnaît sûrement
la présence du mercure résiduel par l'emploi du papier sensible,

à l'azotate d'argent ammoniacal. Des bandes de ce papier quotidiennement appliquées sur les parties primitivement frottées de la peau, dont on les sépare par quelques doubles de papier sans colle afin d'éviter l'action réductrice des sécrétions cutanées, montrent, en s'impressionnant pendant plusieurs jours de suite, et quelquefois pendant des mois entiers, combien est persistant le dégagement de vapeurs mercurielles qui se produit dans cette circonstance.

Pour le dire en passant, ce dégagement, qui peut être d'une assez longue durée et s'effectuer dans une assez large mesure, explique une particularité bien connue des syphiligraphes, mais dont ils n'avaient pas cherché à se rendre compte; celle de la continuation de l'action curative des frictions après la cessation du traitement. Il explique aussi la diminution progressive de diamètre et la disparition finale des globules mercuriels qui pénètrent dans l'intérieur des glandes cutanées, sans qu'il soit besoin de recourir, comme l'a fait Fürbringer, à une prétendue action chimique des sécrétions glandulaires, se traduisant d'abord par l'oxydation de ces globules, et ensuite par leur transformation en composés solubles qui disparaîtraient parce qu'ils seraient absorbés.

Comme il faut rejeter, en même temps que ce mode d'absorption, tous ceux où on a fait intervenir, à un titre quelconque, la possibilité d'une pénétration mécanique à travers la peau intacte, on voit que le traitement par les frictions ne fournit d'autre mercure, à l'économie, que celui qui est absorbé en vapeurs par la voie de l'inhalation pulmonaire.

On s'est d'ailleurs assuré que ces vapeurs, respirées seules, ont une action curative spécifique, dont témoignent hautement les remarquables résultats obtenus par le Dr Müller (33) et par Rémond (34).

Dans un premier essai, Müller disposa, par places, sur les murs d'une chambre de quarante-deux mètres cubes de capacité, des morceaux de gaze, enduits chacun de 8 grammes d'onguent mercuriel, et destinés à être renouvelés à tour de rôle, tous les huit jours. Quand il se fut bien assuré que cette chambre, laissée close pendant quelque temps, avait son atmosphère saturée de vapeurs mercurielles, il y installa quatre malades atteints de syphilis secondaire, sans les soumettre, d'ailleurs, à aucune autre espèce de traitement. Dès·le cinquième et le septième jour le mercure apparaissait, d'abord dans les excréments, puis dans les urines de ces malades, et on pouvait, en même temps, noter chez eux les signes d'une amélioration de leur état général, assez lente d'abord, mais qui s'accentuait bientôt plus nettement en déterminant la prompte disparition des manifestations syphilitiques.

Comme fait important à retenir, si on pouvait en espérer la généralisation, Müller mentionne ce qui suit : parmi les syphilitiques qu'il traitait se trouvait une femme atteinte de phtisie, sur laquelle ce traitement produisit les meilleurs effets, car sa fièvre cessa et ses forces se relevèrent. Les propriétés antiseptiques bien connues des vapeurs mercurielles les rendraient-elles capables d'agir destructivement sur le microbe de la tuberculose? C'est une question qui vaut la peine d'être sérieusement étudiée, et on ne voit, *a priori*, aucune raison pour qu'on doive la résoudre par la négative.

En sus des quatre cas de guérison qui viennent d'être rapportés, Müller en a obtenu deux autres encore, sur des syphilitiques mis au régime de l'inhalation des vapeurs mercurielles provenant, cette fois, de mercure incorporé à de l'argile et placé sur des assiettes, dans la chambre des malades.

Rémond, qui s'est proposé de contrôler les recherches de Müller, a procédé de la manière suivante. Son sujet était une jeune fille de vingt-deux ans, récemment infectée, et d'ailleurs bien portante, qui présentait une éruption composée de papules et de vésicules multiples, répandues sur un fond de taches rosées occupant la poitrine, le ventre, le côté interne des cuisses et les bras du côté de la flexion. Là malade fut placée dans un cabinet de 50 mètres cubes de capacité, où l'air était renouvelé le moins souvent possible et maintenu à un état constant de saturation par les vapeurs émanant de huit doses, contenant chacune 9 grammes de mercure éteint dans de la craie et donnant, en tout, 1,5 mètre carré de surface émissive.

Dès le premier jour de son entrée dans ce cabinet, la malade élimina du mercure par les urines, et il en fut régulièrement ainsi jusqu'au jour de sa sortie; l'élimination portant sur des doses toujours croissantes de métal, qui eurent bientôt atteint la moyenne de 7 à 8 milligrammes par jour.

Après huit jours d'inhalation, les vésicules des avant-bras séchaient et se recouvraient de petites croûtes squammeuses; après huit jours encore, l'éruption se modifiait de la même manière aux cuisses et au ventre, et la chute des croûtes marquait un nouveau progrès dans la cure, lorsque celle-ci fut interrompue, parce que la malade se trouvait réduite à un état d'extrême anémie, par suite de son séjour permanent dans un espace où l'air était renouvelé très rarement. A un certain moment, elle se plaignit de mal aux gencives et de coryza, mais ces douleurs disparurent sans traitement.

Le résultat obtenu par Rémond confirme donc pleinement ceux que Müller avait déjà mis en lumière, et nous pouvons, dès lors, affirmer, en toute assurance, les deux faits fondamentaux qui suivent :

1° Les frictions ne fournissent du mercure à l'économie qu'à l'état de vapeurs, dont l'absorption a lieu exclusivement par la voie de l'inhalation pulmonaire.

2° Les vapeurs mercurielles, émises à une température inférieure à celle du corps et absorbées par les poumons, ont sur la syphilis une action curative dont l'efficacité est indéniablement démontrée.

C'est donc aux vapeurs de mercure que le traitement par les frictions doit toute sa valeur thérapeutique, et l'on sait ce que les praticiens les plus compétents et les plus autorisés pensent de lui à cet égard. Tous s'accordent pour le considérer comme le mode d'administration du mercure de beaucoup le plus actif, le plus sûr et le mieux supporté; mais tout en proclamant bien hautement la supériorité de ses avantages, on ne l'emploie relativement que fort peu dans la pratique courante, et les mieux disposés en sa faveur, comme Fournier, par exemple, attendent pour y avoir recours que des cas d'une urgence bien démontrée viennent, en quelque sorte, les y contraindre.

Si les frictions, malgré la puissance bien reconnue de leur action curative, sont ainsi délaissées, cela vient de ce qu'on trouve à leur emploi des inconvénients, on va même jusqu'à dire, des dangers, qui font souvent, et avec raison, reculer devant leur application. On leur reproche leur malpropreté notoire qui est faite pour inspirer d'insurmontables répugnances, l'impossibilité où l'on est de les administrer avec le secret qu'exige la position de certains malades, et enfin la facilité avec laquelle elles provoquent, dit-on, la stomatite et la salivation, en marquant ces accidents d'un caractère exceptionnel de gravité qui peut aller jusqu'à les rendre mortels. Ce dernier reproche est loin d'être fondé, car on sait parfaitement aujourd'hui comment il faut procéder pour empêcher les frictions de produire des désordres buccaux; mais elles restent sous le coup des deux autres, et cela suffit pour justifier les fins de non-recevoir qu'on leur oppose, même dans les cas où on aurait les meilleurs effets à attendre de leur intervention thérapeutique.

Dans ces conditions, il y avait un intérêt très réel à rechercher s'il ne serait pas possible de leur substituer un mode de traitement qui posséderait tous leurs avantages, sans les faire acheter au prix des mêmes inconvénients; et voici à quels résultats m'a conduit cette recherche.

Comme les frictions doivent exclusivement leurs effets curatifs à l'action des vapeurs qu'elles émettent, la question à résoudre, en ce qui concerne leur remplacement, se réduit à ces termes fort simples : trouver un moyen commode et sûr d'obtenir une émission de même nature, et dans des conditions qui puissent se prêter facilement à l'absorption pulmonaire.

Il est de toute évidence qu'on ne saurait trouver ce moyen dans la claustration plus ou moins rigoureuse à laquelle Müller et Rémond ont condamné les sujets de leurs expériences, afin de les faire respirer dans une atmosphère confinée, constamment saturée de vapeurs mercurielles. C'est seulement dans les hospices de vénériens qu'un pareil mode de traitement pourrait être efficacement appliqué, et, là même, son application entraînerait de telles complications et de telles difficultés de service, qu'on ne voit pas comment on devrait s'y prendre pour la généraliser avec quelque chance de succès.

Dans le cas présent, l'objectif à réaliser était de départir individuellement à chaque malade, dans la clientèle de ville comme dans les hôpitaux, la dose thérapeutique de mercure qu'il convenait de lui faire absorber sous forme de vapeurs; au lieu de demander cette réalisation à l'emploi des frictions, on l'obtient beaucoup plus sûrement encore par l'emploi de flanelles mercurisées, qui ont, toutes choses égales d'ailleurs, un pouvoir émissif de beaucoup supérieur à celui des surfaces cutanées enduites.

J'ai dit précédemment comment ces flanelles se préparent par une double immersion dans le nitrate acide mercureux et dans l'eau ammoniacale; elles sortent de ce second bain profondément imprégnées de mercure réduit, qui doit être très adhérent si l'opération a été bien conduite, et que son état d'extrême division rend particulièrement propre à émettre abondamment des vapeurs. En plaçant, en effet, sur une de ces flanelles, du papier rayé, à l'azotate d'argent ammoniacal, on le voit s'impressionner beaucoup plus promptement et beaucoup plus fortement que sur des surfaces enduites présentant la même étendue.

Pour utiliser pratiquement le pouvoir émissif de ces flanelles on peut les employer, soit sous forme de plastrons qu'on porte suspendus au cou par dessus le linge de corps, soit en les enfermant dans des sacs bien clos en toile fine, et d'un tissu très serré, qu'on fixe au traversin sur lequel on appuie la tête en dormant. Dans ce second cas le sac est nécessaire pour empêcher l'absorption des poussières que le frottement détache inévitablement des flanelles, et dont l'inhalation ou l'ingestion sont également dangereuses. On peut, à la rigueur, se passer de ce sac, en se contentant de piquer simplement les flanelles au-dessous du drap qui recouvre le traversin.

De ces deux modes d'emploi des flanelles mercurisées, le second est, sans contredit, celui qui garantit le plus sûrement la pénétration directe du mercure en vapeurs dans les voies respiratoires; c'est aussi celui qui donne le moins d'embarras aux malades, car il ne les oblige pas à dormir la tête sous les couvertures, comme cela est nécessaire pour obtenir du traitement par les plastrons, aussi bien que du traitement par les frictions, le maximum de leur effet curatif.

De quelque façon, d'ailleurs, que les flanelles mercurisées soient employées, elles ne peuvent efficacement servir aux malades que pendant le temps où ceux-ci séjournent au lit; et la proportion de mercure qu'ils absorbent est en raison directe de la longueur même de ce séjour. Si donc on tenait à rendre, pour eux, cette absorption continue, on devrait les astreindre à rester couchés pendant toute la durée de la cure, et Schutzenberger en usait ainsi avec les syphilitiques, sur lesquels il opérait par la méthode des frictions, dans le but de les amener à un état de saturation mercurielle qu'il jugeait nécessaire à leur prompte et complète guérison. Les résultats qu'il obtenait avec les frictions, en les administrant suivant la règle qu'il avait adoptée, pourraient être encore plus facilement obtenus avec les flanelles mercurisées, mais les principes dont s'inspirait Schutzenberger dans l'application de son traitement ne sont plus en faveur aujourd'hui, et, au lieu de chercher à produire des saturations d'emblée, on préfère recourir à la médication fractionnée qui procède par petites doses, répétées aussi longtemps que cela est nécessaire pour la réalisation de l'effet curatif qu'on a particulièrement en vue. Les résultats fournis par la méthode des injections sous-cutanées, dans le traitement de la syphilis, montrent que les composés injectés, quelques divergences de formules qu'ils présentent, sont tous à peu près également efficaces lorsqu'ils introduisent quotidiennement dans l'économie des quantités de mercure effectif variant, suivant la gravité des cas, entre 4 et 20 milligrammes. Toutes les doses de ce métal comprises entre ces deux limites sont donc des doses thérapeutiques, et tout ce qui dépasserait la limite supérieure ne serait pas seulement inutile, mais pourrait aussi devenir dangereux, à la longue. Pour éviter ces inutilités et ces dangers dans l'emploi des flanelles mercurisées, il importe de savoir dans quelle mesure elles sont susceptibles de procurer du mercure à l'économie, et on a des moyens de se renseigner à cet égard avec assez de précision.

Nous avons vu que le mercure, inhalé en vapeurs, pénètre directement dans le sang dont il se sépare bientôt, soit pour aller se fixer sur certains éléments des tissus qui le retiennent momentanément dans leur trame, soit pour être entraîné hors de l'organisme en se mêlant aux produits éliminés par voie de sécrétion.

Comme son apparition dans le liquide sanguin est suivie de très près par sa disparition, et que celle-ci a lieu au niveau des capillaires de la grande circulation, on voit qu'il doit être très inégalement réparti entre le sang artériel et le sang veineux, et que, relativement abondant dans le premier, il doit n'exister qu'en proportion très faible dans le second, ou même y manquer complètement. Lors donc qu'un sujet est mis au régime de l'inhalation des vapeurs mercurielles, à chaque nouvelle inspiration d'air saturé de ces vapeurs, les ondées de sang veineux qui arrivent en conflit avec elles ne contenant que très peu, ou point de mercure, les conditions de l'absorption de ce métal se retrouvent sensiblement les mêmes qu'à l'inhalation précédente, et cette absorption est ainsi complètement assimilable, dans sa marche, à celle de l'oxygène atmosphérique.

Cela étant, comme on sait quelle est dans un temps déterminé, une heure par exemple, la proportion de l'oxygène absorbé par rapport à celle de l'oxygène inspiré, on est autorisé à admettre que la même loi de proportionnalité s'applique aux vapeurs mercurielles; et la connaissance de cette loi rend possible la détermination du poids de mercure que l'air saturé des vapeurs de ce métal, dans des conditions définies, peut fournir à l'économie après une heure de respiration continue.

Dans le cas d'un malade au lit, portant un plastron de flanelle mercurisée et tenant sa tête sous les couvertures, ou bien dormant la tête appuyée sur un sac en toile fine renfermant une large bande de la même flanelle, on peut admettre que l'émission des vapeurs a lieu à la température moyenne de 20 degrés et que l'air ambiant respiré par le malade est saturé de ces vapeurs. Or, en prenant les nombres fournis par Milne-Edwards, le volume d'air respirable introduit normalement dans les poumons pendant le jour étant de 400 litres environ par heure, et de 300 pendant la nuit, le volume d'oxygène inspiré dans le même temps se réduit, pour la nuit, à 60 litres pesant $77^{gr},94$, dont le cinquième seulement est absorbé. Si ces 300 litres sont saturés de vapeurs mercurielles à 20 degrés, il suffira donc de prendre le cinquième du poids total de ces vapeurs pour avoir celui du mercure que leur inhalation fait pénétrer dans l'organisme pendant une heure, et ce poids est exprimé par la formule suivante :

$$p = \frac{1}{5} \times \frac{300 \times 1^{gr},299 \times 6,9}{(1 + a,20)(1 + a'.20)} \times \frac{0^{millig},0066}{760}.$$

Dans cette formule, 6,9 est la densité de la vapeur de mercure à zéro, $0^{millig},0066$ la tension maximum de cette vapeur à 20 degrés déduite de la formule de Bertrand, a' le coefficient de dilatation de la vapeur mercurielle que j'ai pris égal à celui de l'acide sulfureux : tous calculs effectués, on trouve

$$p = 4^{millig},02.$$

Les flanelles mercurisées, si on s'arrange de façon à leur faire rendre tout ce qu'elles sont susceptibles de donner, peuvent donc fournir à l'absorption pulmonaire 4 milligrammes de mercure par heure, soit 96 milligrammes en vingt-quatre heures; ce qui dépasse de beaucoup la dose à laquelle il convient d'administrer ce métal, quand on veut appliquer le traitement suivant les règles de la médication fractionnée.

A moins de circonstances très particulièrement exceptionnelles, on n'aura donc jamais besoin, dans la pratique courante, de retenir au lit, pendant toute la journée, les malades traités par les flanelles mercurisées; et lorsqu'on usera de ces flanelles pour leur faire absorber du mercure, la durée de cette absorption ne devra pas dépasser celle de leur sommeil normal.

En supposant, en effet, qu'ils passent huit heures au lit et que l'air inhalé par eux, pendant qu'ils dorment, soit saturé de vapeurs mercurielles, cette inhalation, s'ils prennent les précautions nécessaires pour la rendre complète, peut leur fournir, dans ces huit heures, 32 milligrammes de mercure effectif; ce qui est encore plus qu'il n'en faut pour permettre à ce métal d'agir thérapeutiquement. Ce serait donc en pure perte qu'on imposerait aux malades des obligations gênantes pour les faire bénéficier du maximum de rendement des flanelles mercurisées; et en se bornant uniquement, lorsqu'on se servira de celles-ci, à suivre les indications générales très simples et très faciles à remplir que j'ai précédemment données pour leur emploi, on constatera qu'elles sont toujours en condition de fournir du mercure à dose thérapeutique.

J'ai eu, en opérant sur moi-même, la possibilité de multiplier les constatations de ce genre, au cours de l'épreuve d'inhalation de vapeurs mercurielles que j'ai prolongée pendant plus de trois mois, et durant laquelle j'ai régulièrement analysé, chaque jour, mes excréments et mes urines. Ces analyses répétées et toujours concordantes ont accusé une élimination quotidienne de mercure qui a varié de 6 à 8, et quelquefois jusqu'à 9 milligrammes, ce qui correspond à une absorption approximativement comprise, elle-même, entre 12 et 15 milligrammes.

D'autres analyses, effectuées sur les excréments et sur les urines de malades qui avaient, comme moi, inhalé des vapeurs mercurielles en dormant la tête appuyée sur des traversins recouverts de flanelles mercurisées, m'ont donné des résultats numériques sensiblement d'accord avec ceux que j'ai obtenus pour moi-même, mais un peu supérieurs à ceux qui ont été fournis par des malades auxquels on se contentait de faire porter des plastrons.

Quoi qu'il en soit de cette légère différence, l'absorption du mercure, pour les deux catégories de malades, a toujours eu lieu à doses thérapeutiques, et comme elle se produit plus activement avec les flanelles mercurisées qu'avec les frictions, comme celles-ci ont, en outre, l'inconvénient d'être gênantes et malpropres, on voit qu'on a tout intérêt à les remplacer par les flanelles, dans le traitement des accidents de la syphilis. De nombreux essais ont été tentés pour rechercher si cette substitution offrait de réels avantages dans la pratique, et tous ont eu le même succès.

Parmi les observations qui attestent ce succès, je me bornerai à rapporter ici celles dont je suis redevable à l'obligeance de mon savant ami, le Dr Rivière, que je ne saurais trop vivement remercier pour l'importance du concours empressé qu'il a bien voulu me prêter. Je vais textuellement rapporter ses observations.

Observations du Dr RIVIÈRE sur l'emploi des flanelles mercurielles dans le traitement des accidents de la syphilis.

« Depuis bientôt deux ans, je n'emploie plus, pour combattre les accidents secondaires de la syphilis, que les flanelles mercurielles; j'ai mis complètement de côté les frictions à l'onguent napolitain, aussi bien que les préparations mercurielles internes ou les injections sous-cutanées. Dans deux cas en particulier, mes malades n'ont été, ni avant, ni depuis, soumis à aucune autre forme de médication. Dans trois autres cas, j'ai substitué ce mode de traitement à ceux employés jusque-là.

» Des deux premiers cas, l'un est très probant.

» Le 2 août 1886, je reçois la visite d'un jeune homme atteint depuis deux mois environ d'une ulcération sur la verge, ulcération qu'il irritait à l'aide de caustiques et qui par suite avait pris des dimensions énormes, celles d'une amande, et un aspect spécial. On pouvait, d'autre part, constater la présence, dans le fond de la gorge, de nombreuses plaques muqueuses envahissant le voile du palais et le plancher de la bouche; les cheveux commençaient à tomber. Soumis aussitôt au port nocturne de la flanelle mercurielle et à l'iodure de potassium, il vit très rapidement disparaître tous les accidents secondaires. Il n'a pas, depuis cette époque, cessé complètement l'usage de la flanelle, et aucun autre accident syphilitique n'est survenu. A aucun moment il n'a montré le **moindre symptôme d'intoxication.**

» La deuxième observation concerne un jeune homme qui, atteint, nous disait-il, cinq ans auparavant d'un écoulement uréthral très léger, guéri sans traitement, était sujet depuis cette époque à des troubles gastriques très marqués, à des douleurs céphaliques très vives et très fréquentes, à des poussées nombreuses vers la peau; les cheveux étaient tombés et la calvitie était presque complète. Persuadé, après un long et minutieux examen, que ce malade avait eu dans le temps un chancre uréthral, nous le soumîmes au traitement par les flanelles et l'iodure de potassium. Bientôt tous les troubles signalés disparurent peu à peu, les cheveux repoussèrent vigoureusement, et le jeune homme jouit aujourd'hui d'une parfaite santé.

» Des trois autres cas, l'un concerne un jeune homme atteint d'accidents syphilitiques très graves, et entre autres d'iritis, et qui avait été traité à Toulouse, pendant plusieurs années, par le mercure à l'intérieur à haute dose. Du reste, chaque fois qu'il cessait trop longtemps l'usage du mercure, les accidents oculaires tendaient aussitôt à reparaître avec une nouvelle intensité. En revanche, l'estomac, fatigué par cet abus du mercure, en était arrivé à ne plus pouvoir digérer quoi que ce fût; l'anémie était profonde, et si les accidents syphilitiques se trouvaient conjurés, l'état général du patient se trouvait soumis à une rude épreuve. Nous suspendîmes aussitôt tout emploi de mercure à l'intérieur. Depuis plus d'un an, le malade ne quitte pas sa flanelle; il n'a présenté jusqu'ici aucun accident syphilitique; d'autre part, son estomac a repris un fonctionnement meilleur, et la santé générale s'est tellement améliorée que le patient n'est plus reconnaissable.

» Dans les deux autres cas, les malades, soumis tous deux pendant longtemps à l'emploi du mercure soit à l'intérieur, soit en frictions, étaient fort las du régime auquel on les soumettait. L'un, atteint aussi d'une syphilis grave, emploie constamment, depuis un an environ (sa syphilis date d'un an et demi), la flanelle mercurielle et n'accuse plus aucun accident. Le dernier, soumis à notre examen pendant quelques mois, a quitté la France pour le Brésil, emportant avec lui un lot de flanelle. Il a été depuis perdu de vue; mais il m'avait promis de me faire savoir si de

nouveaux accidents étaient survenus. Il m'eût certainement tenu
parole, et j'estime que son silence m'est l'indice d'un état de santé
très satisfaisant.

» Dans aucun cas, les patients soumis à ce mode de traitement
n'ont présenté le moindre symptôme d'intoxication mercurielle;
ils n'ont entre autres jamais eu de stomatite ni de salivation. »

Ce que le Dr Rivière dit ici de l'absence complète d'accidents
buccaux chez les malades soignés par lui, s'est invariablement
reproduit chez tous les syphilitiques soumis à l'usage des flanelles
par d'autres praticiens; il y a donc là un fait d'observation générale, qui est caractéristiquement distinctif du traitement fondé
sur l'emploi de ces flanelles, et qui lui assure, dans la pratique,
une supériorité notoire sur le traitement par les frictions.

Avec celles-ci, on est toujours exposé au risque de voir se
produire, du côté de la bouche, les désordres les plus graves, qui
compromettraient fâcheusement le succès de la cure, si on
négligeait de prendre les mesures préventives nécessaires pour
les éviter. On y réussit toujours, quand on le veut, mais il y a,
pour cela, tout un système de prescriptions à suivre et de soins
minutieux à prendre, qui ne se rattachent nullement à l'objectif
de la cure elle-même, et qui la compliquent au point de la rendre
inapplicable ailleurs que dans les grands services de clinique des
établissements hospitaliers.

Avec les flanelles, au contraire, il n'y a pas d'accidents buccaux
à redouter pour les malades, et la sécurité la plus complète peut
leur être garantie à cet égard. Il résulte, en effet, des expériences
et des observations rapportées dans le chapitre IV, que l'inhalation
des vapeurs mercurielles ne détermine jamais, à aucun degré, ni
stomatite, ni salivation, à la seule condition que ces vapeurs
soient émises à des températures inférieures à celles des organismes dans lesquels elles pénètrent; comme cette condition est
rigoureusement remplie dans le traitement de la syphilis par les
flanelles mercurisées, elle suffit pour expliquer l'innocuité absolue
de ce traitement.

BIBLIOGRAPHIE

(1) MUSSA BRASSAVOLO. — *Ratio comp. medic., cum. tract. de Morbo-gallico*, Lyon, 1555.

(2) TROUSSEAU et PIDOUX. — *Traité de Thérapeutique.*

(3) LANGSTON PARKER. — *The med. Treat., of. Syph. diseases*, Londres 1874.

(4) AUTENRIETH. — *Phys , § 76.*

(5) OVERBECK. — *Mercur und Syphilis*, p. 17. Berlin, 1861.

(6) OSTERLEN. — *Uebergang des reg. Quecks., in die Blutmasse und. die Org., Handbuch der Heilmittellehre.* — 6 Auflage, S. 95, n. 96.

(7) EBERHARD. — *Vers. ueber Uebergand fest., Stoffe von Darm. und Hant. Dissert. inaug.* Zurich, 1847.

(8) LANDERER. — *Quecks, Eiter ein Syph. Buchners Rep., N. E.* Bd XLV, 1847.

(9) HASSELT. — *Buchners Rep.* Bd XLIX, 1849.

(10) BARENSPRUNG. — *Ueber die Wirk. des graues. Quecksilbersalbe und des Quecksilberdampfe., J. f. pract. Chemie*, Bd L, 1850.

(11) HOFFMANN. — *Ueber die Aufnahme von Quecks., und der Fette in den. Kreisl., Dissert. inaug.*, Wurzbourg, 1854.

(12) DONDERS. — *Physiol. des Mensch.*, 1853.

(13) VOIT. — *Physiol. Unters.*, I Heft. Augsbourg, 1857.

(14) OVERBECK. — *Loc. cit.*

(15) ZULZER. — *Ueber die Aufnahme des auss. Haut.* — Wien. med. Centr., n° 56, 1869.

(16) BLOMBERG. — *Nagra ord. om Quecksilfrets., absorpt. of. Org.* Helsingfors, 1867.

(17) RINDFLEISCH. — *Zur Frage von der Resorpt. des reg. Quecks., Arch. für Dermat. und Syph.*, 1870.

(18) NEUMANN. — *Ueber die Aufnhame des Quecks. durch die unver. Haut. Wien. med. Woch.* N°ˢ 50, 52, 1871.

(19) AUSPITZ. — *Ueber die Resorpt. ung. Stoffe. Med. Jarhr.*, 1871.

(20) RÖHRIG. — *Exp. Krit. unt. ueber die fluss Hautaufsaugung Arch. cl. Heilk.*, 13 Jh., 1871.

(21) FLEISCHER D'ERLANGEN. — *Unt. Ueber des Resorpt. verm. der mensl. Haut ,* p. 73. Erlangen, 1871.

(22) FÜRBRINGER. — *Exper. Unt. ueber die Resorpt. und Wirkung des reg. Quecks. der gr. Salbe. Virch. Arch ,* Bd LXXXII, H. III, p. 491-507.

(23) KIRCHGASSER. — *Uebe.· die Wirk. des Quecks. Dampfe Welche sich bei inunct. mit. gr., Salbe entwickeln Virch. Arch.*, Bd XXXII, S. 145.

(24) FÜRBRINGER. — *Loc. cit.*, p. 504.

(25) NEUMANN. — *Loc. cit.*, nº 53.

(26) LEWALD. — *Unters. ueber den Ueberg. von Arzn. in die Milch., Habil. Abhandl.* Breslau, 1857.

(27) FLEISCHER D'ERLANGEN. — *Loc. cit.*, p. 77.

(28) STELWAGON. — *Dubl. J. of. med. Sc.*, Septembre 1884.

(29) RÉMOND. — *Note pour servir à l'étude de l'action du mercure sur l'organisme. Ann. de Derm. et Syph.*, t. IX, p. 158.

(30) FERRARI. — *Sull'Asorbimento del Merc. met. par la pelle. Gazzetta degli Ospitali*, t. VII, p. 643-651.

(31) RITTER. — *Ueber die Resorpt. fahigkeit der norm. mensl. Haut Deutsch. Arch.*, Bd IV, H. 12, p. 155.

(32) KIRCHGASSER. — *Loc. cit.*, p. 152.

(33) MULLER. — *Mitth. aus. d. med. Klin. d. Univ. Vurz.*, Bd II, p. 355, 1886.

(34) RÉMOND. — *Loc. cit.*, p. 159.

RÉSUMÉ ET CONCLUSIONS

———

Les vapeurs mercurielles ont un très grand pouvoir diffusif, en tout comparable à celui des autres fluides élastiques et qui étend la portée de leur action toxique à des distances très grandes des points où a lieu leur émission.

Elles ne se diffusent pas seulement à travers les milieux gazeux, mais aussi à travers les milieux liquides, et leur action toxique s'exerce identiquement de la même manière sur les êtres organisés qui vivent dans ces deux sortes de milieux.

On décèle facilement et sûrement les plus minuscules traces de vapeurs mercurielles diffusées, au moyen de papiers réactifs préparés avec les solutions des sels, ou composés haloïdes solubles, des métaux précieux, et principalement avec la solution d'azotate d'argent ammoniacal.

L'emploi de ces mêmes papiers réactifs fournit, pour reconnaître la présence du mercure dans les liquides et dans les tissus de l'organisme, un procédé très sensible et très sûr, que la simplicité de son manuel opératoire rend particulièrement applicable aux recherches cliniques et physiologiques.

On sait depuis longtemps que les vapeurs mercurielles sont toxiques, mais les expériences et les observations sur lesquelles on s'est appuyé, jusqu'à présent, pour établir cette toxicité, n'ont pas permis de la définir avec précision, parce qu'elles portaient sur des cas complexes, où le mercure intervenait à la fois sous forme de vapeurs respirées à des températures très diverses, et sous forme de poussières inhalées ou ingérées.

Lorsqu'on fait agir les vapeurs mercurielles seules et qu'elles sont émises à des températures inférieures à celles des organismes dans lesquels elles pénètrent, les faits essentiels à noter sont les suivants :

1° L'absorption de ces vapeurs s'opère exclusivement par les voies respiratoires, poumons pour les animaux aériens, branchies pour les animaux aquatiques; ni la peau, ni la muqueuse gastro-intestinale n'y prennent la moindre part.

2° Émises à saturation et respirées d'une manière continue, les vapeurs mercurielles tuent toujours les animaux soumis à leur influence, et d'autant plus rapidement que ceux-ci sont de plus petite masse. La mort est précédée d'une série de troubles nerveux, qui sont les seuls à se produire et qui ne menacent que d'un danger fort éloigné les animaux supérieurs, chez lesquels leur apparition est très tardive et leur évolution très lente.

3° Lorsque les vapeurs mercurielles ne sont plus saturées, si leur degré de saturation s'abaisse suffisamment, elles cessent d'être toxiques, quand même il y aurait continuité dans l'acte respiratoire.

4° Elles ne sont pas davantage toxiques, quoique émises à saturation, quand elles sont absorbées par voie de respiration intermittente.

5° Dans le cas où la respiration est continue et où la saturation donne lieu à des effets toxiques, les troubles nerveux, pourvu qu'on ne les laisse pas arriver à leur période la plus avancée, n'ont, symptomatiquement, aucune gravité; leur guérison s'obtient, sans traitement, par la seule précaution de s'éloigner du mercure.

6° Les animaux qui meurent intoxiqués par les vapeurs mer-curielles ne présentent, à l'autopsie, aucune lésion, ni macroscopique, ni microscopique, par laquelle on puisse expliquer leur mort. Malgré cette apparence d'intégrité normale, toutes les parties de leur organisme renferment cependant du mercure, dont l'analyse démontre partout la présence, mais dont elle constate aussi la très inégale répartition. A poids égaux, ce sont les reins qui fixent la plus forte proportión de ce métal; après lui viennent, dans un ordre de progression décroissante, le foie, les poumons, le cerveau et la moelle : le cœur, les muscles en général et surtout les os sont de beaucoup au-dessous du dernier terme de cette série.

Les vapeurs de mercure émises à des températures élevées, les poussières de ce métal ou celles de ses composés, absorbées par voie d'inhalation ou d'ingestion, produisent des effets toxiques qui leur sont propres et qui diffèrent essentiellement de ceux des vapeurs émises à de basses températures. Jusqu'à présent confondus, ces effets doivent être distingués avec soin; c'est ainsi seulement qu'on peut nettement se rendre compte des dangers inhérents à l'exercice des diverses professions mercurielles, et formuler pour chacune d'elles, en connaissance de cause, les règles d'hygiène qui lui conviennent. Si un travail professionnel, comportant le maniement journalier du mercure, ne fait courir d'autre risque que celui de la respiration des vapeurs de ce métal et si ces vapeurs sont émises à de basses températures, il n'y a d'autre précaution à prendre contre elles que celle d'éviter de les respirer avec continuité : cela suffit pour les rendre complètement inoffensives.

Les vapeurs mercurielles ne sont pas absorbées suivant le mode indiqué par Mialhe, Voit et Overbeck; elles ne doivent pas, pour passer dans le sang, se transformer d'abord en bichlorure, puis en oxyd'albuminates ou chloralbuminates de mercure. Traversant mécaniquement la membrane épithéliale pulmonaire, elles pénètrent directement dans le liquide sanguin, puis, de là, dans toutes les parties de l'organisme, sans que le mercure, dans ces diverses migrations, paraisse perdre son état métallique. Les effets physiologiques qui se produisent alors doivent donc être attribués à l'action du métal lui-même, et non pas à celle des composés albuminiques solubles auxquels on prétend qu'il donnerait naissance. Rien ne justifie ni l'affirmation de l'existence de ces composés, ni le rôle actif qu'on leur a prêté ; car on n'a jamais fourni aucune preuve de leur présence, soit dans le sang, soit dans un liquide quelconque de l'économie.

C'est encore en conservant son état métallique que le mercure, absorbé sous forme de vapeurs, intervient, comme agent thérapeutique fréquemment utilisé dans la pratique médicale, qui possède, en lui, un de ses spécifiques les plus sûrs et les plus puissants. Les frictions, dont l'efficacité dans le traitement de la syphilis est si universellement reconnue, lui doivent, en effet, tout le succès de leur action curative : car il est aujourd'hui bien démontré que le mercure de l'onguent gris, étalé sur la peau saine, ne la traverse, pour pénétrer dans l'organisme, ni en nature, ni après transformation préalable en combinaisons solubles.

Si les frictions sont efficaces uniquement parce qu'elles sont un moyen d'introduire dans l'économie du mercure en vapeurs, absorbé par les voies respiratoires, comme leur incommodité et leur malpropreté les font repousser par beaucoup de praticiens convaincus cependant de leur supériorité thérapeutique, il y aurait un avantage incontestable à leur substituer un mode de traitement fondé sur les mêmes principes et donnant les mêmes résultats, sans comporter les mêmes inconvénients.

Celui que je propose, à cet effet, consiste dans l'emploi de plastrons de flanelle imprégnés de mercure réduit, et dont le pouvoir émissif, à surfaces égales, dépasse de beaucoup celui de l'onguent gris formant enduit sur la peau. Ces plastrons, qu'on peut porter suspendus au cou, pendant la nuit, ou fixés au-dessous du drap du traversin sur lequel on dort, émettant plus de vapeurs que l'onguent mercuriel, sont aussi thérapeutiquement plus actifs, et ils ont, en outre, le très important avantage d'exercer leur action thérapeutique sans jamais provoquer ni stomatite ni salivation.

Leur effet curatif paraît exclusivement dû au mercure en nature, qui peut, précisément parce qu'il est en vapeurs, pénétrer directement dans l'économie par voie d'absorption pulmonaire, et qui agit spécifiquement sur le virus syphilitique, sans qu'il soit besoin de recourir à l'intervention d'aucune de ses combinaisons dérivées.

Les mercuriaux ingérés par les voies digestives, ou injectés hypodermiquement, n'ont pas sur la syphilis un mode d'action curative différent de celui des vapeurs mercurielles : ils donnent tous du mercure réduit qui intervient par sa spécificité propre.

LA
PÊCHE AU SÉNÉGAL

PAR M. HAUTREUX
LIEUTENANT DE VAISSEAU, DIRECTEUR DES MOUVEMENTS DU PORT DE BORDEAUX
EN RETRAITE.

Des difficultés récentes avec le gouvernement de Terre-Neuve viennent apporter des entraves à l'exercice de la pêche sur le Grand-Banc.

Le ministre de la marine s'est ému de cet état de choses, et, par une circulaire aux quartiers maritimes, il informe les armateurs que de nombreux bancs de morues sont signalés sur les côtes du Maroc et que la pêche dans ces parages est abondante et fructueuse.

Ce fait si important pour l'industrie nationale et pour le commerce maritime n'est pas chose nouvelle; il y a bien longtemps que la présence de la morue a été signalée près des côtes du Maroc, du Soudan et du Sénégal.

Le consul de France M. Sabin-Berthelot a traité cette question en 1840.

Le consul anglais estimait en 1878 la quantité de morues prises annuellement à 6,000 ou 8,000 tonnes, de qualité égale à celle de Terre-Neuve.

La présence des bancs de morues sur les côtes du Maroc, signalée par M. le ministre de la marine, n'est point une chose fortuite et passagère; elle tient à des causes permanentes liées à l'étude physique de la mer.

Des observations mensuelles, continuées pendant six années, ont permis de constater que, dans les parages du cap Blanc, par

de grandes profondeurs, il existe une nappe, d'une longueur
de 150 kilomètres, où les eaux, perdant la coloration bleue des
régions alizées, deviennent vertes et ont une température inférieure de plusieurs degrés à celle des eaux bleues qui les environ-
nent au Nord et au Sud. Ce fait est constant, il se produisait tous
les ans dans les mêmes parages, aux mêmes époques; il éprouvait
des déplacements en latitude suivant les diverses saisons de
l'année, et surtout à l'époque de la mousson de Sud-Ouest sur la
côte de Guinée.

Le *Talisman*, dans ses campagnes d'exploration des côtes du
Maroc, a aussi observé en juillet 1883, aux environs du cap Blanc,
par 20° 44' latitude Nord, ce même abaissement de température
de la surface, et le changement de coloration des eaux, passant
du bleu foncé au vert bouteille, on a sondé et trouvé des profondeurs de 1,100 à 2,200 mètres. La densité de l'eau à la surface a
été trouvée de 1024,8, tandis que celle de la région alizée est
de 1027,8. Cette diminution dans la densité, dans la salure, ne
peut s'expliquer par l'intervention des eaux douces d'infiltration,
à cause de la profondeur et de la température; d'autre côté,
aucun cours d'eau de quelque importance ne se jette à la mer
dans ces parages. On est obligé de faire intervenir la circulation
sous-marine.

On prit les températures à différentes profondeurs et des échantillons d'eau pour en déterminer la densité. Voici les comparaisons
avec les expériences faites entre les Canaries et les côtes du
Maroc :

PROFONDEURS	TEMPÉRATURES		DENSITÉS	
	Cap Blanc	Maroc	Cap Blanc	Maroc
Surface	20°,5	23°	1024,8	1027,8
500ᵐ	9°,5	13°	1025,2	»
1,000ᵐ	6°,5	10°	1025,4	»
1,500ᵐ	»	7°	»	»
2,500ᵐ	2°,8	4°	1026,0	1026,5

Ainsi, le fait de la diminution de salure ne se borne pas à la surface; il existe dans les couches sous-marines jusqu'à la profondeur de 1,000 mètres; jusqu'à la nappe d'eau qui a la température de 7°, laquelle est plus rapprochée de la surface de 500 mètres au cap Blanc que vers les Canaries.

C'est l'indice bien marqué de l'aspiration des eaux inférieures vers la surface.

On sait que, dans l'Océan, aux courants de surface qui portent les eaux des régions équatoriales vers les régions polaires, correspondent des courants sous-marins, se dirigeant des régions glaciaires vers l'équateur, et l'on a même pu attribuer à ces courants une vitesse de dérive de 8 milles (15 kilomètres) par 24 heures. Cette vitesse, quoique très faible, suffit pour leur faire parcourir des espaces considérables en un temps relativement court; mais il faut que ces eaux inférieures, de provenance glaciaire, remontent à la surface pour que la circulation générale les reprenne, les ramène vers les régions polaires et reconstitue le cycle complet.

Ces régions de surgissement à la surface seront caractérisées par un abaissement de la température et par une salure se rapprochant de celle des eaux de fusion polaires.

La région de fusion des icebergs est entre Terre-Neuve, le Groenland et l'Islande; sa limite Sud concorde avec l'isotherme de surface de 10° en été.

La région d'Arguin qui nous occupe est par 20° de latitude Nord; la distance qui sépare ces deux régions est d'environ 2,500 milles marins. Cette distance peut être franchie par les eaux de dérive sous-marine, à la vitesse de 8 milles, en 300 jours ou 10 mois.

L'époque de grande fusion des icebergs est juin et juillet; dix mois après, en avril et mai, a lieu vers le banc d'Arguin, le maximum d'abaissement de température et de changement de coloration des eaux de la surface. Il y a là une sorte de relation qui tout au moins doit attirer l'attention.

D'autres documents donnent l'explication et la preuve de cette circulation inférieure. L'étude des couches marines à toutes les profondeurs, faite par le *Challenger*, la *Gazelle*, le *Valorous* et le *Talisman* a montré qu'au-dessous des agitations superficielles de la mer, les eaux marines forment de véritables couches superposées, rangées suivant les lois de la pesanteur; les plus froides et les plus lourdes occupant le fond des océans; les deux facteurs, température et densité, produisent des chevauchements dans ces couches, lesquelles conservent longtemps leur caractère propre de densité et de température.

En nous basant sur les observations des navires sus-mentionnés on trouve, selon la latitude et en suivant le 20ᵉ méridien de longitude (Paris), les couches de même température ou isothermes aux profondeurs qu'indique le tableau. Nous y joignons les températures de surface de la mer en février et en août.

Ces deux tableaux sont accompagnés de deux croquis montrant la répartition de la température de surface dans l'océan Atlantique Nord pendant le mois d'août, et les inflexions des isothermes sous-marins depuis l'Islande jusqu'au cap des Palmes.

Profondeur des isothermes.

Températures	LATITUDES NORD											
	60°	55°	50°	45°	40°	35°	30°	25°	20°	15°	10°	5°
	m	m	m	m	m	m	m	m	m	m	m	m
4°	200	700	1,600	1,700	1,800	1,800	1,700	1,700	1700	1,600	1,600	1,600
5°	100	500	1,300	1,600	1,600	1,600	1,600	1,500	1,400	1,200	1,000	750
7°	Surface	400	1,100	1,300	1,400	1,400	1,400	1,200	1,000	750	550	400
10°	»	100	600	900	900	1,200	1,100	700	500	400	300	250
12°	»	Surface	50	100	300	700	600	400	250	200	200	200
15°	»	»	Surface	50	100	300	300	200	150	100	100	100
18°	»	»	»	Surface	50	100	100	100	100	80	80	80
21°	»	»	»	»	Surface	Surface	Surface	Surface	Surface	50	50	50
25°	»	»	»	»	»	»	»	»	»	Surface	Surface	Surface
	Valorous		Gazelle			Talisman				Gazelle		

Températures à la surface, suivant le 20ᵉ méridien Ouest (Paris).

	LATITUDES NORD											
	60°	55°	50°	45°	40°	35°	30°	25°	20°	15°	10°	5°
Février	7	10	12	13	14	16	18	19	18.5	22	25	27
Août...	12	15	17	19	21	22	23	22	24.5	27.4	27	27

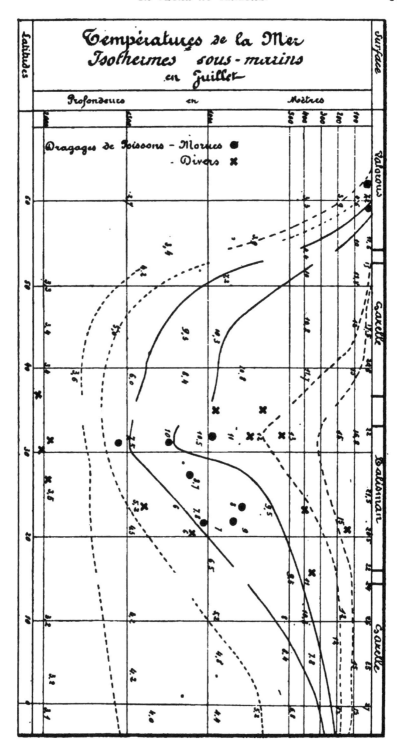

Températures de la Mer
Isothermes sous-marins
en Juillet

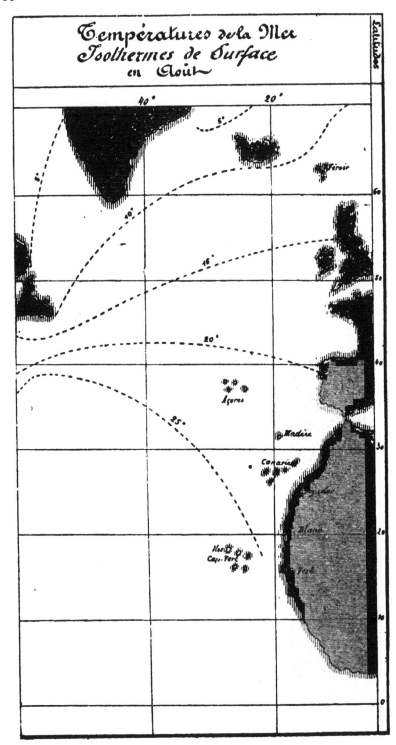

Températures de la Mer
Isothermes de Surface
en Août

Ces tableaux et croquis montrent que l'isotherme de 7° est à la surface de la mer, en février, par 60° de latitude; à 1,000 mètres de profondeur par la latitude de Brest, à 1,500 mètres par celle de Madère; il se relève dans la région alizée, est à 700 mètres à la hauteur du Sénégal et à 300 mètres sous l'équateur.

L'isotherme de 10° est à la surface près des Féroë, plonge à 1,200 mètres vers Madère, remonte à 400 au Sénégal, et à 250 mètres sous l'équateur.

Enfin l'isotherme de 12° qui est à la surface, près de l'Écosse, se maintient à 100 mètres de profondeur jusqu'au cap Finistère, atteint 700 mètres vers Madère, remonte à 200 mètres au Sénégal et s'y maintient jusqu'à la ligne.

Le croquis indique nettement le mouvement de plongée et de relèvement pour toute la nappe d'eau comprise entre 7° et 12° de température.

Ce mouvement, confirmé par l'étude des densités à diverses profondeurs, ne peut être révoqué en doute.

Les sondages et dragages du *Talisman* ont encore apporté sur cette région d'autres renseignements très précieux en montrant l'abondance de la vie animale dans les grandes profondeurs. On a ramené des poissons en nombre prodigieux :

Des macrures jusqu'à 4,600 mètres.
Des requins   par 2,000   —
Des salmonides   par 1,900   —
Des gades   par 1,600   —
Des rascasses   par 500   —
Des congres   par 200   —

Tous poissons carnassiers et voraces.

Les gades ou morues, dont nous nous occupons plus spécialement, ont été ramenées de profondeurs variant entre 655 et 1,600 mètres; la température du milieu oscillait entre 6°5 et 9°. La drague en a ramassé sur le fond aux points suivants :

Lat. nord.

35°	vers le Détroit,	par 1,084ᵐ, temp.	10°5
32°	vers Mogador,	par 1,600ᵐ, —	6°5
32°	—	par 1,300ᵐ, —	8°5
29°	vers le cap Noun,	par 1,180ᵐ, —	8°5
23°	vers le cap Bojador,	par 860ᵐ, —	7°5
22°	—	par 1,013ᵐ, —	7°
21°	vers le cap Blanc,	par 655ᵐ, —	9°

Les morues ont été trouvées seulement dans la nappe d'eau de 7 à 10°; elles sont à la surface en Islande dans la région comprise aussi entre 7° et 10°. On peut en conclure que c'est la température recherchée par ce poisson, quelle que soit la profondeur.

Grâce à ces explorations, on suit la morue depuis le lieu de pêche habituel, l'Islande, jusqu'au nouveau centre de pêcherie signalé à la côte du Soudan; seulement entre ces deux points le poisson disparaît de la surface et s'enfonce à de grandes profondeurs où le pêcheur ne peut aller le chercher, et la pêche ne redevient praticable que dans les environs du cap Blanc et du banc d'Arguin.

Il est probable qu'on le trouverait encore plus rapproché de la surface vers Dakar et jusqu'à Sierra-Leone.

Ces observations montrent en outre que le poisson peut s'adapter à des différences de pressions qui atteignent 450 atmosphères.

Les migrations complètes des morues sont encore peu connues, cependant on sait que dès le mois de janvier ces poissons poursuivent en nombre formidable les bancs de harengs qui, de l'Islande et des Féroë, se rendent dans la mer du Nord; puis elles disparaissent pendant un certain temps.

La seconde saison de pêche a lieu à Terre-Neuve et en Islande du mois d'avril au mois d'octobre.

Les morues qui disparaissent après avoir frayé en janvier et février, peuvent avoir gagné les eaux profondes, dériver avec elles, et se retrouver, dix mois après, en octobre et novembre dans les parages du cap Blanc. La morue d'été peut y être rendue au printemps suivant.

Quelle que soit la provenance, un fait certain c'est qu'on la trouve sur cette côte; il y a donc lieu d'étudier, par le climat, les conditions nautiques d'une semblable exploitation.

La région dont nous parlons se trouve comprise entre les Canaries au Nord et le cap Vert au Sud; c'est un espace de 1,400 kilomètres.

La côte est plate, sablonneuse, avec une bordure de dunes littorales; il n'y a d'autre échancrure de la côte, pouvant constituer un mouillage ou un port, que près du cap Blanc où se trouvent les bancs d'Arguin et à l'embouchure du fleuve du Sénégal, toutes deux en terre française. Sur toute la rive, le fond est de sable et ne permet guère le mouillage des navires en pleine côte parce que, en raison de la force des vents alizés, la mer y est toujours assez grosse et une ceinture de lames, formant brisants, interdit presque toujours les communications avec la terre pour les embarcations ordinaires.

Mais du cap Blanc au cap Mirik, se trouve la grande échancrure d'Arguin, longue de 165 kilomètres, protégée par une ligne de récifs où l'on trouve un grand nombre d'interstices par lesquels les navires peuvent pénétrer dans les eaux intérieures et y trouver de bons mouillages.

Cette nappe d'eau, bien abritée de la mer, n'a pas moins de 200 kilomètres de longueur sur 83 kilomètres de largeur. Plusieurs îles ou îlots émergent et pourraient servir pour y installer des constructions.

Le cap Blanc lui-même paraît offrir de bonnes conditions d'établissement, sauf l'eau douce qui y manque.

Le cap Blanc, situé par 20° 47′ latitude Nord et 19° 25′ longitude Ouest (Paris), forme une presqu'île longue de 45 kilomètres et large de 4 ou 5 kilomètres, qu'il serait très facile de défendre contre les incursions des tribus pillardes du Soudan; sa direction

est Nord et Sud; dans l'Est de ce cap et abrité par lui de la mer
du large, existe un excellent et vaste mouillage d'un accès facile,
long de 27 kilomètres, large de ·3 kilomètres, à fond de vase et
de parfaite tenue pour les ancres; les navires y trouveraient des
profondeurs de 7 à 10 mètres; c'est la baie du Lévrier dont
l'hydrographie a été faite en 1817 par le commandant, depuis
amiral, Roussin. La marée s'y fait sentir et la mer y marne de
3ᵐ30 en syzygie.

Au large des récifs d'Arguin, les profondeurs de la mer vont
en augmentant avec une faible déclivité; on trouve, jusqu'à
37 kilomètres au large, des fonds de 40 mètres seulement où la
drague et le chalut peuvent agir facilement. Dans ces limites, la
nature du fond est de sable et coquilles, et reste ainsi composée
jusqu'à Portendik, à 300 kilomètres plus au Sud. La nature de ce
fond indique que la faune conchyliologique y est très riche et
par suite qu'il y a beaucoup de poissons, puisque la nourriture y
est très abondante.

Le manque d'eau douce empêcha toujours de créer, dans ces
parages, des établissements de longue durée. Cette difficulté du
ravitaillement n'existerait pas actuellement, avec les moyens dont
la science dispose pour produire l'eau douce, la rafraîchir et la
conserver.

Si ces lieux de pêche, bien connus depuis longtemps, ne sont
pas plus exploités, cela tient certainement à la perpétuité des
vents du Nord et aux courants portant au Sud qu'ils engendrent.
Le bateau à voiles parti des Canaries pour le cap Bojador est
fatalement entraîné vers le Sud, et ne peut remonter vers le Nord
qu'en faisant un énorme crochet de 500 lieues vers l'Ouest afin
de sortir des alizés et regagner les vents généraux.

Ces difficultés, qui sont considérables pour le bateau à voiles
isolé, ne sont plus aussi insurmontables pour le bateau convoyé
ou aidé par un vapeur. Il y a donc là de nouvelles conditions d'exploitation qui peuvent devenir fructueuses et pour lesquelles
les questions de météorologie et de climatologie locale ont une
influence décisive.

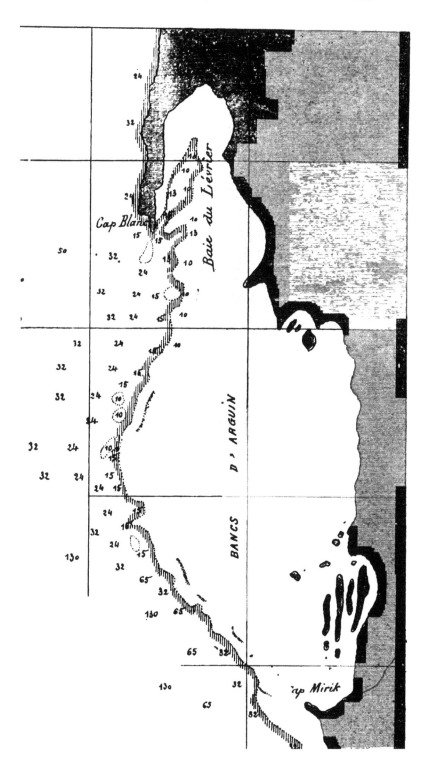

Climatologie. — Les vents.

La région comprise entre les Canaries et le Sénégal est soumise, presque toute l'année, au régime des vents alizés du N.-E. Il y a cependant des modifications locales fort importantes, dues aux déplacements de la zone des calmes du tropique avec les saisons, et à la mousson du S.-O. sur la côte de Guinée. En juillet, août et septembre, la mousson de S.-O. amène, sur toutes les côtes comprises entre le cap Bojador et le Sénégal, des pluies abondantes, une température élevée, une humidité constante, en un mot, les conditions les plus défavorables pour la conservation du poisson pêché et pour la santé des hommes. Mais, dès la fin de septembre, les vents du N.-E. s'établissent franchement dans la région d'Arguin; la température revient à 21°, l'air est sec, les nuits fraîches, les conditions climatériques deviennent bonnes et les sécheries pourraient fonctionner. En décembre, janvier et février, les vents dépendent du N.-E. à l'E.-N.-E. et n'ont pas beaucoup de force. En mars, avril et mai, ils prennent plus de vigueur, ils tournent vers le Nord et même le N.-N.-O.; la température de l'air ne dépasse guère 18° à 20°.

Ainsi, au point de vue des vents régnants, les conditions des sécheries sont bonnes depuis le mois d'octobre jusqu'au mois de juin. Seuls les mois de juillet, août et septembre ne peuvent donner de bons résultats.

Les courants.

En avril, mai et juin, à l'époque des vents frais du Nord, les courants portent généralement vers le S.-S.-O.; leur vitesse est d'un demi-mille à l'heure. A l'automne, par suite de la mousson du S.-O., les courants renversent et portent vers le N.-O.; ils amènent les eaux chaudes équatoriales à Dakar et jusqu'à l'embouchure du Sénégal; ils repoussent la zone froide du cap Blanc, la région de pêche par conséquent de 40 à 50 lieues plus au Nord, vers le cap Bojador.

Les températures de la mer.

Ces températures qui, avec la coloration des eaux, sont le véritable indice du lieu de pêche, varient avec les directions des courants. Le centre froid se maintient près d'Arguin depuis janvier jusqu'à juillet; les eaux n'ont que 17 à 18° de température. Mais, de juillet à décembre, les eaux chaudes remontent jusqu'au cap Blanc; ils refoulent le centre froid, qui se trouve alors vers le cap Bojador avec des températures voisines de 20 degrés.

— ———

Toutes ces indications réunies montrent qu'il existe dans les parages d'Arguin un lieu de pêche très abondant et d'excellent poisson. L'étude des conditions physiques de la mer explique cette abondance et cette qualité; l'étude du climat montre que, depuis le mois d'octobre jusqu'au mois de juin, les vents sont frais et secs, la température de l'air oscille entre 17° et 20°, ce qui doit donner de bonnes conditions pour les sécheries.

L'abondance et la qualité du poisson étant liées à la présence d'une région d'eaux froides et moins salées, cette région se déplaçant avec les saisons, la pêche pourrait commencer dès le mois d'octobre dans les environs du cap Bojador, et, en dérivant vers le Sud, se fixer près du cap Blanc et des bancs d'Arguin de janvier à juillet.

C'est du reste en octobre que se termine la pêche du grand banc de Terre-Neuve et d'Islande, elle ne peut reprendre qu'en mai. C'est pendant cette période de chômage forcé pour la pêche du Nord que pourrait être entreprise la pêche du banc d'Arguin.

Nous avons démontré la possibilité d'un établissement permanent au cap Blanc, en terre française, nous croyons que de telles tentatives devraient être encouragées vigoureusement. Il ne paraît pas probable qu'elles échouent si elles sont organisées suivant les indications que nous donnons, surtout avec l'aide des paquebots et cargoboats des Messageries qui passent six fois par mois à 15 lieues seulement du cap Blanc et qui certainement y feraient escale s'il y avait du fret à récolter, et aussi avec l'aide des vapeurs de la maison Maurel et Prom qui font la navette entre Bordeaux et le Sénégal et transporteraient au cap Blanc tous les approvisionnements désirables.

C'est enfin à Bordeaux qu'aboutirait forcément cette exploitation commerciale.

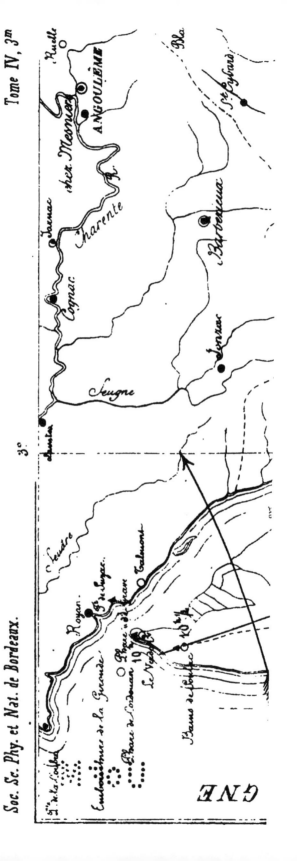

Carte des Orages du 15 Août 1887.

Soc. Sc. Phy. et Nat. de Bordeaux.

Tome IV, 3ᵐ

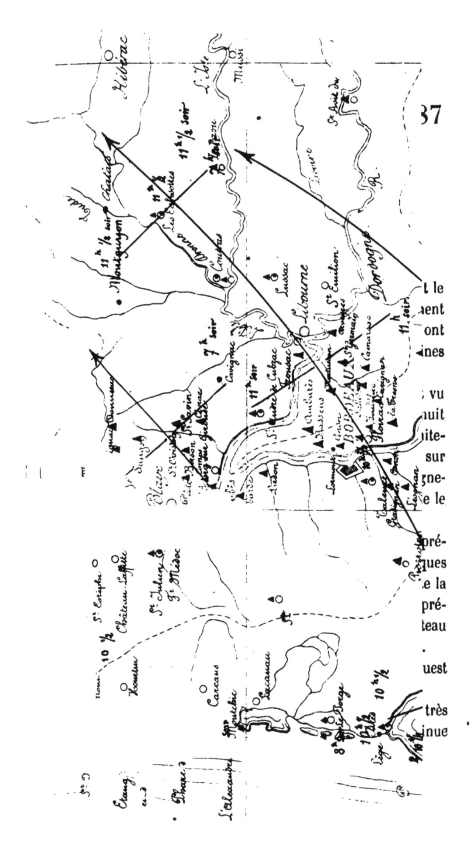

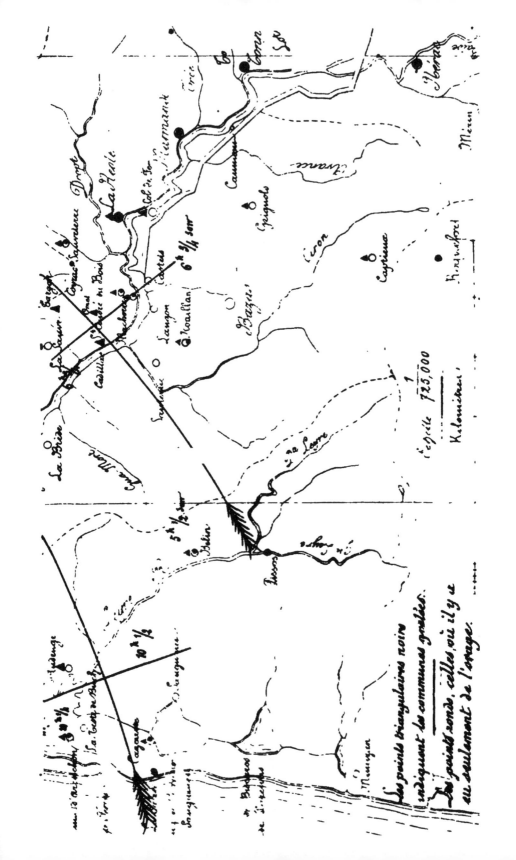

NOTE

SUR

LES ORAGES DU 15 AOUT 1887

DANS LA GIRONDE

PAR M. G. RAYET.

La période de beau temps qui a régné en France pendant le mois de juillet et la première quinzaine d'août a brusquement pris fin par une série de nombreux orages dont quelques-uns ont eu une grande puissance électrique et ont fait, dans certaines régions, des dégâts épouvantables.

Dans la Gironde, la soirée du 15 et la matinée du 16 ont vu naître et se propager sur le département une série de sept ou huit orages, qu'en l'absence d'un réseau serré d'observateurs parfaitement attentifs, il est fort difficile de suivre exactement, mais sur lesquels j'ai cependant pu réunir un certain nombre de renseignements utiles à conserver pour la discussion d'ensemble que le bureau central météorologique entreprendra sans doute.

Dès le dimanche 14 au matin, la pression barométrique présente, en Europe, une uniformité remarquable, avec quelques dépressions très faibles et locales ; le vent est faible sur toute la France, le ciel devient brumeux et couvert. Dans la journée précédente, des phénomènes orageux sont signalés dans le plateau central et sur la chaîne des Pyrénées, de Biarritz à Perpignan.

Le 15 au matin, un centre de dépression existe au nord-ouest de l'Espagne et s'étend jusqu'au fond du golfe de Gascogne.

Pendant cette journée du 15, le ciel demeure couvert ou très nuageux ; à Bordeaux, le baromètre baisse d'une manière continue assez rapide, et le thermomètre monte à 31°.

Dès l'après-midi, le ciel prend au sud et au sud-ouest la couleur ardoisée qui prédit presque à coup sûr des orages, et la dépression barométrique du golfe de Gascogne s'étant accentuée et transportée vers l'embouchure de la Loire, les orages éclatent effectivement dans le Sud-Ouest de la France.

Dans la Gironde, le premier, d'après l'heure de son apparition, cinq heures du soir, doit avoir pris naissance dans la région des étangs de Mimizan ou de Biscarosse ; son passage est signalé à cinq heures et demie à Belin, à six heures trois quarts à Cadillac et dans les communes avoisinantes. A l'Observatoire, on le voyait dans le sud à six heures du soir.

Dans sa traversée de la vallée de la Leyre à celle de la Garonne, cet orage ne paraît avoir commis aucun dégât sensible ; mais lorsque la masse nuageuse et orageuse a été arrêtée dans sa marche par les collines de la rive droite de la Garonne, une chute de grêle mélangée d'eau, et peu intense, s'est produite. Les communes d'Omet, Donzac (canton de Cadillac) et Targon ont été grêlées vers six heures trois quarts. La grêle n'a pas d'ailleurs persisté longtemps, et elle avait cessé lorsque l'orage est parvenu à la ligne de séparation des eaux de la Garonne et de la Dordogne. L'orage s'est ensuite dirigé vers Castillon, quelques grêlons sont signalés à Cabara (canton de Branne), et, traversant les plateaux boisés et élevés situés entre l'Isle et la Lidoire, il passe à l'est de Coutras et se termine vers sept heures aux Églisottes, dans la vallée de la Dronne.

Ce premier orage avait à peine disparu qu'un second se montrait sur le Médoc, donnant, sur la rive gauche de la Gironde, de la pluie et de la grêle (Ludon et Labarde), et une forte grêle sur les collines du Blayais, à Civrac, Saint-Christoly, Saugon, Donnezac (canton de Saint-Savin), Reignac, La Trouille, Gablezac et Marcillac (canton de Saint-Ciers-la-Lande). En plusieurs points les grêlons ont atteint la grosseur d'une noix et tout dévasté. L'orage a traversé le Blayais entre six heures et demie et sept heures et demie ; il paraît s'être terminé dans la Charente, vers Barbezieux.

Le troisième orage est signalé vers huit heures, sur les étangs de Lacanau et du Porge et dans les dunes voisines; il est sans importance.

Le quatrième orage, survenant dans la bande de territoire épargnée par les premiers, a eu une intensité vraiment remarquable par le nombre et l'éclat des éclairs et par l'abondance de grêle qu'il a lancée avec violence sur la plus grande partie de la Benauge et de l'Entre-deux-Mers.

Dès sept heures et demie, l'orage se montrait sur l'Océan, à l'ouest-sud-ouest du bassin d'Arcachon, et peu à peu l'intensité du tonnerre et des éclairs allait en augmentant. A dix heures un quart, l'orage éclatait dans les dunes de la pointe sud de la passe d'Arcachon, y foudroyait plusieurs arbres, et bientôt après (dix heures et demie) il passait sur le bassin d'Arcachon. Les nuages orageux avaient une grande vitesse, mais ils étaient élevés, et à la surface du sol, le vent n'avait qu'une intensité médiocre. De nombreux coups de foudre sont signalés dans la forêt d'Arcachon, à Arcachon même et dans quelques communes au nord du bassin. A dix heures et demie, un incendie est allumé à Lège.

La pluie et la grêle qui étaient peu intenses sur la rive sud du bassin d'Arcachon, commencent dès que l'orage arrive vers Audenge et Lamothe; le vent a pris, en même temps, une grande force, de nombreux arbres sont brisés.

Du bassin d'Arcachon le tourbillon orageux continue son chemin à l'est-nord-est, vers Pierroton, Léognan et Villenave-d'Ornon. Le vent est, en même temps, devenu violent, et la grêle très abondante (de la grosseur d'une noisette) chassée avec une très grande force, et presque horizontalement, détruit toutes les récoltes. Les communes au sud-sud-est de Bordeaux, entre Bègles et Cadaujac, ont été complètement ravagées.

Les arbres brisés ou renversés, les cheminées abattues, les toitures emportées, ne se comptent pas.

L'orage pénètre alors dans les collines qui forment la rive droite de la Garonne et hache les arbres et les vignes dans une série de communes comprises entre La Tresne au sud-est, Bassens

et Ambarès au nord. La résistance opposée, par les hauteurs de la
Benauge (70 mètres environ), à la propagation des nuages de
grêle a forcé ceux-ci à s'élargir et la bande ravagée double presque
de largeur en passant de la rive gauche à la rive droite du fleuve;
elle atteint alors 12 ou 13 kilomètres de largeur et s'étend sur
une longueur de 20 kilomètres. La zone dans laquelle les récoltes
ont été emportées est donc de 240 kilomètres carrés environ.
Les communes ravagées de la Benauge sont celles comprises
dans le périmètre formé par les communes de La Tresne, Bouillac,
Floirac, Lormont, Bassens, Ambarès, Izon, Vayres, Arveyres,
Saint-Germain-du-Puch, Camarsac, Bonnetan.

La grêle a commencé à l'Observatoire à dix heures quarante-
cinq minutes et n'a duré que sept minutes.

De Bordeaux, l'orage de grêle s'est dirigé du sud-ouest au nord-
est, a traversé la Dordogne, entre Libourne et Saint-André-de-
Cubzac, puis la chute de grêle ayant cessé sur les coteaux de
Fronsac, la nuée orageuse a suivi les vallées de l'Isle et de la
Dronne et est passée aux Églisottes, à la limite du département, à
onze heures et demie du soir.

L'orage a ainsi traversé le département, du bassin d'Arcachon
aux Églisottes, en une heure; sa vitesse était donc d'environ cent
vingt kilomètres à l'heure.

L'orage paraît s'être prolongé jusque vers Limoges.

Les quatre orages précédents n'ont pas suffi à épuiser l'énergie
électrique de l'atmosphère; un cinquième est signalé vers dix
heures et demie à l'embouchure de la Gironde et un sixième s'est
produit à Arcachon vers deux heures du matin.

La grêle de l'orage du quinze août n'avait point une grosseur
inusitée (une noisette ou une noix), mais son abondance et sa
force de projection par un vent qui soufflait en tempête ont été
telles que, dans tous les points frappés, les récoltes ont été
presque entièrement détruites; dans la Benauge, en particulier,
le désastre a été complet et la récolte de vin complètement
perdue.

A Floirac et à l'Observatoire, qui a été un des points les plus éprouvés, les raisins ont été détruits sur tout le côté ouest comme ils auraient pu l'être par des coups de bâton ; toutes feuilles de la vigne ont été enlevées et l'écorce des sarments détachée. La vigne avait, le seize août, l'aspect qu'elle a en fin novembre. Les jeunes branches des poiriers, abricotiers ou pêchers ont, pour la plupart, été écorcées sur la moitié de leur pourtour, et depuis les arbres fruitiers ont fleuri ; la récolte de fruit sera donc nulle l'an prochain.

J'ai cherché à figurer sur la carte ci-jointe, d'après les renseignements fournis par les observateurs et les enquêtes faites par la gendarmerie, le trajet des divers orages du quinze août. Les communes grêlées sont indiquées par un point triangulaire.

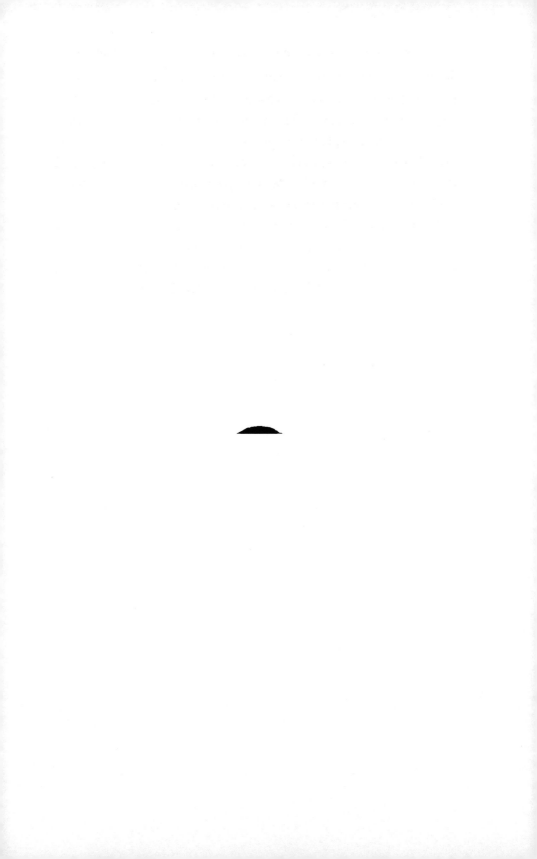

SUR L'EMPLOI

LUMIÈRE POLARISÉE

EN TÉLÉGRAPHIE OPTIQUE

PAR M. RAOUL ELLIE,

INGÉNIEUR DES ARTS ET MANUFACTURES.

L'appareil le plus souvent employé aujourd'hui pour la télégraphie optique à moyenne ou à grande distance se compose essentiellement d'une source lumineuse placée au foyer principal d'un objectif, lentille ou miroir concave. Une lunette faisant corps avec l'instrument sert à pointer et à observer les signaux. On peut ainsi diriger le signal lumineux sur la station avec laquelle on désire communiquer, et le signal n'est alors visible que dans la région occupée par l'image conjuguée de la source.

Le colonel Mangin, dans son *Mémoire sur le système de télégraphie optique de la défense de Paris (Mémorial de l'Officier du Génie*, n° 23, année 1874), démontre qu'on amplifie ainsi la source lumineuse dans le rapport de la surface de l'objectif d'émission à la surface de la source. D'ailleurs, l'intensité spécifique de l'objectif illuminé, abstraction faite des pertes dues aux réflexions, est la même que celle de la source. Il est donc possible de réduire cette source aux dimensions limites que lui assignent les aberrations de l'objectif, et par conséquent de réduire jusqu'à un certain point la région de visibilité sans nuire à la puissance de l'appareil.

En plaçant la source à une distance convenable d'une lentille ou d'un système de deux lentilles plan-convexes dit éclaireur, on peut concentrer les rayons provenant de la source au foyer de l'objectif. Les rayons émanés de cette région de concentration peuvent être considérés comme provenant d'une source de lumière qu'on peut limiter à l'aide d'un diaphragme.

Les signaux consistent généralement en éclats lumineux et éclipses longs ou brefs, produits en interceptant ou en laissant passer plus ou moins longtemps les rayons lumineux à l'aide d'un écran manipulateur. En France, il est convenu qu'un point de l'alphabet Morse correspond à un éclat bref, et qu'un trait correspond à un éclat prolongé. On admet d'ailleurs pour la transmission optique :

1° Un trait égal à quatre points ;

2° L'espacement entre les signaux composant une même lettre ou un même chiffre égal à un point ;

3° La séparation entre deux lettres du même mot ou deux chiffres du même nombre égal à quatre points, ou un trait ;

4° L'espace à laisser entre deux mots ou deux nombres correspond à huit points, ou deux traits.

La personne avec laquelle on correspond s'applique à bien saisir les différences de durée des éclats et des éclipses, et peut en conclure la lettre de l'alphabet qui lui est transmise.

Il est nécessaire de produire les signaux saccadés et surtout bien cadencés pour qu'on puisse bien les distinguer. Pour faire les signaux saccadés, on place l'écran manipulateur le plus près possible de la source, avec l'appareil sans éclaireur, ou très près du foyer de l'objectif, avec l'appareil à éclaireur. Ce dernier appareil permet d'avoir un écran très petit et très léger, et par conséquent de produire les signaux très rapidement.

Mais cette rapidité a une limite qui dépend de la persistance des impressions lumineuses sur la rétine. Si l'on manipulait trop vite, les éclats empiéteraient les uns sur les autres. Le colonel Mangin a admis que « le maximum de vitesse qu'il est bon » de ne pas dépasser semble être environ la moitié de celle que » l'on peut atteindre en télégraphie électrique. »

. En appliquant la polarisation à la télégraphie optique, je me suis proposé d'augmenter la rapidité de la transmission, et de rendre la manipulation, de même que la réception, indépendantes de la notion de temps.

L'appareil peut émettre de la lumière polarisée soit dans le plan horizontal, soit dans le plan vertical, et de la lumière naturelle. Pour la réception, on a une lunette contenant un Rochon servant d'analyseur. Avec un signal polarisé, on peut placer le Rochon de manière à ne voir qu'un seul signal, à droite, ou à gauche, suivant les conventions. Avec la lumière naturelle, on voit un signal double.

On peut donc produire trois signaux élémentaires, et convenir par exemple de représenter le point de l'alphabet Morse par le signal de gauche, la barre par le signal double, et la séparation des lettres par le signal de droite.

Il est peut-être plus facile de distinguer les signaux de position que les signaux de durée. En tout cas, la manipulation indépendante du temps, et consistant simplement à manipuler trois touches, n'exige aucun apprentissage, pas même la connaissance préalable de l'alphabet Morse qu'on peut avoir sous les yeux.   .

Puisqu'il n'est pas nécessaire de produire des éclats et des éclipses longs, on pressent que la durée de transmission pourra être plus rapide qu'avec l'appareil ordinaire. Je n'ai pas fait d'expériences comparatives, mais on peut espérer une réduction d'un tiers en moyenne sur la durée des transmissions ordinaires telle qu'elle est définie plus haut. Voici comment on peut procéder pour évaluer cette proportion. On fait le compte de la fréquence des lettres; je l'ai fait sur 1,565 mots contenant 7,173 lettres. Parmi ces 7,173 lettres, il y a :

1,070 e — 581 s — 570 a — 524 n — 511 i — 501 t — 500 r — 451 u — 405 l — 391 o — 297 d — 230 c — 226 p — 202 $é$ — 197 m — 109 v — 94 q — 77 f — 71 b — 60 g — 26 x — 22 ch — 18 j — 16 h — 14 y — 10 z — 0 k — 0 w.

En prenant la durée du point pour unité de temps, on peut évaluer en points la durée de transmission de chaque lettre de l'alphabet Morse, puis la durée de transmission des 1,565 mots. Avec la manipulation ordinaire, on trouve 84,905 points; avec la manipulation proposée supposée isochrone, on trouve 55,635 points.

On pourrait à la rigueur admettre une manipulation ordinaire plus rapide, par exemple un trait égal à trois points; la durée de transmission serait de 69,323 points.

Enfin on peut voir s'il y a avantage à employer, avec la manipulation proposée, un alphabet où la durée de chaque lettre serait mieux en rapport avec sa fréquence qu'avec l'alphabet Morse. Cet alphabet modifié donnerait une transmission de 52,671 points.

En prenant pour unité la durée de la manipulation ordinaire, on peut évaluer les durées des manipulations proposées.

MANIPULATION :		MANIPULATION :	
Ordinaire (1 trait = 4 points)....	1,00	Ordinaire rapide (1 trait = 3 points).	1,00
Proposée, alphabet Morse	0,66	Proposée, alphabet Morse	0,82
Proposée, alphabet modifié	0,62	Proposée, alphabet modifié	0,77

L'avantage de l'alphabet modifié n'est pas tellement grand qu'il justifie l'abandon de l'alphabet Morse.

Voici la disposition que j'ai adoptée pour les deux appareils construits il y a un an. Soit S la source de lumière, E l'éclaireur, et O l'objectif. Entre l'objectif et l'éclaireur, de part et d'autre du foyer, il y a deux spaths d'Islande I, I', de même épaisseur,

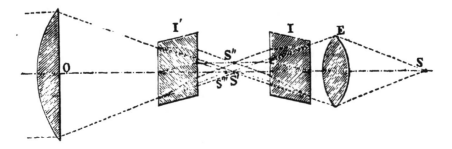

ayant même section principale, placés en sens inverse. Le

faisceau lumineux provenant de l'éclaireur est dédoublé. Le faisceau des rayons ordinaires reste dans l'axe de l'appareil : il est
polarisé dans le plan de la section principale, plan horizontal par
exemple. Le faisceau des rayons extraordinaires est dévié latéralement, pour les rayons jaunes, de la quantité e tang 6°13′42″,
e étant l'épaisseur du spath, et 6°13′42″ la déviation angulaire
dans le spath. La déviation n'est pas la même pour toutes les
couleurs du spectre. D'ailleurs ce faisceau est polarisé dans le
plan perpendiculaire à la section principale.

Mais le second spath ramène ce dernier faisceau dans l'axe de
l'appareil, à peu près en coïncidence avec le faisceau ordinaire,
de telle sorte que ces deux faisceaux agissent de la même manière
au point de vue géométrique : ils ont sensiblement le même foyer
virtuel en S‴.

Il est donc possible de placer en S′ et S″ deux petits écrans
manipulateurs qui laisseront passer l'un ou l'autre faisceau, ou
les deux ensemble équivalent à un faisceau de lumière naturelle.
Les appareils construits ont trois touches. Les deux touches
extrêmes font mouvoir les deux écrans séparément, et la touche
du milieu soulève les deux écrans ensemble.

Il est bon de placer un diaphragme percé de deux ouvertures
en S′ et S′, et pouvant être déplacé. Ce diaphragme permet de
limiter la région de visibilité, si on le désire; il est indispensable
lorsqu'on emploie le soleil comme source lumineuse, et dans tous
les cas sert au réglage.

Cette disposition permet d'expédier simultanément deux dépêches dans la même direction. Il faut alors employer la manipulation ordinaire. Chacun des deux expéditeurs ne manipule que sur
une touche, et agit toujours sur le même faisceau. A la réception,
les deux observateurs ont chacun une lunette avec un analyseur
donnant une seule image. Mais les deux analyseurs sont placés de
façon à ce que l'un des observateurs n'aperçoive pas les signaux
qui sont reçus par l'autre.

On pourrait peut-être supprimer l'éclaireur et le premier spath,
en plaçant en S′ et S″ deux sources lumineuses ou une source

assez large dont on pourrait intercepter la moitié gauche ou la moitié droite. Il faudrait placer les écrans très près de la source, ce qui serait peut-être difficile.

En ne laissant passer que la lumière d'une seule source, il se formerait deux foyers virtuels voisins envoyant deux signaux polarisés à angle droit dans deux directions. La région de visibilité serait doublée dans le sens horizontal, mais on verrait le signal polarisé différemment selon la région où l'on se placerait.

———

L'inconvénient le plus grave de l'emploi de la polarisation, surtout avec les deux spaths, c'est la diminution notable de l'intensité spécifique de l'objectif illuminé, par rapport à un appareil ordinaire. En traversant les spaths, la lumière éprouve des réflexions qui diminuent la proportion de lumière transmise. Le dédoublement diminue encore de moitié l'intensité de l'objectif illuminé, lorsqu'on ne transmet qu'un seul faisceau. Ce dernier inconvénient peut être atténué à l'aide d'une disposition particulière du récepteur, indiquée plus loin. Le seul remède serait d'employer une source de lumière plus intense que la lampe à pétrole, par exemple la lampe à pétrole alimentée par l'oxygène, de M. Mercadier, ou bien la lampe électrique à arc. La lampe à incandescence pourrait aussi être essayée, mais il faudrait que le filament ait une certaine largeur à cause des aberrations; on pourrait d'ailleurs lui donner une forme aplatie afin de diminuer sa section.

L'appareil ordinaire à lentilles a un assez court foyer, ce qui provoque des aberrations transversales assez considérables. Il faut que la source lumineuse ait des dimensions telles, que parmi les rayons émis par elle, il s'en trouve qui puissent sortir de l'objectif parallèlement à son axe, dans n'importe quelle région de cet objectif. La lampe à pétrole vue de tranche est généralement employée. Avec l'appareil à éclaireur, il faut considérer l'image de la source.

Avec les spaths, les images S' et S' de la source devront être suffisamment distantes pour ne pas se confondre, même partiellement. Les dimensions de ces images devront être en rapport avec les aberrations de l'objectif. Le plus petit de mes objectifs est une lentille plan-convexe de 16 centimètres de diamètre et 44 centimètres de distance focale pour les rayons centraux. Avec la lumière monochromatique, pour utiliser toute la surface de la lentille, le diamètre minimum de l'image de la source supposée plane devra être égal au diamètre de l'intersection du cône des rayons marginaux et de la surface caustique. Pour cet objectif de 16 centimètres, j'ai évalué expérimentalement à environ 1^{mm}5 ce diamètre. Avec la lumière blanche, pour tenir compte de l'aberration de réfrangibilité, on doit le porter à environ 2^{mm}5. On déduit de là l'épaisseur à donner aux spaths,

$$e = \frac{2.5}{\text{tang } 6°13'42'} = 23 \text{ millimètres environ.}$$

Avec un objectif semblable et plus grand, il faudrait des spaths proportionnellement plus gros. Il y a une limite qu'on ne peut dépasser à cause de la rareté et du prix des gros échantillons. Il serait alors préférable d'adopter un objectif à très faibles aberrations, par exemple la lentille-réflecteur Mangin.

Même si l'on employait un système optique parfait, l'interposition des spaths provoquerait des aberrations. En ne considérant d'abord que de la lumière monochromatique, on remarque que le faisceau extraordinaire surtout éprouve des altérations assez sensibles. Par exemple, le cône des rayons marginaux se transforme en une surface réglée assez complexe. On peut se borner à calculer les aberrations longitudinales pour les rayons compris dans la section principale et pour ceux compris dans la section perpendiculaire à cette section, en prenant pour origine le foyer des rayons centraux ordinaires. Soient :

e l'épaisseur du spath ;

i la moitié de l'angle au sommet du cône des rayons marginaux incidents ;

a et b les vitesses des rayons ordinaires et du rayon extraordinaire, quand le plan d'incidence est perpendiculaire à l'axe du spath : pour la raie D,

$$a = 0.60297, \qquad b = 0.67273;$$

ε l'angle formé par l'axe du spath avec la face d'entrée,

$$= 45°23'20';$$

ε' déterminé par la relation

$$\tan \varepsilon' = -\frac{b^2}{a^2 \tan \varepsilon} = \tan 50°50'22';$$

R, déviation angulaire de l'axe du faisceau conique dans le spath, déterminé par la relation

$$\tan R = \frac{(b^2 - a^2) \tan \varepsilon}{a^2 \tan^2 \varepsilon + b^2}; \quad R = 6°13'42', \text{ pour la raie D};$$

$$a' = \frac{ab}{\sqrt{a^2 \sin^2 \varepsilon + b^2 \cos^2 \varepsilon}} = 0.63545,$$

$$b' = \frac{ab}{\sqrt{a^2 \sin^2 \varepsilon' + b^2 \cos^2 \varepsilon'}} = 0.64211.$$

En prenant $e = 23$ millimètres et $i = 10°$, on a, en comptant les distances positives du côté de l'éclaireur :

Distance des rayons centraux et marginaux ordinaires :

$$e\left[\frac{a \sin i}{\tan i \sqrt{1 - a^2 \sin^2 i}} - a\right] = -0^{mm},135.$$

Distance, estimée suivant l'axe de l'appareil, des rayons centraux ordinaires et extraordinaires dans la section principale :

$$e\left[\frac{a'^2}{b' \cos R} - a\right] = +0^{mm},682.$$

Distance, estimée suivant l'axe, des rayons centraux ordinaires et extraordinaires dans la section perpendiculaire à la section principale :

$$e\left[\frac{b^2}{b' \cos R} - a\right] = +2^{mm},438.$$

Distance, estimée suivant l'axe, des rayons centraux ordinaires et marginaux extraordinaires dans la section principale :

$$e\left[\frac{a'^2\sin i}{b'\tang i\cos R\sqrt{1-a'^2\sin^2 i}}-a\right]=+\ 0^{mm},549.$$

Distance, estimée suivant l'axe, des rayons centraux ordinaires et marginaux extraordinaires dans la section perpendiculaire à la section principale :

$$e\left[\frac{b^2\sin i}{b'\tang i.\cos R\sqrt{1-b^2\sin^2 i}}-a\right]=+\ 2^{mm},300.$$

Sans aborder l'étude complète de la section transversale de la surface extraordinaire, on peut cependant prévoir, grâce aux précédents résultats, que cette section est allongée dans le sens vertical lorsque le plan sécant passe dans le voisinage des foyers des rayons ordinaires. Plus près de l'éclaireur, l'image d'un point devient ronde, puis elle finit par s'allonger dans le sens horizontal, en même temps que l'image ordinaire s'élargit en tous sens. Il y a donc intérêt à former sur le diaphragme une image ordinaire nette, pour que l'image extraordinaire ne s'élargisse pas trop. Le second spath double ces aberrations.

Il est facile de vérifier ces résultats par l'expérience, en employant un éclaireur achromatique et une source de lumière suffisamment éloignée.

Il y a aussi des aberrations chromatiques, faibles à la vérité par rapport à celles qui précèdent. Il est facile, par exemple, de calculer R pour les raies C et F ; pour la raie C, $R = 6^o5'50'$; pour F, $R = 6^o23'52'$. Les distances transversales des foyers correspondants rapportées à l'axe de l'appareil sont $2^{mm},5101$ et $2^{mm},5789$; différence, $0^{mm},0688$. On suppose toujours $e = 23^{mm}$.

Enfin, on a supposé que le faisceau polarisé avait tous ses rayons polarisés dans le même plan, ce qui n'est pas rigoureusement exact. Mais cette cause de perte est très faible. On peut s'en assurer en regardant à une distance suffisante l'objectif avec une lunette à Rochon ; on voit l'une des images de l'objectif illuminée très faiblement, et même traversée par une croix noire.

A la réception, on peut placer un réticule à l'oculaire de la lunette ; le fil vertical peut être placé de façon à occuper une position intermédiaire entre les deux images, avec la lumière naturelle. Il sert de repère pour distinguer la position du signal polarisé. La nuit, il faudrait l'éclairer légèrement. On pourrait peut-être employer un fil très fin de platine traversé par le courant d'une petite pile, qui le rendrait incandescent.

L'éclat d'un signal polarisé, sans analyseur, est moitié de l'éclat d'un signal double. Avec le Rochon, les signaux ont tous le même éclat.

Mais il est facile de rendre le fond moitié moins lumineux, ce qui rend la visibilité relative à peu près la même qu'avec un appareil ordinaire. Il suffit pour cela de placer au foyer de l'objectif un diaphragme percé d'une petite ouverture. On place le Rochon entre ce diaphragme et l'oculaire. On voit alors deux images de l'ouverture : ces images ne doivent pas empiéter l'une sur l'autre. L'intensité lumineuse du fond est moitié moindre que sans diaphragme, tandis que le signal polarisé conserve la même intensité absolue, ce qui le rend plus visible : en outre, cette disposition permet de se passer de réticule. La nuit, il faudrait éclairer légèrement le diaphragme, par exemple à l'aide d'un fil de platine incandescent placé à proximité.

La nuit, l'éclat du fond peut être considéré comme nul ; la visibilité du signal dépend alors beaucoup plus de son intensité absolue. Par conséquent, la visibilité d'un signal polarisé par rapport à un signal ordinaire est relativement plus grande le jour que la nuit.

Avec le diaphragme, le champ de la lunette est excessivement limité. On pourrait remédier à cet inconvénient en employant une disposition permettant de substituer au diaphragme un réticule dont le croisé coïnciderait avec la position du centre de l'ouverture. Par exemple, le réticule et le diaphragme seraient mobiles chacun autour d'un axe de rotation. En même temps il faudrait écarter le Rochon, pour ne pas changer l'éclat relatif du signal, qui devra être alors composé de lumière naturelle, et modifier légèrement le tirage.

Une disposition plus simple consiste à avoir un diaphragme étroit, n'occupant en hauteur qu'une portion du champ. Si la lunette se dérange, on enlève le Rochon, on modifie le tirage, et on cherche à voir le signal en dehors du diaphragme, puis à l'amener au-dessus de l'image de l'ouverture. Un très petit mouvement vertical amène le signal dans le champ de l'ouverture, qu'on peut d'ailleurs remplacer par une simple encoche dans le diaphragme. Le réglage est alors plus facile, puisqu'on doit simplement amener le signal dans l'encoche. On doit remarquer qu'un signal polarisé n'est visible que dans une seule image de l'ouverture, ou encoche, quand on a remis en place le Rochon.

Quand le signal est suffisamment lumineux, on peut substituer un verre dépoli à l'oculaire. L'observation est moins fatigante.

La manipulation proposée étant indépendante du temps, on pourrait, si on le jugeait nécessaire, employer un enregistreur sans mouvement d'horlogerie. Chaque mouvement d'une des touches du manipulateur provoquerait un déplacement constant d'une bande de papier, à l'aide d'une petite roue à rochet. Le mouvement de la touche déterminerait en même temps l'impression d'un signe, et l'on pourrait conclure, soit des formes, soit des positions de ces signes, la lettre de l'alphabet qui a été envoyée ou reçue.

J'ai fait un certain nombre d'expériences avec les appareils construits, surtout au mois de septembre 1887. Les expériences ont été généralement faites avec le soleil comme source de lumière. Une expérience avec les deux appareils à 5 kilomètres a bien réussi : grâce à l'intensité de la source, le signal était presque éblouissant à l'œil nu; on pouvait l'observer en plaçant simplement le Rochon devant l'œil.

L'expérience la plus concluante a été faite à 20 kilomètres, le 25 septembre, toujours avec le soleil. A cause des difficultés de transport, elle a été faite avec un seul appareil, celui dont l'objectif est de 10 centimètres. Mon frère et moi nous manipulions à tour de rôle; mes collaborateurs, MM. Henri et Roger Bréhant, avaient une lunette à Rochon sans réticule ni diaphragme. Malgré l'absence de repère dans la lunette, ils ont compris sans hésiter toutes les phrases qui ont été envoyées. Pour régler mon appareil, ils avaient un miroir argenté permettant d'envoyer un signal lumineux, et au besoin de répondre avec la manipulation ordinaire. D'ailleurs, le signal était parfaitement visible à l'œil nu, et à la rigueur on aurait pu l'observer simplement avec le Rochon.

J'ai également fait une expérience à petite distance, pour les dépêches simultanées.

Enfin, plus récemment, j'ai employé la lampe à pétrole. A 5 kilomètres, le signal n'était pas visible à l'œil nu; mais il était facile à distinguer avec une lunette grossissant 20 fois. Cette expérience m'a permis de m'assurer de l'utilité du diaphragme; le signal était plus visible. D'ailleurs les conditions de visibilité étaient mauvaises : le soleil était en face, l'atmosphère un peu trouble, et en outre l'éclat de la flamme n'était pas renforcé par le petit miroir sphérique que l'on place généralement en arrière, et qui renvoie les rayons lumineux à peu près dans leur propre direction.

On peut remarquer que le secret de la correspondance est assuré pour toute personne qui n'a pas de Rochon. C'est dans ce but surtout que l'emploi de la polarisation paraît avoir été proposé antérieurement, comme il résulte du passage suivant du Mémoire du colonel Mangin : « M. Brion a imaginé une disposition qui, en rendant » les éclipses invisibles pour tout observateur qui n'est pas muni » de la lunette de réception modifiée, dispense de limiter le fais- » ceau lumineux, ce qui n'est pas sans intérêt pour la télégraphie » en rase campagne, lorsque les stations sont mobiles et que les » observateurs, ayant à se chercher mutuellement, sont obligés » d'avoir recours à un champ d'émission d'une certaine ouverture. » Cette disposition serait également d'une application opportune » dans les stations fixes, lorsque l'on aurait lieu de craindre la

» présence d'espions ou d'ennemis aux abords de l'un des obser-
» vatoires. »

On voit qu'il n'est pas explicitement question de la polarisation;
mais il est facile de comprendre qu'en faisant varier de 90° le
plan de polarisation d'un faisceau lumineux, on peut rendre les
éclipses seulement visibles dans une lunette contenant un analyseur donnant une image simple. On peut produire ainsi les éclats
brefs et longs de la manipulation ordinaire.

Tout récemment, M. E. Bouchard (*Annales télégraphiques,*
juillet-août 1887) a proposé d'introduire, entre la lampe et l'objectif
de l'appareil de campagne, un polarisateur dont la rotation serait
produite par une poulie manœuvrée à l'aide d'un levier; on ferait
varier de 90° l'angle de rotation. On verrait le signal dans une
lunette contenant un analyseur, placée symétriquement à la lunette
de réglage. On adopterait du reste la manipulation ordinaire.
M. Bouchard reconnaît qu'on a essayé, en 1871, l'emploi de la
polarisation, mais qu'on n'avait pas continué les essais à cause de
l'affaiblissement dû à l'interposition du polarisateur : il fait sans
doute allusion aux essais de M. Brion.

Il est vrai que la lumière émise est réduite de moitié et même
davantage, à cause des réflexions. Mais on peut remarquer que
l'analyseur diminue de moitié l'éclat du fond, tandis que le signal
n'est que très peu affaibli.

Lightning Source UK Ltd.
Milton Keynes UK
UKHW012237110219
337137UK00006B/1081/P